国家林业和草原局普通高等教育"十四五"规划教材
高等院校古树保护专业方向系列教材

古 树 导 论

北京农学院　组织编写
方炎明　王文和　主编

中国林业出版社
China Forestry Publishing House

内 容 简 介

《古树导论》教材共有8章，核心内容概述如下："第1章古树概述"介绍古树概念、定义、价值、保护伦理和保护使命与目标。"第2章木本植物生活史与古树寿命"导入树木生活史过程与生活史对策理论，介绍古树寿命及其与内在、外在因素的因果联系。"第3章古树识别与鉴定方法"引入从形态到分子水平的树种鉴定方法。"第4章古树年龄分析与鉴定方法"介绍常规的和实验的树龄鉴定方法。"第5章古树资源调查与数据处理"介绍古树资源调查技术规范。"第6章古树系统分类、分布与生物学特性"，引入树木分类原理，重点介绍77种常见古树树种，包括古树分类地位、鉴别、分布、生境和生活史等特征，提供古树案例和实景图。"第7章中国古树资源"介绍中国古树树种的多样性及其空间分布特征。"第8章国外古树资源"介绍国外古树树种的多样性及其空间分布特征。教材力求理论与实践紧密结合，继承与创新有机结合，民族的与世界的古树文化交融，图文并茂、通俗易读，成为一本真正的古树保护入门教材。

本教材可作为高等农林院校林学和园林类相关专业的本科生教材，也可作为研究生、教师、农林科技工作者、古树爱好者的参考用书。

图书在版编目（CIP）数据

古树导论/北京农学院组织编写；方炎明，王文和主编. —北京：中国林业出版社，2023.10
国家林业和草原局普通高等教育"十四五"规划教材 高等院校古树保护专业方向系列教材
ISBN 978-7-5219-1945-5

Ⅰ.①古… Ⅱ.①北…②方…③王… Ⅲ.①树木-植物保护-高等学校-教材 Ⅳ.①S76

中国版本图书馆CIP数据核字（2022）第205973号

策划编辑：康红梅
责任编辑：康红梅
责任校对：苏　梅
封面设计：北京点击世代文化传媒有限公司
封面摄影：张子威

出版发行：中国林业出版社
　　　　　（100009，北京市西城区刘海胡同7号，电话83223120）
电子邮箱：cfphzbs@163.com
网　　址：www.forestry.gov.cn/lycb.html
印　　刷：北京中科印刷有限公司
版　　次：2023年10月第1版
印　　次：2023年10月第1次印刷
开　　本：787mm×1092mm 1/16
印　　张：18
彩　　插：0.5印张
字　　数：462千字
定　　价：58.00元

高等院校古树保护专业方向系列教材编写指导委员会

主　任　　尹伟伦(北京林业大学)

副主任　　段留生(北京农学院)

　　　　　　刘丽莉(国家林业和草原局)

　　　　　　廉国钊(北京市园林绿化局)

　　　　　　张德强(北京农学院)

　　　　　　邵权熙(中国林业出版社)

委　员　(按姓氏拼音排序)

　　　　　　包志毅(浙江农林大学)

　　　　　　常二梅(中国林业科学研究院)

　　　　　　丛日晨(北京市园林绿化科学研究院)

　　　　　　方炎明(南京林业大学)

　　　　　　高红岩(中国林业出版社)

　　　　　　高建伟(北京农学院)

　　　　　　何忠伟(北京农学院)

　　　　　　江泽平(中国林业科学研究院)

　　　　　　康红梅(中国林业出版社)

　　　　　　康永祥(西北农林科技大学)

　　　　　　李　莹(北京古建园林设计研究院)

　　　　　　刘合胜(中国林学会)

　　　　　　刘晶岚(北京林业大学)

　　　　　　马兰青(北京农学院)

　　　　　　马晓燕(北京农学院)

　　　　　　曲　宏(北京市园林绿化局)

　　　　　　沈应柏(北京林业大学)

　　　　　　施　海(北京市园林绿化局)

孙振元(中国林业科学研究院)
王小艺(中国林业科学研究院)
杨传平(东北林业大学)
杨光耀(江西农业大学)
杨志华(北京市园林绿化局)
张齐兵(中国科学院植物研究所)
赵良平(国家林业和草原局)

《古树导论》编写人员

主　　编　方炎明　王文和
副 主 编　王若涵　康永祥　杨光耀
编写人员　（按姓氏拼音排序）
　　　　　陈小红（四川农业大学）
　　　　　段一凡（南京林业大学）
　　　　　方炎明（南京林业大学）
　　　　　高润梅（山西农业大学）
　　　　　季春峰（江西农业大学）
　　　　　康永祥（西北农林科技大学）
　　　　　李际红（山东农业大学）
　　　　　李中跃（山东农业大学）
　　　　　秦新生（华南农业大学）
　　　　　王　聪（北京农学院）
　　　　　王若涵（北京林业大学）
　　　　　王文和（北京农学院）
　　　　　闫道良（浙江农林大学）
　　　　　杨光耀（江西农业大学）
　　　　　杨　永（南京林业大学）
　　　　　张睿鹂（北京农学院）
　　　　　张　炎（北京农学院）
主　　审　杨传平（东北林业大学）
　　　　　包志毅（浙江农林大学）

出版说明

党的二十大报告明确提出了从二〇三五年到本世纪中叶把我国建成富强民主文明和谐美丽的社会主义现代化强国。报告指出,我国的现代化是人与自然和谐共生的现代化,大自然是人类赖以生存发展的基本条件。尊重自然、顺应自然、保护自然是全面建设社会主义现代化国家的内在要求。报告强调"提升生态系统多样性、稳定性、持续性,加快实施重要生态系统保护和修复重大工程,实施生物多样性 保护重大工程"。古树名木是有生命的文物,是生物多样性的重要组成,具有重要的生态、历史、文化、科学、景观和经济价值。加强古树名木保护,对于保护自然和社会发展、弘扬生态文化,推进生态文明和美丽中国建设具有十分重要意义。

目前,全国范围内关于古树的研究还处于一个探索阶段,还有很多难题需要破解。第一,在古树资源方面,全国城市和村镇附近的古树名录基本建立但古树的生境、生存状态等数据缺乏,特别是野外偏远的古树还尚未登记在册。第二,在古树基础科学研究方面,整体研究水平比较薄弱,对古树的生物学与生态学特性与形成机制不够了解,这制约了古树保护以及复壮修复技术的创新发展。第三,在古树保护技术方面,对新技术、新材料的开发和应用不够,甚至出现"保护性破坏"的现象。第四,在古树文化景观价值研究与应用方面,对古树文化的发掘和利用不够,不合理利用或过度旅游开发对古树资源造成了破坏。第五,在古树专业人才培养方面,缺乏专门古树方面的人才培养,导致古树从业人员鱼目混珠,技术人员缺乏。基于此,2020年北京农学院在国内率先设立了林学专业(古树保护方向),以及在林学一级学科下设立了古树专业硕士方向,并于2021年正式招生。我国部分高等学校和职业学校林业与园林相关院系正在推动古树保护专业建设和人才培养。因此,统筹全国各地的专业力量、系统构建古树保护的专业知识、编写出版古树保护专业教材势在必行。

由北京农学院牵头组织编写的高等院校古树保护专业方向系列教材列入了"国家林业和草原局普通高等教育'十四五'规划教材",并成立了高等院校古树保护专业方向系列教材编写指导委员会,第一批将出版《古树导论》《古树生理生态》《古树养护与复壮》《古树历史文化》和《古树保护法规与管理》五部教材,教材内容涵盖古树资源与生物学基础、古树健康诊断与环境监测、古树养护与复壮技术、古树历史文化以及古树保护法规与管理等。教材编写执行主编负责制,邀请高校、科研院所、行业部门专家、企业一线技术人员组成编写组,经过各编写组两年多的努力,高等院校古树保护专业方向系列教材编写指导委员会的多次审定，该系列教材即将付梓。该系列教材的出版是古树保护专业方向建设和行业发展的里程碑，对推动我国古树学科与专业发展、推动我国古树保护事业必将发挥重要作用。该系列教材具有以下特点：

（1）突出科学性：系统介绍相关的知识原理与技术，内容与结构布局合理，著述严谨规范，逻辑性强，图文并茂。

（2）突出实用性：古树保护为应用学科，教材内容紧贴古树保护实践，突出技术与方法，既有理论层面知识，更有应用层面实践。

（3）突出时代性：梳理当前古树保护中的问题与需求，反映国内外古树研究与技术最新进展。

（4）适用面宽：既可作为本科与研究生教材，又可作为从业人员的培训教材与工具书。

作为全国古树保护专业方向第一套教材，我们竭尽所能追求完美。但由于时间仓促和能力所限，恐难以完美呈现，真诚希望各位读者提出宝贵意见，以便今后不断完善提高。

北京农学院

2023 年 7 月

总序

　　古树名木是自然界和前人留下来的珍贵遗产,是森林资源中研究树木衰老生理科学的宝贵资源,也是探究老树复壮科学技术的重要材料;当然,古树也是有生命的"文物",具有重要的生态、历史、文化、科学、景观和经济价值。构建古树的研究与保护教材体系,是树木生物学的重要学术方向和尚需发展的科学学术领域,其囊括古树生物学、古树生态学、树木衰老生理学、古树养护与复壮应用技术、古树保护法规及古树历史文化等。这一学术领域的开拓与建设对于加强古树名木保护、生态环境建设,弘扬生态文化,推进生态文明和美丽中国建设具有重要意义。

　　中华民族自古就有爱树护树的传统。党的十八大以来在习近平生态文明思想指引下,我国的生态保护与生态建设取得了举世瞩目的成就,古树名木保护工作也得到了前所未有的重视。2021年4月,习近平总书记在广西桂林全州县才湾镇毛竹山村考察时,看到一株800多年的酸枣树郁郁葱葱,他说:"我是对这些树龄很长的树,都有敬畏之心。人才活几十年?它已经几百年了。""环境破坏了,人就失去了赖以生存发展的基础。谈生态,最根本的就是要追求人与自然和谐。要牢固树立这样的发展观、生态观,这不仅符合当今世界潮流,更源于我们中华民族几千年的文化传承。"古树作为大自然对人类慷慨的恩赐,也是中华民族文明史的最真实的见证,在将生态文明建设作为中华民族永续发展的新时代,其生命会由于我们的保护得以延续,其价值会由于我们的重视得以发挥。因此,古树科学的探索和教材的编写及其相关人才的培养皆是生态文明时代的需求。

　　我国是世界古树名木资源最为丰富的国家之一,2022年第二次全国古树名木资源普查结果显示,全国普查范围内的古树名木共计508.19万株,其中散生122.13万株,群状386.06万株。这些植物跨越人类文明的梯度、经历严寒酷暑的考验、目睹历史朝代的更替、接受自然灾害和人类干预的洗礼,不畏千磨万击、不畏风吹雨打,体现了树木生命力的顽强,也体现了树木衰老生理科学的维护能力。因此,编写古树保护专业方向系列教材,汇集古树生命科学研究成果和开创古树复壮科技人才培养,填补了我国林学和生态学古树领域的学术空白,完善了林业教学和林学学科的内涵。

　　随着科技进步和研究手段的创新,古树保护理论与应用技术必将不断地开拓,从关注古树形态表现向关注古树生理转变;从注重古树简单修补向关注植物衰老与复壮的基础生物学理论转变;从关注地上树体功能衰退向关注地上地下整体衰老与复壮联动机制转变;

从关注古树自身的复壮向探索古树与其周边生境的相互影响转变。总而言之，古树的保护和研究还是一个全新的领域，还有很多需要破解的科学问题。因此，即将出版的"高等院校古树保护专业方向系列教材"作为我国古树保护专业方面的首套专业教材，难免有不足之处，望予指正。

中国工程院 院士　尹伟伦

2023 年 8 月 于北京林业大学

前言

古树犹如鲜活的"文物",具有丰富的历史文化底蕴。一株古树可能存活于若干个历史朝代,一批古树可能存活于不同空间的历史古都。特定的古树组合,称得上文化遗存的组合,简直就像一部活的古树"史记"。古树年轮,保存岁月印痕,充满环境信号,是为古树"本纪";古树活体,保存遗传信息,反映谱系关系,堪称古树"表";古树背后的故事,或诗词歌赋,或书法绘画,或神话传说,可谓古树"列传"。在中国众多的古树中,不乏存活数百年上千年、具有历史传奇的古树。古侧柏有嵩阳周柏,晋祠周柏,介休秦柏,岱庙汉柏;古梅有江心寺晋梅,国清寺隋梅,大明堂唐梅,报慈寺宋梅。古树也是长寿"树王",黄帝陵古侧柏5000岁,项王古槐2200岁。全球还有更多的"树王",智利乔柏约5600岁,美国长寿松4900岁。这些古树为何长寿?"素问"和"灵枢"是《黄帝内经》两个部分,这里用来指古树的长寿的道理。"拿破仑橡树"234岁,瑞士科学家探索了其长寿"秘诀",认为干细胞分裂过程中突变率低于一般植物的期望突变率。古银杏能活数百年上千年,中国科学家解析了其长寿机制,简述为老年阶段低速的稳定生长、高强的稳定抗逆性能与经久不衰的稳健生命力。中国的古树具有丰富的树种多样性,不同树种的古树或许有不同的长寿机制,隐藏着一卷卷长寿"秘诀",恰似一部树木版的"内经"。综上所述,古树作为活"文物",具有重要的历史文化价值;古树作为活着的"树王",具有重要的科学应用价值。

作为活的"树王"和"文物",古树既是自然遗产,又是文化遗产,需要从生态文明建设和精神文明建设的高度来认识古树的保护。习近平总书记在党的二十大报告中指出,尊重自然、顺应自然、保护自然,是全面建设社会主义现代化国家的内在要求。他还指出,加大文物和文化遗产保护力度,加强城乡建设中历史文化保护传承,建好用好国家文化公园。因此,古树保护是中国生态文明与精神文明建设、生物多样性保护的一部分,是一项功在当代、利在千秋的事业。古树保护需要大批专业人员,特别是林学、园林及涉林涉树的相关专业人员。然而,当前农林高校的本科人才培养现状尚不满足这一需求。在现有林学、园林专业的课程体系中,个别课程或教学环节中虽然涉及古树保护的内容,但就编者所知,这些教学内容或环节是零散和碎片化的,未形成完整的课程或课程体系,也尚无专门的教材。在这样的背景下,北京农学院善抓机遇,适时进行专业人才培养方向调整的教学改革,在全国率先招收林学专业(古树保护方向)本科生,开展古树保护系列教材建设。作为该系列教材之一,《古树导论》主要包含以下四大部分:第一部分为"古树寿命的生活史理论基础"，在导入古树概念的基础上，重点介绍木本植物生活史与古树寿命的相关知识和理论；第二部分为"古树认知的原理与方法"，分树种、树龄、古树资源调查三章，分述古树认知的基本知识、基本原理和基本技能；第三部分为"古树系统分类及中国常见古树树种"仅一章，包含树木分类原理和77种常见古树树种，介绍了种子植物主要的分类系统和各古树分类地位、鉴别、分布、生境和生活史等特征，提供古树案例和实景图；第四部分为"中国和国外古树的地理分布"，分中国和国外两章，介绍了古树树种的多样性及其空间分布特征。

鉴于《古树导论》的编写在国内尚属初次，精选编者、形成团队尤为重要。教材编写团队由来自10所农林高校的具有多年一线本科教学实践经历的17位专任教师组成。《古树导论》的编写分工如下："第1章古树概述"由王若涵编写。"第2章木本植物生活史与古树寿命"由王若涵、方炎明编写。"第3章古树识别与鉴定方法"由段一凡编写。"第4章古树年龄分析与鉴定方法"由张睿鹂编写。"第5章古树资源调查与数据处理"由张炎、王聪编写。"第6章古树系统分类、分布与生物学特性"集体编写；"6.1 树木分类原理"由王文和编写；"6.2 古树各论"中各树种的分工为：白皮松、酸枣和紫藤由王文和编写；板栗、麻栎、栓皮栎、小叶杨、黄栌、元宝槭、紫丁香和楸由高润梅编写；油松、榆树和玉兰由张睿鹂编写；圆柏、槐和黑弹树由张炎编写；茶树由王聪编写；赤松、红松、东北红豆杉、大果榆、蒙古栎和青杨由李中跃编写；侧柏、祁连圆柏、新疆野苹果、辽东栎、胡杨、黄连木、七叶树和文冠果由康永祥编写；柏木、巨柏、剑阁柏、铁坚油杉、楠木、红豆树、沙棘、桑、核桃、紫薇、大树杜鹃和香果树由陈小红编写；银杏和流苏树由李际红编写；香榧由杨永编写；马尾松、黄山松、金钱松、长苞铁杉、柳杉、杉木、水松、北美红杉和南方红豆杉由闫道良编写；木樨由段一凡编写；樟、闽楠、枫香树、沙梨、朴树、青檀和石榴由杨光耀编写；木棉、高山榕、榕树和荔枝由秦新生编写；罗汉松、水杉、刺柏、皂荚、梅、枫杨、重阳木、湖北梣和冬青由季春峰编写；东北和华北树种由王文和统稿，西北和西南树种由康永祥统稿，华东、华南和华中树种由杨光耀统稿。"第7章中国古树资源"由杨永编写。"第8章国外古树资源"由方炎明编写。许多机构和个人为本教材提供了图片，编者特此致谢！

万事开头难，编者期待《古树导论》能为林学、园林及相关专业的本科大学生提供一本入门教科书，也期望该教材对于古树管理与保护的研究者和实践者有所裨益，对于古树爱好者有所帮助。

由于编者的素材收集、数据获取、编写时间和知识结构方面的局限，教材中遗漏和瑕疵在所难免，祈望行家和读者批评指正！

编　者

2023年2月

目 录

出版说明
总　序
前　言

第 1 章　古树概述 ··· 1
  1.1　古树定义与类型 ··· 1
    1.1.1　古树定义 ··· 1
    1.1.2　古树类型 ··· 3
  1.2　古树价值与保护伦理 ·· 5
    1.2.1　古树价值 ··· 5
    1.2.2　古树保护伦理基础 ·· 8
    1.2.3　古树保护使命与目标 ··· 9
  小　结 ·· 10
  思考题 ·· 10
  推荐阅读书目 ·· 10

第 2 章　木本植物生活史与古树寿命 ·· 11
  2.1　植物习性及其生活史过程 ·· 11
    2.1.1　植物生活型分类 ·· 11
    2.1.2　针叶树生活史过程 ··· 12
    2.1.3　阔叶树生活史过程 ··· 14
  2.2　木本植物生活史理论 ·· 15
    2.2.1　K-R 对策 ·· 15
    2.2.2　C-S-R 对策 ··· 17
    2.2.3　树木生活史理论 ·· 19
  2.3　古树寿命 ··· 21
    2.3.1　树木年龄与大小的关系 ·· 21
    2.3.2　古树寿命的多样性 ··· 22

    2.3.3 影响古树寿命的内因 ·· 28
    2.3.4 影响古树寿命的外因 ·· 31
  小　结 ··· 37
  思考题 ··· 37
  推荐阅读书目 ··· 37

第3章　古树识别与鉴定方法 ··· 38
  3.1 科学依据 ··· 38
    3.1.1 宏观形态证据 ·· 38
    3.1.2 微形态证据 ··· 51
    3.1.3 解剖学证据 ··· 52
    3.1.4 染色体与细胞学证据 ·· 56
    3.1.5 DNA 分子证据 ·· 58
  3.2 鉴定方法 ··· 61
    3.2.1 形态分析方法 ·· 61
    3.2.2 组织分析方法 ·· 64
    3.2.3 细胞分析方法 ·· 65
    3.2.4 分子分析方法 ·· 67
  小　结 ··· 70
  思考题 ··· 70
  推荐阅读书目 ··· 70

第4章　古树年龄分析与鉴定方法 ··· 71
  4.1 古树年龄鉴定常规方法 ·· 71
    4.1.1 文献追踪法 ··· 71
    4.1.2 访谈估测法 ··· 72
    4.1.3 回归预测法 ··· 73
  4.2 古树年龄鉴定实验方法 ·· 77
    4.2.1 树轮年代学法 ·· 77
    4.2.2 针测仪测定法 ·· 85
    4.2.3 CT 扫描测定法 ·· 88
    4.2.4 C14 测定法 ··· 89
  小　结 ··· 90
  思考题 ··· 90
  推荐阅读书目 ··· 90

第5章　古树资源调查与数据处理 ··· 91
  5.1 古树资源调查 ··· 91
    5.1.1 概述 ··· 91

  5.1.2 古树资源调查技术规范 …… 93
  5.1.3 古树资源调查步骤和方法 …… 97
 5.2 古树资源信息化数据采集、存储与应用 …… 101
  5.2.1 概述 …… 101
  5.2.2 管理系统设计与应用 …… 103
  5.2.3 古树资源信息数据采集与存储 …… 105
 小　结 …… 110
 思考题 …… 111
 推荐阅读书目 …… 111

第6章　古树系统分类、分布与生物学特性 …… 112

 6.1 树木分类原理 …… 112
  6.1.1 裸子植物分类系统简介 …… 112
  6.1.2 被子植物分类系统简介 …… 113
  6.1.3 新老分类系统的衔接性 …… 117
 6.2 古树各论 …… 119
  6.2.1 裸子植物 …… 119
  6.2.2 被子植物 …… 151
 小　结 …… 206
 思考题 …… 206
 推荐阅读书目 …… 207

第7章　中国古树资源 …… 208

 7.1 中国古树分区概述 …… 208
  7.1.1 按一级地貌分区 …… 208
  7.1.2 按降水和胡焕庸线分区 …… 209
  7.1.3 按温度和秦岭—淮河线分区 …… 211
  7.1.4 按植物区系分区 …… 213
  7.1.5 按行政区域分区 …… 217
 7.2 中国古树分区各论 …… 219
  7.2.1 北方古树 …… 221
  7.2.2 南方古树 …… 223
 小　结 …… 226
 思考题 …… 226
 推荐阅读书目 …… 226

第8章　国外古树资源 …… 227

 8.1 国外古树概述 …… 227
  8.1.1 基本概念 …… 227

        8.1.2　生物地理分区 ·· 229
        8.1.3　生物地理群系划分 ··· 229
        8.1.4　全球古树概况 ·· 231
    8.2　国外各区域古树 ·· 235
        8.2.1　古北区古树 ··· 235
        8.2.2　新北区古树 ··· 245
        8.2.3　泛热带古树 ··· 254
        8.2.4　澳新区古树 ··· 260
    小　结 ·· 265
    思考题 ·· 265
    推荐阅读书目 ·· 265

参考文献 ·· 266

附　录 ·· 271
    附表1　古树名木每木调查表 ·· 271
    附表2　古树群调查表 ·· 272

彩　图 ·· 273

第 1 章 古树概述

 本章提要

本章为全书的概述部分,首先从古树的含义及范畴切入,阐述了不同国家及地域对古树概念的界定;在此基础上,对中国古树分级以及国外古树的典型类型进行介绍;随后从生态、景观、文化、历史、科研、经济等方面对古树的价值进行总结,剖析了国内外古树保护的伦理基础,进而明确现今古树资源保护的使命和目标。

古树作为林木资源中的瑰宝,是生态系统的组成部分,具有重要的生态功能和丰富的遗传多样性。党的二十大报告指出:"尊重自然、顺应自然、保护自然,是全面建设社会主义现代化国家的内在要求。"一棵古树就是一部自然环境发展史,一株名木就是一段历史的见证者和"活化石"。古树资源不仅是大自然和祖先留给我们的珍贵遗产,亦是人类与自然和谐相处与生态文明的象征,具有丰富的历史价值、科学价值、文化价值、生态价值、经济价值和旅游价值。我国幅员广阔,历史悠久,积累下了丰富的古树资源。古树资源与生活在一起的植物、动物、微生物关系密切,它们相互依存,相互影像,共同构成一个完整的生态系统,是"提升生态系统多样性、稳定性、持续性"的重要组成部分。因此,对古树资源的认知、保护与利用,对推进我国生态文明建设具有重大的意义。"绿水青山就是金山银山",对古树的深入了解,是贯彻党的二十大生态文明思想和法治思想的重要举措;"人与自然是生命共同体",古树保护也是促进人与自然和谐共生、惠及子孙后代的重大民心工程。在新时代加强古树理论深入学习与措施保护,在维护生物多样性、生态平衡和环境保护中具有不可替代的作用,也是贯彻党的二十大精神的必然要求。

1.1 古树定义与类型

1.1.1 古树定义

森林是陆地生态系统的主体,在维护大自然生态平衡中起着主导作用,而古树犹如森林资源中的珍品，其价值可超越时间、空间和意识形态的局限而弥足珍贵，它们时刻展现着所经历的气候、地质、水文、地理、生物、生态以及人类活动的史实。因此，清晰认知古树资源，首先需要清楚地界定和认清古树资源的含义及范畴。

不同国家对古树的定义，依据特定的科学研究目的和法律的要求存在变化（Lindenmayer & Laurance，2017）。树木的生长和衰老通常可分为3个阶段：从幼苗发育，到树冠达到最大尺寸时的成熟阶段，以及最后的衰老阶段。在这最后一阶段，出现了与古树有关的特征，包括树干空鼓、孔洞、树冠枯木、树皮脱落，以及真菌、无脊椎动物和其他腐生生物的存在，而任何表现出衰老特征的树木，如空心树干、树冠萎缩、裂缝和腐生生物的存在等，可称为古树（Nolan et al.，2020）。古树由于其经历自然选择或地域变迁而幸存下来，成为现今十分珍稀的树木资源。古树资源保存了古老的遗传基因库，对研究树木生态学、植物进化和变异都具有很高的科学价值。古树不仅为农业生产、区域规划、自然资源开发等提供重要的参考与研究价值，还为人类自然历史的研究以及了解山川气候、森林植被与植物区系的变迁提供重要的历史依据。

值得提及的是，古树名木一词在我国常被并列提及。全国绿化委员会在2001年颁布了《古树名木保护管理条例》，将古树定义为人类聚集地树龄在100年以上的树木。名木在界定的范畴和侧重点上与古树有差异，是指树木种类稀有或具有重要历史、文化、景观与科学价值和具有重要纪念意义的树木，不受树龄限制。名木多为由国家元首、政府首脑、有重大国际影响的知名人士和团体，或历史上重要名人栽植或题咏过的树木；或是列入省级及以上《重点保护野生植物名录》的树木。这些名木范围广，名称不同，在我国多数名木只有尺寸、无树龄记载，少数有树龄记载。针对目前全球对古树的研究重点，集中在人类聚集地的古树以及自然森林生态系统中的古树。因此，本书对古树的界定范畴包括人类聚集地和自然生态系统的古树。

根据《古树名木鉴定规范》（LY/T 2737—2016），本书对古树和名木定义如下：

古树（old tree）：指树龄在100年以上的树木。

名木（notable tree）：指具有重要历史、文化、景观与科学价值或具有重要纪念意义的树木。

符合下列条件之一的树木属于名木的范畴：

①国家领袖人物、外国元首或著名政治人物所植树木；

②国内外著名历史文化名人、知名科学家所植或咏题的树木；

③分布在名胜古迹、历史园林、宗教场所、名人故居等，与著名历史文化名人或重大历史事件有关的树木；

④列入世界自然遗产或世界文化遗产保护内涵的标志性树木；

⑤树木分类中作为模式标本来源的具有重要科学价值的树木；

⑥其他具有重要历史、文化、景观和科学价值或具有重要纪念意义的树木。

古树中有很大一部分与地域文化形成了紧密的关联，这些古树或被赋予人文情怀，如我国安徽黄山的迎客松、送客松；或具有特殊的人文历史和文化价值，如我国福州国家森林公园那株遮天蔽日的榕树王；泉州开元寺中历经千年，依旧枝繁叶茂的古桑树等，既是吉祥和愿望的化身，又是不可磨灭的城市记号。其不仅具有重要的生态效益和研究价值，还具有很高的景观和人文价值。因此，不仅在我国，在世界其他国家，除以上古树和名木的界定外，该定义范畴还包括长寿树（long-lived tree）、大树（big tree）、树王（champion tree)、纪念树(memorial tree)、遗产树(heritage tree)、标本树(specimen tree)、历史树(historic tree)、地标树(landmark tree)等。

①树王(champion tree) 指在确定的地域内同树种树木中最为巨大的,有时也是最古老的树木。如北京密云苏家峪的古流苏树(*Chionanthus retusus*),其树龄约580年,其胸围达310cm,推算其胸径为99cm,被誉为"北京最美十大树王"之一。

②纪念树(memorial tree) 主要特征方面与遗产树相当。主要作为民俗和故事代代相传的神圣和历史文化意义,以及纪念重要的历史人物或历史事件而栽种的树木。有些可能包括作为选择标准的实用功能,例如,保护野生动物栖息地,调节水流,缓解侵蚀和雪崩,基于特殊或独有的特征,在通过年龄、大小和健康的基本要求后,4种类型的纪念树已被认可,即历史树、民俗树、神秘树和立体树(historical, folklore, mystical and dimensional)。我国历届国家领导人常亲临植树一线,栽植下极具历史意义的纪念树,如邓小平等国家领导人就曾多次植树于十三陵林场,以及国际友好人士在北京国际友谊林栽植树木。2015年习近平主席与时任英国首相卡梅伦在契克斯庄园(英国首相的官方乡间别墅,位于英格兰白金汉郡,建成于16世纪)共植中英友谊树,被作为纪念树永久保护。

③遗产树(heritage tree) 指拥有特殊的科学、历史、文化、景观等性质的树木。如山东烟台的百年苹果古树,可谓是人类与其所处环境长期协同发展中,创造并传承至今的独特文化与农业遗产。与历史或文化事件有关的树木或具有较高美学价值的树木,这些树木可能不是特别高大,但是具有其他值得欣赏的特征和不同寻常吸引力的树木会被授予遗产树的称号。

④标本树(specimen tree) 指给予树木足够的生长空间,展示其自然生长的基本形态,符合生物学特性的活的标本树木。如位于我国湖北省的"天下第一杉",有"植物活化石"之称的原生水杉母树,系古老孑遗植物,是当今世界上树龄最大、胸径最粗的水杉古树,国家一级重点保护野生植物,即是水杉模式标本树0001号。

⑤历史树(historic tree) 指纪念重要历史活动栽植或具有重要历史意义的树木。如2012年伦敦奥运会开幕当日栽植10株树木作为奥林匹克运动会和残奥会的永久性纪念,每株树均安装一个由铜或不锈钢制成的金属环。随着时间的推移,树枝将会爬满金属环,从而成为永久纪念标志物。

⑥地标树(landmark tree) 指树形优美,具有一定辨识度以及重要的历史人文价值的树木。如位于美国弗吉尼亚夏洛茨维尔,托马斯·杰斐逊和詹姆斯·麦迪逊(Thomas Jefferson-James Madison)图书馆的地标树舒马栎(*Quercus shumardii*)。此外,美国路易斯安那瓦切里小镇橡树园约300年的弗吉尼亚栎(*Quercus virginiana*),橡树园内双行栽植弗吉尼亚栎28株,每行14株,形成一个神话般的门径,面向密西西比河,目前已成为美国的国家历史地标。

1.1.2　古树类型

我国根据树龄大小,将古树的保护级别分为三级。按《古树名木鉴定规范》(LY/T 2737—2016),500年以上为国家一级保护古树,300~499年为国家二级保护古树,100~299年为国家三级保护古树。

古树资源在欧洲同样备受重视。以英国为例,古树泛指具有特殊价值和意义的树,这类树木特殊的原因包括树龄较大、为其他野生生物提供重要的生境、外观形体远超同树种平均水平或与重大历史事件紧密相连或具有显著的文化意义。英国古树类型分为以下5

类，其侧重点各不相同：

①古树(long-live tree)　侧重树龄；

②老树(old tree)　侧重衰老特征和生境特性；

③名木(notable tree)　侧重历史文化特征；

④大树(big tree)　侧重具体生境的显著性；

⑤树王(champion tree)　侧重树体形态的极值状态。

英国在界定名木时，认为其不仅同历史学、考古学和文化等紧密相连，尤其是与重要、传奇或著名人物相关(王晓晖和关文彬，2011)，且有些树木作为美学呈现、景观特征或建筑布景，可能同自然生长或人工干预下的树相比，具有奇怪的树形，这类名木代言了特殊的设计，也具有显著的重要性。此外，还包括稀有树种或具有重要生物特性的树。由此看来，英国的古树概念包含于名木的概念中，并非全部的名木都属于古树，但所有的古树都属于名木。所有的古树因其生长历程见证了某一地区的自然演替和历史变迁，具有重大的历史文化价值，属于名木范畴。而名人种植的树，或纪念具有历史价值事件所栽植的树，不具有足够的树龄以达到古树范畴。如位于英国多塞特郡温伯恩明斯特的欧洲栗(*Castanea sativa*)，胸围 13.44m，高 19m，由于英国文学巨匠查理·狄更斯和托马斯·哈代与该小镇有关，位列英国古树名木行列。而位于英国北约克郡的无梗花栎(*Quercus petraea*)，胸围 14.02m，尽管树干分裂成 3 个部分，仍被认为是英国最大的古树。除此之外，在其他欧洲国家，多数国家倾向于将古树分级，提出总冠军树、分地区冠军树、分单位冠军树及分树种冠军树。如位于西班牙奥伦塞省的欧洲栓皮栎(*Quercus suber*)，胸围 9.61m，高 15.8m，被认为是该省的冠军树。

北美洲的古树资源保护开始较早。以美国为例，早在 1940 年，美国森林组织曾实施"国家大树项目(Big Tree)"，迄今已有 80 余年的历史，主要做法是县—州—联邦逐级命名树王，并针对不同树种，对单个树种其联邦积点最大者为国家树王。1925 年马里兰州林学家弗莱德·白思莱发明了一种树木"三维"测定法(方炎明，2016)。"三维"即胸围、树高和冠幅，每个维度均可量化。按照相关树木测量规程，1.37m 处胸围每英寸*记 1 个积点，树高每英尺**记 1 个积点，冠幅每 4 英尺记 1 个积点。转换成米制单位，积点计算办法为：1.37m 处胸围每厘米记 0.3937 个积点，树高每米记 3.2808 个积点，冠幅每米记 0.8202 个积点。树木总积点为胸围、树高和冠幅积点之和。在确定的地域内，同树种树木中积点最大者，即该树种的树王。

新西兰将古树名木按照国际、国家以及地方级别分为以下类型：

①国家历史树(historic tree-national interest)；

②地方历史树(historic tree-local interest)；

③国际名木(notable tree-international interest)；

④国家名木(notable tree-national interest)；

⑤地方名木(notable tree-local interest)。

由于语言文化的多样性，不同国家和地区对古树的理解、称谓和翻译也具有多样性。有学者根据 8 个方面的认知侧重点，归纳了国际上 60 种古树英文称谓(表 1-1)。

---

*：1 英寸≈2.54cm；　**：1 英尺≈0.3048m。

表 1-1　全球古树的不同称谓 (Jim, 2017)

认知角度	古树称谓
突出维度	big tree 大树、great tree 巨树、large tree 大树、giant tree 巨树
古稀树龄	old tree 古树、ancestral tree 祖树、ancient tree 古树、long-living tree 长寿树、pre-urbanization tree 城市化前古树
优异表现	champion tree 树王、elite tree 精英树、magnificent tree 宏伟树、outstanding tree 杰出树、remarkable tree 非凡树、exceptional tree 非凡树、tremendous tree 非凡树
特殊生态功能	veteran tree 牧场古树、keystone tree 关键古树、old-growth tree 老林古树
景观视觉优势	signature tree 标志树、accent tree 重点树、scenic tree 风景树、aesthetic tree 审美树、focal tree 焦点树、natural monument tree 自然巨树
人物事迹关联	famous tree 名木、renowned tree 名木、notable tree 名木、named tree 知名树、commemorative tree 纪念树、memorable tree 纪念树、identity tree 身份树、valuable tree 名贵树、special tree 特殊树
自然文化遗产	historical tree 历史树、historic tree 历史树、tree of history 历史树、heritage tree 遗产树、legacy tree 遗产树、monumental tree 纪念树、remnant tree 遗存树、relict tree 遗存树、legendary tree 传说树、cultural tree 文化树、culturally-important tree 文化重要树、tree of special interest 特殊兴趣树、tree of knowledge 知识树、tree of wisdom 智慧树、tree of life 生命树
精神内涵	sacred tree 神树、religious tree 宗教树、venerable tree 尊崇树、worshipped tree 崇拜树、revered tree 崇敬树、blessing tree 祝福树、wishing tree 许愿树、symbolic tree 象征树、mystic tree 神秘树、mythological tree 神话树

1.2　古树价值与保护伦理

1.2.1　古树价值

(1) 生态价值

古树不仅同其他树木一样，具有强大的生态效应。一片古树林犹如一座氧气库，在调节温度和空气湿度、阻滞尘埃、降低噪声、吸收有害物质等方面有较明显的生态价值，并且古树还为其他野生生物提供重要的生境。古树中心的死木常被真菌逐渐腐化，释放积存于木质中的矿物质，不仅有助于该类物质的重新利用，有益于古树的生长，这些腐烂的木质也为真菌及其他生物提供了重要的栖息地和生境，这种特殊的生境需上百年才能形成，这也增强了古树生态学的重要性(表 1-2)。

(2) 景观价值

古树资源一般在古建筑、古寺庙、古村落和风景如画的山水之中被保存下来，或立于堂前屋后，或长在悬崖峭壁之上，形成一种人工难以造就的自然景观，与山水、村落等相得益彰。有时一株古树就是一个风景景观，如黄山的迎客松、送客松，其形成的风光和人文景观价值连城。

表 1-2　古树的关键生态作用（Lindenmayer et al., 2014）

生态作用	释 义
促进植被和生境恢复的关键核心	在古树周围再植树，本地动物物种丰度显著较高；古树产生大量种子，促进农业地区的天然更新
提高农业景观中野生动物运动的连通性	在空旷的农业景观中，古树是许多物种导向、移动和扩散的"垫脚石"
高水平的碳储存	古树通常对林分的碳储存量的贡献更大
提供专门的微环境条件	为真菌及其他生物提供了重要的栖息地
提供独特的树冠、侧枝和树皮结构	古树通常具广泛的分支系统、树皮微生境和复杂的垂直异质性树冠，这些特点在较小的幼树中是不存在的。这些结构可能是某些动、植物（如附生植物）的关键生境
贡献更高比例的花、果和种子	与较小的幼树相比，高大的老树可以产生大量的花朵、果实和种子，并且可以成为许多动物的重要食物来源
为野生动物和其他生物提供更高比例的洞穴	在某些生态系统中，古树为多达30%的脊椎动物物种提供筑巢或栖息洞穴。空洞本身就代表生态系统
对微观和中观水文机制的贡献	古树对溪流、水道以及陆地景观中水的流动均有重大影响。古树也会对地下水位的垂直移动产生重大影响
大型倒木和其他粗木屑对立地有重大贡献	倒木释放积存于木质中的矿物质，使物质重新利用
对土壤发育和养分动态的贡献	古树下和周围土壤的养分状况可能与远处土壤养分状况有显著差异

(3) 文化价值

古树所具有的自然遗产和文化遗产双重身份，是连接历史和未来的纽带，是连接自然景观和人文景观的元素。在各地的古树中，有很大一部分与地方文化形成了高度的关联，有的古树被赋予人文情怀，加上各地的市树、英雄树等，这些古树均具有特殊的人文历史和文化价值。例如，南方的榕树常作为长寿的象征，樟树代表吉祥，古梅代表坚毅，这些都是美丽、吉祥和愿望的化身。各地在城市扩建或修筑铁路、公路时，遇到古树名木都会绕道而建，可见人文价值之高。古树的文化价值受到越来越多学者的关注。城市遗产树具有特殊的文化价值，文化价值比环境利益更容易驱动受访者的捐款意愿用来保护遗产树（Chen, 2015）。虽然古树在不同的环境中发挥着关键的生态作用，但是古树也是文化遗产的一部分，具有文化、宗教、精神和象征价值；这些价值往往在保护中被忽视，弘扬古树文化对于解决其全球衰落问题可能至关重要（Blicharska & Mikusinski, 2013）。古树是许多生态系统的重要组成部分，具有多种生态和社会功能。从人类的角度来看，这些功能包括有形和无形的价值，这两种价值在不同的文化和社会中同等重要。古树的有形价值，为人类长期提供非入侵性或可持续性的利益和服务，而不会导致树木死亡，如饲料、编织、食物、药用、养蜂和动物栖息等。无形价值包括审美和象征价值、宗教和精神价值、历史遗产价值（Blicharska & Mikusinski, 2014）。古树的文化价值和文化服务功能表为为：①古树是当今或历史上森林的重要组成部分，具有森林的一般文化价值，包括森林与健康、森林与教育、森林与审美、森林与精神感召、森林游憩、森林文化遗址6个方面（朱霖等，2015）。②古树是树木中年龄和尺度大的部分，具有树木的一般文化价值和文化服务功能（de Groot et al., 2005; Tabbush, 2010; Kreye et al., 2017）（表1-3）。

表 1-3 树木、疏林和森林的文化生态服务构成要素（Kreye et al., 2017）

访客或用户固有的 文化价值要素	立地固有的 文化价值要素	潜在利益	文化生态服务
社会资本	历史特征	健康和幸福	文化认同
技能	生物多样性	社会交往	文化遗产
知识	野生生物	资源	精神服务
价值	管理	教育	励志服务
	结构	灵感	美学服务
	故事	精神幸福	娱乐/旅游
	实践		
	艺术品		

(4) 历史价值

古树因其生长历程见证了某一地区的自然演替和历史变迁，具有重大的历史文化价值，一般都与特定的历史时间或重大政治事件相关联，或与政治领导人、重要或知名人士以及国际组织相联系，如历代领导人栽植的名木或指名立牌的古木，以及重要历史名人种植或题咏的树木，都具有十分重要和特殊的纪念意义。

(5) 科研价值

古树是植被演变的实证，是历尽考验而稳定生长的土生土长的适生树种，生态适应性与抗逆性极强，为城市树种规划提供参考。特别是古树保存了古老的遗传基因库，对研究树木生态学、植物进化和变异都具有很高的科学价值。古树由于自然选择变化或地域变迁而幸存下来，成为十分珍稀的物种，可用于人类自然历史的研究，从而为了解山川气候、森林植被与植物区系的变迁，为农业生产、区域规划、自然资源开发提供参考。在植物引种中，古树还可作为采种母树和参照系，或直接作为研究材料。

(6) 经济价值

古树生长逾 100 年，材径大，材质优良，或属国家一、二级保护植物，有很高的经济价值。如南方地区的黄花梨、紫檀、楠木、黄檀、红豆杉、珙桐、樟树、银杏；北方的柏树、松树、榆树、胡杨等，它们都具有上等的材质，有很高的市场价值。因此，古树与其他林木资源一样，能够获得预期的材用收益。尤其是珍贵保护树种和大胸径的古树，比一般林木具有更高的经济价值。此外，古树亦可作为杂交育种的亲本，是重要的经济植物和园林植物母本，能提供大量果实和茎杆，这些果实和茎杆可用于育苗、工业或制药，因而能创造出很高的经济价值。

(7) 开发价值

古树一般属于特殊或珍稀物种，衍生价值很高，一些古树的部分茎杆、叶片、果实或种子可适度开发为旅游纪念品，如古菩提树的种子、树叶可以加工成手串和书签，深受人们喜爱。

(8) 旅游价值

古树名木一般都有悠久历史，十分稀有、珍贵，或在一定区域名声很大、影响很广，或具有特殊观赏意义,甚至被赋予美丽传说或神话故事,其历史价值和文化价值很高,因而体现出较高的旅游观光价值。如黄山迎客松和西双版纳古榕树独树成林景观,即为著名旅游景点。

1.2.2 古树保护伦理基础

古树保护的伦理观是生态文明的重要观念。确立古树生态保护伦理观念,实践古树保护原则和规范,在生态文明建设的理论和实践中具有重要意义。

古树保护的伦理基础最初来自自然生态保护伦理。随着人类生态文明的发展,各国不断认识到古树资源保护的重要性和迫切性。最早提出"生态伦理"这个概念,是因为伴随现代工业的快速发展,西方一些国家的工业城市大量涌现,自然资源受到严重破坏,一些城市出现了严重的空气污染和水体污染事件,这些都促使人们重新审视人与自然的关系。最初的生态理论,是以人类中心主义为基础的,在之后的发展与完善中,目前已形成各类学说异彩纷呈、各种思想百家争鸣的局面。其中主要流派有动物解放/权利论、可持续发展生态伦理学、价值论生态学、政治生态伦理学、自然中心主义、生物中心论、深层生态学、强(弱)人类中心主义、大地伦理学等。这些也可归类为人类中心主义和自然中心主义两个分支。其中人类中心主义者充分肯定人类的价值高于自然的价值,认为人类是一切价值的来源;非人类的自然存在物只有外在性的工具价值,离开了人类需要,自然环境及自然物种则失去存在意义。相反,自然中心主义者则认为:人以外的自然存在物与人一样也有其自身的"内在价值"和"权利",因此,必须突破人对传统伦理学的固恋,把道德关怀的范围扩展到动物、植物和山川河流等各种自然存在物上。

东方的自然保护伦理思想主要依靠宗教伦理思想。从印度和泰国的佛教"不杀生"的思想,到马来西亚伊斯兰教"保护生命"的教义,都有相当普遍、内容丰富的道德规范和道德观念,处处体现了自然保护的伦理思想。如果人类要生存,就要保护地球上形形色色的生命。

中国人与自然和谐的生态伦理观决定了中国古树保护生态伦理观,建立在以儒、佛、道为主干的东方文化传统之上。中国自先秦哲学起就有"天人合一"的哲学思想,中国古代农业文明中,也存在大量的生态伦理思想,这些思想不仅是中华五千年文明史得以延续发展的道德基础,更是现代生态伦理学健康生长的历史养分和开展生态道德教育的宝贵财富。中国在如何认识自然、保护自然以及如何与自然和谐发展上,始终秉承人与自然和谐统一,建立了人与自然和谐的生态伦理观。中国树木保护伦理观从产生到发展的过程中内容不断丰富,表现为树木崇拜、树木神话、树木禁忌、树木种植和树木文化,不同形式的树木保护及信仰,渗透到民间的各种习俗当中,成了民间特色的传统文化,对树木的信仰还在民间自发形成了有关树木的各种禁忌,这种约定俗成的禁忌成为人与自然相处的法则,体现出树木信仰丰厚的内涵和其在人们精神世界的重要性。正是这种树木生态保护伦理维系整个生态的平衡,也即保护人类自身的生存。

近年来生态依赖性的理念越来越快地被各国接受并予以重视,人类正在逐步纠正雄心勃勃的关于征服地球和免受自然界力量侵害的行为,而转向尊重和珍惜、保护大自然的赐予,构建人与自然和谐发展的生态价值观,进而构建人与自然和谐发展的绿色文化价值观。正如我国近年来所提出的:"人类是命运共同体,保护生态环境是全球面临的共同挑战和共同责任。"这是一种行为模式,是立足于这样一种观念的模式,是站在人类认识的前沿和道义的制高点,终将成为引领人类走出困境,走向更加光明未来的指路明灯。

1.2.3 古树保护使命与目标

在气候变化、生态变化及人为环境干扰的影响下,全球范围内的古树正面临衰退的威胁,如何对古树进行有效保护成为全球科学家与林业工作者所面临的共同挑战(Lindenmayer & Laurance,2017)。

导致古树衰退主要有以下几方面的因素:

①古树本身随着年龄增长导致树体活力下降,各项生理指标减弱 表现为生长量低,叶片光合作用能力弱,叶绿素含量低,光能利用效率下降,并伴随细胞膜透性增大,膜脂过氧化作用加剧,树体内的内源激素 ABA 含量提高等生理变化,造成了树势的整体衰弱。

②受全球气候变化影响 古树由于自身树势的衰退,对气候变化更加敏感,在温度升高、干旱等全球气候变化中的死亡率更高。除高温、干旱外,火灾等自然灾害也造成古树濒危或死亡。部分沿海区域受台风等自然因素的影响,使古树倾倒、根系破坏等。

③城市化和土地利用、景观破碎化 城市化以及人类聚集地景观的高度破碎化所导致的微气候、冠层环境、土壤湿度等生境条件的变化,加速了古树的死亡。土地利用矛盾导致古树生存危机,生活空间竞争,砍伐或破坏古树的现象严重。

④高强度的人为干扰 如砍伐、放牧、农业活动及修筑建筑物等,部分地域的民众保护意识不足和管护执法不力等原因,大量古树受到严重的人为破坏,加之保护方法不当,如树池、建筑等对古树根系的禁锢措施,对古树的健康有抑制作用,也造成了部分古树的衰亡。

中国有悠久的历史和极其丰富的生物多样性资源,在漫长的历史进程中保存了大量古树。目前我国有记录的古树共计逾 1000 万株,其中 5.5% 生长衰弱或濒危,0.2% 已经死亡(董锦熠等,2021),这其中病虫害的威胁最严重,其次是自然灾害的威胁。由于大部分古树(89%)分布在农村等偏远地区,缺乏有效的保护措施。

古树是生态系统的组成部分,古树资源的保护和可持续管理是现代森林自然保护的重要组成部分,有时受城市建设或景区建设影响,古树生境直接受到严重干扰及影响。如古树所在立地土壤养分含量较低,树冠垂直投影下的硬质铺装导致根系生长受限。此外,古树群内光照条件差,古树的枯枝、徒长枝、病虫枝、内膛枝、交叉枝等不仅影响树势,还导致树冠过于郁闭,这些古树生境直接影响古树的健康生长。

尽管近年来我国的科技工作者对古树资源进行了大量调查,积累了较为丰富的数据,但目前对古树的研究仍不够深入与全面。在我国生态文明建设的背景下,如何保护现有古树,降低古树的死亡风险,如何进一步发挥古树在区域多样性以及地域文化传承等方面的作用,已成为我们新时代科研与林业工作者所肩负的重要使命。随着精准研究及大数据时代的发展,如何根据实际情况对每株古树定制详细的、可实施性的保护方案,来加强对古树资源的保育,确保足够的后续资源以保证古树种群的更新,是目前古树资源的生存现状迫切需要解决的问题。此外,如何处理开发与保护的矛盾,如何在经济、安全、有效地把古树病虫害控制在一定范围内,如何多角度、多途径开展相关的保护活动,这些既是我们的最终目标,又是我们需要深入思考的问题。

小　结

　　古树作为生态系统的组成部分,并历经上百年甚至数千年所形成的特殊生境,具有重要的生态功能及生态作用,兼具生态、景观、文化、历史、科研、经济等诸多价值。古树作为林木资源中的瑰宝,也是人类与自然和谐相处与生态文明的象征。本章在综合大量研究资料的基础上,界定了国内外古树名木资源的含义、范畴及分类。然而受自体衰退、气候变化、生态变化及人为环境干扰,全球范围内的古树正面临衰退的威胁,因此,确立古树生态保护伦理观念,实践古树保护原则和规范,在建设生态文明的理论和实践中具有重要的理论和实践意义。目前对古树进行有效保护已成为全球科学家与林业工作者所面临的共同挑战与责任。

思考题

1. 简述我国对古树名木的界定及其分类。
2. 概述全球对古树的不同称谓及其依据标准。
3. 阐述古树重要的生态价值及其关键的生态作用。
4. 举例说明古树文化生态服务的构成要素。
5. 导致古树衰退的主要因素有哪些？
6. 简述我国古树保护政策的理念及目标。

推荐阅读书目

1. 古树名木鉴定规范(LY/T 2737—2016). 国家林业局. 中国标准出版社, 2017.
2. 中国古树. 中央广播电视总台. 江西美术出版社, 2020.
3. 古树保护理论及技术. 赵忠. 科学出版社, 2021.

第 2 章

木本植物生活史与古树寿命

 本章提要

本章从植物生活型的概念及类型切入,针对针叶树与阔叶树的生活史过程进行阐述,导入木本植物生活史理论的 K-R 对策与 C-S-R 对策,以及树木生活史相关理论的假说,揭示了树木年龄与大小的关系,深入剖析了影响古树寿命的内外因素,以更好地理解古树的寿命及其多样性。

2.1 植物习性及其生活史过程

古树资源树种丰富,不同树种的习性特征以及生活史各不相同,为了更好地理解本章内容,我们先引入植物生活型分类,以针叶树种和阔叶树种两类分别介绍,为深入理解树木生活史理论及对策奠定理论基础。

2.1.1 植物生活型分类

植物生活型(life form),是指植物对外界环境适应的外部表现形式,与一定生境相联系,主要依据外部形态特征区分的生物类型。

我国关于植物生活型的分类,一般采用在世界广泛应用的丹麦学者劳恩凯尔(Raunkiaer)提出的生活型系统和《中国植被》一书中所制定的生活型系统。在生活型分类中,休眠芽被认为是在恶劣环境中延续生命的器官,与环境条件之间有着密切的关系。由此可见,生活型是植物对于气候恶劣环境长期适应的结果,在不同气候区域中的植物区系里或不同植被类型中,各种生活型所占比例是不同的,而这种不同生活型的组成,称为生活型谱(life-form spectrum)。

植物生活型分类主要依据植物(即芽,尤指休眠芽)在非生长季时与地面的相对位置,其中非生长季是指芽处于休眠的季节。分类具体包括高位芽植物(phanerophytes)、地上芽植物(chamaephytes)、地面芽植物(hemicryptophytes)、隐芽植物(cryptophytes)、一年生植物（therophytes）和附生植物（epiphytes）。

（1）高位芽植物

主要为多年生木本植物，其休眠芽一般高于地表25cm以上。如常见乔木与灌木（除附生植物外）。依植株的高度又可分为：大高位芽植物（megaphanerophyte，大乔木）、中高位芽植物（mesophanerophyte，中乔木）和矮高位芽植物（nanophanerophyte，灌木）。

（2）地上芽植物

芽生长在近地面的枝条上，有些木本植物接地面的枝条上具有多年生的芽，与地面距离不到25cm，如蔓越莓等越橘属植物。依据地面枝条的不同形态，地上芽植物又可分为：禾本型地上芽植物（chamaephyte gramminidea）、地衣型地上芽植物（chamaephyte lichenosa）、垫形地上芽植物（chamaephyte pulvinate）、匍匐地上芽植物（chamaephyte reptantia）、泥炭藓型地上芽植物（chamaephyte sphagnoides）、肉叶地上芽植物（chamaephyte succulente）、半灌木地上芽植物（chamaephyte suffrutescentia）和蔓延地上芽植物（chamaephyte velantia）。

（3）地面芽植物

芽位于地表或与地表极近，其茎极短，其叶的着生方式为莲座状，如蒲公英、车前等。地面芽植物又可分为原地面芽植物（protohemicryptophytes），即能观察到茎及叶；半莲座状地面芽植物（partial rosette plants），指能观察到茎及莲座状排列的叶；莲座状地面芽植物（rosette plants），指茎常埋于地面下或极短难以辨别出，叶为莲座状排列。

（4）隐芽植物

休眠芽位于土表之下（根茎、鳞茎、球茎等）或水面之下，其可以分为：①地下芽植物（geophyte）：植物的休眠芽位于土壤中，如番红花属植物、郁金香属植物。也可再细分为根茎地下芽植物、块茎地下芽植物、块根地下芽植物、球茎地下芽植物、根地下芽植物。②沼生植物（helophyte）：休眠芽埋在沼泽中，如香蒲属植物。③水生植物（hydrophyte）：休眠芽埋在水中，如睡莲科植物等。

（5）一年生植物

度过恶劣环境的方式不是靠休眠芽，而是以种子的形态于生长季中完成生活史。此外，气生植物（aerophyte）借由吸器（haustorium）吸收空气中水汽或雨水中的水分或养分，且通常依附在其他的物体上。还有附生植物最早被分在高位芽植物群中，但因其生长方式与地表无关而被劳恩凯尔分类移出。

2.1.2 针叶树生活史过程

针叶树（conifer tree）是古树资源的重要组成部分。松科是松杉纲中种类最多，组成温带和亚热带山地森林的重要树种。本节以油松为例，对针叶树的生活史过程进行阐述，包括种子萌发、幼苗形成、幼树生长、有性生殖、成年植株生长、生殖与存活和衰老与更新。

松科松属的油松（Pinus tabuliformis）为高大常绿乔木，雌雄同株，在我国常形成大面积针叶林。油松从春季传粉到种子成熟一般要经历约18个月的时间。第一年春季开花传粉。油松的雄性生殖器官称雄球花，即小孢子叶球，传粉后散落；雌性生殖器官为雌球花，即大孢子叶球，传粉后长成球果。油松的传粉期在北京为4月下旬至5月上旬，此时雌球花的中轴伸长，珠被张开，其中由胚珠分泌传粉滴，当花粉粒落到珠孔附近时被传粉滴粘住，后随着传粉滴的逐渐干涸、皱缩而被吸入珠孔，完成传粉。其后花粉在胚珠内萌发形成花粉管。大孢子形成，并发育为游离核时期的雌配子体，进入冬眠。第二年春季，雌配子体和花粉粒继续发育，颈卵器形成，初夏完成受精。受精卵经过多次细胞分裂分化后发育形成胚。随后雌配子体的大部分细胞发育成胚乳，胚珠发育成熟后就是种子（松子）。在受精之后的雌球花开始迅速增大形成球果，颜色由绿变为褐色。到秋季，球果成熟，种鳞开裂，种子成熟散出。

油松种子外部有木质化坚硬的外种皮，具种翅，借风力传播。种子吸水后，原干燥坚硬的种皮变软、开裂，胚根和胚芽迅速成长。随后胚根突破种皮，向下生长，形成主根；胚轴将胚芽推出土面后，发育为幼苗。油松幼苗在同化外界物质的过程中，细胞经分裂分化，体积和重量发生不可逆的增加，并不断进行增高生长和加粗生长。在自然环境中，不同的荫蔽和立地条件下，上层林冠结构和林下植被制约油松林下幼苗的自然更新。树冠层和林下层的温暖小气候和肥沃土壤可促进幼苗生长，灌木或草本植被与油松幼苗存在资源竞争，从而影响幼苗再生程度。此外，油松幼苗发生率与林分结构因子显著相关，即林冠植被、林下植被和坡度是针叶树种幼苗发生和密度的驱动因素（Shen & Nelson，2018）。油松属常绿树木，叶片分批分期脱落。植物的衰老是指一个器官或整个植株的生命功能衰退、最终导致自然死亡的一系列变化的过程。针叶树的衰老属于渐进衰老（即针叶不在同一时期脱落，而是分批轮换脱落的衰老方式）。一般而言，油松种群的存活曲线为 Deevey-II 型，存活曲线、死亡率曲线和消失曲线及生存函数均显示出油松种群数量前期相对稳定，但生长到一定阶段，种内和种间竞争的加剧导致其数量锐减，末期伴随着油松进入生理死亡年龄，种群逐渐衰退。随着生长年限的延长，油松古树针叶细、短，枝梢的生长量降低，光合作用能力减弱，叶绿素含量低，光能利用效率下降，伴随膜透性增大，膜脂过氧化作用加剧，同时内源激素 ABA 含量显著提高，树势整体呈现衰老态势（图2-1）。

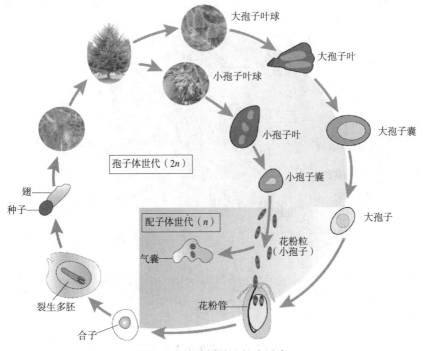

图 2-1　针叶树种油松生活史

2.1.3 阔叶树生活史过程

相对于针叶树，真双子叶植物类的树木具有较扁平、宽阔的叶片，叶脉呈网状，叶常绿或落叶，叶形随树种不同而有多种形状的多年生木本植物，称为阔叶树(broadleaf tree)。本节以古树常见树种槐(*Sophora japonica*)为例，介绍阔叶树生活史过程。

槐为豆科蝶形花亚科槐属落叶乔木，南北方均有栽培，冠大叶茂，根系发达，寿命较长，具很强的萌发能力。槐在北方地区 6~7 月开花，圆锥状花序，蝶形花冠，花两性，其内有雌蕊和雄蕊，雄蕊花药中的花粉母细胞(小孢子母细胞)经减数分裂，形成花粉粒。雌蕊子房胚珠内胚囊母细胞(大孢子母细胞)经 3 次有丝分裂形成成熟胚囊。花粉粒经传粉后在雌蕊柱头上萌发经珠孔入胚囊，一个精子(n)和卵细胞(n)融合形成合子(受精卵 $2n$)，发育成胚；另一个精子(n)和 2 个极核(n)融合形成初生胚乳核发育成胚乳($3n$)，珠被则发育成种皮，形成新一代种子。子房最终发育为念珠状肉质荚果，果实经冬不落。

槐种子外种皮坚硬致密，表层有不透水蜡质层，在适宜温湿度条件下可催芽萌发。每年 10 月为生理成熟期，此时种胚形成，有较高的发芽能力，幼苗一般 7~10d 出土，1 年生的槐苗木，地径大小能够达到 1cm 以上，高度 1.5m 左右。槐幼苗内细胞经分裂分化，体积和重量发生不可逆的增加，并不断进行增高生长和加粗生长。成年槐植株抗逆能力较强，在干旱胁迫下树体可通过降低 NO_3^- 的同化，增加 NH_4^+ 的吸收与同化缓解干旱胁迫带来的伤害，但在氮缺乏条件下抗旱性降低(Jing et al., 2021)。随着树龄增长，其养分、水分、矿质营养元素、激素和酶系统等出现显著变化，叶绿素含量下降，同时也伴随着叶片结构的变化，气孔导度的下降，光能转化率低，光合速率也下降，适应能力降低(图 2-2)。

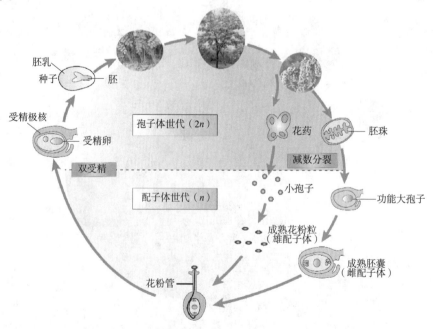

图 2-2　阔叶树槐生活史

2.2 木本植物生活史理论

生活史(life history),指生物有机体从出生到死亡全过程中一系列与生存和繁殖相关的事件,简称生活周期(lifecycle)。生活史是由自然选择形成的,反映了物种个体如何在生长、生存和后代生产中分配有限的资源。

所有生物都需要能量和营养用于生长、生存和繁殖。在自然界中,这些资源的供应是有限的,并且经常存在这些资源的获取竞争。例如,植物对阳光和矿质营养的竞争,动物对食物的竞争。因此,每个有机体可利用的资源是有限的,而有限资源需要在生长、生存和繁殖之间进行分配。合理分配有限的资源意味着什么?从进化的角度来看,这意味着资源在生长、生存、繁殖功能之间的分配是否使适合度(fitness)达到最大化;是否使潜在后代数达到最大化。某些可遗传性状可使生物体获得更有效的资源分配方式,留下更多的后代,通过自然选择使这些性状在世代间不断扩大。在较大时间尺度上,这些性状很好地适应环境,这一过程导致物种形成生活史对策(life history strategy),即生活史性状(life history traits)的集合。各个物种的最佳生活史策略可能不同,取决于其性状、环境和其他限制。

生活史性状包括后代数量、大小和性别比、生殖时间、成熟时的年龄和大小、生长模式和寿命等因素。这些性状大多数是可遗传的,因此,都是自然选择的结果。这些特征不是相互排斥的,而是相互关联的、共变的或协变的。关联性状之间的此长彼消,称为性状间权衡(trade-offs)。

2.2.1 K-R 对策

美国生态学家罗伯特·麦克阿瑟(Robert MacArthur)和美国生物学家爱德华·威尔逊(Edward O. Wilson)首先采用了 K-对策和 R-对策的提法。《不列颠百科全书》对 K-选择物种和 R-选择物种做了如下解释:

①K-选择物种(K-selected species) 也称 K-对策者(K-strategist),种群在其生境承载能力(K)或附近波动的物种,是两种生活史对策之一。K-选择物种拥有相对稳定的种群,倾向于产生相对较少的后代。与 R-选择物种相比,后代个体往往相当大。K-选择物种的特点是孕育期长、成熟缓慢、寿命长,往往生长在相对稳定的生物群落中,如演替后期或顶极森林群落。

②R-选择物种(R-selected species) 也称 R-对策者(R-strategist),种群由其生物潜力或最大繁殖能力(R)决定的物种,是两种生活史对策之一。R-选择物种产生大量小后代个体,种群呈指数式增长;其特点是孕育期较短、成熟快速、寿命短。与 K-选择物种不同,个体能够在相对年轻的年龄繁殖,然而,许多后代在达到生殖年龄之前就已死亡。

K-R 选择概念的内涵经历了一个不断演进的过程(表 2-1)。MacArthur & Wilson(1967)、Pianka(1970)等一批学者先后提出、推演和发展了这一对概念。综合上述各家观点,K-R 选择概念的内涵包含以下要素:①K-R 选择是自然选择的过程,而 K-R 对策指自然选择的结果,R-对策者是在不稳定、不确定、资源不受限制的环境中自然选择的结果,而 K-对策者是在稳定、确定、资源受限制的环境中自然选择的结果。②K-R 选择以

表 2-1 K-R 选择概念的演进

学　者	R-选择	K-选择
MacArthur & Wilson(1967)	不拥挤群体中高生长率的选择	在拥挤群体中竞争能力的选择
Pianka(1970)	①发生在变化、不可预测、不确定的气候条件下； ②种群死亡率是间接和密度独立的； ③存活率遵从 Deevey Ⅲ型曲线[1]； ④种群大小在时间上可变、非平衡，通常低于环境承载力，形成不饱和群落； ⑤种内与种间竞争可变而宽松； ⑥相对丰度通常不遵从分割线段模型[2]； ⑦选择偏向于快速发育、高内禀增长率[3]、早生殖、体型小、一次生殖的个体[4]	①发生在相对恒定、可预测、确定的气候条件下； ②种群死亡率直接、密度依赖的； ③存活率遵从 Deevey Ⅰ型和Ⅱ型曲线[1]； ④种群大小在时间上相对恒定、平衡，接近环境承载力，形成饱和群落，无须重新拓殖； ⑤种内与种间竞争是稳定的； ⑥相对丰度遵从分割线段模型[2]； ⑦选择偏向于慢速发育、竞争能力强、迟生殖、体型大、多次生殖的个体[4]
Gadgil & Solbrig(1972)	生活在密度独立、高死亡率环境中的群体[5]，即 R-对策者，选择性地倾向于将更多资源分配于生殖活动，以牺牲在拥挤条件下的繁殖能力为代价，出生率高	生活在高密度、依赖调节环境中的群体[5]，即 K-对策者，选择性地倾向于将更多资源分配于非生殖活动，以牺牲在高度密度独立条件下的繁殖能力为代价，出生率低
Stearns(1977)	种群呈指数式增长，稳定的年龄级分布，幼小个体多，重复拓殖，种群密度波动，个体成熟早，生殖值高，寿命短	种群按逻辑斯蒂曲线增长[6]，生存于稳定环境，种群密度趋于平衡，个体成熟迟，生殖值低，寿命长
Parry(1981)	①在不拥挤群体中最大生长率的选择； ②自然选择的密度独立成分； ③R-选择物种出现在不稳定生境中； ④倾向于分配更多的资源于生殖	①在拥挤群体中竞争力的选择； ②自然选择的密度依赖成分； ③K-选择物种出现在长期稳定生境中； ④倾向于分配更少的资源于生殖

注释：[1] Deevey Ⅰ型、Ⅱ型和Ⅲ型：指种群生态学中的 3 种存活曲线类型，由美国生物学家迪维（E. S. Deevey）1947 年提出。存活曲线是指以种群个体生物相对年龄（绝对年龄除以平均寿命）为横坐标，以各年龄组的存活率为纵坐标所绘制的曲线。Ⅰ型又称凸型或 A 型，种群的绝大多数个体都能活到生理年龄，早期死亡率极低，在达到一定生理年龄时，短期内几乎全部死亡；Ⅱ型又称对角线型或 B 型，种群的各年龄个体死亡率相等；Ⅲ型又称 C 型，种群的个体早期死亡率极高，到一定年龄后，死亡率很低而且稳定。

[2] 分割线段模型（broken stick model）：又称断棍模型，由麦克阿瑟（R. H. MacAthur）提出，用于研究鸟类物种多度分布，根据该模型，对于任意一个物种 i，期望个体数所占比例 P_i 可以用 $P_i = \frac{1}{s}\sum_{x=i}^{s}\frac{1}{x}$ 来预报。式中，i 为观察群落的物种数，S 为物种总数。

[3] 内禀增长率：指在给定的物理和生物的条件下，具有稳定的年龄组配的种群最大瞬时增长率。

[4] 一次生殖（semelparity）与多次生殖（iteroparity）：一次生殖，即生物个体一生中只进行一次生殖的现象；多次生殖，生物个体连续周期性多次产生后代的现象。

[5] 密度依赖（density-dependent）与密度独立（density-independent）：密度依赖，即种群个体数或生物量的增减因素的作用强度与该种群密度的关联性。密度独立，即种群个体数或生物量的增减因素的作用强度与该种群密度的独立性。

[6] 逻辑斯蒂曲线：指一种非线性的、呈 S 形增长的曲线。其变化过程为：一开始增长速度较慢，中间阶段增长速度加快，以后增长速度下降并且趋于稳定。

生活史性状为基础，性状的组合、协变和权衡，形成对策者的两种极端，R-对策者和K-对策者。③K-R选择以资源在生长、存活和生殖功能间的最佳分配为中心，反映了进化上的稳定性。④K-R选择的生活史性状最佳组合，包含植物种群和个体两个水平的性状，涉及形态的、生理生态的、化学的和种群统计学的性状。

一般地，一种植物只有一种生活史对策。然而，有的植物可能有两种不同的对策。据研究（Closset-Kop et al.，2007），物种的对策类型在不同发育阶段可以发生转换，美国黑樱桃（*Prunus serotina*），在幼年期表现出所谓"奥斯卡综合征（Oskar syndrome）"，无高生长、地径增长<0.06mm·a^{-1}，可存活于郁闭的林下；一旦林窗形成，在光的作用下，受抑制的个体很快释放，高生长量可达>56cm·a^{-1}，快速达到林冠高度；因此，美国黑樱桃在郁闭林下，扮演耐阴K-对策者（shade-tolerant K-strategist）的角色，在空旷有光的条件下，扮演需光R-对策者（light-demanding R-strategist）的角色。

从K-R选择概念的内涵也可以推论，古树多半是K-对策者，因为古树具有K-对策者以下特征：个体大、寿命长、生殖迟、多次结实。古树原本应生存在原生的、稳定的生境，这种稳定的生境以自然演替的森林群落为典型。现存的古树有许多是处于不稳定的、胁迫的生境中，尽管如此，部分自然起源的古树生境可能是自然森林环境受到破坏的结果。

2.2.2 C-S-R对策

20世纪30~70年代，拉门斯基（L. G. Ramenskii）、范·瓦伦（L. van Valen）、格莱姆（J. P. Grime）、怀梯克（R. H. Whittaker）等一批生态学家关注陆地植物生存的威胁因子，将生存的威胁分为胁迫（stress）、干扰（disturbance）和竞争排斥（competitive exclusion），在相应环境中进化的植物可以分别称为耐受型对策者（stress-tolerators）、蔓生型对策者（ruderals）和竞争型对策者（competitors）。

格莱姆（Grime，1979）详细描述了3种主要对策者植物的形态、生命史和生理学特征（表2-2），并提出了格莱姆三角形（Grime's triangle），或称C-S-R模型（C-S-R model），用来解释不同植物生活对策的差异，并划分对策的类型（图2-3）。C-S-R模型描述植被中竞争、环境胁迫、环境干扰三者间的不同平衡点，以及初级和次级对策的位置，I_c代表竞争的相对重要性，I_s代表胁迫的相对重要性，I_d代表干扰的相对重要性；C表示竞争型对策者，S表示耐受型对策者，R表示蔓生型对策者，C-R表示竞争-蔓生型对策者，S-R表示耐受-蔓生型对策者，C-S表示竞争-耐受型对策者，C-S-R表示竞争-耐受-蔓生型对策者，以此类推，理论上共有19种对策者，大致归为4个类别：竞争类对策者、耐受类对策者、蔓生类对策者、中间类对策者。

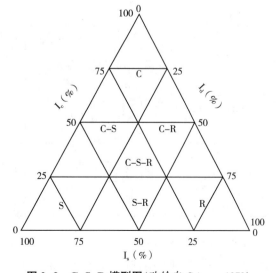

图2-3　C-S-R模型图（改绘自Grime，1979）

表 2-2 竞争型、耐受型和蔓生型对策者特征比较

性 状	竞争型对策者	耐受型对策者	蔓生型对策者
Ⅰ 形态学			
1. 生活型	草本、灌木和乔木	地衣、草本、灌木和乔木	草本
2. 形态	冠部叶浓密,地上和地下器官侧向扩张	生长型极端宽泛	形小,器官侧向扩张有限
3. 叶型	健壮、中型	通常小型、革质或针状	各类中型叶
Ⅱ 生活史			
4. 个体寿命	长或较短	长至很长	很短
5. 叶和根寿命	较短	长	短
6. 叶物候	叶生长期有明确峰值,与最大潜在生产力时期一致	常绿,叶生长期峰值不明显	在潜在高生产力时期快速形成叶片
7. 开花物候	花形成于最大潜在生产力时期之后(很少之前)	开花时间与季节不存在一般关联	生活史早期开花
8. 开花频率	成年个体一般每年开花	长生活史中间歇性开花	频率高
9. 用于种子的年产量比例	小	小	大
10. 多年生长器官	休眠芽和种子	胁迫耐受叶和根	休眠种子
11. 更新对策	营养繁殖扩张,在植被空隙季节性更新,大量扩散的种子或孢子,持久性种子库	营养繁殖扩张,持久性幼苗库,大量扩散的种子或孢子	在植被空隙季节性更新,大量扩散的种子或孢子,持久性种子库
Ⅲ 生理学			
12. 最大潜在相对生长率	快	慢	快
13. 胁迫响应	快速形态遗传响应(根冠比、根表面积),营养生长最大化	形态遗传响应慢、幅度小	营养生长迅速减少,资源转向开花
14. 光合作用、矿质营养和组织抗性对光照、温度和水分供应季节变化的适应	发育弱	发育强	发育弱
15. 光合作用与矿质营养吸收	强烈季节性,与长而连续的营养生长期一致	机会主义者,与营养生长期通常不耦合	机会主义者,与营养生长期一致
16. 光合产物、矿质营养的储藏	大部分光合产物和矿质营养迅速转换为营养结构,但有一定比例的光合产物和矿质营养被储藏,提供下一生长季节扩大生长	储藏系统包含叶、茎和根	限于种子
Ⅳ 其他			
17. 凋落物	丰富,持久	稀少,有时持久	稀少,不总是持久
18. 对非特化食草动物的适口性	不同程度	低	不同程度,通常高

皮尔斯(S. Pierce)等(Pierce et al., 2017)提供了一种利用叶功能性状鉴别C-S-R对策类型的算法,测定叶面积、叶鲜重和叶干重3个叶功能性状,输入StrateFy软件中,就可以自

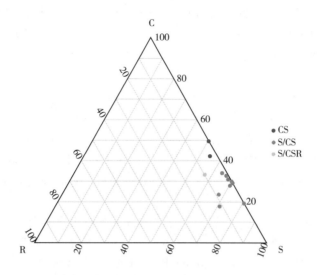

图 2-4 武夷山常绿阔叶林壳斗科树种的 C-S-R 对策类型

动计算出某种植物的对策类型。如输入武夷山森林动态样地的叶功能性状，StrateFy 就可以鉴定出 C-S-R 对策类型，与其他软件配合，输入 C-S-R 对策图如图 2-4 所示。

2.2.3 树木生活史理论

从种群生态角度出发，生长、生存和生殖是树木生活史的 3 个重要方面。就古树个体而言，在成熟年龄阶段，保障正常存活是重点，防御死亡威胁是关键。科·勒尔（C. Loehle）1988 年发表了树木生活史理论，强调防御对于树木生存的作用，提出了树木寿命相关的 5 个预测。

预测Ⅰ：若防御的能量投入对延长寿命至关重要，则树木抗腐的能力尤为重要，特别是在树木腐朽敏感的温暖和潮湿生境；在特定生境内，增加对防御的能量投入应该与延长寿命相关。

预测Ⅱ：若防御或生殖的能量投入和营养消耗增大，从而减慢了生长率，则在任何生境内树木生长率和寿命之间都应该呈负相关关系。

预测Ⅲ：若生长率下降增加幼树死亡率，特别在竞争上层空间时，则先锋树种应牺牲防御性投入，以使幼树生长率最大化。

预测Ⅳ：若先锋树种依靠快速径向生长来抵抗病虫害，则当它们接近最大尺寸时，因生长变慢而迅速衰退；衰退典型地表现在断枝、树干出现坏死斑块、病虫害入侵和树干空心，但在有利立地条件下寿命更长。

预测Ⅴ：在没有病虫害侵染的情况下长寿树种应保持低生长率和成熟度，应该具有保持光合和呼吸作用平衡的特定适应性；其他适应特征还有：更多地投入于根系，成熟时生长缓慢，耐干旱，形成层衰退，枝梢枯死。

这些预测主要预报生长、防御或生殖与树木寿命的关系，以下是与树木寿命相关的 4 个预测假说。

①防御长寿假说　根据预测Ⅰ，防御的能量投入越大，树木寿命越长。树木在防御上的能量投资用于获得物理的（结构的）和化学的防御能力，以抵抗潜在的主要死亡威胁，如木

腐、虫害、风倒和火害等。物理防御体现在：根系和树干的支撑功能，树皮厚度及其阻燃、隔热、防寒功能，树干刚度及其抗剪切、抗冲压、抗拉伸和抗弯曲能力；化学防御体现在：酚类、树脂和其他化合物在不同器官中的分布和浓度。树木投资于防御的能量大小，可以用能量密度来衡量，能量密度即单位体积内包含的能量（$J \cdot cm^{-3}$，J 为焦耳）。能量密度可以从木材密度（$g \cdot cm^{-3}$）和热值（$J \cdot g^{-1}$）两个物理指标来测得。因此，树木寿命长短可以用能量密度来预报，并与木材密度和木材热值有关。勒尔从统计学上验证了被子植物寿命与能量密度呈正相关，但裸子植物却不存在这一规律。例如，红槲栎（*Quercus rubra*）和美国白栎（*Q. alba*）的最大寿命分别为 400 年和 600 年，其能量密度分别为 $11.30 J \cdot cm^{-3}$ 和 $12.70 J \cdot cm^{-3}$；红云杉（*Picea rubens*）和西加云杉（*P. sitchensis*）的最大寿命分别为 300 年和 800 年，其能量密度分别为 $7.49 J \cdot cm^{-3}$ 和 $6.58 J \cdot cm^{-3}$。

②生长率-寿命负相关假说　根据预测Ⅱ，树木生长率越大，寿命越短。这在裸子植物和被子植物中都得到验证。生长率快慢，可按五级划分法：1 很慢，2 慢，3 中等，4 快，5 很快。在裸子植物中，湿地松（*Pinus elliotti*）生长快（4 级），科罗拉多果松（*P. edulis*）生长很慢（1 级），其最大寿命分别为 250 年和 540 年。在被子植物中，加州白栎（*Quercus lobata*）生长快（4 级），美国白栎生长慢（2 级），最大寿命分别为 300 年和 600 年。

③耐阴性-寿命正相关假说　根据预测Ⅲ和预测Ⅳ，耐阴程度低的先锋树种，幼年期快速生长，而成年期快速衰退；预测Ⅲ和预测Ⅳ都与先锋树种及其耐阴程度有关，可整体理解为耐阴性越强，寿命越长。耐阴程度可划分为五级，1 不耐阴，2 较不耐阴，3 中等耐阴，4 耐阴，5 很耐阴；反过来，耐阴程度越弱，喜光程度就越强。裸子植物和被子植物都遵从一个规律：耐阴程度强，寿命长。耐阴程度为 1 级和 2 级树种的典型寿命，裸子植物寿命为 259 年，被子植物的为 147 年；耐阴程度为 3、4 和 5 级树种的典型寿命，裸子植物为 461 年，被子植物为 191 年。

④幼态长寿假说　预测Ⅴ的要义是长寿树种生长慢、成熟迟，并具有一定的生理适应，树木成熟越慢，寿命越长。在被子植物中，具有高能量密度（平均 $11.09 J \cdot cm^{-3}$）、高耐阴性（平均 3.0 级）和低生长率（平均 3.1 级）的长寿树种（平均 203 年），平均初次和典型生殖年龄分别为 22.2 年和 42.6 年；而具有低能量密度（平均 $7.10 J \cdot cm^{-3}$）、低耐阴性（平均 1.5 级）和高生长率（平均 4.3 级）的短命树种（平均 86 年），平均初次和典型生殖年龄分别为 11.5 年和 20.0 年；相较于长寿树种的生殖年龄显著推迟。然而，在裸子植物中，长寿树种的生殖年龄并无统计学意义上的推迟。

在 4 个假说当中，只有生长率-寿命负相关假说和耐阴性-寿命正相关假说在木本种子植物中都得到验证，而防御长寿假说和幼态长寿假说只在木本被子植物中获得支持。因此，这些假说还有待更广泛的数据来进行验证。勒尔的数据集只涉及北美的 159 种乔灌木，数据样本有限。全球乔木树种有 60 065 种，占被子植物和裸子植物的 20%（Beech et al.，2017）。全球约有树木 30 400 亿株，其中，热带和亚热带有 13 000 亿株，环北极地区 7400 亿株，温带地区 6600 亿株；每年有超过 150 亿株树木被砍伐，自人类文明开始以来，全球树木已减少大约 46%（Crowther et al.，2015）。随着树木研究广度扩大和深度提升，有关树木生活史和寿命的认知将会不断更新。

2.3 古树寿命

树木的寿命是否有限？自然界中的古树因何而长寿？要回答这些问题，先从树木寿命谈起。树木寿命首先取决于树木本身的遗传特性，有些树木能长命百岁甚至千岁；有的树木却寿命很短。除了不同树种和树木自身特征外，还与外部环境因素有关。一般长寿的树木本身常具有以下特征：生长较为缓慢、木材强度高，起源于种子繁殖，根系发达，萌发力强，病虫害少以及抗逆性强等。理论上，树木的增高与加粗生长主要来自分生组织，包括顶端分生组织、居间分生组织和侧生分生组织。尽管分生组织不断地增殖和分化，以产生更多的其他成熟组织，但树木的生长仍然受到内部生长与外部环境因素等的限制，寿命并不能永久，本章将重点阐述树木大小、树高、胸径等指标与树龄的关系，以及限制树木增长趋势的制约因子。

2.3.1 树木年龄与大小的关系

对大多数树种而言，随着树木年龄的增长，树木大小级也在增加。随着单株树木的质量增长率不断增加，其胸径生长量总体趋势在增加，树木胸径生长与年龄存在明显的正相关关系。然而事实上，这意味着碳的积累将随着树木大小和年龄的增加而继续，而不是随着树木的成熟而减少。目前研究发现：随着树木的生长，径向生长量增加，高度增量减小（图2-5）。也有证据表明，树木体型大小是影响相对树高增长和净同化率随树龄下降的主要因素，树龄是影响树高增量（Δh）和树高（h）之间关系的主要因素，也是影响胸径（DBH）和径向生长（Δd）之间关系的主要因素。

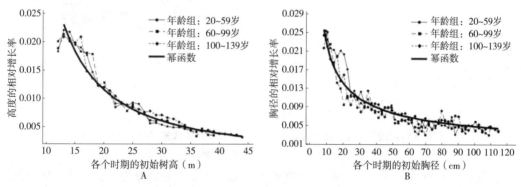

图 2-5 不同树龄的树高和胸径相对增长率（Marziliano et al., 2019）

A. 不同树龄的树高相对生长率　B. 不同树龄的胸径相对增长率

不同树种的胸径随着树龄的变化呈现的增长幅度不同。研究表明，无论在寒温带针叶林、北美温带森林中阔叶树和针叶树混交林，树木直径与树龄均呈强线性相关，亚热带越南的山地针叶树和阔叶树、玻利维亚的热带阔叶树，以及热带地域喀麦隆热带多种阔叶树的树径也与树龄呈强线性相关。反之，树龄是影响树高增量（δh）与树高（h）关系的主要因素，也是影响胸径径向生长（δd）与茎粗（胸径）关系的主要因素。树高增量幅度会随着年龄的逐渐增加而减少。此外，单树高和树木年龄也呈正比关系[式(2-1)]，也就是树龄越大，树木越高；反之，树龄越小，树木越低。

$$h = f(Age, dbh) \tag{2-1}$$

式中，h 为树高；Age 为树龄；dbh 为胸径。

然而，树龄并不能从统计学上解释古树高度增加的减少。相反树木大小和相关生理过程的增加（表示为胸径和树木直径之间的乘积），很好地解释了老树高度增量的减少，是限制树木高度增长趋势的主要因素[式(2-1)]（图2-6）。

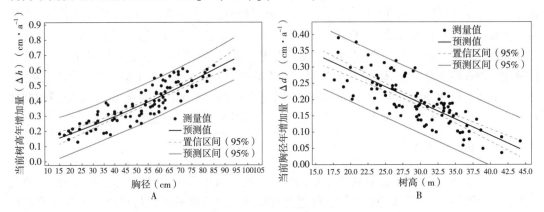

图2-6　胸径年增量和树高年增量（Marziliano et al., 2019）
A. 树高年增量（Δh）　B. 胸径年增量（Δd）

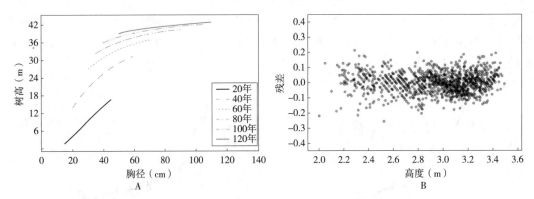

图2-7　不同平均树龄下观察到的树高-胸径曲线及树高评估残差（Marziliano et al., 2019）
A. 树高-胸径曲线　B. 树高评估残差

相同径级的林木，其年龄存在一定的差异。除本身的生物学特性，还有林木周围的生长环境、周围林木的相对空间位置以及相互之间的距离等因素影响。研究表明，胸径随年龄的生长一般呈S形曲线，林木一般在幼年时期胸径生长较慢，而在生长中期，如红松（*Pinus koraiensis*）在树龄150年以后生长量大大提高，直到生长后期又将呈现出生长缓慢趋势。树木随着年龄增加，其胸径随之增大，二者必然存在着紧密的相关性（图2-7）。然而由于各种影响因素的存在，如竞争、地形、气候，甚至树木自身的生长节律等都会降低胸径与年龄之间的相关程度。

2.3.2　古树寿命的多样性

不同的生物地理区以及不同的种类，树木的寿命及其生长速率存在明显差异。论平均水平，寿命最长的是温带沙漠和旱生灌木丛；寿命最短的是泛洪稀树草原。论最小寿命，极大值出现在温带山地草原和灌木丛，极小值出现在热带稀树草原。论最大寿命，极大值出现在温带阔叶混交林；极小值出现在泛洪稀树草原。总体而言，温带树种平均水平（322年±201年）高于热带树种（186年±138年）（Locosselli et al.，2020）。

从已有的实证研究来看（表2-3），裸子植物的寿命多半比被子植物长。在裸子植物中，不同属的树体寿命不同，扁柏属3500年，巨杉属3000年，北美红杉属2200年，花旗松属1200年，落羽杉属1200年，崖柏属400~1200年，落叶松属180~915年，刺柏属300~900年，铁杉属600~800年，云杉属250~800年，松属150~726年，冷杉属150~650年，红豆杉属350年。在被子植物中，树体寿命较长的典型代表属有：栎属120~600年，悬铃木属500年，檫木属500年，水青冈属400年，山核桃属200~300年。虽然全球仅有约1100种裸子植物，但长寿树种却很丰富；而全球被子植物超过30万种，但长寿的木本植物比例更低。

树木年代学研究结果（Brown，1996；Pederson，2010；Liu et al.，2022），进一步说明裸子植物树种普遍长寿，被子植物树种寿命相对较短。在裸子植物中，松属树种普遍长寿，树龄≥2000年的有：长寿松（*Pinus longaeva*）、硬毛松（*P. aristata*）、狐尾松（*P. balfouriana*）、青藏巨柏（*Cupressus gigantea*）、西美圆柏（*Juniperus occidentalis*）、祁连圆柏（*J. przewalskii*）、岩生圆柏（*J. scopulorum*）、犹他圆柏（*J. osteosperma*）、大果圆柏（*J. tibetica*）；1000~1999年的有：软叶五针松（*P. flexilis*）、美国白皮松（*P. albicaulis*）、巴尔干松（*P. heldreichii*）和科罗拉多果松（*P. edulis*）；500~999年的有：西黄松（*P. ponderosa*）、单叶果松（*P. monophylla*）、银叶五针松（*P. monticola*）、瑞士石松（*P. cembra*）、华山松（*P. armandii*）、新疆五针松（*P. siberica*）、海岸扭叶松（*P. contorta* var. *murrayana*）、加州黄松（*P. jeffreyi*）和墨西哥白松（*P. strobiformis*）。在被子植物中，树木年代学测定出树龄最古老的树种有2000余岁的菩提树（*Ficus religiosa*）和1000余岁的猴面包树（*Adansonia digitata*）。古树普遍、最具代表性为栎属，如白栎（*Quercus alba*）、黄栗栎（*Q. muehlenbergii*）、山栎（*Q. montana*）、甘比耳氏栎（*Q. gambelli*）、星毛栎（*Q. stellata*）、红槲栎（*Q. rubra*）等，树龄可达到300~500年。总体而言，已知准确年龄的长寿被子植物树种种类较少、寿命较短。

表2-3 不同树种的最长寿命统计（修改自Loehle，1988）

树种名称	典型死亡年龄（年）	最长寿命（年）	比重	生长速率[①]
裸子植物				
太平洋冷杉 *Abies amabilis*	400	590	0.35	3
香脂冷杉 *Abies balsamea*	125	150	0.34	4
白冷杉 *Abies concolor*	150	500	0.35	3
南香脂冷杉 *Abies fraseri*	125	170	/	3
巨冷杉 *Abies grandis*	200	400	/	3
毛果冷杉 *Abies lasiocarpa*	150	250	0.31	3
红冷杉 *Abies magnifica*	250	400	0.37	3
壮丽冷杉 *Abies procera*	400	650	/	4
美国扁柏 *Chamaecyparis lawsoniana*	500	/	0.40	3

（续）

树种名称	典型死亡年龄(年)	最长寿命(年)	比重	生长速率[①]
黄扁柏 Chamaecyparis nootkatensis	1000	3500	0.42	2
美国尖叶扁柏 Chamaecyparis thyoides	200	/	0.31	2
绿干柏 Cupressus arizonica	100	300	/	2
墨西哥圆柏 Junipressus deppeana	300	500	0.48	1
西美圆柏 Junipressus occidentalis	300	900	/	2
犹他圆柏 Junipressus osteosperma	650	800	/	1
岩生圆柏 Junipressus scopulorum	250	300	/	2
北美圆柏 Junipressus virginiana[②]	150	300	0.44	2
北美落叶松 Larix laricina	150	180	0.49	3
西美落叶松 Larix occidentalis	700	915	0.48	2
北美翠柏 Libocedrus decurrens	500	550	0.35	2
银云杉 Picea engelmannii	450	550	0.31	2
白云杉 Picea glauca	150	350	0.37	2
黑云杉 Picea mariana	150	250	0.43	2
蓝粉云杉 Picea pungens	150	350	/	2
红云杉 Picea rubens	200	300	0.41	2
巨云杉 Picea sitchensis	500	800	0.42	4
瘤果松 Pinus attenuata	100	150	/	4
北美短叶松 Pinus banksiana	80	150	0.46	4
沙松 Pinus clausa	60	/	0.45	2
扭叶松 Pinus contorta	120	300	0.43	2
萌芽松 Pinus echinata	200	300	0.54	4
科罗拉多果松 Pinus edulis	350	540	0.57	1
湿地松 Pinus elliottii	150	250	0.66	4
软叶五针松 Pinus flexilis	200	400	0.42	2
光松 Pinus glabra	75	150	/	4
加州黄松 Pinus jeffreyii	400	500	0.42	3
糖松 Pinus lambertiana	400	600	0.38	4
单叶果松 Pinus monophyla	150	225	/	1
银叶五针松 Pinus monticola	400	615	0.42	4
长叶松 Pinus palustris	300	400	0.62	4
西黄松 Pinus ponderosa	600	726	0.42	3
辐射松 Pinus radiata	85	150	/	4
多脂松 Pinus resinosa	200	300	0.51	/

(续)

树种名称	典型死亡年龄(年)	最长寿命(年)	比重	生长速率[①]
刚松 Pinus rigida	100	200	0.52	/
鬼松 Pinus sabiniana	80	150	/	/
晚松 Pinus serotina	/	/	0.50	/
北美乔松 Pinus strobus	200	450	0.37	/
火炬松 Pinus taeda	100	300	0.54	/
矮松 Pinus virginiana	100	200	/	/
花旗松 Pseudotsuga menziesii	750	1200	0.51	/
巨杉 Sequoia gigantea[③]	2000	3000	/	/
北美红杉 Sequoia sempervirens	1250	2200	0.42	/
落羽杉 Taxodium distichum	600	1200	0.42	/
短叶红豆杉 Taxus brevifolia	250	350	0.67	/
北美香柏 Thuja occidentalis	300	400	0.32	/
北美乔柏 Thuja plicata	1000	1200	0.34	/
加拿大铁杉 Tsuga canadensis	450	800	0.43	/
异叶铁杉 Tsuga heterophylla	400	600	0.44	/
长果铁杉 Tsuga mertensiana	400	800	0.51	/
被子植物乔木				
大叶槭 Acer macrophyllum	150	300	0.44	4
梣叶槭 Acer negundo	75	100	/	5
美国红枫 Acer rubrum	80	150	0.49	4
银枫 Acer saccharinum	/	125	0.44	4
糖槭 Acer saccharum	300	400	0.56	2
光叶七叶树 Aesculus glabra	/	/	/	3
八蕊七叶树 Aesculus octandra	60	80	0.33	4
红桤木 Alnus rubra	60	100	0.37	4
太平洋草莓树 Arbutus menziesii	/	/	0.58	2
黄桦 Betula alleghaniensis	150	300	0.55	4
柔韧桦 Betula lenta	150	250	0.60	3
纸桦 Betula papyrifera	100	140	0.48	4
杨叶桦 Betula populifolia	50	/	0.45	4
心果山核桃 Carya cordiformis	175	200	0.60	2
光叶山核桃 Carya glabra	200	300	0.66	2
美国山核桃 Carya illinoensis	300	/	0.60	3
糙皮山核桃 Carya laciniosa	350	/	/	2

(续)

树种名称	典型死亡年龄(年)	最长寿命(年)	比重	生长速率[①]
卵果山核桃 Carya ovata	250	300	0.64	2
绒叶山核桃 Carya tomentosa	200	300	0.64	2
美国栗 Castanea dentata	100	300	0.40	4
金叶锥 Castanopsis chrysophylla	200	400	0.42	4
黄金树 Catalpa speciosa	100	/	0.38	4
光叶朴 Celtis laevigata	/	/	0.47	3
西方朴 Celtis occidentalis	150	200	0.49	4
大花四照花 Cornus florida	125	/	0.64	2
太平洋山茱萸 Cornus nuttallii	125	/	0.58	2
弗吉尼亚柿树 Diospyros virginiana	60	80	0.60	2
北美水青冈 Fagus grandifolia	300	400	0.56	2
美国白蜡 Fraxinus americana	260	300	0.55	4
阔叶梣 Fraxinus latifolia	150	250	0.50	3
黑梣 Fraxinus nigra	/	/	0.45	2
美国红梣 Fraxinus pennsylvanica	/	/	0.53	4
四棱梣 Fraxinus quadrangulata	200	300	0.53	4
美国皂荚 Gleditsia triacanthos	120	/	0.60	4
美国冬青 Ilex opaca	100	150	0.50	2
壮核桃 Juglans cinerea	75	/	0.36	4
黑胡桃 Juglans nigra	150	250	0.51	4
北美枫香 Liquidambar styraciflua	200	300	0.44	4
北美鹅掌楸 Liriodendron tulipifera	200	250	0.38	4
密花石栎 Lithocarpus densiflora	200	300	/	3
橙桑 Maclura pomifera	75	100	0.76	3
渐尖木兰 Magnolia acuminata	80	250	0.44	4
荷花玉兰 Magnolia grandiflora	80	120	0.46	4
红果桑 Morus rubra	125	/	/	3
沼生蓝果树 Nyssa aquatica	/	/	0.46	4
多花蓝果树 Nyssa sylvatica	/	/	0.46	4
美洲铁木 Ostrya virginiana	/	/	0.60	2
一球悬铃木 Platanus occidentalis	250	500	0.46	4
香脂杨 Populus balsamifera	100	150	0.30	4
美洲黑杨 Populus deltoides	60	100	0.37	5
大齿杨 Populus grandidentata	70	/	0.35	4

（续）

树种名称	典型死亡年龄（年）	最长寿命（年）	比重	生长速率[①]
沙氏杨 Populus sargentii	50	90	/	4
颤杨 Populus tremuloides	70	200	/	5
毛果杨 Populus trichocarpa	150	250	0.32	4
野黑樱桃 Prunus serotina	100	250	0.47	4
海滨常绿栎 Quercus agrifolia	150	/	/	2
美国白栎 Quercus alba	300	600	0.60	2
双色栎 Quercus bicolor	300	/	0.64	2
金杯栎 Quercus chrysolepis	200	300	0.70	2
猩红栎 Quercus coccinea	50	/	0.60	3
南方红栎 Quercus falcata	200	275	0.52	3
甘比耳氏栎 Quercus gambelii	90	120	0.62	2
俄勒冈栎 Quercus garryana	/	500	0.64	2
加州黑栎 Quercus kelloggii	175	300	0.51	2
沼月桂栎 Quercus laurifolia	/	/	0.56	3
加州白栎 Quercus lobata	200	300	/	4
琴叶栎 Quercus lyrata	300	400	/	2
大果栎 Quercus macrocarpa	200	400	0.58	2
黑皮栎 Quercus marilandica	100	/	/	2
沼生栗栎 Quercus michauxii	100	200	0.60	2
水栎 Quercus nigra	175	/	0.56	4
沼生栎 Quercus palustris	100	150	0.58	4
柳叶栎 Quercus phellos	/	/	0.56	3
栗栎 Quercus prinus	300	400	0.57	3
红槲栎 Quercus rubra	200	400	0.56	4
星毛栎 Quercus stellata	250	/	0.60	2
黑栎 Quercus velutina	100	200	0.56	3
弗吉尼亚栎 Quercus virginiana	200	300	0.81	3
波希鼠李 Rhamnus purshiana	40	50	/	4
刺槐 Robinia pseudoacacia	60	100	0.66	4
北美黑柳 Salix nigra	70	85	0.34	4
白檫木 Sassafras albidum	100	500	0.42	4
美洲椴 Tilia americana	100	140	0.32	4
异叶椴 Tilia heterophylla	100	/	/	3
美国榆 Ulmus americana	175	300	0.46	4

(续)

树种名称	典型死亡年龄(年)	最长寿命(年)	比重	生长速率[①]
北美红榆 Ulmus rubra	200	300	0.48	4
木栓榆 Ulmus thomassi	250	300	0.57	4
加州桂 Umbellularia californica	200	/	0.51	3
被子植物灌木				
帚石楠 Calluna vulgaris	30	30	/	/
小粒咖啡 Coffea arabica	50	50	/	/
亮黄仙女木 Dryas drummondii	40	40	/	/
仙女木 Dryas octopetala	50	50	/	/
紫花欧石楠 Erica cinerea	18	18	/	/
四叶石楠 Erica tetralix	15	15	/	/
羚梅属 Purshia spp.	100	100	/	/
德鲁氏百里香 Thymus drucei	20	20	/	/

注：[①]生长速率分五级：1 很慢，2 慢，3 中等，4 快，5 很快。[②]北美圆柏的拉丁学名 Libocedrus decurrens，现为 Calocedrus decurrens。[③]巨杉的拉丁学名 Sequoia gigantea，现为 Sequoiadendron giganteum。

2.3.3 影响古树寿命的内因

影响古树寿命的内在因素可能有很多，总体而言，内在的影响因素包括：树种的系统位置及分类位置、生理特性、生态特性和分子特性。

(1) 树种分类位置

正如前文所述，树种的分类位置不同，树木的寿命相差很大。树种分类位置的差异，反映出树种进化历史的不同，其对环境的适应过程和生活史对策也不同。因而，树种的分类位置与树木寿命关系密切。

(2) 生理特性

不同树种具有不同的生理基础和生物学特性。例如，树木次生木质部结构有紧密型和疏松型之别。树种的木材密度与树木的寿命关联。木材密度高的树种寿命长，木材密度低的树种寿命短，寿命与密度呈显著的正相关（Laurance et al.，2004）。另外，树种的生长习性有快慢之分，速生树种生长快，慢生树种生长慢。如挪威自然保护区进行的一项欧洲云杉研究发现：树木的生长速率与树龄呈负相关（Castagneri et al.，2013）。树龄 50 年之前的早期生长速度和寿命之间存在明显的联系，即早期的快速生长会导致树木寿命降低（Bigler & Veblen，2009）。科学家们汇集从热带到高纬度的 110 种不同树种的 21 万株树木年轮数据集，以评估生长-寿命协调现象的存在，即树木生长与寿命存在相关性，早期快速生长的类群，短寿命的比例最高；反之亦然，大多数被检测树种的早期生长速度和寿命都呈非线性负相关，即树寿命呈指数下降（Brienen et al.，2020）（图 2-8）。在对树木寿命的研究中，常联系到动物寿命研究中的衰老理论，即生命率（ROL）。认为寿命与代谢率呈负相关，当植物新陈代谢时其进行的呼吸作用和光合作用都容易对寿命产生负面的影响。树种的叶和茎的寿命与代谢关系表明：叶和茎的平均寿

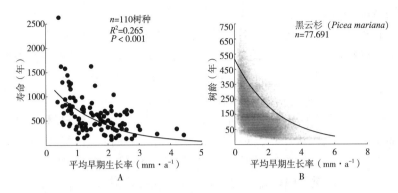

图 2-8 树木生长速率与最大寿命相关(改自 Brienen et al., 2020)
A. 110 个树种平均早期增长率与寿命呈负指数回归关系
B. 黑云杉(*Picea mariana*)平均早期生长率与树龄的负指数回归关系

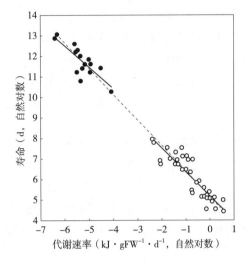

图 2-9 叶、茎最长寿命与树体新陈代谢回归关系(改自 Issartel et al., 2011)
注:代谢速率定义为:叶片新陈代谢为呼吸自然对数与总光合作用自然对数之总和。
其中空心圆代表树叶,实线圆代表树干。

命没有差异,符合 ROL 理论的预期(Issartel et al., 2011)(图 2-9)。因此,某些树木寿命极高的原因可能是树干表现出较低的新陈代谢,叶和茎之间不同的能量分配和能量消耗速率策略,可能导致这些器官的衰老速率和寿命不同。与动物相比,ROL 衰老理论可能适用于器官水平的木本植物,从而开辟了一条有希望的新研究路线,以指导未来对古树衰老机制的深入研究。

(3) 生态特性

喜光树种与演替早期先锋树种关联,耐阴树种与演替晚期顶极树种关联,树种的这些生态特性影响其寿命。通过对亚马孙热带树种寿命的分析发现:林冠层的和超越林冠层的露生层(emergent)的树种,耐阴,寿命长;亚冠层和演替早期先锋树种,喜光,寿命短。例如,荨麻科的二色雨葡萄(*Pourouma bicolor*),为演替早期先锋树种,寿命 48 年,而山榄科一种桃榄(*Pouteria manaosensis*),为演替晚期顶极树种,寿命 981 年(Laurance et al., 2004)。

(4) 分子特性

古树经历了漫长的环境变迁，依然枝繁叶茂，表现出极强的抗逆性和适应性，可谓天然的基因宝库。随着分子生物学的深入研究，如分子标记技术、高通量组学技术等应用于古树研究，逐步揭开了古树长寿的神秘面纱。在漫长的进化演化历史中，树木的长寿基因发生了变化。动物学研究揭示：DNA 修复基因的拷贝数与寿命之间呈正相关。那么，DNA 修复基因与植物寿命有关吗？新近的研究表明，在众多 DNA 修复基因中，*PARP*（poly ADP-ribose polymerase）基因很独特，它编码聚腺苷二磷酸核糖聚合酶，该酶催化聚腺苷二磷酸核糖基化，在 DNA 修复和抗病原防御中发挥关键作用。相较于一年生和多年生草本植物，*PARP* 基因家族在树木中表现出显著的扩展，即拷贝数增多。例如，寿命长达数百年、上千年的花旗松（*Pseudotsuga menziesii*）、欧洲赤松（*Pinus sylvestris*）和苹果树（*Malus domestica*），*PARP* 的拷贝数显著地高于草本植物（Blue et al.，2021）。著名的例子是拿破仑橡树（Napoleon Oak）。1800 年 5 月 12 日，拿破仑率领军队穿过洛桑大学校园，一株橡树（即夏栎 *Quercus robur*）当时 22 年生，至观测年份时，已达 234 年。拿破仑橡树在 200 多年的细胞分裂过程中，能够降低紫外线和辐射导致的突变风险，突变率惊人的低，实测突变率是理论突变率的 1/100（Ledford，2017；Schmid-Siegert et al.，2017）。另外，银杏不同树龄的抗病基因 *LRR*（leucine-rich repeat，富含亮氨酸重复序列）的基因拷贝数和表达水平，在树龄 600、200、20 年的银杏两两之间无显著差异，证实古树抗病基因功能正常（Wang et al.，2020）。

目前，研究者不仅估测出被子植物不同生活型物种的基因组大小及最大植株高度相关性信息（表 2-4、图 2-10），还在古树基因组的研究中发现，那些长寿健壮的古树能够保护自身的干细胞免受突变，进而维持其健康生长达数百年。尽管正常情况下，植物干细胞会积累很多突变，基于对较低分支和较高分支之间发生的细胞分裂数计算，健康古树基因突变的数量比预期要少得多（Sarkar et al.，2017；Burian et al.，2016；Watson et al.，2016）。

表 2-4 被子植物不同生活型物种的基因组大小及最大植株高度信息（改自邵晨等，2021）

类别	生活型	科样本量	属样本量	物种样本量	均值	最小值	最大值
基因组大小	所有物种	245	2226	11 215	4.74	0.07	152.2
	木本植物	155	486	3101	2.33	0.17	83.60
	草本植物	151	1531	8048	5.76	0.07	152.20
	一年生草本植物	46	299	922	2.94	0.12	23.62
	多年生草本植物	136	1101	5266	6.64	0.07	152.20
最大植株高度	所有物种	142	733	1737	3.55	0.001	60
	木本植物	94	277	554	9.34	0.15	60
	草本植物	79	494	1183	0.84	0.001	25
	一年生草本植物	35	145	268	0.77	0.01	8
	多年生草本植物	75	410	915	0.87	0.001	25

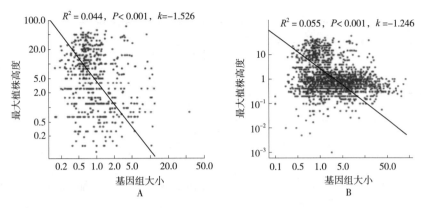

图 2-10 不同生活型被子植物最大植株高度与基因组大小的相关性（邵晨等，2021）
A. 所有被子植物 B. 木本植物

2.3.4 影响古树寿命的外因

除了树木的寿命主要受基因以及内部代谢等自身因素影响外，还受到诸多外因的影响。如非生物环境因子有经纬度、海拔、局部生境、极端天气等，生物因子有病害和虫害等，人为因子方面有大树移植、不当养护等，这些因素都可能改变树木的寿命。

(1) 经纬度

经纬度不仅反映了水分和热量的空间分布，而且与生物地理群系密切关联。森林是陆地上最大的生物量库，其中一半以上的生物量储存在高产的热带低纬度森林中。与温带和北部生物地理群系的树木相比，热带树木的平均生长速度快 2 倍，但寿命明显缩短；热带树木的估计平均寿命为 186 年±138 年，而温带树木的平均寿命为 322 年±200 年（Locosselli et al.，2020）。表 2-5 给出了全球不同生物地理群系中树木的平均寿命、最小寿命和最大寿命。论平均寿命，温带沙漠和旱生灌丛、温带山地草原和旱生灌丛、冻原 3 种类型寿命最长，分别为 544 年、434 年和 342 年；平均寿命最短的 3 个生物地理群系为泛洪稀树草原、热带稀树草原、热带沙漠和旱生灌丛，分别为 104 年、128 年和 147 年。论最大寿命，列前三位的生物地理群系是温带阔叶林和混交林、温带针叶林、温带山地草原和旱生灌丛，分别为 2006 年、1621 年和 1437 年；列后三位的是泛洪稀树草原、热带针叶林和热带稀树草原，分别为 211 年、512 年和 562 年。不难看出，温带树木比热带树木寿命长。

表 2-5 陆地生物地理群系树木的寿命（Locosselli et al.，2020）

陆地生物地理群系	群体样本数	寿命（年）		
		平均（误差限）	最小值	最大值
温带沙漠和旱生灌丛	135	544（6.19）	58	754
温带山地草原和旱生灌丛	99	434（25.27）	146	1437
冻原	94	342（13.73）	54	657
温带针叶林	870	368（7.06）	37	1621

(续)

陆地生物地理群系	群体样本数	寿命(年)		
		平均(误差限)	最小值	最大值
温带稀树草原	142	310(12.69)	53	892
北方森林	341	341(6.19)	58	754
温带阔叶林和混交林	790	254(5.63)	19	2006
地中海森林	172	269(12.38)	50	915
热带山地草原和灌丛	44	289(27.06)	60	917
热带针叶林	35	255(22.71)	57	512
热带湿润阔叶林	304	208(8.29)	15	1077
热带干燥阔叶林	72	158(12.47)	23	626
热带沙漠和旱生灌丛	27	147(27.34)	17	589
热带稀树草原	168	128(7.95)	9	562
泛洪稀树草原	11	104(19.59)	31	211

(2) 海拔

海拔在较小空间范围内承载着不同的环境类型，环境因子会随海拔呈梯度变化，从而影响古树的生长、发育以及生理代谢。因此，不同海拔梯度下的古树树种、数量、分布、生长特征以及变化规律不同，体现出古树生长与海拔梯度的内在关联。研究发现：不同海拔高度，古树的生长及生物多样性不同，其受人为干扰的影响随着海拔上升呈现下降趋势（表2-6、图2-11）。如我国青藏高原部分区域，尽管海拔较高，但受人的干扰少，也存在古树分布区域。

表2-6　不同海拔梯度古树分布特征(叶秀萍等，2021)

海拔梯度	一级古树		二级古树		三级古树		总株数及占比	
	株数	占比(%)	株数	占比(%)	株数	占比(%)	株数	占比(%)
Ⅰ	60	47	71	21	422	25	553	26
Ⅱ	18	14	90	27	498	29	606	28
Ⅲ	35	28	104	31	532	32	671	31
Ⅳ	10	8	48	14	220	13	278	13
Ⅴ	4	3	22	7	22	1	48	2
合计	127	100	335	100	1694	100	2156	100

注：Ⅰ、Ⅱ、Ⅲ、Ⅳ、Ⅴ分别表示低海拔(≤200m)、中低海拔(201~400m)、中海拔(401~600m)、中高海拔(601~800m)、高海拔(>800m)5个等级。一级古树(树龄500年以上)、二级古树(树龄300~499年)、三级古树(树龄100~299年)。

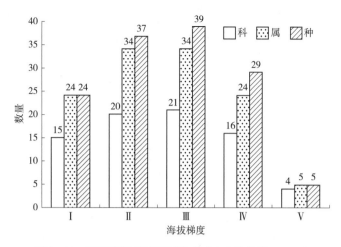

图 2-11 不同海拔梯度科属种分布(叶秀萍等, 2021)

随着海拔梯度上升,古树物种多样性呈先上升后下降的趋势,中海拔以下的古树株数和生物多样性变化规律说明受人为干扰影响越小,古树株数和生物多样性越高。

(3) 局部生境

主要指古树生存的小环境是否适宜古树存活,对古树存活是否有威胁。主要包括以下几个方面:

① 光照与湿度 树木生长到一定的年龄后,随着年龄的增长,其生长活力逐年减退;而周边的幼树则生机勃勃,竞争能力很强。在激烈的竞争中,光照严重不足,通风不良,湿度增大。这种环境不利于树木的健康生长而极有利于有害生物的滋生蔓延。生长空间逐渐被周围的幼树侵占,最终失去竞争力而逐渐被掩盖,枯萎死亡。

② 病虫与腐朽菌危害 古树所遭遇的病虫害很少是以病原为主导的病害,基本上都是一些寄主为主导的病害,随着树木年龄增大、生长衰退时发生的病害,如枝干溃疡病、腐朽病、次生性蛀干害虫等,这些次生性病虫害一旦在古树上定居,危害将逐年加重,加快古树的死亡。树木年龄老化,抗病性下降,极有利于真菌,尤其是立木腐朽菌的滋生蔓延,对老树进行侵染危害,加速树木衰退和枯死。

③ 微生物 内生菌被认为是古树存活和长寿的主要因素之一,这是指与健康植物组织生长在一起的微生物,其在寄主体内不会引起疾病症状,并提高植物抵御环境胁迫的能力。在对伊朗中部梧桐树的内生菌与树木形态特征和叶片营养元素的关系研究中,发现古树的内生菌频率(60.04%)显著高于幼树(39.96%),且内生菌的存在与叶片铁(Fe)、钾(K)浓度等营养元素以及树高、树围呈正相关(表 2-7)。真菌内生菌联合促进了树木对营养元素的同化,并在一定程度上提高了古树的存活率,一方面真菌内生菌可从寄主古树获得营养和保护;另一方面通过增强营养元素的吸收而增强古树生长。因此,内生真菌的存在和接种对于改善古树的生长和提高对生物和非生物胁迫的抗性,特别是在恶劣的环境条件下,具有重要的意义。

④ 自然干扰 自然干扰是影响树体寿命的关键驱动因素之一(表 2-8)。如果自然干扰在全球气候变化下发生改变,将会对森林动态产生影响。林分密度上的显著差异也促使当地干扰历史(disturbance history)对树木寿命影响更加明显。干扰历史不仅涵盖了从低强度

林隙到部分冠层干扰再到高强度林分更替的动态,也与树木本身生长有内在联系。光变化不仅可调节树冠结构,而且可间接调节林下的树木生长。在特定区域内,林下树体受自身大小、位置和生长时间等不同强度的干扰,有些树体将很快到达森林冠层的顶端,有些树体受多次干扰后也可到达冠层顶端,但仍有一些个体因长时间历史干扰而死亡,表明干扰和表型可塑性在控制树木寿命方面起着重要作用。

表 2-7 古树与幼树叶片中 N、P、K、Mg 和 Fe 含量的比较分析(改自 Khorsandy et al.,2016)

不同位置古树与幼树		元素种类与含量(mg/kg)				
		N	Mg	P	K	Fe
位置	伊斯法罕	20 629.33^{ab}	4016.66^{b}	1916.66^{a}	1525.43^{b}	206.33^{b}
	马哈拉特	22 511.89^{a}	5227.77^{a}	1501.95^{a}	1970.37^{a}	384.47^{a}
	纳坦兹	16 788.00^{b}	2987.50^{c}	1487.13^{a}	1694.75^{ab}	350.25^{a}
树	古树	20 859.10^{a}	4518.80^{a}	1603.50^{a}	2166.39^{a}	323.04^{a}
	幼树	20 596.80^{a}	4362.50^{a}	1548.50^{a}	1469.70^{b}	362.00^{a}

注:同列中上标字母相同的数值无统计学差异($P \leq 0.05$)。

(4)极端天气

风雪雷电等环境因素对树木寿命也造成严重影响,这些影响如下:

①风害 树大招风,在树木体积不断增大时,树木根系和树干所承受的应力越来越大,在遭遇大风天气时,有可能被大风连根拔起或拦腰折断。研究发现,随着树高的增长,风力对树体的危险系数明显增加(Jackson et al.,2020)(图2-12)。

②雪灾 常绿针叶树木在树冠增大时,特大雪灾,树冠有可能受损甚至整株被压断或压倒而失去大树的原貌。

③雷击 大多数热带森林中,雷击通常是树木死亡的主要因素之一。由于大树树体比较高大,更容易遭受雷击枯死

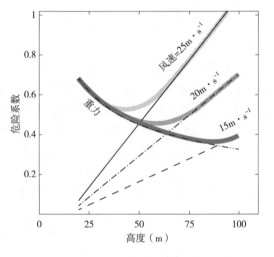

图 2-12 风力对不同树高影响的危险系数分析(Jackson et al.,2020)

(图2-13、图2-14)。闪电每天袭击数以千计的热带树木,有研究者对闪电造成的死亡进行了系统的量化分析,发现闪电是巴拿马古老森林中树木死亡的主要原因之一。平均每一次雷击可直接致死 3.5 株树(直径>10cm),损坏 11.4 株以上树木(Yanoviak S P et al.,2020)。尽管大树的死亡率对于确定热带森林的碳储量至关重要,但雷电对热带树木死亡的机制仍然知之甚少。

雷击在短期内致使大树(直径>60cm)死亡可达 40.5%,从长期来看可能导致额外 9.0% 的大树死亡。气候变化引起的云对地雷击频率的任何变化都会改变树木的死亡率;如果闪电频率增加 25%~50% 将使这片森林中大树死亡率增加 9%~18%。由此可见,雷击已成为热带森林动态和碳循环中的关键,但其作用常被低估。

表 2-8 环境、生长和干扰因素对树木寿命的影响（改自 Pavlin et al., 2021）

参数	山毛榉 Est	SE	z	p	欧洲云杉 Est	SE	z	p	欧洲冷杉 Est	SE	z	p	欧亚槭 Est	SE	z	p
截距	**-3.74**	**0.20**	**-19.14**	**<0.001**	**-4.12**	**0.36**	**-11.40**	**<0.001**	**-3.70**	**0.56**	**-6.66**	**<0.001**	**-22.36**	**6.98**	**-3.20**	**0.001**
干扰严重性	-0.11	0.09	-1.22	0.224	**-0.70**	**0.09**	**-7.60**	**<0.001**	-0.06	0.17	-0.33	0.738	**-9.19**	**3.81**	**-2.41**	**0.016**
干扰年	**-0.39**	**0.08**	**-4.72**	**<0.001**	**-0.29**	**0.06**	**-4.73**	**<0.001**	0.25	0.16	1.61	0.108				
早期增长	**-0.63**	**0.11**	**-5.73**	**<0.001**	0.07	0.08	0.86	0.389	**-0.98**	**0.25**	**-3.90**	**<0.001**				
最大增长	-0.05	0.07	-0.70	0.482	0.00	0.08	-0.04	0.967	0.06	0.17	0.36	0.719	2.87	1.90	1.51	0.131
最小增长	**-1.13**	**0.14**	**-7.99**	**<0.001**	**-1.99**	**0.10**	**-20.60**	**<0.001**	**-1.11**	**0.32**	**-3.48**	**0.001**	**-13.10**	**5.15**	**-2.55**	**0.011**
发布数量	**1.11**	**0.06**	**19.70**	**<0.001**	**0.58**	**0.04**	**14.27**	**<0.001**	**1.08**	**0.15**	**7.42**	**<0.001**				
纬度	-0.34	0.20	-1.72	0.086	-0.06	0.13	-0.45	0.650	-0.01	0.45	-0.01	0.990				
坡向	-0.09	0.10	-0.85	0.393	0.00	0.07	0.05	0.961	-0.28	0.17	-1.62	0.106	-2.54	2.47	-1.03	0.304
坡度	0.04	0.11	0.39	0.694	-0.03	0.08	-0.35	0.726	0.18	0.20	0.90	0.370	1.49	1.53	0.97	0.331
植被季节平均气温	-0.20	0.16	-1.25	0.211	0.13	0.10	1.27	0.204	**-0.50**	**0.25**	**-2.00**	**0.045**	**-6.45**	**3.17**	**-2.04**	**0.042**
森林类型					0.29	0.37	0.79	0.432								
τ_{00} 样方[配对样方（林分）]	0.57							0.47				0.00				464.87
τ_{00} 配对样方（林分）	0.37							0.57				0.41				0.00
τ_{00} 林分：景观	0.69							0.34				1.85				0.00
τ_{00} 景观	0.00							0.00				0.84				0.01
R_m^2 [%]	48.03							54.56				42.65				40.93
R_c^2 [%]	65.25							68.07				70.49				99.59

注：模型中使用的解释变量、回归系数（Est）、标准差（SE）、z 值（z）、概率（p），所有四个水平随机效应的方差（τ_{00}），边际决定系数和条件决定系数的估计。重要的模型参数以粗体显示。

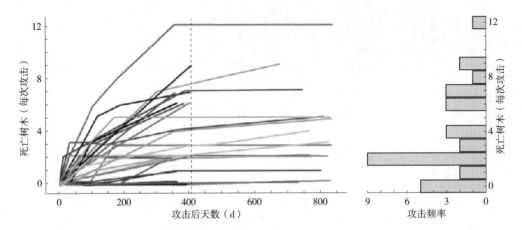

图 2-13 雷击地点内被雷击致死的树木数量（Yanoviak et al., 2020）

注：每彩色线条代表一次单独的雷击。垂直虚线将迄今为止监控时间<13 个月（17 次）的雷击与监控时间>13 个月（15 次）的雷击分开。柱状图显示雷击后 13 个月内，在给定数量的树木死亡情况下雷击地点的数量。死亡树木计数只包括那些由闪电造成的树木，不包括被邻近的树木或树枝倒下而死亡的树木。

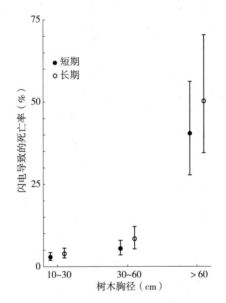

图 2-14 在雷电频率增加情况下雷击致死率随树木直径增加而增加（Yanoviak et al., 2020）

注：云-地雷电频率的增加将导致由雷击引起的树木死亡率增加，从而增加树木的总死亡率；条形表示 95% 的置信区间。

(5) 人为因素

人类活动对古树分布具有深远的影响，人类聚居区的古树群体常被人类关联种占据优势，如我国华北平原与四川盆地（Huang et al., 2023）；相反，自主种古树呈现遗化和特有化的单一分布如西南山地、武夷山脉等地。但随着社会的发展，城市化程度的提高，树木周围建筑物增多，遮挡光照，或建筑施工对根系或整个树体的机械损伤也加重。如建筑和生活垃圾对根系的毒害，地面硬化对根系呼吸或排水的影响，建筑物逼近对树木生长空间的限制，覆土过厚对根系呼吸的阻碍等，如何从传统生态智慧中获得有效的古树保护策略，仍然需要科学家和管理者的持续努力。

小 结

古树资源树种丰富，其习性特征及生活史各不相同。本章以针叶树种油松和阔叶树种槐为例阐述了不同类型树木的生活史。由于生活史性状大多数可以遗传，其结果是自然选择的过程，因此这一过程导致物种形成了不同的生活史对策。古树具有 K-对策者特征：个体大、寿命长、生殖迟、多次结实。然而，随着不稳定与胁迫生境的加剧，根据耐受型对策者、蔓生型对策者和竞争型对策者分类，也引入 C-S-R 模型来解释不同植物生活对策的差异。目前对树木寿命存在的五个预测及预测假说，树木寿命受自身种类、遗传特性、生物地理区系、生态特性及外部因素经纬度、海拔、局部生境、极端天气及人为因素影响，这些因素都成为限制古树增长趋势的制约因子，仍待更广泛的研究数据来进行验证。

思考题

1. 简述木本植物生活史的概念及分类。
2. 比较分析针叶树生活史和阔叶树生活史的相同点和不同点。
3. 试述树木生活史的对策，以及各对策内涵的要素。
4. 有关树木寿命的五个预测及其假说分别是什么？
5. 自然界中的古树因何而长寿，有哪些因素影响？
6. 以一种你熟悉的古树种类为例，阐释本树种的生活史及影响其寿命的内在与外在因素。

推荐阅读书目

1. 古树保护理论与技术. 赵忠. 科学出版社，2021.
2. Ancient Trees. Beth Moon. ACC Art Books，2020.
3. 中国古树：绿色文物的传奇故事. 中央广播电视总台. 江西美术出版社，2020.

第3章 古树识别与鉴定方法

 本章提要

在理论部分,以植物分类鉴定科学依据为基础,提供了宏观形态、微观形态、解剖学、染色体与细胞学以及 DNA 分子证据的详细概述,从多个角度介绍古树分类识别要点。在方法部分,首先将古树的分类鉴定分为四类方法,然后分别从科学原理、方法步骤以及鉴定示例三方面来介绍鉴定方法。此外,还提供了丰富的插图、表格和案例。

我国的古树种类繁多,使用植物形态学和分类学知识对古树进行识别是一种科学、有效的鉴定方法。本章重点介绍古树鉴定的方法,掌握一定的植物形态学和分类学的基础知识及方法,从而达到识别与鉴定古树的目的,同时也帮助古树探寻爱好者提供一扇了解古树的窗户。

3.1 科学依据

通过对古树的根、茎、叶、花、果等器官的宏观和微观形态特征、细胞学及分子证据的认定,再结合植物检索表等工具和植物分类学的方法确认植物的分类地位,从而达到识别与鉴定植物的目的。

3.1.1 宏观形态证据

古树树种鉴定是植物物种鉴定的一部分,植物鉴定的形态学知识主要包括其根、茎、叶、花、果等器官的基本形态和结构知识。高等植物中,器官根据形态结构和生理功能的不同分为营养器官和繁殖器官。营养器官包括根、茎、叶,它们共同起着吸收、制造和输送植物所需要的水分及营养物质的作用;繁殖器官包括花、果实、种子,它们起着繁殖后代、延续种族的作用。在植物鉴定的过程中,这些器官的形态和结构特征都是重要的识别信息。

3.1.1.1 根的识别形态

根是指植物长期适应陆地生活而在进化过程中逐渐形成,一般分布于地下的营养器官。种子植物的根都有固着、吸收、储藏及输导等功能,但是由于功能上的差别和环境条件等影响,可以产生各种形式的根系。有些植物的根系还有储藏营养物和利用不定芽来繁殖的作用。

(1) 直根系和须根系

按照根发生的部位的不同,根可以分为主根、侧根和不定根三类。种子植物的第一个根是胚根的顶端分生组织发育而成的,这种根称为主根,或直根,或初生根。由主根和各级分支侧根组成的根系称为直根系或者主根系。不定根不是发生在植物的根部,而是从茎部或叶部生出,如柳树的扦插枝条上生长的根(薛晓明,2013)。

植物的根系分为两种类型:一种是主根发育,侧根的长短粗细显著地次于主根,这种根系叫作直根系,裸子植物和大多数双子叶植物都具有直根系;另一种是主根不发育,根系主要是由下部的茎节上生长出来的不定根所组成的,这些根大小相当接近,各自分开,其中一部分继续分支,这种根系叫作须根系,很多单子叶植物都具有须根系。

(2) 根的变态

植物的根都有一定的生理功能和形态结构,通常易于辨识。有些植物的营养器官,适应不同的环境行使特殊的生理功能,其形态结构发生可遗传的变异,这种现象称作变态。

①肉质直根　由下胚轴和主根发育而来。植物的营养物质储藏在根内以供茎开花时用,如萝卜、甜菜等。

②块根　由不定根或侧根发育而来,根的细胞内也储藏了大量淀粉等营养物质,如红薯等。

③支持根　一些植物从近茎节上出现不定根伸入土中,能支持植物体的气生根,如玉米等。

④呼吸根　一些生长在沿海或沼泽地带的植物产生一部分向上生长的根,适宜输送空气,如红树。

此外,还有寄生根、攀缘根、板状根等根的变态,特殊的根的形态可以为植物的形态识别和鉴定提供一定的帮助。

3.1.1.2 茎的形态识别

茎是植物体物质运输的主要通道,根部从土壤中吸收的水分、矿质元素以及在根中合成或储藏的有机营养物质,要通过茎输送到植物地上各部;叶进行光合作用所制造的有机物质,也要通过茎输送到植物体内各部以便利用或储藏。对于高大的木本植物来说,茎是产生木材的主要部位。

(1) 茎的形态

①木本植物和草本植物　植物的茎一般呈圆柱形,这种形状最适宜于茎的支持和输导功能。有些植物的茎外形发生变化,如莎草科的茎为三棱形;薄荷、益母草等唇形科植物的茎为四棱形;芹菜的茎为多棱形。这对茎加强机械支持作用有适应意义。在植物学上,常根据茎的性质将植物分为木本植物和草本植物两大类(祁承经和汤庚国,2005)。

木本植物　木本植物一般具有多年生的根和茎,维管系统发达,并能由形成层形成次生木质部和次生韧皮部,一般所说的木材主要是指次生木质部部分。木本植物按照茎的形态又可分为乔木、灌木和木质藤本三种类型,但其间并无严格界限。而且有些木质藤本年久会变成乔木状,许多木本植物在寒冷或高海拔地带为矮小灌木,而在其他地区可能生长成参天大树(乔木)。

乔木的主干发达，侧枝不发达，具有明显直立的树干，如柳杉、樟树、金钱松等，乔木又可分为大乔木、中等乔木及小乔木等；灌木的主干不发达，侧枝发达，由地面分出多数枝条或虽具主干而高度较矮的植物，如桂花、紫荆等。而半灌木是茎枝上部越冬枯死，仅基部为多年生而木质化，如牡丹、沙蒿等，又叫亚灌木。木质藤本的茎干柔软不能直立，需缠绕或借助其他器官(如钩、刺、卷须等)攀附他物。藤本植物根据攀附方式分为缠绕藤本和攀缘藤本，缠绕藤本是以主枝缠绕他物的藤，如紫藤、葛藤。攀缘藤本是以卷须、不定根、吸盘等攀附器官攀缘于他物的藤本，如爬山虎、葡萄等。

草本植物　茎一般停留在初生构造，或者次生构造不发达。按草本植物生活周期的长短，可分为一年生、二年生或多年生草本植物。从习性来看，木本多年生植物为原始类型，一、二年生草本植物为进化类型。

②枝条　高等植物的茎包括主干和侧枝，着生叶和芽的茎称为枝条。在茎和枝条上生长叶子的部位称为节，相邻的两个节之间的部分是节间。一些植物在生长过程中，枝条延伸生长的强弱就影响到节间的长短。节间显著伸长的枝条叫作长枝，有些植物只有长枝，如柳、槭等；还有一种枝条节间极度短缩紧密相连，甚至难以分辨的枝条叫作短枝。有些植物既有长枝又有短枝，如银杏、金钱松等。在银杏的长枝上面生有许多的短枝，叶子簇生在短枝上面。在梨和苹果等一些植物中，花都生长在短枝上面，因此又把短枝叫作果枝或是生殖枝，相对就把长枝叫作营养枝(图3-1)。

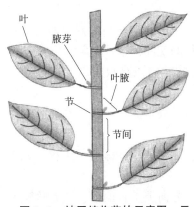

图3-1　被子植物茎的示意图，示节、节间、叶、叶腋和腋芽

木本植物的叶片脱落后在枝条上留下的疤痕，称为叶痕。叶痕中的点状凸起是枝条与叶柄间的维管束断离后留下的痕迹，称为叶维管束痕。

在木本植物的枝条上还有一些圆形、菱形等形状的皮孔，它是茎内组织与外界进行气体交换的通道。叶痕、维管束痕、芽鳞痕、皮孔等都是识别树木的主要依据。

③芽　是处于幼态而未伸展的叶、枝、花或花序。根据芽的生长位置、性质、结构和生理状态，可将芽分为下列几种类型(贺学礼, 2010)。

定芽和不定芽　这是按芽在枝上的着生位置来分的。定芽生长在枝上有一定的位置，生长在茎枝顶端的称为顶芽；叶和茎或枝条所形成的内角叫作叶腋，生长在叶腋内的芽，叫作腋芽(侧芽)。有的树种没有顶芽，或者顶芽比较少，如柳。多年生落叶植物落叶后腋芽非常显著，大多数植物每一个叶腋只有一个腋芽，但有些植物(如桃、桂花)的叶腋可发生两个或几个芽，在这种情况下，除一个腋芽外，其余的都称为副芽。还有的植物的腋芽被叶柄基部膨大所覆盖，直到落叶后才露出来，称为柄下芽，如悬铃木(法国梧桐)。此外，许多植物在老茎、根或叶上均可产生芽，这种芽发生的部位比较广泛，称为不定芽。

裸芽和鳞芽　多数温带木本植物芽的外面常被一些坚硬的褐色的鳞片状变态叶包被，这种鳞片状变态叶叫作芽鳞。芽鳞上面一般有厚的角质或茸毛，分泌黏液和树脂，能够降低蒸腾作用，防止干旱、冻害，进而起到保护芽不过多蒸发水分和免受机械伤害的作用。具有芽鳞保护的芽叫作鳞芽，如悬铃木、杨树、柳树和桑树等。芽鳞脱落留下的痕迹，称为芽鳞痕。在季节性明显的地区，往往可以根据枝条上芽鳞痕的数目，判断其生长年龄和生长速度。没有芽鳞保护的芽叫作裸芽。多数温带木本植物的芽都是鳞芽，只有少数温带树种具有裸芽，如枫杨。多数草本植物的芽都是裸芽。

叶芽、花芽和混合芽　这是按发育后所形成的器官来分的。叶芽发育为叶或营养枝；花芽发育为花或花序；混合芽同时发育为枝、叶和花（花序）。

活动芽和休眠芽　这是按生理活动状态来分的。通常认为能在当年生长季节中萌发的芽，称为活动芽。一年生草本植物的植株上，多数芽都是活动芽。温带的多年生木本植物，其枝条上近下部的许多腋芽在生长季节里往往是不活动的，暂时保持休眠状态，这种芽称为休眠芽。

④茎的分支方式　大多数植物有地上茎，而且进行分支，分支是植物生长的普遍现象，是顶芽和腋芽活动的结果。茎的分支有一定的规律，各类植物都有一定的分支方式，木本植物的分支方式，有以下三种类型。

单轴分支　从幼苗开始，主茎的顶芽不断向上生长，形成直立面明显的主干，主茎上的腋芽形成侧枝，侧枝再进行多次分支，但主茎顶芽的活动始终占优势，而各级分支的生长均不超过主茎，又叫总状分支。总状分支的树种具有通直的树干，出材率高，多数的裸子植物如银杏、水杉以及部分被子植物如杨树、水青冈等都属于单轴分支。

合轴分支　主干上的顶芽生长到一定时期后就停止生长，进而死亡或形成花芽，而由各级靠近顶芽的侧芽代替顶芽继续生长，如此更迭不断。这种分支方式所形成的芽和枝，通常弯曲不直，枝条常呈"之"字形弯曲。

多数的被子植物都是合轴分支，如榆、桑等。这种分支植株的上部或者树冠呈开展状态，因为侧枝发达，既提高了支持的能力，又能保证在枝繁叶茂的情况下通风透光，从而扩大光合作用的面积，是一种较进化的分支方式。

假二叉分支　在对生叶序的植物中，顶芽停止生长或分化为花序后，紧靠顶芽下部的一对侧芽同时伸展，形成两个外形大致相同的侧枝，后生的枝条仍按同样方式进行分支，形成伞形的树冠，如丁香、槭树等。真正的二叉分支在低等植物中多见，在比较低等的高等植物与部分苔藓和蕨类植物中存在。

(2) 茎的类型

根据茎的生长方式可将茎分为四个类型：

①直立茎　直立生长于地面上的茎叫作直立茎，大多数植物的茎为直立茎，如水曲柳、悬铃木等。

②攀缘茎　茎不能直立，依靠卷须、吸盘、钩、刺等特殊结构攀缘他物上升生长的茎叫作攀缘茎，如葡萄、爬山虎等。

③缠绕茎　茎细长柔软，不能直立，需依靠缠绕他物而向上生长的茎叫作缠绕茎，如紫藤、牵牛等。

④匍匐茎　茎细长柔软，平卧地上生长的茎，节上可着生不定根，如爬山虎。

(3) 茎的变态

一些植物的茎为了适应不同的功能，在形态结构上发生了显著变化并能遗传给后代，常见的变态茎有以下几种类型。

肉质茎　肉质茎肉质多汁，形态多样，绿色，能进行光合作用，如仙人掌等。

叶状茎 茎或枝条退化为扁平绿色的叶状体,可进行光合作用。有明显的节与节间,节上可分支、生叶和开花,如假叶树、竹节蓼等。

茎刺 有些植物的枝条变态为具有保护功能的刺,有的还能分支,如皂荚、山楂等。

茎卷须 一些攀缘植物的芽发育成卷须状称为茎卷须(枝卷须),如葡萄等。

根状茎 生长于地下,外形与根相似,匍匐生长在土壤中,有明显的节和节间,节上具有退化的鳞叶,并可长出芽和不定根,如竹鞭等。

3.1.1.3 叶的形态识别

从广义上讲,凡是适应于进行光合作用的结构都可以叫作叶;从狭义上讲,只有维管植物才具有真正的叶。在多数情况下,叶的生长期比花和果的生长期更长,因此,在识别植物时,叶的形态和结构是植物形态鉴定中的重要依据。

叶是高等植物的重要营养器官,着生在茎和枝条的节上,它的主要功能是进行光合作用、蒸腾作用和气体交换。有些植物的叶可以净化空气,有些植物的叶还具有储藏和繁殖的作用。

(1)叶的组成

叶是从芽顶端的叶原基发育而来的,典型的叶由叶片、叶柄和托叶三部分组成。

叶片一般是扁平状的,包括叶肉和叶脉两部分,因为含有叶绿素,多数的叶片都是绿色,可以进行光合作用和呼吸作用。叶柄是叶片与茎相连的部分,是输导物质进入叶片和养料输出的通道。托叶位于叶柄和茎的相连接处,通常细小,早落。其功能因种类不同而异,如无花果和鹅掌楸的托叶,可以保护幼芽;有的托叶则很大,具有光合作用。

同时具有叶片、叶柄和托叶的叶叫作完全叶,如梨、桃、月季等;缺少其中的一部分或者两部分,叫作不完全叶。不完全叶中,缺少托叶的最为普遍,如丁香;不完全叶中有的同时无托叶和叶柄,这样的叶子叫作无柄叶;单子叶植物的禾本科及兰科的叶没有叶柄和托叶而只有叶鞘。极少种类甚至没有叶片,如我国台湾地区的相思树,都是由叶柄扩展代替而成的。

(2)叶片的形态和质地

叶片是叶的最重要的部分,不同植物的叶片形状、大小、质地差异很大。从大小上看,长度可以有几毫米到几十米,如柏树的叶片细小成鳞片状,长度仅为几毫米,生长在热带地区的植物的叶片长可达数米。而且因为外界环境的不同,或者处于不同的发育时期,都不一样。叶片的形态结构很复杂,是识别植物的重要依据,为了系统掌握叶的形态知识,通常从叶形、叶尖、叶基、叶缘、叶裂、叶脉、叶片质地等方面来描述。

①叶形 叶片形状的变化,一般而言,同一种植物的形状还是比较稳定的,在分类学上可以作为识别和鉴定植物的一个重要依据。植物叶片的各种形状,主要是由叶片的发育过程、叶片生长的方向(横向或纵向)、成年叶片长和宽的比例、叶片的最宽部分所在的位置来确定的,植物种类繁多,叶形变化不一,为了在众多的叶形中找出形态变化的规律,通常用象形图形或几何图形来表示。基本形状如针形、披针形、倒披针形、条形、剑形、圆形、矩圆形、椭圆形、卵形、倒卵形、扇形、心形、倒心形、肾形、菱形、三角形、鳞形等。

②叶尖 是指叶片尖端的形状,常见的有渐尖、锐尖、尾尖、钝尖等。

渐尖 叶尖较长,或逐渐尖锐,如菩提树的叶。

急尖 叶尖较短而尖锐,如荞麦的叶。

钝尖　叶尖钝而不尖，或近圆形，如厚朴的叶。

截形　叶尖如横切成平边状，如鹅掌楸的叶。

③叶基　是指叶片基部形状，常见的有心形、耳垂形、箭形、楔形、戟形、圆形和偏形等。

④叶缘　是指叶片边缘的形态，在植物形态识别中是重要的一个形态特征，常见的有以下几种：

全缘　叶缘平整不具有锯齿或者是缺刻，如白玉兰、紫荆。

锯齿　叶片边缘有锯齿，而且齿尖向上，如月季。

重锯齿　在大的锯齿之间又出现小的锯齿，如樱花。

波状锯齿　边缘波浪状起伏，如樟树。

⑤叶裂　叶片边缘有更深的缺刻把植物的叶片分裂为若干裂片，这样的叶子叫作裂叶。叶裂的形式有两种，一种是叶片呈羽毛状排列，称为羽状裂叶，如西谷椰的叶子；另一种叶片是呈掌状排列的，称为掌状裂叶，如梧桐的叶子。

这两种类型裂叶都可以根据叶裂的深浅分为浅裂、深裂、全裂。浅裂是指叶片分裂不到半个叶片宽度的1/2，如浅叶掌叶树；深裂是指叶片分裂程度相当于叶片的1/2以上，如鸡爪槭；全裂是指叶片的分裂达到叶片中脉的基部，如大麻的叶子。具体可以分为羽状浅裂、羽状深裂、羽状全裂，掌状浅裂、掌状深裂和掌状全裂。

⑥叶脉　是生长在叶片中的维管束，它们是茎中维管束的分支，经过叶柄分布到叶片的各个部分。位于叶片中央大而明显的脉，称为中脉或主脉。由中脉两侧第一次分出的许多较细的脉，称为侧脉。叶脉在叶片中体交错分布，形成叶片内的运输通道。

叶脉在叶片上分布的样式称为脉序，可分为叉状脉、网状脉和平行脉。

叉状脉　是叶脉从叶基生出后，均呈二叉状分支。这种脉序是比较原始的类型，在种子植物中极少见，如银杏。

网状脉　叶子具有明显的主脉，经过逐级的分支，形成多数交错分布的细脉，由细脉互相连接形成网状。其中有一条明显的主脉，侧脉自主脉的两侧发出，呈羽毛状排列，并几达叶缘，称为羽状网脉（图3-2），如女贞、垂柳；如果主脉的基部同时产生多条与主脉近似粗细的侧脉，再从它们的两侧发出多数的侧脉，并交织成网状，就称为掌状网脉（图3-3），如葡萄等；有的从主脉基部两侧只产生一对侧脉，这一对侧脉明显比其他侧脉发达，称为三出脉，如朴树等；当三出脉中的一对侧脉不是从叶片基部生出，而是离开基部一段距离才生出时，则称为离基三出脉，如樟树等。

平行脉　单子叶植物所特有的脉序，其主脉与侧脉平行或接近于平行（图3-3）。根据叶脉在叶片中的排列方式不同可分为直出平行脉、射出平行脉、侧出平行脉和弧状脉四种。

⑦叶片质地　是指构成叶片的基本物质所反映的综合性状。叶片质地可分为下列三类。

肉质叶　叶片肥厚多汁，如瓦松、马齿苋等。

革质叶　叶片表面细胞的外壁角质化形成角质层，厚而坚硬如革，如大叶桉、女贞等。

纸质叶　叶片表面无角质层，薄软如纸张，如桑、八角枫等。

图 3-2 羽状网脉的一些类型（Hickey，1973）

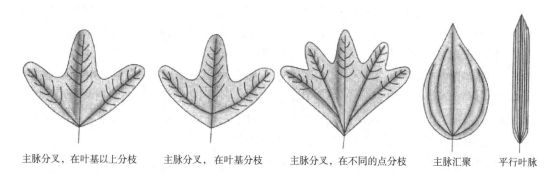

图 3-3 掌状网脉的四种类型与平行叶脉（Hickey，1973）

（3）叶序

叶在枝条上有规律的排列方式叫作叶序，叶序基本类型有互生、对生、轮生和簇生。叶序的遗传性是相当稳定的，所以是叶形态的一个重要特征。

互生　在茎上每一节只有一叶，叫作互生叶序，如玉兰。

对生　茎的每一节上有两叶相互对生，叫作对生叶序，如薄荷。

轮生　茎的每一节上着生三片或三片以上的叶，排成轮状，叫作轮生叶序，如夹竹桃。

簇生　两片或两片以上的叶着生在短枝上成簇状，如银杏、金钱松等；或植物茎极为短缩，节间不明显，如车前。

此外，松科松属植物的针形叶生长在退化的短枝上，多数有叶鞘包被，形成了束生的叶序。

（4）单叶和复叶

植物的叶有单叶和复叶两种类型。叶柄上只生长一个叶片的称为单叶，如桃、李等；在一个叶柄上着生二至多枚分离的叶片的称为复叶，如刺槐、月季等。复叶的叶柄叫作总叶柄（叶轴），它着生在茎或枝条上。复叶中总叶柄上生出的叶叫作小叶；小叶的叶柄叫作小叶柄，小叶的叶腋没有芽，是区别单叶和复叶的特征。根据小叶在总叶柄上的排列方式，复叶可分为四种类型（杨世杰，2000）。

①羽状复叶　多数小叶排列在叶轴的两侧呈羽毛状，称为羽状复叶。羽状复叶的叶轴顶端只生有一片小叶，称为奇数羽状复叶或单数羽状复叶，如刺槐。羽状复叶的顶生小叶

有两枚，称为偶数羽状复叶或双数羽状复叶，如皂荚等。

在羽状复叶中，如果总叶柄不分支，小叶直接着生在总叶柄的两侧的称作一回羽状复叶，如刺槐；总叶柄分支一次再生有小叶叫作二回羽状复叶，如合欢；总叶柄分支二次称作三回羽状复叶，甚至有多回羽状复叶。

②掌状复叶　在复叶上缺乏叶轴，数片小叶着生在总叶柄顶端的一个点上，小叶的排列呈掌状向外展开，称为掌状复叶，如木通、五加的叶。

③三出复叶　仅有三片小叶着生在总叶柄的顶端，如大豆、重阳木等的叶。

④单身复叶　三出复叶的侧生两枚小叶发生退化，仅留下一枚顶生的小叶，外形似单叶，但在其叶轴顶端与顶生小叶相连处，有一明显的关节，这种复叶称为单身复叶，是芸香科柑橘属植物特有的类型。在单身复叶中，叶轴的两侧通常或大或小向外作翅状扩展。

(5) 叶变态

前面描述的是叶的常态，叶的变态有以下几种类型。

①叶刺　植株上的一部分叶或托叶，变态呈刺状，如小檗的叶刺、刺槐的托叶刺等。

②叶卷须　有些植物的叶先端的几个小叶或者托叶发生变态呈卷须状，如豌豆的叶卷须、菝葜的托叶卷须。

③芽鳞　鳞芽外面包被的鳞片称为芽鳞，它是幼叶的变态，竹子的竹箨也是一种芽鳞。

④苞片和总苞　生长在花或花序下面的叶状体也是一种变态叶。生长在单花下面的变态叶叫作苞片；生长在花序下面的变态叶叫作总苞。

⑤鳞叶　木贼和麻黄的地上茎、竹的根状茎、慈姑的球茎等植物的茎节上具有的膜质鳞片，也是叶退化发生变态的鳞叶。

⑥叶状柄　有些植物的叶柄扩展呈叶片状，这样的变态叶称为叶状柄，如金合欢等。

⑦捕虫叶　有些植物的叶子变态为能够捕食昆虫的捕虫叶，如猪笼草等。

3.1.1.4　花的形态识别

花是被子植物特有的繁殖器官，经传粉受精后结成果实和种子进行繁殖。从形态学角度来理解，花是节间缩短的枝条，花的各个组成部分，可以看成着生在枝条顶端（花托）上的变态叶。低等植物及苔藓植物、蕨类植物都未形成花，只能靠孢子进行繁殖。进化水平较高级的裸子植物，虽然已经形成类似花的器官，但还不是真正的花。只有被子植物才有构造完善的花，所以被子植物又叫有花植物。

被子植物典型的花一般由花柄（一般称为花梗）、花托、花萼、花冠、雄蕊和雌蕊六部分组成，其中花冠和花萼一般统称为花被。花萼、花冠、雄蕊和雌蕊各部分螺旋状排列在花托上为原始类型，如玉兰、毛茛的花。其花的某些部分（突出的如雄蕊群和雌蕊群）不但没有定数，而且是螺旋状排列的。大多数被子植物花的花萼、花冠、雄蕊和雌蕊各部分定数并轮状排列在花托上，是较进化的类型。

(1) 花的类型

①根据花中各部分具备与否划分

完全花　具备花萼、花冠、雄蕊和雌蕊几部分组成的花称为完全花，如桃花等。

不完全花 花的组成部分中缺少花萼、花冠、雄蕊群、雌蕊群中的任何一部分或几部分的花称为不完全花，如桑、南瓜、柳等的花。

②根据花被的构成划分

单被花 只有花萼或只有花冠的花称单被花，如桑树的花。花萼与花冠俱全的花叫作两被花，如油菜。

无被花 只有雄蕊和雌蕊，缺少花被的花叫作无被花，如柳。

③根据花的性别划分

两性花 一朵花中雌、雄蕊都具备的花叫作两性花，如梅花。

单性花 一朵花中只有雄蕊或者只有雌蕊的花叫作单性花，仅有雄蕊的花叫作雄花；仅有雌蕊的花叫作雌花。雌、雄花着生在同一植株上的叫作雌雄同株；雌、雄花分别着生在两个不同植株上的叫作雌雄异株。

无性花 只有花被，不具雌、雄蕊的花是无性花，如木绣球。

杂性花 一种植物既有单性花又有两性花。

④根据花冠的连合情况划分

离瓣花 花冠的各个花瓣之间分离的花称为离瓣花，是较原始的类型。

合瓣花 花冠的各个花瓣或部分或全部互相连合生成一体的花称为合瓣花，是较进化的类型。

(2) 花各部分的形态和构造

①**花柄** 一般为细圆柱体，长短不一，有的植物无花柄。花柄的显微构造为在外表皮层和内部的基本组织，并有一至多条维管束贯穿其中。花柄的主要功能是物质运输的通道，并起到支撑花朵的作用，有利于花粉传播。

②**花托** 是花被和花蕊的着生部位，位于花柄的顶端。形态多样，有圆顶、平顶、杯状和包被在子房外面的肥大肉质化花托。花托外部为一层细胞组成的表皮，内部充满基本组织和多条维管束。

③**花萼** 是花的保护结构，位于花冠的下面，由类似叶片的叶状体组成。有些植物花萼外面还着生一轮小花萼，叫作副萼。萼片分离的为离萼，萼片相连的为合萼。开花后段时间内花萼便脱落的叫作脱落萼，直到果实成熟花萼永不脱落的叫作宿存萼。花萼的内部构造与叶片基本相同。

④**花冠** 一朵花的花瓣合称为花冠，位于花萼的里边。通常具有鲜艳的色泽和芳香的气味，基部具有蜜腺。它既是花的保护结构又具招引昆虫进行传粉的作用。

由于花冠是幼叶的变态，所以其内部构造与叶片基本相同，只是花冠内只含有胡萝卜素、叶黄素和花青素，不含叶绿素。根据花冠形状的变化，还可以分为许多类型，如蝶形花冠、十字形花冠、唇形花冠、舌形花冠、管状花冠、钟形花冠、漏斗形花冠、有距花冠等。

⑤**雄蕊** 是有花植物的雄性生殖器官，位于花冠的里面。有的着生在花托上，叫作基生雄蕊；有的着生在花冠上，叫作冠生雄蕊。一朵花中有一至多个雄蕊，多个雄蕊的总和称为雄蕊群。

雄蕊由花丝和花药两部分组成，花药着生在花丝的顶端，是一个囊状体，有一些植物的花药由两个花粉囊构成，另一些植物则由四个花粉囊组成，花粉囊是产生花粉粒的器官。

雄蕊的显微构造中，花丝由表皮和薄壁组织组成，中央有一个维管束，连接花托和花药。整个花药外部包围着由一层细胞组成的表皮层，花粉囊之间分布着由薄壁组织和一条维管束组成的药隔，每一个花粉囊的最外层有一层细胞壁局部加厚的纤维细胞组成的纤维层；纤维层内部是由一至多层薄壁细胞组成的，叫作中层；中层里面由一层大型多角的细胞组成，叫作毡绒层；毡绒层内侧充满许多具有分裂能力的花粉母细胞。花粉母细胞经过减数分裂形成四分体，四分体发育成熟，互相分离，这就是单核花粉粒。单核花粉粒就是一个细胞，它的细胞核内只有一个染色体组(n)，叫作单倍体。

雄蕊由于花丝和花药的结合方式不同，可分为离生雄蕊和合生雄蕊两大类。花丝、花药互相分离的叫作离生雄蕊，花丝、花药部分或全部连合的叫作合生雄蕊。

合生雄蕊中，由于花丝、花药连合方式不同还可以分为下列几种类型：

单体雄蕊　指花丝互相连合形成一束的雄蕊，如棉花、瓜类的雄蕊，就是单体雄蕊。

两体雄蕊　指许多雄蕊连合成两束的雄蕊，如刺槐、蚕豆等的10枚雄蕊，9个连合1个分离，就属于两体雄蕊。

多体雄蕊　指一朵花中的许多雄蕊，花丝连合成3束以上的雄蕊，如金丝桃的雄蕊。

聚药雄蕊　花丝分离花药聚生的雄蕊叫聚药雄蕊，如向日葵、菊花等菊科植物。

二强雄蕊　指一朵花中有4枚雄蕊，其花丝两长两短，如唇形科、玄参科等植物的雄蕊。

四强雄蕊　指一朵花中有6枚雄蕊，其花丝四长两短，如十字花科植物白菜、萝卜、荠菜、独行菜等的雄蕊。

⑥雌蕊　是有花植物的雌性生殖器官，位于花的中央。雌蕊由变态的叶卷合而成，这种变态叶叫作心皮，是雌蕊的结构单位。

雌蕊包括子房、花柱和柱头。中部细长部分叫作花柱，花柱长短不一，有的植物无花柱。花柱顶端具有头状、羽毛状、分支状的结构，叫作柱头，是承受花粉粒的部位。下部膨大部分叫作子房，子房内着生一至多个胚珠。因为雌蕊是由心皮卷合形成的，心皮卷合留下的缝痕叫作腹缝线，心皮中脉显示的痕迹叫作背缝线。子房的位置、雌雄蕊类型和心皮数目，是植物形态鉴定的重要依据。

A. 雌蕊的类型　雌蕊着生在花托上，根据子房与花托、花被等的结合情况，可分为下列几种类型。

子房上位　子房底部与花托相连，着生在花托上边，花被、雄蕊着生在子房基部，这种着生方式，叫作子房上位，如茶、紫藤等。

子房中位（子房半下位）　子房的下半部与花托愈合，上半部以及花柱、柱头是独立的，花被、雄蕊着生在子房周围，这种着生方式，叫作子房中位，如虎耳草属、忍冬属和接骨木属植物。

子房下位　花托凹入呈壶状，整个子房着生于花托内，子房壁与花托愈合，花被、雄蕊着生在花托边缘子房上面，如梨、苹果、山楂等。

心皮是雌蕊的结构单位，由于组成雌蕊的心皮数目不同，雌蕊可分为下列两种类型。

单雌蕊　由一个心皮组成的雌蕊叫作单雌蕊，如紫荆、桃、杏等，一朵花只有一个单雌蕊。但有些植物，一朵花上生长多个相互分离的单雌蕊，组成了雌蕊群，称为离心皮雌蕊，如绣线菊。

复雌蕊　由两个以上心皮合生而形成的雌蕊叫作复雌蕊。其合生情况有两种：一种是各心皮的边缘相互连合，生成一室子房，叫作一室复雌蕊，如香木瓜、黄瓜、南瓜等；另一种是各心皮相互连合形成的复雌蕊，子房室数与心皮数相同，并有中轴，叫作多室复雌蕊，如柑橘、苹果等。复雌蕊中，有的花柱柱头分离，如油桐、苹果等；有的花柱柱头合生，如柑橘、楝树等。

B. 雌蕊的结构　通过雌蕊的显微构造可以看到柱头、花柱、子房具有共同的表皮层，柱头、花柱内部充满薄壁组织，子房还有一层内壁，内外壁之间也由薄壁组织组成。内壁里面是一个空腔，叫作子房室。子房室内着生一至多个胚珠，胚珠发育成熟时形成种子。胚珠由珠柄、珠被、珠心、珠孔四部分组成。珠柄是胚珠与子房壁相连的部分，珠被是包围在胚珠外部的几层组织（分内珠被和外珠被），珠心是位于珠被内部的薄壁组织，珠孔是胚珠顶端的孔隙。珠心与珠被相连接的部位叫作合点，胚珠在子房壁上着生的部位叫作胎座。

由于胚珠在子房内的着生方式不同，胎座可分为下列几种类型。

基生胎座　胚珠着生在子房室的基部，如向日葵、杨梅、胡颓子科植物。

顶生胎座　胚珠着生在子房室的顶部，胚珠下垂，如榆科、大戟科、瑞香科植物。

边缘胎座　胚珠着生在单心皮雌蕊子房室的腹缝线上，如合欢、皂荚、刺槐等。

中轴胎座　具有中轴的多室复雌蕊，各心皮互相结合，在子房中间形成中轴，各室的胚珠都着生在中轴上，如苹果、梨、橘等。

侧膜胎座　多心皮构成的单室复雌蕊，各心皮边缘互相衔接，形成一室，胚珠着生在各心皮相连接的腹缝线上，如杨、柳、瓜类。

特立中央胎座　多心皮构成的单室复雌蕊心皮基部与花托上端愈合，向子房中央延长生长，形成凸起，像特立于子房中的轴柱、胚珠着生在轴柱的周围，如报春花、辣椒等。也有些植物的特立中央胎座是由中轴胎座演化而来的，因隔膜和中轴上部消失形成特立于子房室中央的轴柱，胚珠着生在轴柱上，如石竹科植物。

(3) 花序的类型

花通常单生于叶腋或枝顶，称为单生花，如牡丹、芍药、茶花等。但多数植物的花是成丛成串地按一定规律排列在花轴上的，这种着生方式的花丛，称为花序。花序上每朵小花的基部常有一变态的叶，称为苞片。如果苞片集生于花序的基部时，则称为总苞。

根据花轴上花的排列方式以及花轴的分支和花的着生状况，花序可分为无限花序和有限花序两大类。

①无限花序　花轴顶端可以保持一段时间的生长，能继续伸长并陆续开花。开花顺序由基部开始，依次向上开放，因此是一种边开花边成花的花序。无限花序又分为下列几种：

总状花序　花互生于不分支的花轴上，各小花的花柄几乎等长，如刺槐、紫藤等。

穗状花序　花的排列与总状花序相似，但小花无柄或近于无柄，如水青树、木麻黄等。穗状花序的轴如果膨大，则称肉穗花序。

柔荑花序　与穗状花序相似，但花为单性花，一般为无被花或单被花。雄花花序轴柔软下垂，如杨、枫杨等。开花后整个雄花序脱落，如杨、柳等。

伞形花序　花轴短缩，大多数花着生在花轴的顶端。每朵花的花柄近等长，因而各花在花轴顶端的排列呈圆顶状，像一把张开的伞，开花顺序由外向内，如海桐。

伞房花序　与总状花序相似，但小花的花柄不等长，下部的较长，上部的渐短，如苹果、梨等。有些花柄较挺立，使花序顶端形成一个平面，如石楠。

佛焰花序　与穗状花序相似，但花轴肉质肥厚，花序基部常有一大型佛焰状总苞，如天南星科及棕榈科植物。

隐头花序　花轴膨大，顶端向轴内凹陷成密闭杯状，仅有小口与外面相通，小花着生于凹陷的杯状花轴内。隐头花序为榕树属所特有，如无花果、榕树等。

头状花序　花轴顶端膨大如盘状，小无花柄，着生于盘状的花轴上。花序基部有总苞，如枫香树。

此外，还有复穗状花序、复伞形花序、复伞房花序及复总状花序等。它们的特点是花轴按原有的形式分支，小花着生于分支的花轴上，形成复花序。例如，膜果麻黄为复穗状花序，匍匐五加为复伞形花序，花楸为复伞房花序，女贞为复总状花序等。复总状花序又称为圆锥花序，但习惯上圆锥花序还包括由其他花序组成的花丛，其中有些是由聚伞花序组成的。

②有限花序　花轴呈合轴分支或二叉分支，它的特点是花序主轴的顶端先开花，自上而下或自中间向四周顺序开放。

单歧聚伞花序　花轴的顶端先开一花，然后下面一侧的苞腋中又发生侧枝，侧枝的顶端又开花，同样自上而下推移，如紫草科植物。如果侧枝一直在同一侧的苞腋发生，整个花序就会卷曲，称为卷伞花序。

二歧聚伞花序　花轴的顶端开花后，下面相对的两侧苞腋中同时产生分支，在分支的顶端又形成花，这样反复分支，就形成二叉状分支的花序，如石竹科植物。

多歧聚伞花序　花的生长与排列方式与二歧聚伞花序相似，但花轴的分支在三个以上，如大戟的花序。

③混合花序　有些植物在同一植株的同一花序中，既有无限花序，又有有限花序，这种称为混合花序，如七叶树的花序。

3.1.1.5　果实的形态识别

植物经开花、传粉和受精后，雌蕊发生一系列的变化，胚珠发育成种子，子房则发育成果实。多数被子植物的果实是直接由子房发育而来的，叫作真果，如桃、大豆的果实；也有些植物的果实，除子房外尚有其他部分参加，最普通的是子房和花被或花托一起形成果实，这样的果实，叫作假果，如苹果、梨的果实。

有些栽培植物，不经过受精作用，子房也能发育成果实，这种现象称为单性结实，由于果实内不形成种子，因此为无籽果实，如香蕉、芭蕉、无籽葡萄。

(1) 果实的结构

成熟的果实通常具有外、中、内三层果皮，果皮内生长着种子。外果皮由子房壁的表皮发育而成，一般很薄，通常具角质层和气孔，有时有蜡粉、毛等附属物。中果皮是由子房壁内、外两层表皮之间的中层薄壁细胞发育而来的，一般较厚，占果皮的大部分，在结构上各种植物差异很大，如桃、李、梅为肉质；刺槐、黄檀为革质；丝瓜、花生的果皮成熟时则形成维管束网络。内果皮由子房壁的内表皮发育而成，成熟时果实中通常不再保留内表皮原有的状态，而是分化成各种不同的构造。例如，桃、李的内果皮，木质化增厚形成坚硬的果核；葡萄的内果皮发育为肉质多汁的果肉；柑橘的内果皮成为具有汁液的腺囊；板栗的内果皮成为纤维状。

(2) 果实的类型

根据形成果实的心皮数目、心皮结合状况和果皮性质等条件，果实可分为单果、聚合果和聚花果三大类。

①单果　由一朵花中的单雌蕊或复雌蕊发育而成的果实称单果。单果的类型很多，根据果皮的性质，可分为肉质果和干果两类。

A. 肉质果的果实成熟后，肉质多汁，常见的有下列几种。

浆果　外果皮膜质，中果皮、内果皮均肉质化，充满汁液，内含一至多粒种子，如葡萄、枸杞等。

柑果　外果皮革质，中果皮疏松纤维状即橘络，内果皮被隔成瓣，向内生有许多肉质多浆的汁囊，如橘、柚等。

核果　内果皮坚硬，包于种子之外，构成果核。种子常1粒，中果皮多肉质，如桃、李、杏、樱桃、橄榄、楝树等。

瓠果　由下位子房发育而成的假果，花托与外果皮结合为较硬的果壁，中果皮与内果皮肉质化，有发达的肉质胎座，如西瓜、黄瓜等。

梨果　为下位子房形成的假果。果实外层由花托发育而成，果肉大部分由花筒发育而成，子房发育的部分位于果实的中央。由花筒发育的部分和外果皮、中果皮为肉质。内果皮为纸质或革质，如梨、苹果、枇杷等。

B. 干果的果实成熟后，果皮干燥，分为裂果和闭果两类。

裂果是果实成熟后，果皮开裂，有以下几种类型。

荚果　由单雌蕊发育而成，成熟时沿背缝线和腹缝线两面开裂，如豆类植物。有些荚果不开裂，如皂荚、紫荆、合欢等。

蓇葖果　由单雌蕊发育而成，成熟时仅沿背缝线或腹缝线开裂，如玉兰、梧桐等。

角果　由两心皮复雌蕊发育而成，果实中间有由胎座形成的假隔膜，种子着生在隔膜的边缘上。有些角果细长，称为长角果，如白菜、油菜等；有些角果很短，称为短角果，如荠菜等。

蒴果　由复雌蕊发育而成，成熟时有多种开裂方式。沿背缝线开裂的有乌桕、百合等。沿背缝线或腹缝线中轴开裂的有牵牛、杜鹃花等。从心皮顶端开一小孔的(孔裂)有罂粟、虞美人等。果实横裂为二的有马齿苋、桉树等。

闭果是果实成熟后，果皮不开裂，有下列几种类型。

瘦果　只含1粒种子，果皮与种皮分离，如向日葵、蒲公英、喜树等。

颖果　由2~3心皮组成，一室含1粒种子，果皮与种皮愈合不易分离，如小麦、玉米等禾本科植物的果实。

翅果　果皮形状如翅，如榆树、槭树的果实。

坚果　果皮木质化而坚硬，如板栗、槲栎、鹅耳枥等。

分果　多心皮组成，每室含1粒种子，成熟时，各心皮分离，如锦葵、蜀葵等。

②聚合果　由一朵花中具有离生心皮雌蕊发育而成的果实，许多小果聚生在花托上，称为聚合果。例如，玉兰、芍药是聚合蓇葖果，莲蓬是聚合坚果，草莓为聚合瘦果等。

③聚花果　由整个花序发育而成的果实称为聚花果，如桑葚、无花果、菠萝等。

3.1.2　微形态证据

3.1.2.1　叶表皮微形态研究在植物分类学中的应用

利用扫描电镜观察植物叶表皮微形态特征的观点，被许多国内外学者借鉴和应用于植物各分类群（尤其是宏观形态较难区分的类群）间的鉴定和划分。叶表皮形态特征在属下的变异相对稳定，多应用于植物属间及属下种间的分类学关系探讨（Fahn，1982）。

叶表皮微形态特征为不同植物群中植物物种的识别提供了重要信息。其中最主要的表皮特征包括毛被、表皮细胞、叶表皮纹饰及气孔器，这些微观形态特征均可为植物物种鉴定和划分提供依据（Zhou et al.，2014）。

毛被是植物叶表皮细胞中向外突起形成的特殊结构，具有对抗生物和非生物胁迫的物理和化学阻滞作用。毛被特征不仅在各属（亚属）的分类中具有较好的参考价值，同时对植物的鉴定和识别也起些作用。

叶表皮细胞形状主要有多边形、长条形和不规则形。垂周壁式样分为平直、平直-弓状、浅波状、波状和深波状，细胞平周壁有近平、隆起和凹陷3种形态。叶表皮纹饰通常主要有条状、波状、棒状、颗粒状和片状。Cho et al. (2014)通过对8种水青冈属（*Fagus*）植物及1个外类群的角质膜微形态进行研究，证明了角质膜的形态特征为分析壳斗的进化过程提供了重要的信息。

气孔器是植物进行气体交换的主要场所，其特征不仅可反映植物对环境适应性，同时为现有植物和植物化石的分类和系统学研究提供了有力的证据。据报道，气孔的大小和频率决定了某些植物的属（Lee & Oh，1988）。Carpenter（2005）研究了46种被子植物的气孔相关性状，并且利用气孔形状探讨了被子植物进化系统，这一结果支持种子植物切向分类的进化方式。Hussain et al. (2019)首次利用光学显微镜（LM）对巴基斯坦东北部巴尔蒂斯坦地区13种*Artemisia*植物的气孔进行了观察，发现了4种类型的气孔，即无规则型（anomocytic）、横列型（diacytic）、不规则四细胞型（anomotetracytic）和不等型（anisocytic），且不均匀地分布叶的近轴面和远轴面，有助于物种间的划分。同时气孔器特征在大多数亲缘关系较近的谱系中，气孔器大小还同植物倍性呈正相关，而气孔密度同倍性呈负相关，因此气孔器特征在植物的分类和系统学研究提供了重要的证据（Kong et al.，2019）。

3.1.2.2　孢粉学

(1) 花药的发育

大多数花药是由分为左右两半、中间由药隔相连的花粉囊组成。花药壁由若干层构成，最内层称为绒毡层（tapetum），在小孢子和花粉发育中起到关键作用。当花粉成熟或环境条件适宜时，花药裂开释放花粉。在几个科中，如杜鹃花科和野牡丹科 Melastomataceae，花粉通过在花药一端的一个小开口或孔散发(孔裂 poricidal dehiscence)；在其他一些科中，如樟科，通过花药瓣片(flap)开裂释放花粉(瓣裂 valvate dehiscence)。

(2) 花粉结构、可育性以及研究方法

花粉粒或以单粒或聚集成二粒、四粒或多粒从花药中释放。在许多夹竹桃科(如马利筋属)和兰科植物中，花粉聚集在一起称为花粉块(pollinium)。已知的最小花粉粒直径大约 10μm，最大的花粉粒直径达 350μm(番荔枝科)。花粉粒的形状从球形到棒球形(一些爵床科 Acanthaceae 植物为 19μm×520μm)不等。

花粉粒两个最重要的结构特征是萌发孔及外壁。萌发孔(aperture)是花粉壁上的某些区域，当花粉萌发时花粉管就从该区域伸出。花粉粒通常根据萌发孔的形状进行描述：沟状(colpate)萌发孔[当这类萌发孔处在极面时，也即槽沟(sul-cate)]较长并且呈凹槽状。孔状(porate)萌发孔为圆形和孔状。环状(zonate)萌发孔为环状或带状。沟孔状(colporate)萌发孔是由沟状萌发孔的沟槽和孔状萌发孔的孔组成。萌发孔可能处在花粉粒的极面或赤道面，或多少均匀地分散在花粉粒的表面。

萌发孔的种类和数目在许多植物类群中是恒定的。木兰目 Magnoliales 中很多木本被子植物基部的类群一般为单槽沟(monosulcate)花粉粒。单子叶植物也基本上是单沟类群；相反，被子植物中的一个大支真双子叶类群具有三沟或三沟衍生的花粉类型。

在许多风媒传粉的类群中花粉外壁(exine)可能或多或少光滑，在大多数动物传粉的类群中具各种各样的外壁纹饰，具刺的、条纹状的、网纹状脊的、瘤状的和其他一些类型。这些表面突起使得花粉附着于传粉动物体，并具有丰富的系统学特征。系统学家也将花粉外壁内层特征运用在不同分类等级上。

在花粉的发育过程中，小孢子核分裂成 1 个小的生殖细胞(generative cell)和 1 个较大的营养细胞(vegetative cell)。营养细胞指引花粉管的生长方向。在生长的花粉管中，生殖细胞通常分裂成 2 个精细胞。在一小部分被子植物中(包括一些三沟类和单子叶类群)，花药裂开前生殖细胞就已分裂为 2 个精细胞，而释放时的花粉处于三细胞期。

通过扫描电子显微镜(简称扫描电镜；scanning electron microscopy，SEM)观察花粉粒时，其外壁纹饰清晰可见。在这个过程中，孢粉粒图像是由电子束形成的。花粉的内部结构，特别是外壁，一般通过透射电子显微镜(简称透射电镜；transmission electron microscopy，TEM)进行观察。

3.1.3 解剖学证据

植物内部结构的性状在植物系统学中的应用已经逾 150 年的历史，它们既可应用于实际鉴定又可用于系统发育关系的确定。解剖学性状(anatomical characters)能通过光学显微镜进行研究，许多性状在实验室通过最简单的设备也能看到。通过透射电镜(TEM)观察到的性状通常称为超微结构(ultrastructural)。通过扫描电镜(SEM)观察到的结构常称为微形态(micromorphological)。本节对这三类性状中的一些重要性状进行简要的讨论。

各种组织中存在着不同的细胞类型。石细胞和纤维是厚壁而木质化细胞。纤维(fiber)是伸长的细胞，通常环绕着茎的维管系统和叶脉，起保护作用。石细胞(sclereids)是形态多样的厚壁细胞。分泌道或分泌细胞以及含各种晶体的细胞常是某些特殊类群的鉴别性特征。在厚角组织(collenchyma)中，细胞壁的角有纤维素的加厚。

3.1.3.1 次生木质部和韧皮部

木材(wood)[通常称次生木质部(secondary xylem)]由维管形成层(vasscular cambium)产生，维管形成层是木本植物紧靠树皮内的有分生能力的圆环结构。木材是由输水细胞[管胞(tracheids)和/或导管分子(vessel elements)]、支撑细胞(纤维)和从外面贯穿到里面的生活细胞[射线(rays)]组成的复合体。

输水细胞和支撑细胞在成熟时为死细胞，这意味着活细胞的细胞质会妨碍水分运输。这类细胞拥有由纤维素(cellulose)和木质素(lignin)组成的厚壁，纤维素是一种长链葡萄糖分子，木质素是苯丙烷残基的多聚体。然而松柏类和苏铁类输水细胞只有管胞，买麻藤类和被子植物的输水细胞通常既有管胞也有导管，被子植物趋向于具有短的、粗的导管，其末端完全开放像水管一样形成管，以便快速输送大量的水分。

许多解剖学家(Bailey，1957)根据推测的导管分子的演化趋势提出木质部类型；其演化趋势是从管胞到长而细的、具斜向梯纹穿孔板的导管，再到短而粗的、具单穿孔板的导管分子。

其他重要的木材解剖包括生长轮(由于季节性变化，由形成层活动产生的木材中的条带或层)和各种特殊的含有晶体、树脂、黏液或乳汁的细胞。

次生韧皮部提供的分类学性状比次生木质部少。在维管束植物中，有两种主要的输送碳水化合物的细胞：筛胞(sieve cells)和更特化的筛管分子(sieve tube elements)。后者有一种独特的筛板和伴胞。次生韧皮部是由筛管分子和伴胞带以及纤维交互的带组成的；具有这种韧皮部的植物常有纤维状树皮。

在被子植物中比较重要的是筛管分子中的质体结构(Behnke，2000)，因为它们结构的不同与植物的分支相关，如单子叶植物、石竹目(Caryophyllales)和豆科。Behnke 认识到质体在筛管分子中有两大类：积累淀粉的 S-型和积累蛋白质(或蛋白质和淀粉)的 P-型。

3.1.3.2 节部解剖

节部解剖(nodalanatomy)指茎和叶间维管束连接的各种式样。节部解剖结构多样，常具有系统学意义。

主要的特征是叶隙(leaf gaps)或薄壁组织间断(parenchymatous interruptions)的数目，及由维管束[叶迹(leaftraces)]分离到叶中的被子植物次生维管系统的遗痕。叶隙的构成是用作划分节部类型的基础。

节部式样用叶迹的数目(维管组织束)和叶隙的数目表示，叶隙即薄壁组织间断点或腔隙(lacunae，维管束之间的空间)。例如，具单叶迹的单叶隙节被描述为 1：1；具二叶迹的单叶隙节则记录为 2：1；具三叶迹的三叶隙节则是 3：3。

3.1.3.3 叶解剖

叶具极端变异的解剖学特征，并能提供大量的有系统学意义的性状(Carlquist，1961；Stuessy，1990)。

叶表皮(epidermis)(叶的外层)变化在于细胞层数、每个细胞的大小与形态、细胞壁的厚度，以及乳头（papillae）（每个表皮细胞上的圆形凸起）的出现和各种毛。一些植物的叶有下皮（hypodermis），它是表皮下形成的一或多层不同的细胞层。角质层（cuticle），覆盖在表皮上的蜡质，其在厚度和纹饰上有变化。各种蜡质[角质层蜡质（epicuticular waxes）]可能沉积在角质层上（Barthlott et al.，1998）。

表皮有气孔（stomata 或 stomate），每个气孔由特化的保卫细胞（guard cells）环绕，保卫细胞通过自身内部的水压变化来开放或关闭。维管束植物具有各种气孔形态。气孔通常依据副卫细胞（subsidiary cells）（形态上与其他表皮细胞不同的、与气孔相连的表皮细胞）之间以及它们同保卫细胞间的关系进行分类。注意，相同构型的副卫细胞可以来源于不同的发育途径；研究这些途径有助于理解气孔形态的系统发育意义。

无规则气孔（anomocytic）是气孔周围被少数细胞环绕，这些细胞与其他表皮细胞在大小和形态上没有区别。其他气孔类型根据副卫细胞的不同排列方式来划分。气孔可能被角质层脊或角质层凸起环绕，也可能凹陷在窝或槽内。

叶内部组织的性状也是重要的。叶肉（mesophyll）可区分为栅栏组织层和海绵组织层，每层的细胞层数有变化。叶肉细胞的分布和形态，以及存在或不存在细胞间隙同样可以有鉴别性意义。叶内部的结构与光合作用的生物化学有关。C_3光合作用途径是绿色植物最常见的光合作用途径，其二氧化碳固定的直接产物是 3 个碳原子的化合物；C_4光合作用途径是氧化碳固定的直接产物是 4 个碳原子的化合物。C_3光合途径的植物叶子典型特征是叶表皮下有一层或几层明显的栅栏细胞组成的绿色组织。相反，C_4光合途径的植物叶子具有显著的维管束鞘的绿色组织[克兰茨结构（Kranz. anatomy）]（Rathnam et al.，1976）。

木质部和韧皮部以各种方式排列在叶柄和中脉中（Howard，1974）。这些排列式样可通过叶柄的连续横切片进行研究。通常需要几个横切面，因为排列式样从叶柄基部到叶柄顶端进入中脉会有变化（图 3-4）。

3.1.3.4 分泌结构

许多植物类群具有能产生乳汁、树脂、黏液，或香精油的特化细胞或细胞群。乳汁（latex）是乳汁细胞（laticifers）的特化细胞产生的不太透明的、乳状的或有色的（通常是黄色、橘红色或红色，有时也为绿色或蓝色）液体。乳汁细胞可能位于植物任何部位的薄壁组织中，尤其是茎和叶中，它们可能单独存在或成列，形成管状，管可能分支或不分支。乳汁中含有各种次级代谢物的溶液或悬浮液，它们对于抵御食草动物有重要作用。一些植物在星散的细胞、特化的腔或道中能产生透明的树脂（resins）（芳烃，氧化后变硬）或黏液（mucilage）（黏稠的液体）。香精油（essential oils）是易挥发的、芬芳的有机化合物，是由分散在叶肉中的特化球形细胞或细胞破碎产生的腔或相邻细胞间的间隙产生的。透过光线观察，叶中这些细胞或腔呈透明点（pellucid dot）。乳汁、树脂、黏液和香精油的存在与否，以及乳汁细胞和分泌管或腔的形成和分布常常具有分类学意义。

3.1.3.5 晶体

晶体在维管束植物中是普遍的，常存在细胞中，并具有各种形态。它们通常由草酸钙、碳酸钙或二氧化硅构成。晶簇（druses）（晶体的球形组合）、针晶体（raphides）（针状晶

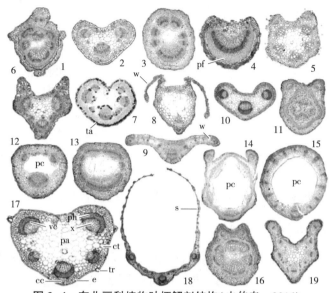

图 3-4　东北豆科植物叶柄解剖结构（史传奇，2016）

1. 合欢（*Albizia julibrissin*）；2. 斜茎黄耆（*Astragalus adsurgens*）；3. 树锦鸡儿（*Caragana arborescena*）；4. 红花锦鸡儿（*C. rosea*）；5. 野大豆（*Glycina soja*）；6. 刺果甘草（*Glycyrrhiza pallidiflora*）；7. 短翼岩黄耆（*Hedysarum brachypterum*）；8. 香豌豆（*Lathyrus odoratus*）；9. 山黧豆（*L. quinquenervius*）；10. 紫苜蓿（*Medicago sativa*）；11. 含羞草（*Mimosa pudica*）；12. 长白棘豆（*Oxytropis anertii*）；13. 多叶棘豆（*O. myriophlla*）；14. 绿豆（*Phaseolus radiatus*）；15. 豌豆（*Pisum sativum*）；16. 苦参（*Sophora flavescens*）；17. 红车轴草（*Trifolium pratense*）；18. 野火球（*T. lupinaster*）；19. 山野豌豆（*Vicia amorna*）；cc. 厚角组织；ct. 皮层；e. 表皮；pa. 薄壁组织；pf. 韧皮纤维；ph. 韧皮部；pc. 髓腔；s. 托叶；ta. 单宁；tr. 腺毛；vc. 维管形成层；w. 翼；x. 木质部；各小图的标尺大小：5 和 17 为 200μm；1，2，3，7 和 16 为 400μm；4，6，8，10，12 和 19 为 500μm；9，11 和 13 为 600μm；14，15 和 18 为 1000μm。

体）和微晶粒（crystal sand）是常见类型。硅体在单子叶植物分类中有重要的意义。钙化体称钟乳体（cystoliths），有时出现在特化细胞［称为晶细胞（lithocysts）］中；钟乳体常有系统学意义。在钟乳体中含钙的物质是以小的无定型的微粒存在。

3.1.3.6　木质部和韧皮部在茎中的排列

大多数种子植物的茎中有一轮初生木质部和初生韧皮部。初生维管组织来自顶端分生组织（即位于苗顶端的分生细胞区）细胞的分化。产生的维管束轮叫作真中柱（eustele）。在木本植物中，分生组织细胞层、维管形成层在木质部和韧皮部之间发育，其向内产生次生木质部，向外产生次生韧皮部，这是被子植物次生生长的正常式样。种子植物中普遍的单子叶植物通常缺乏维管形成层和次生生长；它们的茎中有星散的维管束，每个维管束中有木质部和韧皮部。一些被子植物有各种所谓的不规则次生生长。不规则生长常存在于肉质植物和藤本植物中，肉质植物的不规则生长使它们快速增长，藤本植物中能修复在缠绕过程中的损伤。下列术语是描述不同的解剖学式样，大多数与次生生长有关。

轴不同程度扁平或具槽　由于形成层活动的不均衡，使茎扁平或具槽。

木质部和韧皮部同心交互排列　由于维管形成层的一系列活动使韧皮部和木质部层在

茎中交互排列。

皮层维管束(cortical vascular bundles)　与茎的维管束连接之前在茎的皮层中纵向伸展的叶迹维管束。

裂隙木质部(fissured xylem)　由于韧皮部或薄壁组织发育而破碎的木质部。

内含韧皮部(included phloem)　韧皮部束埋藏在次生木质部中。

内生韧皮部(internal phloem)　初生韧皮部成束或成连续的环(茎的横切面)位于木质部的内部边缘；木质部在外侧和内侧均有韧皮部。在一些缺乏次生生长的种中，内生韧皮部发育形成双韧维管束(bicollateral vascular bundles)，茎的维管束在木质部的外侧和内侧均有韧皮部。

髓维管束(medullary vascular bundles)　维管束出现在茎的髓部。

3.1.3.7　花部解剖和发育

花的维管束迹的式样对于了解花的退化结构和花高度变态部分的同源性有很大帮助。花部极端变态是花中一个特别的问题，花高度简化和极度密集成簇，这与风媒传粉的演化相联系，如桦木科的花。在雌蕊群中的维管束迹的式样常用来表示心皮的数目，尤其是在具有特立中央胎座、基底胎座和顶生胎座的心皮完全融合的雌蕊群中。

花原基(primordia)(花部或器官在最早期状态)的定位和它们发生的顺序有分类学意义(Evans & Dickinson，1996)。发育的研究对了解花各部的同源性是重要的。例如，一些花其雄蕊原基螺旋状着生，而另一些花的雄蕊束生成五群或十群。另外，雄蕊原基可能向心式发生(centripetally)(从外围到中央)或离心式发生(centrifugally)(从中央到外围)。这些变异揭示在被子植物中雄蕊曾发生过多次。

花冠发育的研究同样也能提供特殊的信息(Leins & Erbar，2003)。在一些合瓣的花中花冠由一轮原基发育，然后发育裂片，而另外一些合瓣花中，花冠裂片一开始就发生。花发育研究显示一些离瓣花，如杜鹃花科(Ericaceae)的一些类群，发育早期是合瓣的；因此，认为它们是来自于合瓣花的祖先。研究还显示下位子房和上位子房可能通过不同的发育途径而来，例如，一些花由于花顶凸起形成花部下位的发育途径，而另外一些则由于花顶凹入形成其他部位的上位发育途径(Soltis et al.，2003)。

3.1.4　染色体与细胞学证据

染色体数目本身可能是一种有价值的系统学性状。相近染色体数目可能预示近的亲缘关系；不同染色体数目的物种常通过降低杂交种的能育性产生生殖隔离。染色体大小、着丝粒的位置、特有的带型和其他特征也可能是具有系统学信息的。

3.1.4.1　染色体数目

植物体细胞最低染色体数目是其二倍体的染色体数目，常表示为 $2n$。例如，枣树的二倍体染色体数目为24。二倍体基因组包括两套完整染色体，一套来自卵细胞的(母系的)亲本；另一套来自花粉的(父系的)亲本。一套完整的染色体，即单倍体(haploid)染色体数目，由孢子或配子(卵或精子)产生。单倍体染色体数目表示为 n，枣树为12。

在某些植物中，如属或科，推测的祖先单倍体染色体数目(常为最低染色体数目)称为染色体基数(base number)，表示为x。例如桦木，$x=14$，该属的推测祖先二倍体染色体数为$2n=28$。

增加或缺失一或两条完整染色体称为非整倍性(aneuploidy)。体细胞具有三或更多整套染色体被称为多倍性(polyploidy)。多倍体因为它们所含有染色体套数而有所区别。三倍体具有完整的3套染色体，四倍体4套，五倍体5套，六倍体6套。

一个物种的染色体数目通常不变，几乎所有松科植物为二倍体($2n=24$)。

一些种的染色体数目变异未导致相应的形态变异。例如，同源多倍体可能与它们的二倍体祖先不具有形态差异，因此常被置于同一个种。分布于加利福尼亚州北部和俄勒冈州南部的二倍体($2n=14$) Tolmiea menziesii(虎耳草科 Saxifragaceae)与分布于俄勒冈州中部至阿拉斯加州南部的四倍体($2n=28$) T. menziesii 在形态上非常相似。

很多属的种具有不同倍性。例如，北美的白皮桦(桦木属 Betula，桦木科)有二倍体种[$2n=28$，杨叶桦 B. populifolia 和心叶桦 B. cordifolia(mountain paper birch)]，四倍体种[$2n=56$，心叶桦和纸桦 B. papyrifera(paper birch)]，五倍体种($2n=70$，纸桦)和六倍体种($2n=84$，纸桦)。

作为染色体数目在分类学应用的一个例子，如马缨丹属 Lantana。因为不整倍性、多倍化、杂交和低分辨率的属的分类界限，这些热带灌木种分类混乱。本属具有两个染色体基数(11 和 12)，也可能存在第三个染色体基数(9)。$2n=22$ 或 24 的二倍体种是多倍体，尤其是四倍体种($2n=44$ 或 48)的基源种。三倍体种($2n=33$ 或 36)是二倍体和四倍体的杂交结果。

马缨丹属 Callioreas 组的特征是染色体基数为 12，Camara 组具有染色体基数 $x=11$，可能由 $x=12$ 通过非整倍化演化而来。几个明显的共衍征支持 Camara 组为单系类群。但 Callioreas 组跟近缘的大属江藤属 Lippia 十分相似。需要更多的研究解决这些类群间的关系。

在马缨丹属种的水平上，染色体研究促进了形态学研究。大多数三倍体的一些染色体在减数分裂时不能配对形成二价体。相反，它们表现为单价体(univalent)(没有同源染色体的单个染色体)和多价体。单价体的存在证明了基于形态学研究很多三倍体为杂交种的假说。

细胞学在解决佛罗里达州马缨丹属 Camara 组的种间关系时扮演了关键角色。形态学研究最初在该州确认了 2 个种：当地种 L. depressa 和引进四倍体种马缨丹(L. camara)。染色体研究结合其他资料表明佛罗里达州 L. depressa 具有 3 个二倍体变种，每个变种与马缨丹进行杂交。染色体数目为解决这类系统学问题提供了关键资料。

3.1.4.2 染色体结构

染色体数目、大小和结构特征综合称为核型(karyotype)，可以用于区分分类单元(图 3-5)。染色体不仅全长有所差异，两条染色体臂长度也有差异。着丝粒(centromere)(在细胞分裂时将染色体分开的附着在染色体上的点)的位置决定了两条臂的长度多少等长或不等长。综合染色体长度和着丝粒位置可以区分基因组中多条染色体。进一步分辨染色体可以通过特殊技术染色形成染色体带型(Nogueira et al.，1995)。染色体组图谱法可能会对系统学研究产生重要影响。

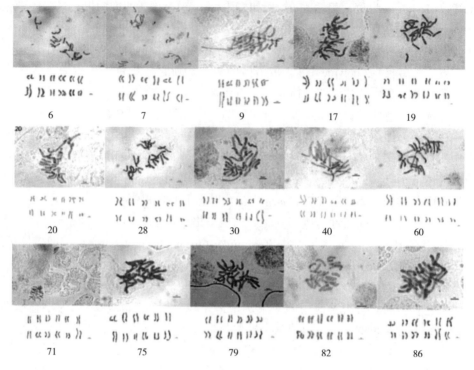

图 3-5　古银杏自由授粉家系核型(唐海霞, 2016)

注: 各家系核型进化分析, 可以长臂长和短臂长为横纵坐标作二维进化趋势图, 进而由趋势图得家系进化或原始程度。

3.1.5　DNA 分子证据

植物细胞包含 3 个不同的基因组: 叶绿体、线粒体和核基因组(表 3-1), 这 3 个基因组的资料均已被系统学家们使用。叶绿体和线粒体一般是单亲遗传的(在被子植物中通常是母系遗传的); 核基因组是双亲遗传的。这 3 个基因组大小显著不同, 以百万碱基 DNA 为度量单位, 核基因组远远大于其他 2 个基因组。线粒体基因组包含几百个千碱基对(kilobase pairs, kb)(200~2500kb), 这使得它相对于核基因组显得较小, 但相对于动物线粒体基因组还是相当大的(通常约 16kb)。叶绿体基因组是三种植物基因组中最小的, 在大多数植物中为 135~160kb。

表 3-1　叶绿体、线粒体和核基因组比较

基因组	基因组大小(kb)	遗传方式
叶绿体	135~160	通常母系遗传(来自产种子的亲本)
线粒体	200~2500	通常母系遗传(来自产种子的亲本)
核	$1.1 \times 10^6 \sim 1.1 \times 10^{11}$	双亲遗传

线粒体和叶绿体具有环状的基因组, 与它们起源的细菌相似。在线粒体中大的非编码 DNA 区将基因分开, 它们的顺序在基因组中是可变的。事实上, 它们顺序的变化如此容

易和频繁，甚至在同一细胞内许多重组形式都可以发生。线粒体基因组的重组在单一植株个体中经常发生，所以它们不能用作鉴定或区分种或种群，因此对于推测系统关系不是特别有用。

相比之下，叶绿体无论在细胞内还是物种内都很稳定。叶绿体基因组有一个最明显的特点就是含有编码相同基因但方向相反的两个区，也称反向重复区（inverted repeats）。它们之间有一个小单拷贝区和一个大单拷贝区。

DNA 序列资料目前通过两种方式产生：①从基因到基因方法，这种方法选择目的基因，然后从大量的植物中分离出来并测序；②基因组方法，对叶绿体或核基因全基因组测序，并对从基因组中得到的许多基因序列进行分析。

随着测序成本持续下降，对整个叶绿体基因组，或基因组中所有表达基因，甚至整个核基因组的测序变得物有所值。这导致产生了基因组学领域和基于基因组数据的系统发育分析。一种方法是用限制性内切酶切割基因组 DNA，然后将大片段 DNA 克隆到细菌人工染色体（BACs）中，其中每一个 BACs 可包括大于 100kb 的一段 DNA，每个 BACs 可被测序。强大的计算机程序可比较 BACs 序列以寻找那些重叠部分，具有重叠序列的 BACs 被假定为基因组序列的相邻部分，通过组装大量的 BAC 序列来推断整个基因组的序列。

另一种方法是只对基因组中的基因测序。在此方法中，从某一特定植物部分得到的信使 RNA（mRNAs）作为一个群分离出来，然后将每个信使 RNA 克隆到细菌的载体中，接着对这些信使 RNA 进行测序，通常只从一端测序。这些基因的部分单链序列称为表达序列标签（ESTs）。虽然它们不是高质量的序列，但是它们在公共数据库中迅速积累，已开始用于解决系统发育问题（De la Torre et al.，2006）。

目前，古树鉴别的通用方法是传统木材解剖学，但是存在只能鉴别到属而不能实现鉴别种的情况。而最新发展的 DNA 条形码（DNA barcoding）技术为解决这一科学难题提供了可能，能弥补基于物种形态和解剖特征鉴别的缺陷。该技术是基于 DNA 序列进行物种鉴定，即利用基因组中一段标准的、易扩增且相对较短的 DNA 片段进行序列分析，根据核苷酸序列差异对物种进行快速和准确的鉴定（Hollingsworth，2011）。DNA 条形码是进行生物分类和物种鉴定应用最广泛的分子生物学方法，主要优势有：①不需完整个体，鉴定所需要的样品量极少；②不受物种个体形态和发育阶段的限制，突破传统形态分类方法的限制；③通用性强，操作简单，快速便捷，因遗传信息在个体的整个生命进程中始终保持不变而使鉴定结果准确可靠；④可以通过比较目的基因的遗传距离来发现新物种，丰富物种数据库，完善物种系统进化关系。目前，DNA 条形码分子鉴定技术在系统分类学、发育进化、生态学、生物多样性保护、濒危物种监测和保护、药物和食品市场监督等诸多领域均具有广阔的应用前景（Valentini et al.，2009；Chen et al.，2010；裴男才，2013）。

生物类群在进化的过程中，自然选择是检测 DNA 发生突变适合度的尺度，是基因功能位点突变的限制，通过估测遗传变异程度，使得对群体遗传结构的分析成为可能。Jerry 等采用 RAPD 技术对 1988 年火灾后的山杨林分群体的遗传变异规律进行了研究，揭示林分内遗传多样性的水平与林分年龄有关，且它们可能来自同一无性系。近年来，SSR 标记在林木中也广泛应用于遗传图谱的构建、指纹分析、种子纯度鉴定、植物进化及遗传多样性等，李世峰等采用 SSR 标记分析了美洲黑杨种质资源库 11 个半同胞家系 137 个子代的遗传差异，12对引物共得到103个等位基因，家系间遗产相似性与地理位置的差异一致。扩增性片段长度多态性（amplified fragment length polymorphism，AFLP），已广泛应用于植物种质资源的鉴定、遗传图谱的构建、目的基因定位及遗传多样性的检测等方面。采用AFLP技术对杨属五大派的遗传分化进行研究，10对AFLP引物组合共扩增588条带，聚类分析结果表明白杨派、胡杨派及大叶杨派亲缘关系较远，青杨派与黑杨派的亲缘关系较近（纵丹，2015；图3-6）。

古树对于研究树木生理具有较大的参考价值，一株古树就是一个基因库，它包含长寿和抗性基因等有价值的基因资源，是植物遗传改良的宝贵种质材料。有郭新安（2006）采用ISSR技术研究了湖北省259株银杏古树的遗传多样性，多态带百分率（PPB）为95%，在物种水平表现出较为丰富的遗传多样性；有人采用16对RAPD引物分析了福州市荔枝古树的遗传多样性，共扩增232条带，多态带百分率为93.10%（李焕苓，2009）；对侧柏古树

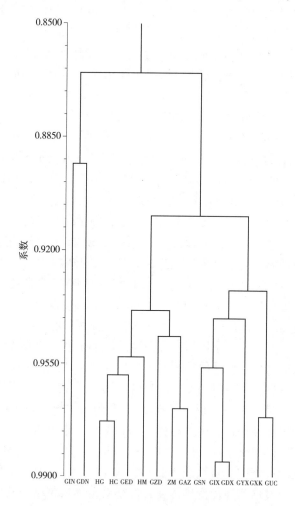

图3-6　基于SSR标记古杨树居群间聚类图（纵丹，2015）

GUC. 川杨（泸定）；GXK. 康定杨（新都桥）；GYX. 乡城杨（雅江）；GDX. 乡城杨（稻城）；GIX. 乡城杨（乡城）；GSN. 西南杨（理塘）；GDN. 西南杨（稻城）；GIN. 西南杨（乡城）；GAZ. 藏川杨（大雪山）；ZM. 藏川杨（芒康）；GZD. 德钦杨（香格里拉）；GED. 德钦杨（德钦）；HM. 昌都杨（芒康）；HC. 昌都杨（昌都）；HG. 昌都杨（贡觉）

抗衰老分子机理进行了深入研究(常二梅，2012)，发掘出与树龄相关的差异表达的功能基因，并采用实时定量 qRT-PCR 技术，对 ROS 动态平衡相关基因在侧柏幼苗受到 NaCl 和 ABA 胁迫时基因表达模式的变化情况进行了研究，进一步探讨了 ROS 清除机制在侧柏抗衰老机制中的贡献(纵丹，2015)。

3.2 鉴定方法

分类鉴定是古树识别最基本的一项工作，传统的植物鉴定主要是依据植物的形态特征，参考地理分布，以分类检索表为路径，在植物志书中进行物种匹配的过程。想要更加了解古树资源情况，就需要获得更准确的分类鉴定结果，除了依据古树的形态特征以外，植物组织、细胞以及分子也提供了很好的鉴定参考。

3.2.1 形态分析方法

3.2.1.1 分类检索表鉴定方法

传统的鉴定以形态特征为主，分类检索表在鉴定过程中扮演着重要的角色。一般情况下，鉴定者会对未知植物(或标本)的形态性状进行识别确认，依照分类检索表提供的性状特征，按单路径或多路径逐一进行对应匹配，最终获得的检索结果即是完全匹配这些特征的某一分类群，鉴定即告完成(方伟和刘恩德，2012)。

植物分类检索表是识别、鉴定植物的重要工具之一，在植物志和植物分类专著中都有检索表。用来查科的称为分科检索表，查属的称为分属检索表，查种的称为分种检索表。检索表的基本原理是二歧分类法，将特征不同的一群植物，用一分为二的对比方法，逐步对比排列，进行分类。这一方法是法国学者拉马克提倡的，所以叫拉马克二歧分类法。具体做法是把某一群不同植物根据相对应的显著不同的特征编排，分成两类，然后再在每一类中又用上述方法编排，分成两类，依次下去，直至终点为止。

植物分类检索表根据其编排的形式，常用的植物检索表主要有 4 种类型：定距检索表、平行检索表、平行齐头检索表和连续平行检索表，其中植物最常使用的是定距检索表。定距检索表是一种比较古老又较常用的检索表，此种检索表中每一对相对应性质的特征给予同一号码，并列在书页左边相等的距离处，然后按检索主次顺序将一对对特征依次编排下去，逐项列出。所属的次项向右退一字之距开始书写，因而书写行越来越短(距离书页左边越来越远)，直到在书页右边出现科、属、种等各分类等级为止。这种检索表的优点是条理性强，脉络清晰，读者可一目了然，便于使用，不易出错，即使在检索植物过程中出现错误，也容易查出错在何处，目前大多数分类著作均采用定距检索表；缺点是如果编排的特征内容(也就是涉及的分类群)较多，两对应特征的项目相距必然甚远，不容易寻找，如图 3-7 所示。

植物分类检索表采用二歧分类的方法编制而成，编制植物分类检索表时，必须熟练掌握植物的特征，确定编制检索表的类型，即是分科、分属还是分种的检索表。接着对待分类群的特征进行比较分析，列出相近特征(共性)和区别特征[个性比较表，使用区别特征时要使用稳定的、明显相反的特征，如单叶或复叶、木本或草本等易于区别的特征；不应采用不稳

1. 植物体构造简单，无根、茎、叶的分化，无多细胞构成的胚 …………………………（低等植物）
　　2. 植物体不为藻类和菌类所组成的共生体。
　　　　3. 植物体内含叶绿素或其他光合色素，自养生活 ……………………… 藻类植物
　　　　3. 植物体内无叶绿素或其他光合色素，异养生活 ……………………… 菌类植物
　　2. 植物体为藻类和菌类所组成的共生体 ………………………………………… 地衣类植物
1. 植物体构造复杂，有根、茎、叶的分化，有多细胞构成的胚 …………………………（高等植物）
　　4. 植物体有茎、叶和假根的分化，而无真根和维管组织 …………………… 苔藓植物
　　4. 植物体有茎、叶和真根，且具维管组织
　　　　5. 植物以孢子繁殖 ……………………………………………………………… 蕨类植物
　　　　5. 植物以种子繁殖。
　　　　　　6. 胚珠裸露，不为心皮所包被 ……………………………………… 裸子植物
　　　　　　6. 胚珠被心皮构成的子房包被 ……………………………………… 被子植物

图 3-7　植物七大类群检索表（薛晓明和谢春平，2013）

定的、渐次过渡的特征，如叶的大小、植株毛的多少等数量特征或者花色（花色受发育阶段等多种因素影响可能会发生变化）等特征]。使用的特征要明显，最好是肉眼或者放大镜下可观察到的宏观构造特征，而不是显微或者超微构造特征。尤其是每一类群或植物的主要识别要点，找出类群（科、属或种）之间的共同点和主要区别。选取一个或几个性状，根据是否具有将这些植物分成相对的两部分，然后分别对其中的每部分用其他的某个或几个性状分成两部分，以此类推，直至分出所有的植物，而把区分的过程和所用的性状按照格式排列出来就形成了检索表。为了证明所编制的检索表是否实用，还应到实践中去验证。

鉴定植物种类时，《中国植物志》和各地方植物志是重要的参考资料。不同工具书的检索表所包括的范围各有不同，根据需要，选择合适范围的检索表。一般是根据要鉴定植物的产地确定检索表，如无产地的植物检索表，可参考邻近地区的检索表。使用检索表鉴定植物要求检索者应有较好的植物学形态术语方面的基础知识，可以对鉴定的植物形态进行准确的观察和描述。关于如何利用植物分类检索表来鉴定植物，一般采用层层推进，逐步缩小范围的方法。以樟树为例加以说明。对樟树的枝叶标本进行观察可以发现：常绿，小枝条光绿无毛，单叶互生，全缘，离基三出脉，叶揉碎具有浓烈的气味等特点。首先根据叶形判断出，该树种叶形宽大，应该为木本的被子植物；其次，因其具有浓烈的樟脑味道，在具有强烈气味科中选出樟科；进而根据叶脉类型确定其为樟属；最后，根据脉腋是否有腺体等特征确定其具体的种类。

3.2.1.2　扫描电镜法

扫描电镜是利用电子枪发射电子束经聚焦后在试样表面作光栅状扫描，通过检测电子与试样相互作用产生的信号对试样表面的成分、形貌及结构等进行观察和分析。入射电子与试样相互作用激发出二次电子、背散射电子、吸收电子、俄歇电子、阴极荧光和特征 X 射线等各种信息。扫描电镜主要利用的是二次电子、背散射电子以及特征 X 射线等信号对样品表面的特征进行分析。与常规石蜡切片相比，扫描电镜快速清晰，而且特征表现明显、极易区分。扫描电镜主要用于对根茎表皮及横切面、孢子形态、叶表面特征、花粉形态及表面雕纹、种皮表面超微结构、气孔形状、大小及密度等的观察和识别，尤其对于角质层纹理、表面非腺毛特征的鉴别意义重大。

扫描电镜有常规扫描电子显微镜、环境扫描电子显微镜、冷冻扫描电子显微镜、涂撕法扫描电子显微镜四种。采用常规的 SEM 观察生物样品时其实验步骤包括取材、固定、脱水、干燥、喷镀、电镜观察(段贝贝,2016)。

3.2.1.3 叶脉分析方法

叶脉是由贯穿在叶肉内的维管束及其外围机械组织组成,主要结构为木质部、韧皮部以及位于其外围的维管束鞘细胞(刘乐和王文可,2021)。植物叶脉的个体发生是一个复杂、有序而精细的过程。各级叶脉在叶片内形成一个错综复杂的输导网络,从而影响植物的生命活动(图 3-8)。

直行脉序　半直行脉序　弓行弓曲脉序　真曲行弓曲脉序　网状弓曲脉序　分枝状弓曲脉序

弧状脉序　平行脉序　掌状脉序

图 3-8　脉序类型(陆玲和王蕾,2011)

不同物种叶片的叶脉结构从视觉上可以进行拓扑分类,即网络结构的排列方式。叶脉网络结构(或叶片脉序,leaf venation)是叶脉系统(leaf vein system)重要的形态结构,它表征了叶脉系统在叶片中的分布和排列样式。叶脉脉序在植物分类上具有重要作用,植物学家通过叶脉排列、叶片形状、叶缘等野外经验判断其科属分类(Zhang et al.,2019)。不同物种叶片的叶脉网络结构千差万别,现在叶脉网络已经有了较为系统的分类。被子植物的脉序类型一般分为网状脉(一般为双子叶植物)和平行脉(绝大多数为单子叶植物)。网状脉序又分为掌状脉序(悬铃木和天童锐角槭等)和羽状脉序(玉兰和广玉兰等)。其中,当叶脉的终端是开放的情况为开放脉序,二、三级(2°脉、3°脉)叶脉在叶缘处交织成网状或环状为闭锁型脉序(肖冰梅等,2014)。

叶脉有主脉与侧脉之分,其维管束类型、木质部和韧皮部的特化情况等也被认为是系统分类学中物种判别的重要标志。周守标等发现国产木兰科(Magnoliaceae)6 属 11 种植物叶片的中脉维管组织具有原始性,其维管束数目在属间和种间均存在一定的差异,表明中脉结构的解剖特征可作为该科系统演化及分类的依据之一。孙同兴选取 16 种罗汉松属(*Podocarpus*)、竹柏属(*Nageia*)植物,对其叶脉、输导组织等进行细致的观察时发现两属植物在木质部形态、输导组织类型等方面存在显著差异(朱凯琳,2021)。

3.2.2 组织分析方法

石蜡切片和木材切片法是研究木材形态学的主要方法,最早关于石蜡切片研究的文献报道是在1950年(Zhou et al.,2019)。该方法是我国诸多科研工作者研究植物形态学运用较多的方法。早期的石蜡切片制作主要是用于细胞组织学、发育生物学的研究,同时在临床医学领域也是作为观察细胞病理变化的重要手段,并在这个领域迅速推广应用。

植物组织的处理和石蜡切片的制作也是研究植物细胞的形态学观察、免疫组化的主要技术手段,随着新仪器的出现和实验方法的改良,石蜡切片与其他实验方法(扫描电镜、SSR分子标记等)相结合,扩大了植物解剖学研究的应用范围(吴淑敏和李娟玲,2017),扩增更多领域(分子领域、分子生态学),增加新的研究内容;使植物解剖学的研究由单一的微观结构的观察扩增到各种成分的定性分析,又从定性分析过渡到定量计测,将细胞组织的形态结构与植物功能及代谢相结合,更直接揭示植物生长特性,全面性反映植物生长发育的规律(吴涛等,2016)。石蜡切片的主要过程:取材—固定保存—冲洗—脱水—透明—石蜡透入—包埋—修块—切片—贴片—复水染色—脱水—封藏观察保存(高伟等,2015;方敏彦等,2017;杜常健等,2019)。

对于植物解剖学的研究,单一使用石蜡切片法和木材切片法进行解剖结构分析,不能系统地反映植物的种间关系及分类依据,需要结合多种方法进行分析(钟敏,2016)。梁莉(2013)将木材切片法、石蜡切片法和电镜扫描法结合,对植物根、茎、叶及其他器官进行综合的形态学观察,并进行比较、微观分类等遗传多样性的分析。该方法填补了单一研究分类的不足,完善了东北唇形科植物的形态学分析研究,进一步体现了解剖学在植物分类学中的重要地位,为唇形科的经典分类提供了形态学依据,并为分子系统学研究提供了重要的形态学依据。洪文君等(2016)应用叶片离析法和石蜡切片技术,比较了3种檵木属植物根茎叶的结构解剖特征,并对其环境适应性进行排序,为檵木属植物的推广种植提供了依据。史传奇(2016)以东北豆科植物为研究对象,采用石蜡切片、木材切片及SEM相结合的方法,对东北豆科植物叶片、果实、种子及种苗的形态及解剖结构进行观察,并建立了系统发育树,更加全面、系统性地揭示了东北豆科植物的形态特征,完善了东北豆科植物解剖学的研究,为豆科类群的划分提供了参考。

故要结合多个技术一起分析才能得到更准确直观的信息。尽管光学显微镜和扫描电镜在众多显微结构的观察方面得到广泛应用,并能直观地呈现二维成像效果,但显微结构信息的采集量存在局限性。随着计算机成像技术的发展,植物形态学的研究依托普通的照片成像,结合显微镜,通过CCD视频采集,对植物微观结构进行信息采集,大大提升了植物微观结构信息的采集效率,有利于后期的交流、扩大信息共享等(杨春松,2002)。荧光成像技术与植物解剖学的结合对植物病害的检测及防治有着高效、准确的作用,可及时发现最佳治理病害的时间,防止错过植物病害最佳防治时期(卢劲竹等,2014)。三维成像技术的发展对植物形态学的研究也具有推动作用。传统形态学对植物根、茎、叶、花、果实等器官进行观察之后,最终以图像加文字的形式将其结果呈现出来,这对植物器官结构的表达具有片面性。利用三维成像技术,可以充分表达其植物形态结构的各个参数等,还可表达各个器官功能的发生机理(李一海,2016)。形态学和解剖学相结合,能够看到作物在外貌和结构上的表现,结合形态学与分子生物学的研究能有效地弥补形态学的短板，依托普通的照片成像，结合显微镜，通过CCD视频采集，为系统地评价植物发生、鉴定、亲缘关系及遗传多样性的研究提供理论依据，也是今后植物形态学研究的发展趋势。

3.2.3 细胞分析方法

3.2.3.1 流式细胞术

流式细胞术（flow cytometry，FCM），在临床应用上也称流式细胞分析，是一种利用流式细胞仪研究细胞等生物微粒，通过对微粒的基本理化性质定量定性分析（Chen et al.，2003），并且将被测群体中单个或集体亚群进行分选的技术，具有操作简便，可同时获得多个参数，综合性强，用途广泛等特点（杜立颖和冯仁青，2008）。FCM在医学领域应用广泛，如免疫学、肿瘤学以及临床检验等，现已在生物学领域得到拓展，如微生物学、植物生理学、植物遗传学等多个研究领域。

流式细胞术在20世纪70年代投入使用，80年代中期始应用于高等植物研究。其原因是FCM要求研究样品须是完整的细胞或是细胞核的悬浮液，与动物细胞相比，由于植物细胞特有的细胞壁和细胞器，其在制作样本时增加了困难并且误差较大，在实验中失败率较高。但随着对高等植物的不断研究以及植物单细胞制备技术不断完善，科学家发现通过植物根尖分裂组织或是幼嫩叶片可获取到适合的单细胞悬浮液。FCM技术在高等植物中的应用多在于倍性分析、染色体分析、细胞周期分析等方面（Doležel et al.，1992）。

流式细胞仪由流动室和液流系统、激光源和光学系统、光电管和检测系统、计算机和分析系统组成（图3-9）。FCM工作原理是将待测细胞制备成单个细胞悬液，由特异性荧光

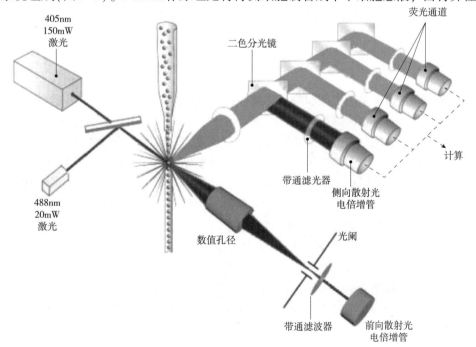

图3-9 流式细胞仪基本结构（杭海英等，2019）

染料染色后置于样品管中,再因气体压力,细胞进入装满鞘液的流动室;随着鞘液压力和样品压力的压力差达到一定程度时,由于鞘液的约束,悬液从流动室的喷嘴喷出,便可形成单个细胞排列的液流,形成细胞柱,并与入射的激光垂直相交。由于被特异性荧光染料染色,细胞柱可以在激光的激发下产生特定波长的荧光。通过光电管和检测系统可以对荧光等信号进行收集,再通过计算机和分析系统对信号进行收集、储存显示和分析(朱江巍,2014)。现阶段,经典流式细胞术利用 Cytomics FC500 型流式细胞仪等设备用来检测细胞功能,但是无法获得细胞的相关形态、结构以及亚细胞水平信息分布情况。而成像流式细胞术是一种新型检测技术,其工作原理和经典流式细胞术相同,但将传统流式细胞仪改换成 Image StreamX Mark Ⅱ 成像流式细胞仪(方亦龙等,2021)。成像流式细胞术在继承经典流式细胞术的优点的基础上,升级为可以实现单个细胞高分辨率的数字成像和细胞的可视化,也可获得细胞形态、结构分布以及细胞状态等信息(Neaga et al.,2013)。

3.2.3.2 核型分析

染色体核型分析又叫作染色体鉴定,是细胞遗传学领域最基础和最重要的研究内容。染色体核型分析是指将一个物种的所有染色体,根据染色体的基础特征对染色体进行分析、比较、排序和编号。染色体核型构建是细胞遗传学的重要基础,对于识别细胞特征,植物遗传和育种等研究有重要价值(倪妍妍等,2017)(图3-10)。

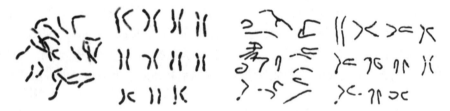

崖柏(*Thuja sutchuenensis*)　　　　朝鲜崖柏(*Thuja koraiensis*)

图 3-10　崖柏和朝鲜崖柏的植物染色体形态(倪妍妍等,2017)

染色体核型是通过对单个细胞染色体的系统排列描绘或拍照所得,是该物种染色体表型特征的总称。为获得物种的核型,需对该物种染色体进行显微观察,对同源染色体进行配对,分别测得每个染色体的长臂、短臂以及总长度和每对同源染色体各项长度的平均值和臂长,依据着丝粒位置对染色体进行分类,最后根据长度排序和编号,获得染色体形态结构的基本核型和模式图(闫素丽等,2008)。工作原理主要分为染色体标本的制作和进行核型分析。染色体标本的制作步骤主要分为取材、预处理、固定、解离、染色、纸片、检片和封片;核型分析方法又可分为手工核型方法和自动核型分析系统(肖江等,2000)。

手工核型分析法通常按照李懋学(李懋学和陈瑞阳,1985)等的标准确定染色体数目、形态;按 Stebbins 的方法确定核型类别。其过程是选取合适的染色体标本进行显微照相,后将放大后的染色体条剪下,以染色体长度和着丝点参数为依据进行人工配对,测量得到长臂、短臂的长度。并对数据进行处理,得到一系列数据后绘制核型模式图像。由于是手工进行,需要大量的人力以及时间,并且测量误差大,对于核型分析的准确性来说并不是好的选择。

自动核型分析系统以生物培养的细胞涂片的显微镜图像为依据，得到一个细胞全部染色体的配对核型图(肖江等，2000)，此系统方法将计算机软件技术、图像技术和智能模式识别技术相结合，克服了手工核型分析方法的缺点，并且操作简便、快速，应用广泛，具有综合性。自动核型分析系统虽然也需专业人员进行操作或者干预，但较与手工分析方法，大大减少了人力。现主流技术为荧光原位杂交技术(fluorescence in situ hybridization，FISH)，其基本原理是将 DNA 探针用特定核苷酸标记之后，直接与染色体或 DNA 纤维切片杂交，再用与荧光素分子偶联的单克隆抗体与探针分子特异性结合，对其 DNA 序列定量定性分析。FISH 操作简便、快速、敏感性高，应用十分广泛。在过去几十年主要朝扩大探针种类和靶目标数量方向研究，在今后其主要发展目标是将此技术应用于其他学科研究，其已成为十分先进的生物学技术(徐丽霞和王秦秦，2009)。目前还出现一种新型的核型分析技术——光谱核型分析技术(spectral karyotying，SKY)，SKY 通过光谱分析仪，由高品质电荷耦合元件(charge coupled device，CCD)获取每一个像素点的干涉图像，形成对应的三维数据库，得到该像素的光谱图，再通过软件分析后将光谱数据转化成光信号后以常规方式展示(Aben et al.，2001)。SKY 技术用特定的 SKY 软件参照每一条染色体特有的光谱分析特征进行分析，可以将只有小差别的染色体完全辨别出。SKY 较 FISH 技术，可以只用一次杂交反应就能得到全部染色体的自动核型定序，而 FISH 可能需要多条样本，多次实验才能得到和 SKY 一样的结果。也就是说 SKY 技术能够精确发现经典遗传技术无法分辨的细胞差异和染色体问题，适用于鉴别特殊、新型的染色体异常。但这门技术还是初期发展阶段，还有一些实际问题的存在，发展光谱核型分析技术将成为一种趋势。

3.2.4 分子分析方法

3.2.4.1 DNA 序列分析

生物体的遗传信息存在于 DNA 基因片段的序列中，核苷酸序列决定了生物体内蛋白质表达与调控的差异，进一步从根本上决定了不同生物性状的差异。DNA 序列分析包括确定开放阅读框、内含子和外显子(编码区与非编码区)、DNA 序列拼接三个重要内容。其应用包括系统发育研究、基因识别中内含子和外显子的预测、由开放阅读框推断蛋白质一级结构等方面。DNA 序列分析主要测定的是 DNA 的一级结构，即组成 DNA 的核苷酸序列，在古树的鉴定中有着至关重要的作用，尤其针对形态鉴定难以区分、生物性状极为相似的近缘种。测定方法如下。

(1) 第一代测序技术

第一代测序技术又称 Sanger 双脱氧链终止法(Sanger et al.，1977)。基本原理是双脱氧核苷酸(dideoxynucleoside triphosphate，ddNTP)缺乏 3′羟基，无法和下一个脱氧核糖核酸(deoxy-ribonucleoside triphosphate，dNTP)形成磷酸二酯键，导致链延伸的终止。DNA 序列可以用聚丙烯酰胺凝胶电泳来确定，长度越短的 DNA 片段会移动的更远，根据电泳图像可以确定出与模板链互补链的序列信息。

(2) 第二代测序技术

第二代测序技术以焦磷酸测序为代表，与一代测序的共同点是边合成边测序，每次仅通入一种 dNTP，互补配对后产生一种特异性荧光信号，通过检测荧光信号的产生和强度，达到实时测序的目的（Margulies et al.，2005）。焦磷酸测序法的优点在于无须凝胶电泳、荧光染料和同位素标记，大大降低了测序成本，提高了测序速度，能够实现高通量并行化测序（Shendure et al.，2017）。但是由于一次加入一种碱基，对于探测序列中重复碱基的具体数目的准确性较低，可能存在复制带来的误差和甲基化信息丢失的不足。

（3）第三代测序技术

为了进一步降低 DNA 测序成本和加快测序速度，纳米孔测序的第三代测序技术应运而生，这对基因组学的应用具有重大意义。纳米孔测序是采用电泳技术，借助电泳驱动单个分子逐一通过纳米孔来实现的。由于纳米孔的直径非常小，仅允许单个核酸聚合物通过，而单个碱基的带电性质不同，通过电信号的差异就能检测出通过的碱基类别，从而实现测序。第三代测序技术是单分子无标记的测序技术，优点在于成本低、速度快、通量高、数据少（Deamer & Akeson，2000）（图 3-11）。

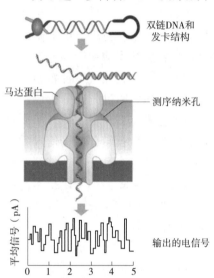

图 3-11 ONT 纳米孔测序原理和工作流程（高岩，2020）

3.2.4.2 DNA 条形码

DNA 条形码技术（DNA barcoding）是利用标准的、有足够变异的、易扩增且相对较短的 DNA 片段（DNA barcode）自身在物种种内的特异性和间的多样性而创建的一种新的生物身份识别系统，它可以对物种进行快速的自动鉴定（Hebert et al.，2003）。DNA 条形码的核心问题是标准 DNA 序列的确定，理想的植物 DNA 条形码应满足以下标准：①种间差异显著，种内差异小，以便于区分不同物种；②条形码要标准化，用相同的 DNA 片段能区分不同类群；③条形码两端的序列要相对保守，以便于设计通用引物；④片段足够短，以便于 DNA 提取、PCR 扩增、测序（Taberlet et al.，2007）。采用 DNA 条形码对植物进行物种鉴定的流程为：①样品采集及形态学鉴定；②样品基因组 DNA 提取，设计合成通用引物扩增目的片段；③测序获得样品 DNA 条形码序列；④DNA 序列比对分析，对物种进行鉴定；⑤根据种内种间差异及鉴定能力，筛选条形码序列（图 3-12）。

因此，如何有效提取古树的 DNA，是实现 DNA 条形码鉴别的前提。从植物叶片、嫩芽等新鲜组织材料中提取 DNA 技术手段已常规化，但是从古树木材中提取 DNA 则困难且复杂。主要原因包括：一般仅有少量 DNA 存在于木材细胞中；细胞壁坚硬，研磨困难；古树木材细胞普遍已死亡，DNA 明显降解，并且组织中含有的次生代谢物和加工处理也会破坏 DNA。因此，需要改良优化 DNA 提取技术，主要包括木材细胞壁裂解、去除代谢产物、DNA 富集等过程。Lendvay 从保存 1000～9000 年的欧洲栎化石木材以及其他古木中成功提取出长度大于 100bp 的 DNA 片段（Lendvay et al.，2018）。

另外，选择合适的 DNA 条形码序列也是实现古树鉴别的关键。近年来，大量研究工作者在对植物 DNA 条形码筛选进行积极探索，试图从叶绿体和细胞核核基因组中寻找到理想的条形码。叶绿体基因组在植物细胞中的拷贝数高，易于进行 DNA 的提取及序列扩

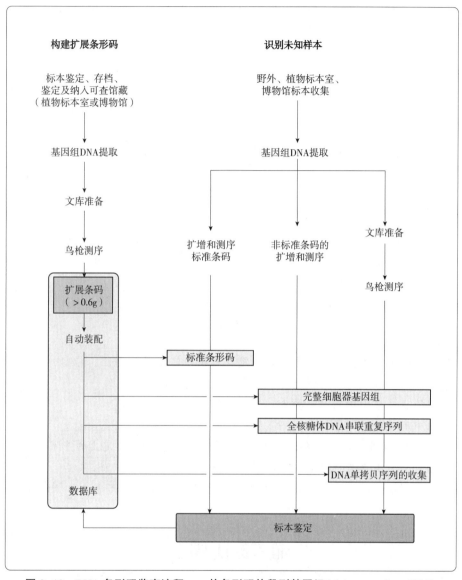

图3-12 DNA条形码鉴定流程——从条形码片段到基因组(Coissac et al., 2016)

增。其中变异度最高的基因间隔区 psbA-trnH 是目前植物 DNA 条形码分子鉴定中最常用的序列，其两端的蛋白编码区均保守，引物通用性较好。而编码蛋白的基因 matK 和 rbcL，不适宜单独作为物种鉴定的条形码序列。因为 matK 进化率较高，在物种之间的变异较大，引物通用性较差，而 rbcL 虽易于扩增，但进化速率低，变异小，适合科和属水平的鉴定，而在物种水平上其鉴定能力较弱(Douglas et al., 2000)。2009 年，国际条形码协会植物工作组通过比较七个质体基因组片段后，提出将 matK 和 rbcL 组合作为植物通用 DNA 条形码，并证明其可以区分约 70%的植物物种(De Vere et al., 2015)。核糖体 DNA(ITS)序列是位于细胞核中变异较大的序列之一，其两端较为保守，引物通用性较高。2011 年，国际条形码协会植物工作组对来自 42 目 75 科 141 属 1757 物种的 6286 样本的 rbcL、matK、psbA-trnH 和 ITS 序列进行了研究，通过比较引物通用性、测序成功率及鉴定效率几个方面，建议将 *ITS/ITS*2 作为种子植物的核心 DNA 条形码序列，其中 *ITS*2 片段较短，扩增成功率高于 *ITS*，可作为 *ITS* 的补充序列（Zhang，2018）。综上所述，植物 DNA 条形码逐步形成了以 *rbcL*、*matK*、*trnH-psbA* 和 *ITS* 为基础的部分候选 DNA 片段。但是，在木材 DNA 条形码的选择上，由于木材 DNA 普遍发生严重降解，与单拷贝的细胞核核基因相比，多拷贝的叶绿体基因更适合作为古木鉴别的 DNA 条形码。目前，对于古树的通用 DNA 条形码的选择主要是 *rbcL*、*matK*、*trnH-psbA* 等。但是通用条形码无法准确鉴别出亲缘关系较近的物种，因此需开展基于叶绿体全基因组开展 DNA 条形码筛选的研究，通过叶绿体全基因组比对优选出适用于木材鉴别的 DNA 条形码，可提高特定属内木材物种的鉴别成功率。

小　结

建立了古树物种分类识别鉴定的基本概念；总结了来自形态、解剖、细胞以及分子等物种分类证据；给出了识别和鉴定古树物种分类鉴定的基本方法；为广大学者以及相关工作人员在古树资源调查以及古树保护方面提供科学参考。

思考题

1. 什么是植物分类鉴定？简述植物鉴定在古树研究中的重要性。
2. 中国种群规模最大的古树是什么？主要的形态特征是什么？
3. 举例简述某一古树的识别要点、分布及习性。
4. 古树中有哪些是裸子植物？
5. 什么是 DNA 测序技术？举例说明 DNA 测序技术在古树鉴定上的应用。
6. 简述古树微观形态特征的观察技术手段。
7. 结合古树识别的形态、解剖、细胞和分子数据，思考如何建立古树识别保护系统数据库。

推荐阅读书目

1. Wood Structure and Conclusion of the General Introduction. Second edition. Anatomy of the Dicotyledons. Stevenson R, Brittonia, 1984.
2. 森林植物鉴定. 薛晓明, 谢春平. 中国人民公安大学出版社, 2013.
3. 植物系统学. （美）贾德著, 李德铢等译. 高等教育出版社, 2012.

第 4 章

古树年龄分析与鉴定方法

 本章提要

古树树龄鉴定的方法有很多，如文献追踪法、访谈估测法、回归预测法、树轮年代学方法、针测仪鉴定法、CT 扫描测定法、C14 测定法等。这些方法各有优缺点，也有不同的适用环境。本章重点介绍古树树龄鉴定的各种方法以及具体的应用实践。

古树的树龄鉴定是古树普查建档工作中的一个难题，主要由以下原因造成：一是由于古树受到保护，原则上不允许通过有损伤方式采集获得样品；二是即使允许采集样品，树龄较大的古树因为易发生树干中空现象，无法采集到完整的生长芯样品。要充分考虑气候环境、立地条件、树龄大小、样本量等因素的影响，选择合适的，较为准确的方法鉴定树龄，从而更好地开展古树的保护工作。

4.1 古树年龄鉴定常规方法

鉴定古树的常规方法有文献追踪法、访谈估测法、回归预测法等，这些方法能较为快速地开展树龄的普查工作，但其准确度有待进一步校正。

4.1.1 文献追踪法

广义上来说，文献（document）是对某件事件或事物的记录或获取，以便于这些信息不会丢失。通常文献是文字记录的，但也可以由图片和声音等组成，如电影、相册等（Jashim, 2010）。地方志是按一定体例全面记载某一时期某一地域的自然、社会、政治、经济、文化等方面情况或特定事项的书籍文献（刘岩等, 2008）。

文献追踪法是通过查阅各种文献记载（如各类地方志、历史名人游记、古建筑资料等）获得古树树龄信息。如根据颐和园历史文献记载，北京颐和园中的西堤古桑和西堤古柳，皆栽植于乾隆年间，树龄有 200 余年。

文献追踪法的优点是操作简便，只需要通过一般的文献查找和简单的数字推算就能得到所需要的结果。该方法的局限性在于：①树龄准确度不能保证。文献法获得的结果的准确程度依赖于当时文献记载的精度，也取决于个人分析处理文献数据的水平和能力。②古今地名的变更及自然环境的变迁，会增加地理考证工作的难度。③历史文献中可能涉及乡村古树的记载较少。有些地域自然生境好，森林覆盖率高，古树常见，因此，人们一般不会过多关注其数量、种类及生存状况。所以，要想通过历史文献资料的记载了解现今数量已比较稀少的乡村古树的树龄难度大。但在一些历史名城名村如北京、南京等，可以采用此方法进行前期和大规模普查。

【案例 4-1】

根据族谱确定古银杏年龄。江西省永丰县林业工作者在陶塘乡发现一株古银杏，树高约 28m，树干胸围 5.8m，枝繁叶茂。根据金溪村徐姓族谱记载，该村已有 1280 多年历史。其祖先当初选址建村时，发现此地已有这株银杏，长势极好，认为在此安居定能人丁兴旺。后经专家考证，这株银杏树龄在 1500 年以上，属一级古树。

【案例 4-2】

根据地方志确定古柏年龄。四川省剑阁县有一条古柏驿道，绵延 151km，称"翠云廊"，贯穿汉阳、江石、龙源、凉山、柳沟、垂泉等 17 个乡镇。根据清代剑阁县地方志记载，该古树群为明代正德年间（1506—1521）人工种植，后世历经多次大规模的砍伐和补植，现古柏经过鉴定树龄多为 450~500 年。这片古柏林积淀着丰富的自然和人文底蕴，是中华民族爱树护树的体现，也是普通百姓锲而不舍精神的诠释。

4.1.2 访谈估测法

访谈估测法是通过走访当地居民，通过问卷调查，凭借当地居民的记忆或家族留传下来的传说传闻，获得古树的种植和树龄口头信息，据此估测其大致树龄。

在我国部分乡村，古树对当地居民的观念意识和精神世界有一定的影响。有的古树，往往就是一个村屯的标志和文化象征，百姓尤其是村中长者，把古树当作风水命脉，将其作为神灵来供奉朝拜。虽然这种做法带有迷信色彩，但客观上对乡村古树保护却具有独特的作用。乡村民风淳朴，村中的大小事情靠口头及村规民约代代相传。古树作为村里的绿色名片，也会得到村民的用心守护。因此，可以通过走访当地长者来获取一些关于乡村古树的资料，并粗略推测树龄。

访谈估测法的优点也是操作便捷，但同样存在树龄准确度和信息科学性未知等缺点。作为一种简单的估算方法，适用此法的古树树龄通常不会太长，并且依靠记忆与传说信息获得的树龄，具有较大的不确定性。开展访谈评估时也需要综合考虑受访人的年龄、受教育程度、资料的来源、是否有文字记载等多方面的因素（表 4-1）。

表 4-1 古树调查问卷

受访人年龄	受访人教育程度	树　种	树　龄	信息来源	文字佐证	树种现状	古树文化

访谈估测法作为一种比较简单的社会调查研究方法，存在一定的误差和局限性，更适合作为乡村古树年龄鉴定的辅助性手段。这种方法在国内古树前期普查中应用较为广泛，一些省市古树年龄都是用这种方法估算出来的。

【案例 4-3】

江西省永修县真如寺内有 23 株古银杏，熊惠苏（2004）走访调查显示为寺庙建立时唐代道膺禅师手植。该寺庙始建于唐宪宗元和初年，据此估算其中最大一株树龄有 1400 年。

【案例 4-4】

刘晓静等（2015）对江西省古银杏进行了实地观察和走访调查。调查发现：江西省共有银杏古树 442 株，分布于省内的 9 市（区）45 县（市、区）63 乡镇；在有树龄数据的 105 株古树中，树龄最大的单株 2900 年，位于吉安市的安仁山；树龄 1000～2000 年的古树为 66 株。

4.1.3 回归预测法

回归预测法是依据某树种现有胸径和年龄数据建立的胸径—年龄的回归关系，通过测量胸径来计算推测该树种古树年龄的方法。树干胸径与树龄的关系通常来自对非保护树或倒木的树轮，非树龄研究。如对倒木截取树干横切面，计数年轮并测量其直径，可获得树龄与树干直径的关系。又如，通过测量树木在一年内生长的年轮宽度，得到树木树干生长速率，从而预测树干胸径与树龄的回归关系。

目前，该方法广泛应用于古树的树龄鉴定，其优点是一旦获得树干胸径与树龄的关系，古树树龄的推测就非常简单易行。该方法也存在着一定的不确定性，如树木个体生长遗传性、所处生境、所经历的干扰不同，生长时期气候的变化，树干胸径与树龄关系所依据的基础数据代表性不同等，均会对古树的树龄类推带来一定的误差。

回归预测法是研究变量与变量之间的相关性，并使用回归方程对它们之间的关系进行拟合的方法。变量分为因变量和自变量：因变量是建立回归模型要预测的对象，通常用 Y 来表示因变量；自变量是与因变量显著相关并能够求得因变量的变量，通常用 X 来表示。回归预测法是从一组数据出发，根据实际需要确定该组数据中某些变量之间的关系式，先确定需要预测的因变量，再根据需要选择自变量，自变量的个数可以是一个也可以是多个。当自变量为两个或两个以上时，就要考虑每个自变量对因变量的影响程度，通常只把对因变量具有显著影响的自变量放入回归模型的建立中，而要把那些对因变量不具有显著影响的变量给去掉，之后对各入选的自变量进行参数估计，关系式确定之后需对其可信程度进行检验，最终使用所得模型进行预测。回归法预测主要包括以下步骤：数据的获取和整理、回归模型的拟合、模型检验。

(1) 数据的获取和整理

通过试验或外调查获得数据，将全部数据大致按照 3∶1 或者 4∶1 的比例分成两组独立样本：建模（或拟合）样本（fitting data set）和独立检验样本（validation data set），分别用于建立模型和检验模型。剔除个别过大或过小的异常数据,异常数据的剔除过程分两步进行:首先,用计算机绘制各自变量和因变量的散点图,通过肉眼观察确定出明显远离样点群的数据并删除,这类数据是属于因调查、记录、计算等错误而引起的异常值;其次是用建模的基础数据拟合某个基础模型,并绘制模型预估值(j)的标准残差图。在标准残差图中,将超出±3倍标准差以外的数据作为极端观测值予以剔除。

(2) 回归模型的拟合

回归模型的拟合过程主要包括候选模型的确定、模型参数估计以及模型的统计诊断等。确定备选模型的方法有两种:①根据专业理论知识(从理论上推导或根据以往的经验)和前人研究结果来确定;②通过观测自变量和因变量之间散点图,并结合专业知识确定模型的大体类型。胸径与年龄模型术语典型的非线性回归模型,估计参数时需采用最小二乘法。之后进行备选模型额比较。结合各候选模型参数检验结果,进一步比较各模型拟合统计量,从中选择几个最佳模型(一般2~3个)作为最终模型的候选模型进行残差分析和独立性检验。对于线性和内线性回归模型,可以采用 MSE、R^2 等拟合统计量作为比较和评价备选模型的标准。最后进行模型的残差分析。如果通过模型的残差分析发现存在异常点,则必须剔除这些异常点,并对模型重新进行参数估计、模型比较和统计推断,直至满足要求为止。研究树木胸径—树龄关系一些常用的回归模型见表4-2所列。

表4-2 胸径—树龄生长曲线模型(熊斌梅等,2016)

模型名称	方程式
线性模型	$y = a + bx$
对数曲线模型	$y = a + b\ln(x)$
二次曲线模型	$y = ax^2 + bx + c$
三次曲线模型	$y = ax^3 + bx^2 + cx + d$
指数曲线模型	$y = a\exp(bx)$
幂函数曲线模型	$y = ax^b$
Logistic 生长曲线	$y = a/[1 + b\exp(-cx)]$

注:y 为胸径;x 为树龄;a,b,c,d 为参数。

(3) 模型检验

数据分割检验法的做法是:在建立模型前,将已有的全部观测随机划分成两部分,一部分用于建立和拟合模型,为拟合样本集;另一部分用于模型精度的估计,称为检验样本集。将建立在训练样本集上的模型在测试样本集上的精度,作为模型真实精度的估计。如果模型在测试样本集上仍有较好的预测表现,那么就有理由认为该模型能够反映全部数据的"核心行为",且具有一般性和稳健性,可用于对未来数据的预测。反之,则不可。交叉验证法的做法是:设总的样本容量为 n。首先将样本随机划分成不相交的 N 组,称为 N 折,然后令其中的-1组为拟合样本集,用于建立模型,剩余的1组为检验样本集,用于计算模型的预测误差,反复进行组的轮换。重抽样自举法的做法是:设总的样本容量为 n,重抽样自举法,从 n 个样本中随机有放回地抽取 n 个样本组成自举样本(其中有重复样本),构成拟合样本集,用于建立模型。

【案例 4-5】

选用多种模型拟合胸径和年龄的回归关系。胡云云等(2009)依据吉林省汪清林业局金钩岭林场 8 块皆伐标准地的 1678 株标准木数据,拟合了 7 种林木胸径随树龄的变动关系。

将所有林木的实测胸径转化为径阶(2cm),再计算出不同径阶的平均年龄;采用 Excel、ForStat 2.0 绘制林木年龄与径阶之间的散点图,选择最优的生长曲线拟合。胸径生长曲线拟合方程类型包括一元线性方程、Logistic 生长曲线、抛物线方程、对数方程、指数方程和幂函数。根据决定系数 R^2 最大、剩余方差最小的原则进行选择检验,建立 7 个树种的树龄和径阶的最优关系模型,不同树种其生长的最优方程有所不同。得出 7 个树种的最优方程,不同树种其生长的最优方程有所不同。红松、枫桦、色木槭和榆树用乘幂函数很好地表达;冷杉、云杉和椴树用抛物线方程能很好地拟合(表4-3)。由胸径生长方程拟合的相关性可以看出各树种的最优生长方程能很好地表达其胸径生长规律;由生长方程得出的胸径生长过程曲线,可以看出树种的生长规律基本符合其本身的生物学特性。

表 4-3 7 个树种的胸径生长模拟方程(胡云云等,2009)

树 种	胸径生长方程	决定系数 R^2
红 松	$y=0.451x^{0.891}$	0.974
枫 桦	$y=0.154x^{1.175}$	0.958
色木槭	$y=0.280x^{0.951}$	0.961
榆 树	$y=0.268x^{0.937}$	0.839
冷 杉	$y=-0.0004x^2+0.344x-1.111$	0.977
云 杉	$y=-0.001x^2+0.422x-3.971$	0.984
蒙 椴	$y=0.0009x^2+0.105x+4.901$	0.987

【案例 4-6】

选用三次曲线模型拟合胸径和年龄的回归关系,进行树龄的估算。熊斌梅等(2016)对湖北七姊妹山黄杉群落进行调查时选用 7 种常见的回归模型对黄杉的胸径与树龄之间的关系进行了分析。

按照径级的大小选择无明显病虫害的黄杉用 5.15mm 生长锥(瑞典 Haglof Instruments 公司)取其树芯。对取完树芯的黄杉用木屑堵塞孔径,避免病虫入侵。将黄杉样芯带回实验室经过打磨、抛光处理,在显微镜下判读年轮,获得年轮数据。用 SPSS 19.0 绘制胸径—年龄关系的散点图,选用表4-2 种 7 种常见的树木生长模型进行拟合分析。同样根据决定系数 R^2 最大、剩余方差最小的原则进行检验,筛选合适该地域的黄杉生长模型。分析结果显示:在统计范围内,黄杉的胸径树龄呈正相关,三次曲线生长模型 $y=-0.0001x^3+0.011x^2+0.179x+4.44$ 的决定系数 $R^2=0.812$ 值最大,是拟合七姊妹山黄杉胸径与树龄的最优方程。通常情况,黄杉在生长过程中受干扰较小,光照、降水、热量条件充足,黄杉长势良好,年龄越大,黄杉胸径也越大,年龄与胸径之间存在显著相关性,呈现规律性的变化。将实测的年龄和胸径的数据分别代入胸径—年龄关系的最优模型中,计算出胸径的预测值,并将胸径的实测值和预测值进行 T 检验。实测值和预测值之间无显著性差异($P>0.05$),实测值和预测值比较接近,精确度都大于91%,三次曲线模型可以用来预测该地区黄杉的年龄和胸径。

【案例4-7】

刘志红等(2020)在对山西太原铭贤旧址的古树资源进行系统的调查时,采用简易回归法估算了古树的树龄。主要计算公式如下:

① 估算树龄 $A=$ 胸径$/(2×$胸高处平均年轮宽度 $W)$
② 平均年直径生长量 $Z=2×$胸高处平均年轮宽度
③ 树龄 A 估算公式为:$A=Φs/2W$ 或 $A=Φs/Z$

采用十字交叉法从胸高处断面的4个方向分别读取年轮宽度,每个方向上分外缘、中间和核心三部分,每部分随机测量5次,共计60次,求平均值,将图像导入AutoCAD软件,得到平均年轮宽度。同时利用Excel对所读取的60组年轮宽度数据进行统计学置信度(95%)分析,利用计算公式进行树龄的估算。由表4-4可知,胸径69.40cm的刺槐树龄为105年。同时该研究也指出树木的生长虽然受环境因素影响,但随着树龄和胸径的增大,树皮和髓在断面中占有的比例越来越小,尤其是那些大于百年的树木,年轮宽度趋于稳定,平均年轮宽度受环境因素影响也越来越小,相同树种在不同区域的植株平均年直径生长量趋于一致。断面样本越多,得到的平均年轮宽度和平均年直径生长量越精确,因此,通过更多的树木断面进行图像处理以扩大样本量,有助于进一步矫正古树平均年直径生长量的参考值,从而获得更为精准的树龄。

表4-4 基于断面特征得到的平均年轮宽度树龄(刘志红等,2020)

树 种	直径(cm)	平均年轮宽度(cm)	预估树龄95%置信区间(年)	估算树龄(年)
榆树-01	72.40	0.40	83~98	91
榆树-02	50.21	0.41	55~68	61
刺槐-01	69.40	0.33	95~121	105
刺槐-02	55.30	0.34	75~89	81
刺槐-03	48.60	0.49	47~53	50

【案例4-8】

钟敏(2016)在鉴定一株银杏树龄时也采用了类似的简易回归方法。将取回来的木桩圆盘材料用砂纸打磨光滑,用水清洗干净后,在圆盘上做两条通过髓心的垂线,尽量选择年轮清晰的垂线,每5个年轮插一枚大头针,通过此种方法得到的树龄是92年。再结合树木截杆后主干长17m的数据,以及浙江天目山自然保护区树高15.6m银杏的树龄为37年,树高17.6m的树龄为39年,回归推算17m的树龄约为38年。因此,综合考虑被鉴定古树的树龄为130年。考虑年轮计数、引用解析资料和气候环境的误差,最终认定该古银杏的最低年龄范围为120~140年。

4.2 古树年龄鉴定实验方法

测定古树的实验方法有树轮年代学法、针测仪测定法、CT扫描测定法、C14测定法等，而树轮年代学法是目前最为准确的一种定年方法。

4.2.1 树轮年代学法

树轮年代学(dendrochronology)，也称树轮定年(tree-ring dating)，是通过交叉定年技术对树木年轮序列进行定年的一门学科。

计算机技术与互联网的发展，以及国际树木年轮数据库建立的标木年轮数据的丰富度，促进了树轮年代学的发展。现代树轮年代学的研究内容不仅包括利用最外层树轮确定树木年代，还包括从树轮序列中获取各种环境信息。树轮年代学已经发展成为环境研究中的一种常用研究方法。

4.2.1.1 树轮年代学的原理

树木的年轮(annual ring)，就是树干横截面上木质疏密相间、颜色深浅相间的同心圆圈。树木树干的形成层每年都有生长活动，春季形成层细胞分裂快，导管或管胞直径大、壁薄，材质疏松而色浅，称为春材(spring wood)或早材(early wood)；而由夏季到秋季，形成层的活动渐次降低，细胞分裂和生长渐慢，导管或管胞直径小、壁厚，材质致密而色深，称为秋材(autumn wood)或晚材(late wood)。每年的年轮包括春材和秋材。多数温带树种一年形成一个年轮，因此年轮的数目就可以表示树龄的多少。

树轮定年是使用树木生长锥对古树的树干钻取树木生长芯，读取生长芯上的年轮宽度信息，以区域内同树种的树木年轮数据为基础资料，利用交叉定年技术及区域树木整体生长历史信息，来综合评估古树的树龄。但需要注意生长芯上的年轮数和该树芯的实际年龄的可能存在一定的误差，因为气候异常或树木不健康时，会出现"丢失年轮"或"伪年轮"情况。此类情况下年轮可以通过交叉定年技术，依托区域内同树种年轮基础数据进行鉴别。对于树芯样本取到髓心的树木，其实际年龄由生长芯年龄加上树木从地面长至取样高度所需年数。如果由于古树内部腐朽或中空使得树芯样本未包含髓心，则同时需要依据区域内同树种生长历史信息来估算髓心中空或腐朽部分的年龄，进而获得较为准确的古树树龄。

对于无法直接获取髓心的样本(如采集的样本无髓心或者树木腐烂中空)，已经发展了一些树龄估算方法，如Duncan几何法、同心圆匹配法、半径-长度法和初始径向生长(initial radial growth, IRG)模型法等。当样芯缺失段较短时，如样芯长度达到树木几何半径的90%，可以采用Duncan几何法。当样芯缺失段较短且径向生长偏心时，可以采用同心圆匹配法。而半径-长度法更适用于样芯缺失段较长的情形。但这些估算方法均假定树木生长速率或径向生长面积增量是不变的，这在现实中往往难以满足。而IRG模型则假定同一树种初始径向生长特征是一致的，利用缺失段长度和靠近髓心一侧若干轮的平均轮宽建立的多项式方程估算缺失轮数，缺失段长度多采用Duncan几何法计算。IRG模型因为考虑了生长速率的差异，所以树龄估算精度有一定提高，已应用到中国祁连圆柏、青海云杉古树树龄估算中。

4.2.1.2 树轮年代学的器材

树木年轮中蕴含着大量的有关气候、天文、医学和环境等方面的历史信息，在历史研究、林业考察和地质的勘探与研究中都起着重要作用。而树木年轮的测定过程通常借助大量的人工操作，显得烦琐而耗费精力。随着科技的日益发展与成熟，已经出现了年轮分析系统。借助计算机程序对树木年轮样品的树芯图像进行自动判读，来确定轮数和轮宽等数据，可以高效、快捷地获取树木年轮数据。目前较为成熟的年轮分析系统有德国FRANKRINN 公司的 LINTAB 平台和加拿大 REGENT 公司的 WinDENDRO 系统等。

（1）生长锥

图 4-1　生长锥和固定在木槽内的生长芯

生长锥是钻取生长芯的常用工具。生长锥常由三部分组成：锥柄即钻取生长芯的把手，同时又是存放锥体和芯勺的容器；锥体为一前端带有锋利螺旋刃口的狭长形圆筒；取芯勺为一前端带有细齿刃的半圆通条（图 4-1）。使用时，先将取芯勺从锥体中取出，再将锥体从锥柄中取出，将锥体与锥柄 90°连接。在距离地面 130cm 的胸高处，锥体与树干相垂直，对准髓心，用力压锥体，尽量使生长锥保持水平。然后，用力匀速地顺时针方向旋转锥柄。使锥体钻入树干。估计钻到髓心的深度时，把取芯勺插入锥体内壁与生长芯之间，反方向旋转锥柄，当锥体退出一半时，用取芯勺取出生长芯。继续反方向旋转锥柄，将锥体退出。取放锥体时，要注意锥柄一定保持水平，缓慢取放，勿与石头等硬物碰撞。

（2）LINTAB 树轮测量系统

LINTAB 是一款数字型年轮分析工作系统，能够高精度检测并分析树芯和树木圆盘的年轮信息（图 4-2）。其工作原理是显微镜定位技术与轮转控制相配合，由专业软件 Tsap-Win 进行年轮分析和结果统计。树轮测量系统由体视显微镜、水平移动平台、计算机三部分组成。体视显微镜有两个目镜，其中一个目镜附有十字线，目的是在量测年轮宽度时定标，体视显微镜架在一个万能架上，这样样本的大小和厚度就较少受限。水平移动平台用来放置圆盘或钻芯，活动平台与计算机通过一个传感器相连。测量方向从髓心到树皮或从树皮到髓心。计算机内置 TSAP 标准年轮分析软件，具测量、编辑和分析功能，基于多种趋势和回归方程，支持不同的数据格式，输出不同的年轮表格。

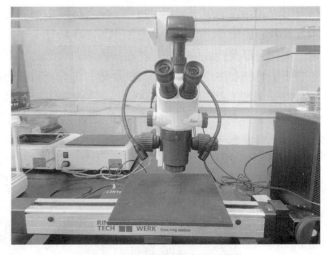

图 4-2　LINTAB 树轮宽度测量仪

具体测量过程如下:先将目镜里的十字线与年轮早材的边相切,右手摇动手柄,活动平台水平移动带动平台上的样本移动,使十字线与同一年轮的晚材边相切,按下鼠标左键,这段水平距离即年轮宽度的数据由传感器转换为相当于这个年轮宽度的电信号送入计算机,计算机记录并保存年轮宽度数据;同时,计算机屏幕上显示年轮宽度图谱。测量时,尽量沿半径方向进行。如果在测量过程中,年轮太密,可以沿树轮挪动样本,找到比较清晰的位置,进行测量。但需要注意两点:一是样本移动后,待测年轮与其两侧的年轮变化趋势应该和移动前一致;二是测量时显微镜目镜的十字线的横线与移动平台平行,竖线与年轮相切。

LINTAB 测量系统具有放大、度量、记录和展示各种数学运算结果以及制作图表等的功能,使得年轮分析更加精确、简单、稳定;支持不同储存格式的数据,方便进行数据编辑;同时该分析平台有多种趋势和回归方程可供选择,操作较为简单。目前该类仪器的缺点是缺少固定和调节装置,无法实现精确水平位移。

(3) WinDENDRO 年轮扫描测量系统

WinDENDRO 年轮扫描分析系统是利用计算机图像自动查数树木各方向的年轮及其宽度。其工作原理是利用高质量的图形扫描系统取代传统的摄像机系统,专门对盘状的木材截面或柱状的生长锥样本进行树木年轮的测量,基于扫描系统能提供高分辨率的彩色图像和黑白图像进行分析。扫描测量系统包括专业图像捕捉系统(高分辨率扫描仪、样品芯固定系统与样品芯定位工具等)、分析系统(WinDENDRO 年轮分析软件、XLSTEM 茎干分析插件等)和计算机三部分。WinDENDRO 年轮分析系统也有一些不足之处:样品的处理需要精度比较高的打磨抛光处理,费时费力;靠近树皮和韧皮部的部位,年轮难以判断;测定年轮时依赖个人经验,因此会产生人工判读误差。

4.2.1.3 树轮定年的过程

树轮定年的主要步骤:采集合格的树木样本→样本的加工→样本的精确测量→建立质量高的年表等。

(1) 样本的采集

采集到合格、理想的树轮样本是获得精确年代信息的关键。通常在胸高部位采集生长芯,在平行于山坡走向的方向上从树的两侧用生长锥钻取生长芯。针对某些局部中空的古树,生长芯的钻取高度和方向可以适当灵活处理。对取完生长芯的树木需要用木屑堵塞孔径,避免病虫入侵。从树轮年代学和树轮气候学角度出发,需要尽可能多地采集树龄较大的样本。但随着树龄的增大,树木局部枯朽发生的概率也会相应增大,从而给交叉定年带来一定困难。因此,在采集大龄古树的同时,还需尽可能采集一些树龄较小和树龄中等的样本,用于查找大树龄样本的缺失轮。

根据国际树木年轮数据库的要求,一个采样点采集 15 株以上相同树种的树木,每株树上取 1 条生长芯样本。通常取样一般要求为 20 株树左右,当采样点的样本树轮宽窄变化一致性较好时 10 余株即可;但当样本树轮宽窄变化一致性不佳时,要多采样,甚至要 60 株树的样本,以保持数理统计大样本的方法保证所获资料的准确性。为了减少对树木的伤害,常采用内径为 4.3mm 或者 5.15mm 的较细生长锥。采集样本同时要做好样本记录,包括采集地信息、采集时间、取样部位、有无年代信息、树种信息、树轮中有无树皮、有无边材以及有无髓心等。最好尽可能记录有关样本的信息，以便对树轮研究的结果进行分析（表4-5）。

表4-5 树轮采集记录表

编号	地点	采集时间	取样部位	树种	年代信息	树轮信息（树皮）	树轮信息（边材）	树轮信息（髓心）

（2）样本的加工

生长芯样本表面通常很粗糙，通过磨光处理使其表面光滑，年轮清晰，能看到每个细胞和颜色深的细胞壁，这是定年准确的必要前提。磨光前需要先把生长芯粘在木槽内。粘的时候确定一下方向，将生长芯有树皮或靠近树皮的一边朝外，有髓心或靠近髓心的一边朝里，反光面与木槽两边平行，不反光的一面朝上，把生长芯用乳胶粘在木槽里，把样品号写到靠近树皮一边的木槽上，然后用细绳将其按十字形式捆绑牢固。生长芯用空气干燥法干燥，待乳胶干后取下细绳用较细的砂纸人工打磨，磨到细胞壁清晰为止。

（3）样本的定年

在定年前，对所有的样本都应进行一次目估，进一步了解每一个样本年轮的走向、清晰程度、是否有结疤、病腐等情况，选取生长正常的部位进行定年。具体工作程序如下：

①标记年轮（marking tree ring） 将打磨好的样本，由树皮向髓心方向，每10年用自动铅笔在年轮垂直方向画1个小点，每50年在年轮垂直方向画2个小点，每100年在年轮垂直方向画3个小点。如果年轮窄，在与年轮水平方向画2个小点，缺失年轮时在斜方向画2个小点表示。如果年轮窄观察不清楚，观察前用白色的粉笔或用水涂一下磨光面。

②画骨架示意图（drawing a skeleton diagram） 树轮工作者一般采用美国亚利桑那大学树木年轮研究实验室的交叉定年方法，即利用骨架示意图法对树木年轮进行定年，该方法将树轮宽度序列中的窄轮作为序列之"骨"，识别后即以竖线的长短形式标注在坐标纸上。如果所视年轮比其两侧相邻的年轮相对越窄，坐标纸相应的年份位置上标注的竖线就越长；平均宽度的年轮不标出，以空白表示；极宽的年轮以字母W标注。以此方法在坐标纸上标识出的窄轮分布型看作是实际轮宽变化的"骨架"。每个样本画一个骨架示意（图4-3），在气候干旱和半干旱的地区，树轮中丢轮较多，常采用美国的树轮骨架图进行定年，并根据中国的实际情况做出适当调整。

③交叉定年（cross dating） 首先对同一株树上的两个生长芯进行比较，是否窄轮重合，如果前一部分重合，

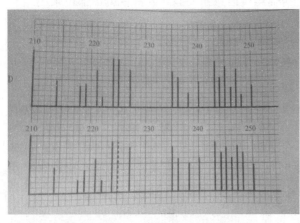

图4-3 树轮骨架示意图（王树芝，2021）
虚线代表缺失年轮

后一部分不重合,那么,往后移动一个或几个年轮后,后一部分骨架重合,前一部分不重合,说明有可能缺轮,当补上缺失轮后,前后两部分都重合。

④年代的确定(dating) 对于活树的生长芯,最外层年轮的年代是已知的,由于前面几步年轮数量准确无误,当古树样本的年轮骨架示意图与现代样本的年轮骨架示意图重叠,即确定了每个年轮的生长年代。

这里值得注意的是样本的最后一年是依据树轮的解剖学特征确定的。如果生长芯2018年春季至夏季采集的,树木已经开始生长,在显微镜下,最后一个完整轮与树皮之间看到颜色浅的针叶树种的管胞或阔叶树种的导管,这说明测量的最后一个年轮就是树木砍伐年代的前一年或者是取样年代的前一年,也就是2017年;如果生长芯是2018年秋季而冬季采集的,树木已经停止生长,在显微镜下,最后一个完整轮与树皮之间只有颜色深的晚材细胞,说明测量的最后一个年轮就是树木砍伐年代或者是取样的年代,即2018年。

(4)样本的测量和分析

①样本的测量(measurement of samples) 样本年代确定后,用Lintab树轮宽度测量系统(Frank Rinntech Company, Heidelberg, German, 见图4-2)或者用Velmex树轮宽度测量系统(Velmex Inc., Bloomfield, NYUSA)测量树轮宽度,也可用WinDENDRO图像扫描测量系统测量树轮宽度。

②年表的分析(analysis of chronology) 如果丢失年轮较少,可以直接利用Tsap软件进行分析。在温湿的欧洲地区,树轮基本没有缺失轮,常采用这种定年方法。定年的统计量用到Gleichläufigkeit统计量,可缩写为GLK。该统计量属非参数检验统计量,表示两个序列出现一致变化的个数占总个数的百分比。其计算方法是:先将每个序列取一阶差,然后将一阶差符号转换成等级值,即当一阶差为正数时,等级值为1/2;为负数时,等级值记为-1/2;为0时,等级值记为0。最后将两个序列相同时段内等级值相加的绝对值进行加合,再除以时段的年份数,以百分比的形式表述。从计算方法上可以看出,该统计量仅考虑两个序列变化的趋势是否相同,而不描述变化幅度的差异,它没有因两个序列敏感度不同而产生影响。因此,其更直观地描述了两条序列间相邻年轮宽度是变宽还是变窄这种变化趋势的一致。欧洲树轮研究中常采用此统计量作为样本年轮序列之间、样本年轮序列与年表进行交叉定年及衔接浮动年表和已定年的年表时的评价指标。

如果丢失年轮较多,将测量数据转化为TUSON格式,用COFECHA计算机程序对定年和轮宽量测值进行检查,还可以利用此程序建立树轮宽度序列,这种序列的好处是能突出窄年。COFECHA计算机程序利用相关分析中的person相关系数(简称相关系数)作为检验指标,并基于生长芯定年和轮宽量测准确时生长芯间高频变化的相关系数应为最高这一假设,分段计算相关系数(r),确定单个样本序列的变化特征和总序列的变化特征是否一致,来帮助定年者判断交叉定年中可能出现的问题。如发现问题,就重新回到前面所述的交叉定年程序中去解决。

$$r = \frac{\sum_{i=1}^{n}(x_i - \bar{x})(y_i - \bar{y})}{\sqrt{\sum_{i=1}^{n}(x_i - \bar{x})^2}\sqrt{\sum_{i=1}^{n}(y_i - \bar{y})^2}} \tag{4-1}$$

式中,$\bar{x}$,$\bar{y}$分别为一个年轮序列和另一个年轮序列树轮宽度的平均值。

③标准年表的建立(standard chronology construction) 年表是几个树轮序列平均后的具

有时间尺度功能的、连续的树轮变化特征的序列。根据是否有确切的定年，年轮年表分为浮动年表和绝对年表。以树轮宽度建的年表叫作原始年表（RAW），以树轮指数建的年表叫作树轮指数年表。树轮年表常采用 ARSTAN 年表研制程序进行年表的研制，一般包括标准年表（STD）、差值年表（RES）和自回归标准化年表（ARS）3 种年表类型。在气候重建时，可选择不同的标准化年表。

标准年表（STD）是通过轮宽的标准化去除与树龄和径级增长有关的生长趋势，得到年轮指数后，再根据指数序列间的相关系数，剔除相关性差的样品，最后采用双权重平均法合并得到的年表；差值年表（RES）是在标准化的序列基础上，通过自回归模型去掉标准化后年轮序列的自相关信息，然后平均形成的年表，差值年表里去除了自相关性，只含群体共有的高频变化信息；自回归标准化年表（ARS）则是估计样品总体所共有的自相关特征，再将其加回到残差年表上得到的，因此它既含有总体所共有的高频变化，又含有总体所共有的低频变化。

根据不同的研究目的和数据特征，可采取不同的去趋势方法，ARSTAN 程序中提供了线性拟合、负指数拟合、样条函数拟合等多种去除生长趋势的方法。

树轮年代学研究中，常采用序列间平均相关系数（mean correlation，Rbar）、一阶自相关系数（autocorrelation order 1，AC1）、标准差（standard deviation，SD）、平均敏感度（mean sensitivity，MS）、样品总体代表（express population signal，EPS）以及子样本信号强度（sub-sample signal strength，SSS）等参数对年表进行描述。

④树龄的计算　标准年表是通过轮宽的标准化，剔除与树龄有关的生长趋势，得到了样品的年轮指数序列，其年轮指数的计算公式为：

$$I(t) = d(t)/D(t) \tag{4-2}$$

式中，$d(t)$ 为需要生长量订正的样本年轮宽度序列；$D(t)$ 为标准年轮宽度序列；$I(t)$ 为订正后的样本年轮指数序列；t 为树龄。

【案例 4-9】

基于 IRG 模型，结合缺失轮估算法估算样芯的髓心年龄，进行树龄鉴定。田华等（2015）选取柴达木盆地东缘山地尔日格为研究剖面，利用生长锥对坡面上的祁连圆柏沿不同海拔高度进行采样。在利用交叉定年手段对所有样芯定年之后，确定了样芯的起始年和结束年（死亡年龄），然后综合利用树髓心年龄估算法和研究区域胸高年龄经验值最终确定了树木活体植株开始生长的树龄。

估算髓心年龄采用的是 Duncan 和 Rozas 提出的缺失轮估算法。该算法依据的原理如下：假设树木径向生长是同心圆，同心圆圆心就是树的髓心，首先通过测量最靠近髓心年轮的内侧轮宽边界最大弧弦长和弦高，来计算该轮距髓心的缺失距离。然后用这个缺失距离和已测得的靠近树髓心一侧前 50 轮平均轮宽来计算缺失轮数目，从而推算树木的髓心年龄。

具体操作如下：根据所有样芯的定年结果，选取同一株树两条树芯的最早起始年份和最晚结束年份作为这株树的起始年份，同时要将起始年份最早的树芯挑选出来，用于估算其距离树髓心的缺失轮。对挑选出来的树芯，在显微镜下用刻刀标记出它最靠近髓心一侧轮宽边界的最大弧弦长和弦高（图 4-4）。当个别样芯最靠近髓心的轮宽边界不清晰、裂纹导致其不连贯或是没有明显弧度的时候，采用相邻的轮来代替。对于极少数靠近髓心一侧

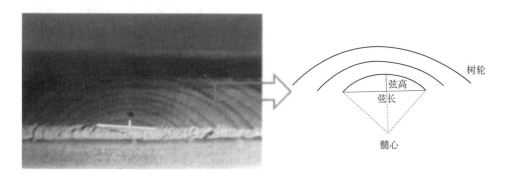

图 4-4　树芯弦长、弦高测量示意图(田华等，2015)

有明显疤痕导致轮宽不规则或 15~20 轮以内都无明显轮宽弧度的树芯，选择放弃不用。弦长和弦高的测量在 Lintab 轮宽量测仪上完成，测量精度为 0.01mm。

样芯距离树髓心的缺失距离 Duncan 估算方法公式如下：

$$MSR = \frac{L2}{8h} + \frac{h}{2} \tag{4-3}$$

式中，MSR 为距离树髓心的所有缺失轮的总长度；L 为样芯最靠近树髓心年轮的内侧轮宽边界最大弧弦长；h 为弦高。单位均为 mm。

采用的是 IRG 模型用于计算距离树髓心的缺失轮数：

$$NMR = 20.8 + 4.37d - 0.0441d^2 + 0.00024d^3 - 53.8MGR50 \tag{4-4}$$

式中，NMR 为缺失轮数；d 为前述计算的 MSR；$MGR50$ 为样芯最靠近树髓心一侧 50 轮的平均轮宽，单位为 mm。

通过该式计算所得的值采取进一法保留至个位，即为所得的缺失轮个数，若所得数为负值则舍弃该样芯。最终将一株树中序列最长样芯的年龄定为该树木的髓心年龄。将此前的定年结果，减去计算出来的缺失轮数，就得到了每株树在胸径高度上的树髓心年龄。柴达木盆地东部生长的祁连圆柏，由于生长条件的限制，在 40 年树龄时，树高为 110cm；当 60 年树龄时，树高才到 210cm，因此这里生长的祁连圆柏的胸径速生期在树龄 40~60 年。因此，本研究以 50 年作为胸高年龄，来估算树木的地表高度(树木位于地表 0~10cm 的位置)年龄(即长树年龄)。

【案例 4-10】

缺失段长度采用半径-长度的方法，利用 Lintab 工作站鉴定古树树龄。秦春等(2021)采用树轮年代学方法鉴定了敦煌市窦家墩村古梨树树龄。研究区位于敦煌市，属于典型的暖温带干旱性气候。梨园中胸径大的老树树干均腐烂中空，部分梨树已经出现枯死现象。本案例采用样品树轮计数和缺失段树轮总数估算相结合的方法。

样品采集按照树轮年代学国际标准程序进行。由于现存古梨树均为嫁接得来，为了避免由此带来的树轮宽度变化，样芯采集时避开嫁接部位，多采集距地面约 1.2m 处的砧木。按照标准程序对采集的样品进行风干、固定、打磨、白化等预处理。利用 Lintab 工作站测量树轮宽度(0.01mm)，TsapWin(V4.0)软件完成交叉定年，获取树龄。缺失段树龄估算、总树龄计算等利用 Excel 完成。树龄估算、精度评价和绘图利用 OriginPro 2021 软件完成。

缺失段树轮总数估算基于树木径向生长生理年龄曲线按照树龄分段计算。该方法依据的原理如下：①同一树种年幼的树木径向生长受外界因素影响较小，呈一致的变化特征，具有相同的径向生长生理年龄曲线；②树木径向生长规则，树干横剖面呈圆形，髓心位于圆心。具体操作如下：通过采集不同树龄的样芯，建立树木径向生长生理年龄曲线。为了提高估算精度，根据生理年龄曲线每50年树龄一组，分段计算轮宽调整系数，准确估算每棵树的树木年龄。

缺失段长度计算采用半径-长度的方法。按照测量的采样高度树围(C)计算到达髓心的理论树心长度($C/2\pi$)；测量已采集树芯样本的长度(l)，树芯缺失段长度(L)计算公式：

$$L = \frac{C}{2\pi} - l \tag{4-5}$$

轮宽调整系数(γ)依据香水梨树径向生长生理年龄拟合曲线计算：

$$Y = 0.89 + 2.00\exp(-0.03X) \tag{4-6}$$

式中，X为树木生理年龄；Y为平均树轮宽度(mean ring width, MRW)。

树芯缺失段平均轮宽(R_m)计算公式：

$$\gamma = r/r' \tag{4-7}$$

$$R_m = R_{50}\gamma \tag{4-8}$$

式中，r为树木径向生长生理年龄曲线相应树龄段(50年)树轮平均宽度，r对应的时段由L/R_{50}确定；r'为r对应时段前全部树轮平均宽度；R_{50}为样品可获取的近芯50年平均轮宽。

缺失段树轮总数(N_m)计算式为：

$$N_m = L/R_m \tag{4-9}$$

树龄(A)计算式为：

$$A = N_m + N \tag{4-10}$$

式中，N为可获取的样品树轮数。

交叉定年的结果表明该区域古香水梨树轮宽度波动幅度较大，但树间轮宽变化特征一致，可以利用交叉定年(表4-6)。交叉定年结果显示涵盖时段为1818—2020年，100年及100年以上古树有28棵。

表4-6 敦煌市窦家墩村古梨树样本交叉定年(秦春等，2021)

采样点	树种	样本量(树/芯)	树轮宽度*	时段(年)	相关系数	平均敏感度	一阶自相关
窦加墩	香水梨、冬果梨	65/113	9.57/1.52/0.03	1818—2020	0.321	0.552	0.451
迎宾小区	香水梨	7/15	7.47/1.57/0.03	1910—2020	0.375	0.536	0.490
市医院	香水梨	9/17	8.69/1.76/0.03	1912—2020	0.312	0.464	0.539
杨家桥	香水梨	1/2	3.63/1.59/0.26	1955—2020	0.560	0.452	0.558

注：*树轮宽度：最大轮宽/平均轮宽/最小轮宽。

比较不同树龄段的宽度变化，见表4-7所列，香水梨平均轮宽在树龄50年前为1.96mm，之后当树龄达到150年平均轮宽变化较小，而树龄200年后基本没有变化。干旱区人工灌溉条件下树龄200年以上的香水梨平均径向生长速率约0.9mm·a^{-1}。按照公式计算缺失段树龄和每棵树的树龄，并进行了缺失段树龄估算精度的评估。选择估算树龄中缺失段树龄≤250年，且树内样芯估算树龄差异≤50年的古树样本，将其作为最终估算古梨树树龄的依据。据此估算古梨树平均树龄为280年±35年(23芯/13棵，表4-8)。

表 4-7 基于香水梨树径向生长生理年龄曲线的平均树轮宽度及轮宽调整系数(秦春等，2021)

树龄(年)	1~50	51~100	101~150	151~200	201~250	251~300	301~350	351~400
树轮平均宽度(mm)	1.96	1.16	0.96	0.91	0.90	0.90	0.90	0.89
轮宽调整系数	1	1.69	1.62	1.49	1.39	1.31	1.26	1.23

表 4-8 用于复原古香水梨树树龄的样本信息(局部)(秦春等，2021)

样品编号*	近芯50年平均轮宽 R_{50}	缺失段长度	轮宽调整系数	缺轮总数	样品年轮数	估算树龄
118B	1.81	225.8	1.62	77	145	222
120A	1.48	469.6	1.26	252	71	323
121A	0.85	184.2	1.39	156	80	236
159A	1.65	325	1.49	132	165	297
152B	1.09	299.8	1.31	210	74	284

注：*数字表示树编号，A、B表示样芯编号。

4.2.2 针测仪测定法

针测仪测定法，是利用树木针测仪来估算树木的年龄。针测仪是一套机械钻孔系统，当旋转钻头打入活立木，可以获得相对阻力剖面。针测仪的工作原理是基于抗钻阻力与木材密度之间的线性关系，根据剖面曲线波峰波谷的趋势能反映年轮内部早材和晚材的界限，峰值和谷值分别代表早材和晚材，利用相对阻力剖面图来估计树木年龄以及树木生长率等。在钻孔测量的过程当中，当钻头置于钻孔轨迹时，相对抗钻阻力、进给力、速度参数可以连续测量。钻孔阻力工具代表性的组件有：电源钻孔装置，一个小直径铲形钻头，一套能够连接到任何符合规格的个人计算机的串行接口输入电子装备。当钻头以直线轨迹穿入木材时，沿着轨迹的穿透阻力被测量并记录下来，相对阻力变化的模式以数字显示的方式记录。针测仪钻针轴直径很小，因而对木材的损伤很小，被认为是"微损"工具。但由于木材含水率、空气湿度等会影响针测仪阻力测量值的灵敏度，导致抗钻阻力值序列中的波峰波谷趋势不能准确表示早材和晚材的边界。

树木针测仪(图4-5)通过计算机控制电子传感器的钻针，测量木材或者树木的钻入阻抗，利用DECOM软件分析树木的内部结构，从而获得年轮、树龄等信息。根据获取的树干内

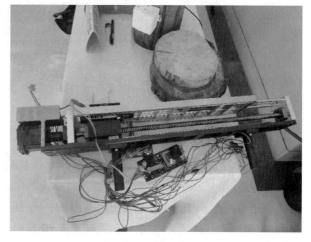

图 4-5 树木针测仪

部阻力折线图，树木针测仪自身携带的软件可以自动识别树木年轮边界，但是存在一定的误差，不能应用实际。因此，基于针测仪获取的抗钻阻力值进行数据分析，去除不能代表年轮变化的波峰和波谷，才能准确估算树木年龄（图4-5）。

【案例 4-11】

　　Oh 等（2021）采用树木针测仪（IML-RESI PD400）分析了榉树古树和赤松古树的树轮。研究涉及的榉树和赤松的胸径平均分别为 102(92~116)cm 和 80(65~110)cm。树木针测仪钻头在两种树中的转速均为 1500r/min，在榉树钻头推进速度为 50cm/min，而在赤松钻头推进速度为 150cm/min。针测仪自动分析 IML 软件识别的平均年轮轮数榉树为 57(43~68)，赤松为 104(93~124)；平均年轮宽度榉树为 4.27mm(3.18~5.09mm)，赤松为 2.93mm(2.32~3.34mm)。通过与当地榉树和赤松年表的交叉定年发现，古树的树轮针测仪对直径低于 1mm 的年轮和边材的年轮识别度较低，因此去除边材的噪声数据后，获得了榉树和赤松的实际树龄（图4-6）。

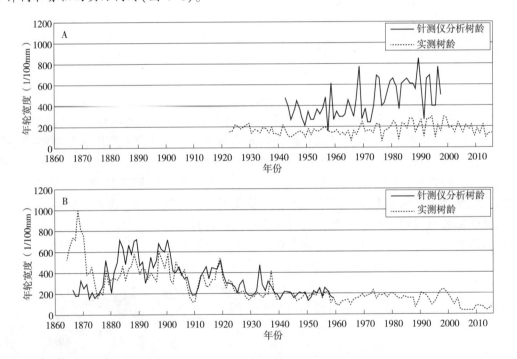

图 4-6　交叉定年与 IML 判定年龄对比（Oh et al.，2021）

【案例 4-12】

　　潘虹等（2021）研究了离散谱分析在针测仪抗钻阻力序列中的应用，为年龄的微损测定提供参考。

　　由于针叶树和阔叶树的树干材质不同，导致针测仪钻入阻力变化不同，针叶树种的阻力变化比阔叶树种的阻力变化更明显，峰谷的区分度更好，能更准确地表示树木生长的变化，因此选取华北落叶松为材料，以树木针测仪（Resistograph 4450P/S）钻入华北落叶松获取的抗钻阻力值序列为研究对象，利用数字信号处理中的傅里叶变换，对抗钻阻力值序列进行离散谱分解，通过确定代表树木年龄变化谐波的周期数来估计树木的年龄。

利用频谱分析测定树龄的原理：假设每年生长近似相同，针测仪钻入活立木获取的相对阻力剖面记录为时间序列 $z=\{z_1, z_2, \cdots, z_k, \cdots, z_n\}$，$n$ 为针测仪测量点的序列号，假设时间间隔为 δ，则序列 z 是总时间长度为 $T=n\delta$ 的离散周期信号，以下将针测仪抗钻阻力序列称为离散周期信号 z。

离散时间信号 z 中包含 3 个部分的信息：趋势、年度变化、噪声。利用频谱分析估计树木年龄的基本思路为：将离散时间信号 z 去趋势后，进行谱分析，确定代表年度变化的谐波信息。根据傅里叶分析可知，在时间 T 上，信号 z 可以分解成各种频率三角函数的和，由于树木生长 1 年对应 1 个峰，1 个周期内有 1 个峰，估计树木的年龄取决于峰的数量，峰值和谷值分别代表早材和晚材。所以在这些三角函数中找到代表年度变化的周期数 f，也就确定了周期 P 和年龄 A，周期 P 在本研究中是指树木生长 1 年所对应的抗钻阻力值序列长度，即由 $T=PA$，$T=fA$，可得 $P=f$。因次，估计树木年龄关键是确定代表年度变化的周期数。估计树木年龄的基本思想是将抗钻阻力序列利用平滑器去趋势，然后再用傅里叶变换做频谱分析，给出 k 次谐波的系数，求出 k 次谐波的振幅，树木的年龄规律在振幅较大的谐波中得以体现。设定振幅比 ε，寻找与最大振幅比值大于 ε 的振幅所对应的 k 次谐波的周期数 k。

利用频谱分析测定树龄的操作为：针测仪钻入活立木获取的相对阻力值序列 $z=\{z_1, z_2, \cdots, z_k, \cdots, z_n\}$。给定窗口大小 Wid，将针测仪获取的抗钻阻力序列 z 为离散时间信号，经过 Savitzky-Golay 平滑器，进行去趋势后得到离散时间信号 x。利用公式求出逆傅里叶变换求出离散时间信号 x 的逆傅里叶级数系数 Y_k。再利用公式求出离散时间信号 x 的谐波分解系数 a_f。求出所有谐波的振幅，并按照从大到小进行排列，与所对应的谐波的周期数作为行向量写入矩阵 $\boldsymbol{P}_1$。给定振幅比 $\varepsilon=0.85$，将所有与最大振幅比值大于 ε 的振幅以及对应的周期数作为行写入矩阵 $\boldsymbol{P}_2$。求出矩阵 $\boldsymbol{P}_2$ 的第一列向量的均值 δ，作为树木年龄的估算值。以上过程通过 MATLAB 编程实现。

离散时间信号 x 的逆离散傅里叶级数系数计算公式为：

$$Y_k = \frac{1}{n}\sum_{j=0}^{n-1} x_j e^{i\frac{2\pi}{n}kj}, \ k=0, \ 1, \ \cdots, \ n-1 \tag{4-11}$$

离散时间信号 x 的谐波分解系数计算公式为：

$$a_f = \frac{a_0}{2} = Y_0; \ a_k = Y_k + Y_{n-k}; \ b_k = \frac{1}{i}(Y_k + Y_{n-k}) \tag{4-12}$$

该研究对 104 个圆盘所对应的抗钻阻力值序列进行频谱分析，首先根据圆盘直径大小，选择相应窗口值 Wid，见表 4-9 所列，对原始抗钻阻力值序列进行去趋势得到相应的离散周期信号，然后对其进行离散谱分析，计算得到所有谐波的振幅，将所有的振幅与对应的周期数作图可以看出全频谱分布情况，设定振幅比为 0.85，求出与最大振幅比大于 0.85 的所有振幅都对应的周期数。

表 4-9 参数 *Wid* 选择依据(潘虹等，2021)

径阶(cm)	9~11	11~13	13~15	15~17	17~20	20~23	23~26
窗口参数	301	401	501	601	701	801	901

根据每个圆盘的直径选择相应的窗口大小，对原始抗钻阻力值序列去趋势后进行离散谱分析，可以得到每组抗钻阻力值所对应的周期数的平均数 δ。所有圆盘频谱分析算法估计年龄与实测年龄对比如图 4-7 所示。针测仪自带 DECOM 软件自动判读年龄结果误差较大，误差范围是-25~2 年，平均误差是-12 年，相对误差大多集中在-60%~-20%，最小相对误差为-7.69%，最大相对误差达到-84.78%，平均相对误差达到-49.98%。圆盘的实测年龄范围是 18~27 年，频谱分析算法估计年龄误差范围是-5~6 年，平均误差是-0.25 年，平均绝对误差是 2 年；相对误差分布大多集中在-10%~10% 间，最小相对误差为 0，最大相对误差为 25.69%，平均相对误差为-0.35%。

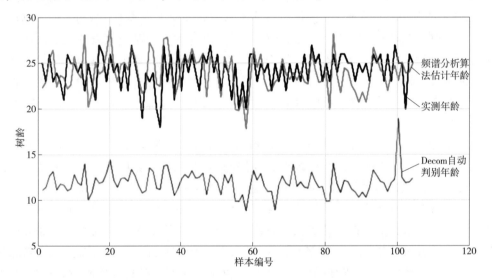

图 4-7 频谱分析算法估计年龄与 DECOM 判定年龄对比(潘虹等，2021)

该研究频谱分析算法提高了针测仪测定活立木年龄的精度。本算法通过 MATLAB 编程实现，设定一个窗口序列进行循环计算，每个固定的窗口都对应相应的估计年龄，窗口的选择范围为 301~901，可以找到所有与圆盘实测年龄非常接近的活立木的估计年龄，且计算过程中发现，准确的树木估计年龄所对应的有效窗口，与树木的胸径之间呈正相关性。随着胸径的增大，窗口的选择也会增大，可以将树木的胸径作为窗口大小的选择依据。

4.2.3　CT 扫描测定法

CT 扫描法是利用 X 射线、γ 射线或超声波技术，对树干进行扫描，扫描所得信息经计算转化为树干断面图像，从图像中分辨年轮数，得以判断树龄。该方法的优点是对树木不会造成物理损伤，缺点是设备昂贵且树木因早晚材密度差别不显著或树木年轮极窄时，树干断面中的年轮图像不清晰，因此对树龄的判断会出现一定的误差。

王庭魁等(1987)研究了利用 X 射线无损检测树木年轮的方法，基本原理是应用 X 射线的穿透能力以其能量衰减的规律为基础，X 射线经过树干后，投向胶片会出现明暗相间的条纹，这些条纹明暗程度同树干年轮纵向断面相对应。胶片上不仅给出年轮数，还可以测算年轮宽度。由于 X 射线装置复杂笨重、成本高，也没有在实际生产实践中应用。

郑楠等（2009）提出了一种三维 CT 扫描树木确定树木年龄的方法，用 X 射线对树木进行 CT 扫描，重建后得到相应的断面图像，通过图像处理增强处理图像的质量，即可辨认年轮，从而确定树木年龄。该扫描测定方法基于工业 CT 操作系统和滤波反投影重建算法。工业 CT 系统主要由 3 个子系统如扫描运动、射线成像、数据处理和 1 个软件控制平台四部分组成。其工作原理是由射线源发出 X 射线，扫描被检测物体，探测器接收穿越物体后的射线，通过合适的投影重建算法，得到重建后的年轮图像。根据杨树树干试验验证，CT 扫描法在理论上是正确的。但是由于工业 CT 系统装置笨重、价位高，目前尚未开发出可以在野外操作的便携式 CT 系统，因此限制了 CT 扫描法的推广和应用。

4.2.4　C14 测定法

C14 测定法通过古树中 C14 含量与现代生物中 C14 含量的比较，结合古树年轮辅助性测定交叉定位来估算树木的年龄。C14 测定法是个美国人利比 1947 年创立的利用放射性 C14 测定年代的方法，该法也在考古学广为采用。该方法依据的基本原理是：放射性 C14 是由大气层中宇宙射线冲击 C14 而产生的，而 C14 与 O_2 结合形成 CO_2 并被生物吸收到组织细胞中。当生物活着的时候，放射性同位素 C14 与稳定同位素 C12 的比例保持平衡。虽然 C14 有一部分衰变为 C12，C14 的不断补充使得 C14 与 C12 仍然保持平衡的比例。当生物死亡后，C14 由于衰变而使得含量不断减少。C14 的半衰期为 5730 年，通过古树中 C14 含量与现代生物中 C14 含量比较，可以估算古树的年龄范围。

C14 测定法得到的树龄结果往往不是具体的数值，而是具有一定误差的年代范围，这种误差范围主要与以下几种因素有关：①C14 的衰变是随机的，这会产生一定的误差；②试验方法、技术熟练度、操作情况等，都会给测定的年代结果造成误差；③仪器的屏蔽效果和稳定性等也会影响误差的大小；④依照大气假定是恒定不变的 C14 水平与死亡生物体现存 C14 水平的比值来确定。实际上大气 C14 水平并不是恒定的，而年代测定是应用国际统一的现代碳标准，因而得到的年代数据必须要经过校正。各国学者在准确测定树木年轮的年代之后，将 C14 年代与精细的树轮年代学方法进行比较，从中找到误差规律，再用树轮对 C14 做精确校正，这就是由此发展的 C14 年代的树轮校正方法。

1986 年，在挪威特隆赫姆举行的第 12 届国际放射性 C14 会议上，根据所有的 C14 年代校正资料出版了一本专刊。这本专刊包括根据爱尔兰、德国和美国定年样本做的可追溯到 2500BC（公元前）的校正曲线。1993 年发表了 C14 校正的第二本专刊，包含了可追溯到 9440BC（公元前）的校正曲线。而后出版和发布了多版校正曲线。IntCal20 是新建立的一个 C14 年代校正曲线。IntCal20 校正曲线能校正的年代上限是 55 000BP（距今），比 IntCal13 曲线的 50 000 年向前推了 5000 年，包括树木年轮序列、珊瑚和洞穴沉积物、湖泊沉积物以及更新的洞穴沉积物的年代序列，并用加速器质谱重新测量了大量之前用常规 C14 测量的数据，在有的年代区间保留原先的五年一个样；在某些关键的年代范围，精细到逐年取样测量。

IntCal20 校正曲线树轮部分包括 9211 个经过树轮定年的样品和 1498 个经 C14 摆动匹配

与其树轮序列交叉定年的样品。实验室内树轮定年的样品7946个，经C14摆动匹配定年的样品有1299个。IntCal20校正曲线有对轮定年的校正年是0calBP（AD1950）~12 308calBP（10 359BC），通过C14摆动匹配年的树轮校正年是（12 293±4）calBP［（10 344±4）BC~（14 194±4）calBP］［（12 245±4）BC］。但在这段时间内测定数据分布并不是均匀的，在最近的近千年中，测定数据密度平均每年有2.7个，而9000~10 999calBP（7051~9050BC）测定数据密度平均每年只有0.2个。数据密度的这种不均匀是新校正曲线的一个不足。

小　结

本章介绍了古树树龄鉴定的常规方法和实验方法。通过古树树龄鉴定方法的介绍和应用案例的列举，为开展古树树龄鉴定工作奠定基础。

思考题

1. 采用回归法测定树龄有哪些优点和缺点？
2. 对于无法直接获取髓心的样本，有哪些方法可以估算树龄？
3. 标准树轮年表如何建立？
4. C14年代法测定树龄有哪些优点和缺点？

推荐阅读书目

1. 木材考古学：理论、方法和实践．王树芝．科学出版社，2021．
2. 青藏高原树木年轮生态学研究．张齐兵，方欧娅等．科学出版社，2019．

第 5 章

古树资源调查与数据处理

 本章提要

古树资源调查部分，阐述了古树资源调查的目的和意义，介绍了古树调查技术规范以及古树调查方法和步骤。在古树资源数据采集、存储与应用部分，首先阐述古树信息化数据管理的必要性和优势，其次介绍了古树资源管理平台的发展、功能和基本组成，最后重点介绍古树资源管理平台的设计、应用以及古树资源数据采集与存储。

古树资源调查是获得相关资源数据的主要手段，熟悉调查步骤和方法是进行古树保护工作的必备技能。信息化是实现现代林业建设的重要手段，能更好地为古树保护工作提供科学、权威的数据基础。提高古树信息化水平，是林业信息化建设的重要内容之一。因此，本章全面介绍古树资源调查和信息化应用等内容，为从业者进行古树调查提供重要参考。考虑到名木的资源调查的数据处理方法与古树一致，因而，本章将古树名木作为一个整体来处理。

5.1 古树资源调查

古树名木资源调查与评价以树木分类学、森林资源学、测树学、林业信息技术等为科学原理和理论指导，通过周密的调查研究，全面摸清古树名木资源的本底情况、生境、生长势、历史文化、养护状况等，有效揭示古树保护中存在的问题，为科学评估古树名木生长健康状况、客观检验古树复壮技术的有效性提供准确、翔实资料。

5.1.1 概　述

5.1.1.1 古树资源调查的目的和意义

古树名木调查的主要目的是查清我国古树名木资源种类、总量、分布状况、生长情况，单株古树名木树种、树龄、保护级别、生长环境、生长地点、生长状况、养护管理等数据和影像资料,掌握古树名木的生态、人文、地理、旅游和科研等方面价值,系统总结古树名木保护管理中的经验和了解存在的问题,为制订古树名木政策文件、保护法律法规、规划设计及管护、养护、保护对策建议和管理措施提供科学依据。

5.1.1.2 古树资源调查的主要任务

全面系统地查清全国各地古树名木资源总量、种类、生长状况、分布等情况；建立完整的文字、影像、电子资源档案；建立国家级古树名木管理信息系统；健全全国古树名木的动态监测体系,对古树名木的生长情况、生长环境、保护状况等进行动态监测、跟踪管理和定期报告。

5.1.1.3 古树资源调查的内容

古树资源调查的主要内容主要包括以下四个方面：①古树名木资源种类、数量和分布的总体情况与动态更新,比如通过开展调查,可以精确掌握调查地区的古树数量,见表5-1所列；②古树名木的树种、树龄、保护级别、生长环境、生长状态和生长地点；③古树名木保护与管理状况；④古树名木的观赏、生态、历史、文化、科学价值[引自《古树名木普查技术规范》(LY/T 2738—2016)]。

表5-1 北京市古树名木按数量等级普查统计表(孙海宁和孙艳丽,2020)

区　名	总计(株)	古树(株)	占比(%)	名木(株)	占比(%)
东城区	2561	2561	100.00	0	0
西城区	1622	1621	99.94	1	0.06
朝阳区	677	590	87.15	87	12.85
丰台区	238	230	96.64	8	3.36
石景山区	1546	1546	100.00	0	0
海淀区	6820	6775	99.34	45	0.66
门头沟区	1683	1680	99.82	3	0.18
房山区	1681	1676	99.70	5	0.30
通州区	140	140	100.00	0	0
顺义区	286	61	21.33	225	78.67
昌平区	5978	5022	84.01	956	15.99
大兴区	128	128	100.00	0	0
怀柔区	3103	3103	100.00	0	0
平谷区	58	58	100.00	0	0
密云区	1192	1192	100.00	0	0
延庆区	179	179	100.00	0	0
市公园管理中心	13 973	13 967	99.96	6	0.04
总　计	41 865	40 529	96.81	1336	3.19

5.1.1.4 古树普查

2001年，我国首次开展全国性古树名木资源普查工作，并颁布了《全国古树名木普查建档技术规定》，不仅统一了普查方法和相关技术标准，而且初步摸清了全国各地古树名木资源状况，确定了我国古树名木的树种、数量等重要信息。规定每10年进行一次全国性古树名木普查，地方可根据实际需要适时组织资源普查。第一次全国普查时间段为2001—2005年，第二次为2016—2020年。普查的总体要求：普查以县为单位，逐村、逐单位、逐株进行实测，做到全覆盖实地不留死角；普查数据要求真实、准确、全面；建立完整的包括文字、影像和电子档案的古树名木普查档案；运用现代信息化手段，开发出古树名木管理信息系统，实现对古树名木的信息共享、动态监测与跟踪管理等（陈峻崎，2014；邹福生，2017；申家轩，2019）。

5.1.2 古树资源调查技术规范*

古树调查技术规范借鉴了森林调查工作中的很多内容，但与森林调查技术规范既有相近之处也有不同之处。相近之处在于古树也是树，其生长所需的环境与普通的树木几乎没有任何区别。不同之处在于古树因其树龄大，对科学研究等具有特殊的意义，且其分布方式多以零星分布，少有成片分布的古树群存在。古树资源调查技术规范是高质量进行古树资源调查的保障，是从业技术培训的重点内容，也是相关人员必须掌握的。古树资源调查技术规范主要包括古树和名木现场鉴定规范、条码规范等。

5.1.2.1 基本概念

古树（old tree）：树龄在100年及以上的树木。
名木（notable tree）：具有重要历史、文化、观赏与科学价值或具有重要纪念意义的树木。
古树群（community of old trees）：一定区域范围内由一个或多个树种组成、相对集中生长于特定生境的古树群体。
胸围（trunk girth）：树木根颈以上离地面1.3m处的周长；分支点低于1.3m的乔木，在靠近分支点处测量；藤本及灌木测量地围。
树高（tree height）：树木根颈以上从地面到树梢之间的高度。
平均冠幅（average crown width）：树冠东西和南北两个方向垂直投影平均宽度。
生长势（growth potential）：树木生长发育的旺盛程度和潜在能力，用枝条、树干和叶片等的生长状态来表征（《古树名木普查技术规范》）。

5.1.2.2 古树分级和名木范畴

古树名木范畴：一般指在人类历史过程中保存下来的年代久远或具有重要科研、历史、文化价值的树木。古树是指树龄在百年以上的树木。名木是指珍贵、稀有的树木和具有历史价值、纪念意义的树木。东北—内蒙古国有原始林区、西南—西北国有原始林区、国家级风景名胜区和自然保护区生长的古树名木，尚不纳入全国古树名木普查建档范围

---

* 本小节内容无特殊注明外，均依据《古树名木普查技术规范》（LY/T 2738—2016）。

(引自《古树名木普查技术规范》)。

(1)古树分级

古树分为三级，树龄500年及以上的树木为一级古树，树龄在300~499年的树木为二级古树，树龄在100~299年的树木为三级古树(引自《古树名木鉴定规范》)。

部分省市将古树划分为两级，如北京市，根据北京市《古树名木评价标准》DB11/T478—2007，树龄在300年及以上的树木为一级古树，树龄在100~299年的树木为二级古树。

(2)名木范畴

名木不受树龄限制，不分级。具有以下特征的树木属于名木的范畴：

①国家领袖人物、外国元首或著名政治人物所植树木；

②国内外著名历史文化名人、知名科学家所植或咏题的树木；

③分布在名胜古迹、历代园林、宗教场所、名人故居等，与著名历史文化名人或重大历史事件有关的树木；

④列入世界自然遗产或世界文化遗产保护内涵的标志性树木；

⑤树木分类中作为模式标本来源的具有重要科学价值的树木；

⑥其他具有重要历史、文化、景观和科学价值及具有重要纪念意义的树木(引自《古树名木鉴定规范》)。

5.1.2.3 古树现场鉴定规范

(1)树种鉴定

观察鉴定对象的营养器官和繁殖器官形态、解剖特征和生长特性，根据《中国树木志》《中国植物志》等工具书的形态描述和检索表，鉴定得出树木的科、属、种，并提供中文名和拉丁学名。

(2)树龄鉴定

根据树木健康状况、当地设备条件、技术条件和历史档案资料情况，在不影响树木正常生长的前提下，按以下先后顺序，选择合适的方法进行树龄鉴定：

①文献追踪法　查阅地方志、历史名人游记、族谱和其他历史文献资料，获得书面证据，推测树木年龄。

②年轮与直径回归估测法　利用本地(本气候区)森林资源清查中同树种的树干解析资料，或对贮木场同树种原木进行树干解析，获得年轮和树干直径数据，建立年轮与直径回归模型，计算和推测古树的年龄。

③访谈估测法　通过实地考察和走访当地人，获得口头证据，推测树木大致年龄。

④针测仪测定法　通过针测仪的钻刺针，测量树木的钻入阻抗，输出生长状况波形图，鉴定树木的年龄。

⑤年轮鉴定法　用生长锥在待测树木树干上钻取木芯，将木芯样本晾干、固定和打磨，通过人工观测或树木年轮分析仪判读树木年轮，依据年轮数目来推测树龄。

⑥CT扫描测定法　通过树干被检查部位的断面立体图像，根据检测获得的年轮数目鉴定树木的年龄。

⑦C14测定法　通过测量待测树木样品中C14衰变的程度鉴定树木的年龄(《古树名木鉴定规范》)。

(3) 生长势等级鉴定

根据古树的枝条、树干和叶片生长的正常或衰弱程度划分为正常、衰弱、濒危、死亡四级(表 5-2、图 5-1)。

表 5-2 古树生长势分级标准

生长势级别	叶片	枝条	树干
正常株	正常叶片量占叶片总量95%以上	枝条生长正常、新梢数量多，无枯枝枯梢	树干基本完好，无坏死
衰弱株	正常叶片量占叶片总量50%~95%	新梢生长偏弱，枝条有少量枯死	树干局部有损伤或少量坏死
濒危株	正常叶片量占叶片总量50%以下	枝条枯死较多	树干大部分坏死，干朽或成空洞
死亡株	无正常叶片	枝条枯死，无新梢和萌条	树干枯死

图 5-1 黑弹朴古树正常株和衰弱株

A. 正常株状态(刘建斌和张炎，2021) B. 衰弱株状态(摄于 2021 年)

5.1.2.4 名木现场鉴定规范

判定树木是否属于名木范畴，可分别采用以下鉴定方法(引自《古树名木鉴定规范》)：

①实物证据鉴定法 根据名胜古迹、历史园林、宗教场所和名人故居等栽植地点和建筑实物及其图片，判定树木是否属于名木范畴。

②书面证据鉴定法 根据文史档案、科学文献、新闻报道中的记载等书面证据及其图片，判定树木是否属于名木范畴。

③口头证据鉴定法 根据植树历史相关人员的口头证据，判定树木是否属于名木范畴。

5.1.2.5 古树名木现场鉴定技术要求

(1) 鉴定人员要求

鉴定小组包括3名以上相关专业人员，其中至少1人具有高级职称。

(2) 鉴定意见

现场鉴定古树名木后应出具《古树名木鉴定意见书》并附照片和提供电子图片，同时提交古树和名木技术档案（引自《古树名木鉴定规范》）。

5.1.2.6 古树编码规范

古树代码是资源调查中的一项重要数据，就像古树的身份证，由主体代码和特征代码组成。对古树信息管理系统中的数据采集、信息处理与交换有着重要意义。

(1) 主体代码（key code）

唯一标志一棵古树或一片古树群的代码，具有唯一性和稳定性。由县级绿化委员会代码和序列码两部分组成（图5-2A、B）（表5-3）。

(2) 特征代码（characteristic code）

表示一棵古树或一片古树群的特征信息（图5-2C、D）（表5-3）。

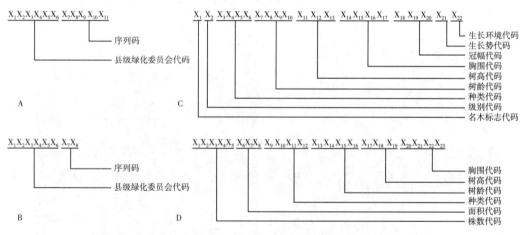

图5-2　代码结构示意图（《古树名木代码与条码》LY/T 1664—2006）

A. 单株古树名木主体代码结构　B. 古树群主体代码结构　C. 单株古树名木特征代码结构　D. 古树群特征代码结构

表5-3　古树名木代码编制

类型	组成码段	占位符	说明
主体代码	县级绿化委员会代码	$X_1X_2X_3X_4X_5X_6$	采用县级绿化委员会所在行政区划代码（见 GB/T 2260），统一6位数字
	序列码	$X_7X_8X_9X_{10}X_{11}$	由县级绿化委员会赋予，单株古树5位流水号
		X_7X_8	由县级绿化委员会赋予，古树群2位流水号
单株古树名木特征代码	名木标识代码	X_1	占1位数字，古树为1、名木为2、古树名木为3
	级别代码	X_2	占1位数字，一级古树（500年以上）为1、二级古树（300~499年）为2、三级古树（100~299年）为3

(续)

类型	组成码段	占位符	说明
单株古树名木特征代码	种类代码	$X_3X_4X_5X_6$	占4位，采用LY/T 1439中树木种类代码
	树龄代码	$X_7X_8X_9X_{10}$	树木年龄，占4位
	树高代码	$X_{11}X_{12}X_{13}$	占3位，树高测量值，单位为米（m），小数点后1位
	胸围代码	$X_{14}X_{15}X_{16}X_{17}$	占4位，胸围测量值，单位为厘米（cm），取整数
	冠幅代码	$X_{18}X_{19}X_{20}$	占3位，冠幅测量平均值，单位为米（m），取整数
	生长势代码	X_{21}	占1位，表示古树生长情况，正常为1、弱为2、濒危为3、死亡为4
	生长环境代码	X_{22}	占1位，表示古树生长环境情况，好为1、中为2、差为3
古树群特征代码	株数代码	$X_1X_2X_3X_4X_5$	占5位数字，为古树群的株数
	面积代码	$X_6X_7X_8$	占3位，古树群所占面积，单位为公顷（hm²），取小数点后1位
	种类代码	$X_9X_{10}X_{11}X_{12}$	占4位，采用LY/T 1439中树木种类代码描述古树群主要树种
	树龄代码	$X_{13}X_{14}X_{15}X_{16}$	占4位，古树群的平均年龄，单位为年
	树高代码	$X_{17}X_{18}X_{19}$	占3位，古树群的林分平均树高，单位为米（m），取小数点后1位
	胸围代码	$X_{20}X_{21}X_{22}X_{23}$	占4位，古树群的林分平均胸围值，单位为厘米（cm），取整数

注：主管单位可根据自身管理需求进行特征描述，并按照实际测量值编制特征代码。不必描述或代码值不足以填满规定位数的，可用"0"补足位（《古树名木代码与条码》LY/T 1664—2006）。

(3) 古树代码的条码表示

条码技术（barcode auto-identification tech）是一种重要的符号自动识别技术，将符号编码、数据采集、自动识别、录入、存储信息等功能融为一体，方法简单、成本低廉、部署效率高、可靠性高、信息采集量大、灵活性高，能够有效解决大量数据采集、录入、追溯等问题。广泛应用于古树资源调查、日常管理、公众互动等方面。常用的主要为一维码和二维码。一维条码，是将线条与空白按照一定的编码规则组合起来的黑白相间的符号（图5-3A）。可用于表示主体代码和特征代码，用于普查和养护过程中可利用移动终端扫描识读，以快速获取已有数据库。二维条码，是在一维码的基础上，在垂直和水平两个方向水平上进行的编/解码，用某种特定的几何图形按一定规律在平面二维方向上分布的黑白相间图形记录数据符号信息（图5-3B），可用于表示普查建档中的全部图文信息，并实现在线留言互动等功能（吴宝国等，2021）。

5.1.3 古树资源调查步骤和方法

古树资源调查主要包括六大技术环节：普查前期准备，现场每木观测与调查，内业整理，古树群现场观测与调查，数据核查、录入与上报，资料存档。

图 5-3　古树条码示例(《古树名木代码与条码》LY/T 1664—2006)
A. 一维码　B. 二维码

5.1.3.1　调查前期准备

(1) 技术人员与技术培训

古树名木现场调查的技术人员中,应有熟悉树木分类、测树和相关仪器操作的林业专业技术人员。内业整理技术人员中,应有熟悉计算机操作的林业或专业技术人员。逐级开展技术培训,培训内容应包括仪器与器材、相关技术规范的使用、现场观测与调查、数据录入、上报、核查和资料存档等内容。

(2) 普查器材准备

现场观测与调查应准备地理定位、测树和摄影摄像等器材。地理定位器材包括全站仪、坡度仪、海拔仪和全球卫星定位系统等;测树器材包括皮卷尺、胸径尺、测高器、测高杆等;内业整理器材包括计算机、打印机、移动设备和古树名木管理信息系统软件等。

(3) 普查辅助资料准备

准备《中国树木志》等工具书。收集和整理上一次普查数据,并对上一次普查数据进行全面分析和核对,对缺项因子做好补充观测准备。收集地方志、历史名人游记、族谱和其他历史文献资料。收集本地森林资源信息资料,清查相关树种的树干解析资料以及其他技术资料(《古树名木普查技术规范》)。

5.1.3.2　现场每市观测与调查

(1) 编号与地理定位

古树名木编号由11位阿拉伯数字组成,前6位代表调查地的行政区划代码,要求同时记录省(自治区、直辖市)、市(地、州)、县(市、区)名称;后5位代表调查顺序号,由各乡镇(街道)统一核定。

地理定位要求精确记录树木的具体位置,要求准确填写具体地名,位于单位内的可填单位名称,标注具体分布区域,并利用全站仪和全球卫星定位系统进行精确定位。生长场所分为城区和乡村。分布特点分为散生和群状。权属调查应据实确定树木属于国有、集体、个人或者其他,无单位或个人管护的古树名木,要具体说明。

(2) 树种、树龄和生长势鉴定

相关内容参考本书5.1.2.3节。

(3) 测树

采用测高器或测高杆测定树高,以米为单位,读数至小数点后1位。胸径采用胸径尺实测,以厘米为单位,读数至整数位;同时记录胸围读数,读数至整数位;分支点低于1.3m 的乔木,在靠近分支点处测量胸围;灌木及藤本测量地径和地围。冠幅采用皮卷尺实测,分东西和南北两个方向测定,以树冠垂直投影确定冠幅宽度,最后计算平均数,以米为单位,读数至整数位。

(4) 古树等级确认与名木鉴定

根据年龄鉴定结果确定古树等级。名木鉴定采用实物证据鉴定法、书面证据鉴定法或口头证据鉴定法。有确凿植树证据的名木,应记录其栽植的具体年月日和植树人全名。

(5) 立地条件测定

坡向和坡度采用坡度仪或手持 GPS(全球定位系统)测定仪。坡向为古树名木的地面朝向,分为 9 种,划分标准见表 5-4 所列。坡度分为 6 级,划分标准见表 5-4 所列。坡度分脊部、上部、中部、下部、山谷和平地 6 种,划分标准见表 5-5 所列。土壤名称根据中国土壤分类系统分为 10 种。土壤密度分极紧密、紧密、中等、较疏松、疏松 5 种。

表 5-4 坡向划分标准

坡 向	方位角(°)	坡 向	方位角(°)
北坡	338~22	东北坡	23~67
东坡	68~112	东南坡	113~157
南坡	158~202	西南坡	203~247
西坡	248~292	西北坡	293~337
无坡向	坡度<5 的地段		

表 5-5 坡度划分标准

坡 度	方位角(°)	坡 度	方位角(°)	坡 度	方位角(°)
Ⅰ级为平坡	<5	Ⅲ级为斜坡	15~24	Ⅴ级为急坡	35~44
Ⅱ级为缓坡	5~14	Ⅳ级为陡坡	25~34	Ⅵ级为险坡	≥45

(6) 历史资料调查

通过查阅相关文献档案或听取当地人口述,简明记载历史上、群众中流传的对该树的各种故事和传闻,以及与其有关的历史文化信息或名人逸事等,字数 300 字以内。

(7) 养护、管理与保护状态调查

①管护者调查 调查具体负责管护该古树名木的单位或个人;无单位或个人管理的应具体说明。

②受害情况调查 调查是否有病虫害、雷击、雪害及其他人为或自然危害症状。

③保护现状调查 调查是否有护栏、支撑、封堵树洞、砌树池、包树箍、树池透气铺装、避雷针或其他保护措施。

④养护复壮现状调查 调查是否有土壤改良、叶面施肥、复壮沟、渗井、通气管、幼树靠接或其他养护复壮措施。

(8) 其他调查内容

古树周边环境和设施部分调查:包括地面铺装、井盖、树池、道路、建筑物、建筑物占地范围尺寸及高度、电线、光照、埋杆、坡度、排水、污染源、杂树、空调、地下管线、地下建筑等。

①生境环境调查　可根据树木所在区域的立地条件和人为干扰程度划分为良好、中等、差3级。

②新增古树名木调查　调查新增古树名木的原因，包括树龄增长、上次遗漏和异地移植3种情况。

③树木其特性调查　包括奇特形状和奇特叶色等观赏性状。

(9) 现场观测与调查结果的记录

在进行上述现场观测与调查的同时，调查人员应及时记录观测与调查结果，翔实填写古树名木每木调查表(见附录附表1)。对于树种存疑的古树名木，应该据实填写现场观测与调查存疑树种鉴定表。

(10) 照片及说明

调查人员应拍摄古树名木全景彩照，能清晰自然地突出古树的全貌。照片编号与古树名木编号要一致。如有特殊情况需要说明的，应对照片做简单说明，字数50字以内(《古树名木普查技术规范》)。

5.1.3.3　古树群现场观测与调查

符合古树群定义的群状分布的古树，应对其进行古树群现场观测与调查。对古树群现场观测与调查时，除进行单株古树的现场观测与调查外，还需要附加以下观察内容：主要树种、古树群面积、古树株数、平均树龄、林分平均高度、林分平均胸径(地径)、郁闭度、地被物、下木、管护现状、人为经营活动情况、目的保护树种和管护单位等。古树群调查结果应填写古树群调查表(见附录附表2)(《古树名木普查技术规范》)。

5.1.3.4　内业整理

(1) 确定古树名木特征代码

单株古树名木的特征代码由22位数字组成，具体包括古树名木标识代码、级别代码、树龄代码、胸围(地围)代码、冠幅代码、生长势代码和生长环境代码。

(2) 统计汇总

县(市、区)在完成现场观测与调查后，对调查数据进行汇总，并填写古树名木清单(《古树名木普查技术规范》)。

5.1.3.5　数据核查、录入与上报

(1) 县级古树名木数据核查、录入与上报

县(市、区)现场观测与调查、内业整理完成后，应进行自检。自检内容包括树种鉴定、各项调查因子和漏查漏报情况等。

县(市、区)普查数据资料经县(市、区)普查领导小组审查论证后，录入古树名木管理信息系统，将纸质版和电子版上报到市级管理部门。报送资料包括：全部古树名木每木调查表、古树群调查表、需要上级鉴定的树种标本、照片和对应的现场观测与调查存疑树种鉴定表；县(市、区)古树名木清单；县(市、区)古树名木普查总结。

（2）市级古树名木数据核查与上报

市级对县级管理部门的普查数据进行汇总和核查。核查的内容包括树种鉴定、各项调查因子和漏查漏报情况等。核查数据经市（地、州）普查领导小组审查论证后，将纸质版和电子版上报到市（地、州）。报送资料包括：全部古树名木每木调查表、古树群调查表、需要上级鉴定的树种标本、照片和对应的现场观测与调查存疑树种鉴定表；市（地、州）古树名木清单；市（地、州）古树名木普查总结。

（3）省级古树名木数据核查与上报

省（自治区、直辖市）对市（地、州）普查数据进行汇总和核查。核查的内容包括调查因子、树种鉴定和漏查漏报情况等。省（自治区、直辖市）在核查的基础上，形成《省（自治区、直辖市）古树名木分类株数统计表》《省（自治区、直辖市）古树名木目录》和《省（自治区、直辖市）古树名木分树种株数统计表》。各省（自治区、直辖市）普查领导小组在完成核查的基础上，将上述材料通过全国古树名木信息管理系统上报全国绿化委员会办公室（《古树名木普查技术规范》）。

5.1.3.6 资料存档

①普查档案建立　县、市、省各级普查工作结束后，各级应建立完整的普查档案并录入，包括普查文字、影像和电子档案，并由专人管理。

②普查档案管理古树名木属于森林资源的范畴，因此古树名木资料存档参照《森林资源档案管理办法》进行管理，严格执行档案借阅、保密等管理制度，杜绝档案资料丢失（《古树名木普查技术规范》）。

5.2 古树资源信息化数据采集、存储与应用

信息化是21世纪世界科技、经济与社会发展的重要趋势，也是实现林业现代化的重要手段。提高古树信息化水平，用现代信息科技手段推动古树管理和保护的精准化、科学化、现代化进程，是林业现代化建设的重要内容之一。传统古树的管理方式容易出现数据缺失、不连续等问题，这对于古树名木信息的保存、统计和分析都会带来诸多不便，不利于古树科学管理的发展需求。因此，构建一个囊括古树树种、树龄、位置、生长势、权属和保护现状等情况的古树管理信息平台尤为迫切。在全国范围内推广和应用标准化、高效、开放的古树信息管理系统，对解决古树数据规格缺乏统一标准，数据难以统筹管理，不利深层次的信息开发和知识挖掘等问题，提供了高效、便捷的工具和手段。因此，系统学习古树数据采集、存储与应用相关知识是进一步提高古树资源调查和管理水平的基础。

5.2.1 概　述

全国古树名木信息管理系统通过应用网络技术、"3S"（GIS、GPS、RS）技术、物联网技术等新技术，实现系统维护与管理、用户管理与信息录入、查询统计、信息变更、调查建档、古树会诊、数据审核等功能，并形成县、市、省、国家四级上下一体、互联互通的古树名木信息系统，实现古树名木资源信息的标准化、数字化和信息化。目前古树名木信息系统的版本有3种：一是网页版，通过浏览器进入系统，查询相关信息；二是移动通信

版，可通过安装手机 APP（分为安卓版或苹果版）查询古树名木的相关信息；三是计算机桌面版，主要的使用对象是技术管理人员。

5.2.1.1 古树名木信息化进展

随着信息技术的不断发展，古树信息管理系统的功能日趋丰富，这主要得益于以下四种技术被逐步应用（张岩，2018）：

(1)"DataBase & Web"技术

早期古树信息管理系统主要以 DataBase & Web 技术为核心，应用该技术实现了古树名木的生长情况和环境的收集、保护现状、统计和查询等功能。国外古树名木信息网和民间古树名木网站论坛可以见到很多此类系统（Martin & John，2015），目前该技术仍广泛应用。

(2)"GIS/WebGIS"技术

地理信息系统（GIS，geographic information system）可以实现对整体或局部的地理分布数据进行采集分析、存储管理和可视化。这个阶段主要是建立包括古树名木地理和环境的信息系统，实现对古树名木数量和种类精确掌握和未来发展的预测，为古树保护提供指导性决策。GIS 在国外古树调查和保护过程中已广泛应用，在国内古树名木管理中应用较晚，但是近年来发展迅速，北京、福建、山东、广东等地已经通过 GIS 实现了古树名木的数字化管理（包守峰，2007；徐胜侠，2019；张晓璐，2019）。

(3)"3S"技术

"3S"技术是指地理信息系统（geographic information system，GIS）、遥感（remote sensing，RS）技术和全球定位系统（global positioning system，GPS）。"3S"系统通过 RS 和 GPS 提供空间定位和区域信息，使用 GIS 进行空间数据分析，最终实现对数据、声音、图形、图像等数据进行综合处理、呈现和应用（Foster，2005）。利用航空影像、卫星影像并借助全球定位系统开发了基于"3S"技术的古树名木信息系统（叶永昌，2009）。

(4)"大数据、云计算、物联网、移动互联网"等新兴信息技术

近年来，新一代信息技术在林业信息管理中逐渐应用，古树名木管理系统可利用物联网技术自动周期性地监测和采集古树名木的生长发育、生理、环境以及其他相关数据；通过云计算、大数据分析并依托移动互联网，完成古树名木自动、实时养护，提供统计分析、气象地质灾害预警等功能，使得古树名木保护更加实时、高效与智慧（肖瑾瑜，2014；邹贻鹏，2018）。

5.2.1.2 古树名木信息管理系统的优势

古树名木信息管理系统相对于传统古树名木调查和档案管理具有以下优点（李守剑和王钰，2021）。

(1)档案管理安全节能

传统数据采集多采用野外调查时填写纸质调查卡片后归档整理或室内录入计算机的传统方式，但古树资源档案数量庞大、占用空间大，不利于环境保护和节能减排、纸质档案难以保存和不易查询和更新。并且电子档案也存在因计算机硬盘故障、人员变动等造成的档案数据遗失、损坏的风险。建立古树名木智慧管理系统，直接使用手机、平板电脑等移动终端调查，并将数据备份于服务器，安全可靠、环保节能。

(2) 数据统一、规范、精准化管理

通过提前对古树名木信息管理系统设置统一和规范数据录入标准，并实现数据实时同步，避免了多版本数据共存和重复录入的情况，变"粗放型管理"为"精准化管理"。

(3) 直观展示古树名木信息

信息管理系统可以直接提供古树数据、图片和视频资料等，比如宣传片展示、地理数据信息展示、大数据展示和科普展示等。类型丰富的展示方式可以直观呈现古树名木、古树群以及各种分类统计数据结果，便于相关部门和社会公众查询和监督。

(4) 提高古树名木管理工作水平

古树名木保护管理工作主要包括档案管理、抢救复壮、移植与砍伐、日常管护等，构建一套集文字、表格、图像和视频为一体的智慧数据管理系统，实现树木电子档案资料的实时录入、修改以及古树名木的更新。该系统的建立可以加快信息传递和不同地域人员之间信息共享。

(5) 便于公众参与互动

在信息管理系统定期提供古树名木特色专题服务，如发布最美古树名木评选、古树名木认养等信息，进一步丰富市民的精神生活。在系统平台上开通捐资、认养通道，鼓励社会各界人士以捐资、认养古树名木等形式参与古树名木保护工作。提供公众交流通道，鼓励市民实时发布古树名木照片和视频，能够有效监督古树名木违法行为等。

(6) 便于资源积累信息共享

在信息管理系统平台记录古树名木资源的生长状况、病虫害防治、抢救复壮、认养等信息，定期发布和更新古树名木养护复壮等相关标准、技术规定，相关的法律法规，最新的保护政策以及最新的科研成果等，达到推动资源共享以及了解、学习古树名木养护复壮等保护与管理相关知识和最新技术的目的。

5.2.1.3 建设目标

基于现有的国家林业和草原局网络系统，通过对各级古树名木数据的标准化改造，建立国家级古树名木信息平台，开发具有系统维护与管理、用户管理与信息录入、查询统计、信息变更、调查建档、古树会诊、数据审核等功能的信息系统并在全国范围部署运行，并形成县、市、省、国家四级上下一体、互联互通的全国古树信息管理系统，实现全国古树名木资源信息的标准化、数字化和信息化（全国绿化委员会办公室，2013）。

5.2.2 管理系统设计与应用

随着信息科学技术的快速发展，古树名木资源信息管理系统也在不断地升级和创新，不同核心技术背景下的信息系统有着各自的特点，但最终都是围绕古树名木管理工作的主要功能和业务流程来设计开发应用模块。本节重点介绍古树名木资源信息管理系统主要的结构、功能、设计流程及特点，为古树名木管理从业人员和系统设计开发人员提供参考。

5.2.2.1 系统结构

全国绿化委员会将全国古树名木管理信息系统分为国家级、省级、市级和县级管理部门，共四级管理。县级部门是古树名木数据的初始收集和维护者，主要任务是收集数据，完成基础数据的录入及上报。其他各级管理部门主要任务是审核下级数据以及查询和统计责任范围内的数据，并完成对古树名木的监督管理工作。在实际工作中也可采取上级代管的方式，即国家级或省级系统直管到县级系统的形式(全国绿化委员会办公室，2013)。

5.2.2.2 系统功能

古树名木资源信息系统的建立主要基于互联网、地理信息等技术，为古树名木的保护管理提供多元化信息采集、信息交流、智能互动的信息化平台，实现古树名木档案管理、养护管理、现场拍照、扫码查询、位置导航、专家会诊、公众科普、认领认养、监督举报、发现上报等功能。通过标准化的高效、开放、数据管理系统，实现古树名木资源数据存储、处理、交换和共享服务，为古树名木资源保护提供支撑。

5.2.2.3 系统功能模块

(1) 用户登录管理

系统用户通过登录入口，使用合法的用户名和密码，通过系统验证后可登录该系统。

(2) 用户管理

用户管理模块主要功能是提供系统用户的相关设置，主要包括用户登录的设置、对用户组进行的管理、用户级别设置、用户角色的分配等功能。

(3) 系统管理

系统管理模块主要功能是对系统中一些参数进行设置和管理，包括树种的设置、树种位置信息的设置及系统日志的设置等。

(4) 调查建档管理

调查建档管理主要作用是对古树名木信息进行建档，主要包括添加、编辑、删除古树名木和古树群相关信息。

(5) 数据审核和信息变更管理

数据审核管理主要是对古树名木信息进行审核，如古树名木增加、移植、伤残、认养、灭失和信息变更等操作。

(6) 信息查询统计管理

信息查询统计管理主要功能是古树名木信息进行查询和统计。对古树名木基本信息、群落调查、移植、认养伤残及灭失信息的分类查询。

5.2.2.4 系统设计流程及硬件和软件平台

(1) 系统设计流程

①收集古树的空间数据和属性数据；
②建立数据库，用于存储大量数据；
③在数据库的基础上创建系各种子系统，用于对古树信息进行录入、上传和修改；
④测试和运行，检测系统是否能够顺利运行，并评估其承载能力。

(2) 系统功能设计

主要包括系统管理子系统、数据录入子系统、数据输出子系统、空间查询子系统、养护管理子系统、公众互动子系统等(庄晨辉等，2015；孙海宁和孙艳丽，2020)。子系统的设计质量和丰富程度随时代发展而不断提高,如基于传感器的古树监测系统也应用得越发广泛(孟先进等,2009)。

(3) 系统硬件
①Web 服务器和数据库服务器,负责系统的运行和数据库的运行和管理;
②IMS 服务器,负责空间地图数据的发布;
③支持安全认证的路由器,负责数据传输和身份认证的加密。

(4) 软件平台
①操作系统,包括 Windows、Android、IOS 等系统;
②数据库系统软件,包括 SQL SERVER 等;
③空间地图数据发布软件。

5.2.2.5 应用系统的特点

(1) 便于系统扩充
为了兼顾系统的可扩充性以及与其他系统的兼容性,本系统采用模块组件体系,各个功能模块可以通过不同的系统设置和用户权限进行定制,增强了系统的可扩充性和实用性。

(2) 易于系统升级维护
如在使用过程中对系统提出新的需求,只需要对相应的部分进行开发更新而不会破坏原有的数据,能够保护用户数据资源。

(3) 便于系统开发管理
系统由若干模块组成,开发人员只需明确自己工作任务,不必过多地考虑其他部分的要求。

(4) 利于软件分发管理
如对系统进行升级或增加功能,只需要更新相应的程序,不必重新安装系统(全国绿化委员会办公室,2013)。

5.2.3 古树资源信息数据采集与存储

古树资源信息数据采集是古树资源数据得以利用的第一步,也是关键一步。数据采集的质量,直接关系到古树资源管理与利用工作的效率。古树资源信息数据类型及数据采集技术众多,本节重点介绍一些生产、科研中常用的数据类型与技术手段。

5.2.3.1 数据采集内容

(1) 按数据类型划分
古树资源数据像许多林业生产管理数据一样都具有位置信息,因此按照数据类型划分,古树资源数据包括空间数据和属性数据。

①空间数据(spatial data) 是指用来表示空间实体的位置、分布特征、形状、大小等诸多方面信息的数据,可用来描述来自现实世界的目标,它具有时间、空间、定位、定性关系等特性。按照《林业空间数据库建设框架》(LY/T 3139—2019),林业空间数据包括矢量数据和栅格数据两大类。矢量数据包含数字线划地形图、古树资源等各类古树业务矢量数据;栅格数据包含遥感影像、数字栅格地图、数字正射影像等栅格类数据。

②属性数据(attribute data) 是指反映事物某些特性的描述性数据，通常与空间数据相对应，一般用数值、文字表示，也可用其他媒体表示(如示意性的图像、图形、声音、视频等)。属性数据可分为定性和定量两种。定性数据包括名称、类型、特性等，如古树名木编码、树名、科名、属名、种名、拉丁学名、生长地点、坡位、坡向、土壤类型、权属、管理者、是否移植、病虫害情况、光照条件；定量数据包括后者包括数量和等级，如树高、胸围、冠幅、树龄、生长势、坡度、海拔。

(2)按照性质及使用目的划分

古树资源数据依据性质及使用目的不同，可以分为古树资源数据、古树空间信息数据、古树养护管理数据、古树综合数据、元数据等。

①古树资源数据 包括古树每木调查数据、古树群调查数据、调研照片、普查总结等。

②古树养护管理数据 包括古树生长环境数据、健康状况数据、复壮保护措施等。

③古树空间信息数据 包括古树及古树群遥感数据、全球卫星定位数据、地理信息数据等。

④古树综合数据 包括古树社会文化数据、古树文献资料数据、古树政策法规数据、古树科研进展数据等。

⑤元数据 包括古树数据标识信息、数据质量信息、数据时间序列信息、数据共享信息以及空间参照信息等。

⑥其他数据 不分属于以上类别的数据资料。

5.2.3.2 信息化数据采集技术手段

(1)基于移动终端技术的实地调查数据采集

古树名木普查建档数据通常利用实地调查的形式采集。最初普查期间，主要采用传统的手工记录方式：用随身携带或预先布设在外的仪器设备获取古树相关信息，野外填写纸质调查卡片，后期将调查数据主要通过计算机键盘录入 Excel 表格，部分数据可以通过文件间的格式转换来获取。这种方法记录灵活、设备成本低，但工作量大、人力成本高。数据质量与工作人员的技术水平、责任心等直接相关，且对有问题的数据存在追溯困难、人员推脱责任等现象。

随着信息技术的不断发展和移动手持终端设备的普及与应用，基于移动设备的自动数据采集方式应运而生。移动终端是一类嵌入式计算机系统设备，软件系统主要基于 Android、Windows Phone、IOS 系统，硬件设备主要有智能手机、平板电脑、个人数字助理(PDA, personal digital assistant)及其他专用设备等。按照市场需求的不同，移动终端可划分为功能型终端和智能型终端。功能型终端专注于实现个别几种特定功能，如低端手机、传感器等；智能型终端则包含了开放的应用编程接口，其硬件设备和操作系统能够很好地与第三方应用软件结合，如智能手机、平板电脑等。

通过移动终端设备在专业数据采集软件上直接录入实地调查数据(图 5-4)，代替了纸笔记录的传统方法，省去了后续数据录入等环节，极大地提高了工作效率，增加了采集数据数据的规范性，可实时传输和更新数据。但软件平台建设和维护成本较高，数据格式固定，遇到特殊情况时不如手动记录灵活，更适合古树建档普查等规范性调查。

图 5-4 移动终端数据采集界面
(引自：古树智慧管理，国家林业和草原局林业智能信息处理工程技术研究中心)

(2) 基于"3S"技术的空间数据采集

古树资源的地理空间分布信息是资源调查规划设计的重要工作内容。我国古树资源丰富、分布面积广阔，传统的数据调查采用半人工的调查、测绘方式，主要依靠人为监测，耗费大量时间及人力物力，已不能满足快速准确的数据需求。伴随信息技术的快速发展，以"3S"技术为先锋的地理探测技术得到了迅猛发展和应用，让林业资源的各种数据更加精准化、信息化，为林业经济的发展提供了各种有效的数据支持。

"3S"技术是空间技术、传感器技术、卫星定位、导航技术、计算机技术、通信技术相结合，多学科高度集成的对空间信息进行采集、管理、存储、更新与应用的现代信息技术，以在线地图的形式可视化表达古树资源的分布情况。其中，地图数据、遥感数据、卫星定位数据是主要的数据采集内容(张海军等，2009；刘耀林，2015；李明阳，2018；亓兴兰，2018)。

①数字化地图数据采集　主要基于已有的各种类型专题地图和普通地图的数字化。主要采集方式包括：键盘输入，指将图形元素点、线、面实体的地理位置数据通过键盘录入计算机程序中，实体坐标可用地图上原有的坐标网，也可用其他网格覆盖后量取；手扶跟踪数字化仪，可利用 GIS 软件匹配的驱动程序和数字化仪，将图解地形图直接转化为矢量格式的数字地形图；扫描数字化仪，大多按照栅格方式扫描，可分为滚筒式、平板式和CCD 直接摄像式等。

②遥感数据采集　依据影像数据采集方式的不同，分为卫星遥感影像数据采集、航空遥感影像数据采集以及地面遥感数据采集。卫星遥感影像数据的采集，是指通过人造地球

卫星或空间站上的传感器来获取林业影像数据，包括全色影像、多光谱影像、高光谱影像等；航空遥感影像数据采集，通过飞机、无人机等航空器来搭载多光谱成像仪、数码相机、红外扫描仪等设备，来实现林业数据的采集；地面遥感数据采集，是通过车载、手持平台、固定设备等搭载传感器来获得林业影响数据。

③卫星定位数据采集　卫星定位数据可通过全球定位系统 GPS 和北斗卫星导航系统（BeiDou Navigation Satellite System，BDS）获取。GPS 由空间卫星、地面控制系统和用户终端（GPS 接收机）这三部分构成。当接收机接收到三颗卫星信号后就可以得到经纬度数据，接收到第四颗卫星时则可得到经纬度和高程两方面的数据，多于四颗时可优选四颗卫星计算位置。BDS 由空间段、地面段和用户段三部分组成，可在全球范围内全天候、全天时地为各类用户提供高精度、准定位、导航、授时服务，且具备短报文通信能力。

(3) 基于物联网技术的传感器网络数据采集

在古树养护、管理、安防等工作中，生长环境和生长状态数据是必不可少的，其中相关物理特性数据的获取主要依赖于传感技术。传感器技术，指能感受被测量对象，并按照一定的规律转换成为可用输出信号的器件或装置。传统的环境监测系统通常采用有线组网方式或者直接采用人工检测获得环境的数据信息，但两者都具有一定的局限性。随着信息技术的飞速发展，物联网技术逐渐突破了人工有线传感器数据采集的壁垒。物联网（Internet of Things）也称传感网，在《ITU 互联网报告 2005：互联网》中的定义为：通过射频识别（radio frequency identification，RFID）、红外传感器、激光扫描器、全球定位系统等信息传感设备，按约定协议把任何物品与互联网相连接，进行信息交换和通信，以实现智能化识别、定位、跟踪、监控和管理的一种网络，通常由感知识别层、网络构建层和管理应用层三层构架组成（图 5-5）。

感知识别层可以说是物联网的核心，将大量由无线传输方式进行通信的传感器搭建成为一个对特定的区域进行信息采集的网络系统。

目前已开发出多种传感器应用于生态环境、生长状态等农林业野外观测。按照被测物理量划分，主要包括（李世东，2014；吴宝国等，2021）：①光照度传感器，用于采集古树光照强度和周期的变化数据，包括光电式传感器和电势型传感器。②温度传感器，用于采集古树生长环境下的空气和土壤的温度及温度变化数据，有模拟温度传感器、智能温度传感器和虚拟温度传感器等。③湿度传感器，用于测量空气湿度，主要有电阻式和电容式两种。④土壤水分传感器，用于采集土壤含水量，有容积含水量传感器和质量含水量传感器。⑤环境气体传感器，用于测量环境空气中的主要气体含量，如二氧化碳传感器、二氧化硫传感器、氨气传感器等。⑥土壤养分传感器，用于测量土壤中氮、磷、钾、pH 等含量，主要采用电化学式传感器、生物传感器等。⑦其他复合型传感器，如树木直径生长传感器、植物径流传感器、摄像头以及测定树干空腐程度应力波树木无损检测系统（图 5-6）等。基于物联网技术可将这些信息传感设备采集的数据实时传回指挥或管理中心，实现对古树资源的智能化识别、监测和管理等。

基于物联网技术的传感器数据采集方式可以实时获取一线数据，最大限度地减少人力，降低时间成本，得到更为规范的数据，提高古树资源的有效利用率。但物联网技术在使用过程中也面临着一系列的挑战：网络通信过程数据安全性和隐私性容易受到威胁，传感器节点设备的生命周期和高能耗等问题都一定程度上制约着技术的发展和应用。

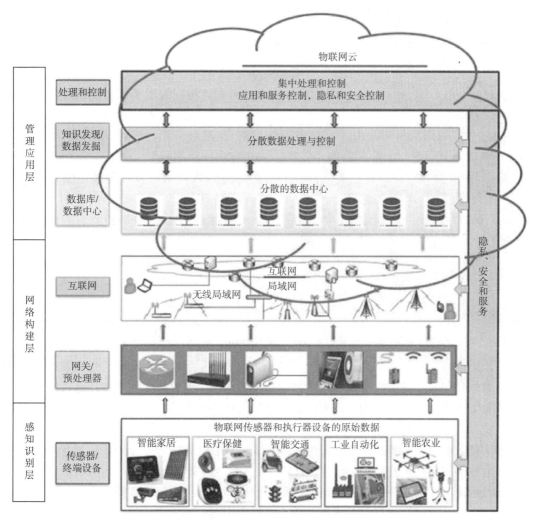

图 5-5 物联网系统构架（Priyank Sunhare et al., 2020）

5.2.3.3 信息化数据存储管理

(1) 数据库技术概述

古树信息化数据的存储和管理主要基于数据库技术来实现，数据库技术已成为现代计算机信息和应用系统的基础与核心。数据库，指长期存储在计算机内有组织的可共享数据的合集。数据库系统（data base system，DBS），是在计算机系统中以数据库为管理对象而建立的系统，由计算机硬件、软件、数据库和数据库用户等组成。数据库管理系统（data base management system，DBMS），是数据库系统中的核心软件，位于用户和计算机操作系统之间，对数据库进行管理，用于实现数据库定义、数据查询、数据库运行维护新和数据更等功能（吴宝国等，2021）。目前常用的数据库系统体系结构主要包括：

①客户机/服务器（Client/Server，C/S）体系结构　主要由数据库服务器以及客户机构成，以 SQL 语句的方式向数据库服务器发送请求，DBMS 接收后执行相应的查询和更新等操作，并通过网络返回给应用程序，并以页面的形式显示给用户。

图 5-6　利用 PICUS 测定定位并测量树木腐烂程度
（古树名木复壮养护技术和保护管理办法，2013）

②浏览器/服务器（Browser/Server，B/S）体系结构　主要由客户机和服务器构成，其中服务器主要包括数据库服务器和万维网服务器等。用户可在终端设备上，通过 URL 向万维网发送请求，然后由数据库服务器上的 DBMS 来执行 SQL，并将结果返回万维网服务器，最后以 HTML 页面发送至客户端浏览器上。

（2）古树信息管理系统中常用的数据库类型

按照县级古树资源信息管理的业务需求，主要分为六大数据库类型。

①属性数据库　主要用于存储资源普查过程中的各种属性数据，并通过数据库信息管理系统进行管理。

②空间数据库　主要用于存储栅格数据和矢量数据等空间数据，如地形图、古树位置图、遥感影像等。栅格数据主要以扫描图像格式存储，矢量数据主要以网络模型进行数据组织，按文件进行存储管理。

③派生数据库　主要用于存储由原始数据调研产生的统计、分析等数据，可由统计报表子系统、资源数据更新子系统等产生。

④文档数据库　主要用于存储古树法律法规、资源调查报告、专项研究成果等文档资料，通常以静态超文本链接标记语言（HTML）文件形式存储管理。

⑤参数库　主要用于存储指构建信息系统的模型参数、系统参数等。

⑥代码库　主要用于存储古树资源调查过程中用到的所有代码信息。

古树信息管理系统通常利用客户/服务器体系结构（C/S）和浏览器、服务器结构（B/S）相结合的形式，可保证数据安全，并能够及时获得评价数据反馈，以促进系统模块的开发。并将全部数据进行统一管理，利用专用的数据服务器进行客户端访问数据的搜集。同时，使用 GIS 对北京市的古树名木应用系统进行建构，对属性数据和空间数据进行系统处理后存入数据库中，从而实现相关信息的分析与查询，最后的分析结果也可以通过可视化的形式输出。

小　结

本章介绍了古树调查的目的意义、调查内容和技术规范，给出了古树调查步骤和方法；对比了传统调查和古树信息化管理的优缺点；重点介绍了古树基于信息化技术的古树管理系统、数据采集和应用的具体内容，拓展了古树调查的思路。

思考题

1. 古树资源调查的内容是什么？
2. 试述古树资源调查的步骤。
3. 根据叶片、枝条和树干等将古树生长状况划分为哪几个等级，各个等级评价标准分别是什么？
4. 为什么要进行古树资源调查与评价？
5. 概述古树管理系统的功能。
6. 应用系统的软件结构及特点是什么？
7. 古树资源信息化数据分为哪些类型？并举例说明。
8. 简述古树资源信息数据采集的技术基础。

推荐阅读书目

1. 森林资源信息管理. 陈永富，刘鹏举，于新文. 中国林业出版社，2018.
2. 古树名木复壮养护技术和保护管理办法. 全国绿化委员会办公室. 中国民族摄影艺术出版社，2013.
3. 现代林业信息技术与应用. 吴宝国，苏晓慧，马驰等. 科学出版社，2021.
4. 数字林业平台技术基础. 张旭等. 中国林业出版社，2012.

第 6 章

古树系统分类、分布与生物学特性

 本章提要

包括树木分类原理和古树各论两部分内容。在分类原理部分,首先介绍了国内外普遍采用的有关裸子植物分类系统,即我国树木学家郑万钧系统和克里斯滕许斯(Christenhusz)系统的裸子植物部分。之后详细介绍了被子植物主要的分类系统和目前最新的 APG 分类系统。同时也介绍了各系统的优缺点及新老系统的衔接性。

在各论部分,重点挑选了裸子植物 6 科 16 属 26 种,被子植物 26 科 41 属 51 种和变种的常见古树,分别介绍其识别特征、地理分布、生境特征、生活史特性,以及古树典型案例,并配有生长状态图片。

我国树种资源极其丰富,在已知的 3 万余种种子植物中有木本植物 8000 余种,其中乔木约 2000 种,灌木约 6000 种。

6.1 树木分类原理

树木分类如同植物分类一样,其主要任务是将自然界的树木分门别类,区分到种。古树只是树龄较大的树木,正确识别其树种,方能结合树种及其类型对环境条件的适应性能和生长特性,做好古树保护工作。

6.1.1 裸子植物分类系统简介

裸子植物多数为木本,其主要特征是胚珠没有心皮包被,发育成的种子裸露,不形成果实,属于裸子植物的古树群体数量很大。有关裸子植物分类系统主要有如下两个。

6.1.1.1 郑万钧裸子植物分类系统

郑万钧裸子植物分类系统将现代裸子植物分为 4 纲 9 目 12 科 71 属约 800 种。主要分类阶元见表 6-1 所列。

表 6-1　郑万钧裸子植物分类系统科级以上分类阶元

门	纲	目	科
裸子植物门 Gymnospermae	苏铁纲 Cycadopsida	苏铁目 Cycadales	苏铁科 Cycadaceae
	银杏纲 Ginkgopsida	银杏目 Ginkgoales	银杏科 Ginkgoaceae
	松杉纲（球果纲）Coniferopsida	松杉目 Pinales	南洋杉科 Araucariaceae
			松科 Pinaceae
			杉科 Taxodiaceae
			柏科 Cupressaceae
		罗汉松目 Podocarpales	罗汉松科 Podocarpaceae
		三尖杉目 Cephalotaxales	三尖杉科（粗榧科）Cephalotaxaceae
		红豆杉目 Taxales	红豆杉科（紫杉科）Taxaceae
	买麻藤纲 Gnetopsida（盖子植物纲，Chlamydospermopsida）	麻黄目 Ephedrales	麻黄科 Ephedraceae
		买麻藤目 Gnetales	买麻藤科（倪藤科）Gnetaceae
		百岁兰目 Welwitschiales	百岁兰科 Welwitschiaceae

6.1.1.2　Christenhusz 裸子植物分类系统

克里斯滕许斯（Maarten J. M. Christenhusz）博士是荷兰的植物学家和植物摄影师。他在前人分子系统学和形态系统学研究的基础上，先后提出了新的蕨类植物分类系统和裸子植物分类系统，统称"Christenhusz 系统"，其中裸子植物分类系统是在 2011 年提出。该系统把现存裸子植物都归属到 4 亚纲 8 目 12 科 83 属。

6.1.2　被子植物分类系统简介

传统的分类系统主要以形态地理学特征作为主要的分类依据，力求客观真实反映植物亲缘关系和系统演化。自 19 世纪后半期以来，许多植物分类学工作者根据各自对植物系统发育认知的理论，提出了许多不同的植物分类系统。

6.1.2.1　恩格勒系统

恩格勒系统是德国著名植物学家恩格勒（A. Engler，1844—1930）和柏兰特（R. Prantl，1849—1893）于 1897 年在《植物自然分科志》一书中发表的，是分类学史上第一个比较完整的自然分类系统。

恩格勒系统将植物分成 13 门，前 12 门为孢子植物，第 13 门为种子植物，后者又分裸子植物亚门和被子植物亚门。后几经修订，1964 年在《植物分科志要》第 12 版中，把植物界分为 17 门，被子植物独立成为被子植物门，将单子叶植物纲移到双子叶植物纲的后面，目和科做了调整，分为 2 纲 62 目 342 科。

恩格勒系统是根据假花说的原理，认为无瓣花、单性花、风媒传粉、木本等性状是原始的特征；认为有花瓣、两性花、虫媒传粉是进化的特征。为此把柔荑花序类植物当作被子植物中最原始类型，而把木兰科、毛茛科等看作较进化的类型。这个系统在世界各国影响较大。在我国，多数植物研究机构、大学植物标本馆及出版的分类学著作中，被子植物各科多按恩格勒系统排列，如《中国植物志》《秦岭植物志》《内蒙古植物志》《河北植物志》《北京植物志》等。

6.1.2.2 哈钦松系统

哈钦松系统是英国植物学家哈钦松（J. Hutchinson）于1926年和1934年在其《有花植物科志》Ⅰ、Ⅱ中所建立的系统（图6-1）。1959年（第2版）和1973年（第3版）做了两次修订，在第3版中，共有111目411科，其中双子叶植物82目342科，单子叶植物29目69科。

哈钦松是真花学说的代表，认为两性花比单性花原始；花各部分分离、多数的比连合、定数的较为原始；花各部分螺旋状排列的比轮状排列的较为原始等。他还认为，被子植物是单系起源的；双子叶植物以木兰目和毛茛目为起点，从木兰目演化出一支木本植物，从毛茛目演化出另一支草本植物，且这两支是平行发展的；无被花和有被花是后来演化过程中蜕化而成的；单子叶植物也是一个单系类群，起源于双子叶植物的毛茛目。

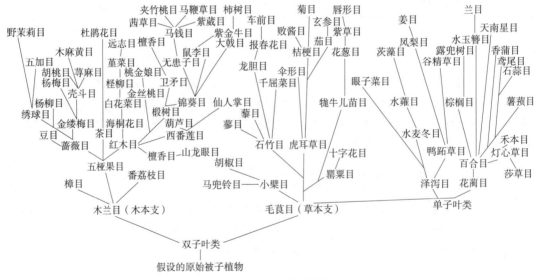

图6-1　哈钦松被子植物系统树（1926）

6.1.2.3 塔赫他间系统

这是苏联植物学家塔赫他间（A. Takhtajan）1954年在《被子植物起源》一书中公布的系统。他首先打破了传统把双子叶植物分为离瓣花亚纲和合瓣花亚纲的分类；在分类等级上增设了"超目"一级分类单元。该系统经过多次修订，如1980年版本（图6-2）共有51超目，1987年版本又设53超目166目533科，其中双子叶植物（木兰纲）37超目128目429科，单子叶植物（百合纲）16超目38目104科，显得较烦琐。

他认为，被子植物起源于种子蕨，而不是起源于现存的裸子植物或已绝灭的本内苏铁或科达树，期间通过幼态成熟（在成体植物中保持幼体特征）进化。由于被子植物具有极为简化的雌、雄配子体和独有的双受精现象，因此提出被子植物单元起源的观点。草本是由木本进化形成的,单子叶植物起源于水生双子叶类具有单槽花粉的睡莲目植物。木兰目是最原始的代表,由它发展出全部被子植物。研究后期,他将原属毛茛科的芍药属独立成芍药科等,都与当今植物解剖学、孢粉学、植物细胞分类学和化学分类学的发展相吻合,在国际上得到共识。

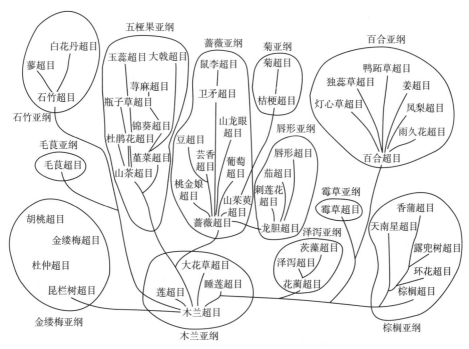

图 6-2　塔赫他间被子植物系统树(1980)

6.1.2.4　克朗奎斯特系统

美国学者阿瑟·克朗奎斯特(1919—1992)最早于1958年发表其分类系统。1981年在他的著作《有花植物的综合分类系统》中最终完善,包括83目和383科。

这一新系统与塔赫他间系统(1980)的主要观点趋于一致,但不用"超目"的分类单元。认为被子植物起源于种子蕨,而非其他的裸子植物。木兰目是现存被子植物最原始的类群,也是其他被子植物的祖先。单子叶植物起源于原始双子叶植物中可能与睡莲目相似的草本植物。克朗奎斯特系统综合了形态学、胚胎学、孢粉学、生物化学、血清学等分类学证据,是一个比较完整的新系统,在20世纪末之前的20年被大多数人接受(图6-3)。

6.1.2.5　达格瑞系统

瑞典人达格瑞(R. Dahlgren)于1980年发表其被子植物系统,该系统主要是在种系发生基础上构建形成的。该系统采用二维的平面图代表被子植物发育的系统树树冠的横切面,横切面上每一个实线围成的圈代表超目,圈里分隔的虚线代表目,圈的大小代表了相对于超目和目包含的种数,圈之间的距离考虑了目之间亲缘关系的远近(图6-4)。

达格瑞同样主张被子植物单元起源,祖先为种子蕨。单子叶植物起源于原始的双子

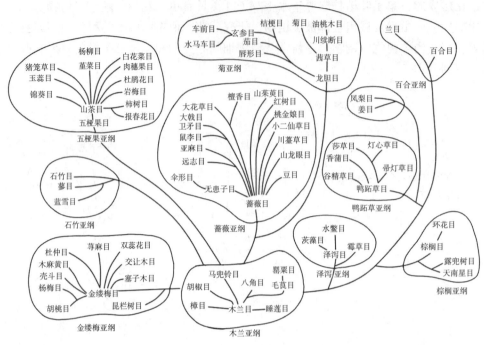

图 6-3　克朗奎斯特被子植物系统树(1987)

叶植物,很早已经分开。达格瑞不同意单子叶植物起源于睡莲类的观点。他认为,睡莲目种子具有丰富的胚乳,筛分子质体无蛋白质,植物体含鞣花单宁,而泽泻目种子无胚乳,全部单子叶植物筛分子质体均为有蛋白质的三角形拟晶体,缺乏鞣花单宁,两者明显不同。1989 年其妻子(G. Dahlgren)对该系统修订出版。新版达氏系统把被子植物作为一个纲,双子叶植物与单子叶植物列为亚纲,下设超目等分类单位。整个系统含 35 个超目 109 目 447 科。

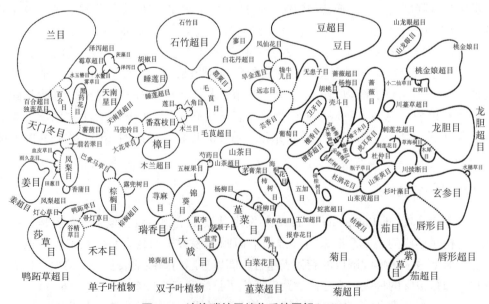

图 6-4　达格瑞被子植物系统图解(1980)

6.1.2.6　APG Ⅳ系统

APG 系统，也称为 APG 分类法，是指被子植物系统发育研究组(Angiosperm Phylogeny Group)以分支分类学和分子系统学为研究方法提出的被子植物分类系统。虽然主要是依照植物的两个叶绿体 DNA(cpDNA)和一个核糖体 DNA(rDNA)的顺序，以亲缘分支的方法分类，但是也参照和采纳其他方面的理论。

自 1998 年首次提出 APG Ⅰ之后，2003 年发布了 APG Ⅱ，2009 年发布了 APG Ⅲ，2016 年发布了 APG Ⅳ。

在 APG Ⅳ系统中的早期被子植物基部群(ANA Grade)里有 3 个目，分别是：无油樟目(Amborellales)、睡莲目(Nymphaeales)和木兰藤目(Austrobaileyales)。其余都属于中生被子植物(mes angiosperms)，又名核心被子植物(core angiosperms)。在 APG Ⅳ系统其包含木兰类（magnoliids）、金粟兰目（Chloranthales）、单子叶植物（monocots）、金鱼藻目（Ceratophyllales）、真双子叶植物（eudicots）5 个演化支。我们以往熟知的单子叶植物还在一个分支中，并且绝大多数双子叶植物(约占被子植物的 64%)包括在真双子叶植物这个具有三沟或三孔沟花粉的演化支里。

该系统共有 64 目 416 科，但目以上分类单位不统一(图 6-5)。就目前的研究进展和成果来看，APG 系统在目和科的水平上基本框架已经趋于稳定和成熟，得到世界各地植物学家们的认同，已经确定了一统天下的大势所趋。而且可根据一个分类群中已知的性状（或类群）推测尚未发现的性状（或类群），并得到验证，即有可预言价值。这也是该系统科学性的重要体现之一。然而，并不是说 APG 系统已经完美，不存在需要继续研究的问题。相反，APG 系统在发展的过程中，还会遇到困难和质疑。传统分类学经历了两个多世纪的发展和沉积，人们积累了极为丰富的形态性状(包括形态学、解剖学、胚胎学、孢粉学、细胞学和个体发生等)、植物地理分布知识和化石证据，这些数据信息如何和 APG 分类系统相关联来解决某些特殊科和属的归宿问题；只是以"单系群"作为划分目、科的依据也值得商榷。因为由于取样的不完全和物种绝灭造成的间断，"并系群"也是客观存在的；APG 系统的一些目或科为何没找到可信的形态学共衍性，如何回答我国学者提出的有关以东亚为分布中心的一些科的处理不妥的问题等仍是当前亟待解决的课题。

现在国内对于 APG 系统的认识还在初始阶段，但是欧美一些大学植物分类课程本科教材中已经普遍使用 APG 系统，很多植物园的牌识系统正在更换中，后台的植物登记数据库也正在更换为 APG 系统。因此，我们必须学习和了解该系统的主要内容，紧跟时代步伐。

6.1.3　新老分类系统的衔接性

APG 系统是最新的植物分类系统，其和上述提及的分类系统既有区别也有联系，充分体现了人类认识自然追本求真的过程。传统习惯认为外貌长得相像的物种它们的亲缘关系比较接近，其实不完全如此。例如，朴属(*Celtis*)植物从形态特征上来看，与榆属(*Ulmus*)、榉属(*Zelkova*)一起放在榆科(Ulmaceae)很合理，然而，通过比对 DNA 序列，发现朴属与大麻属(*Cannabis*)、啤酒花属(*Humulus*)亲缘关系更近，放在大麻科(Cannabaceae)更自然、更客观。将某些传统的科进行了分解，同时也扩展了另一些科。这样的例子在 APG 系统里并不少见，颠覆了人们的传统认知。

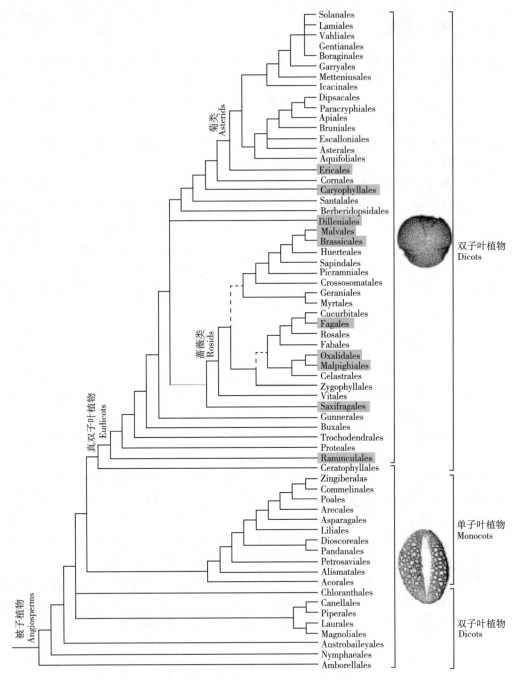

图 6-5　被子植物 APG Ⅳ(2016)系统的目间系统关系(王伟等，2017)

注：虚线表示核/线粒体树与叶绿体树冲突；标灰色的目含有多雄蕊离心发育的类群；
花粉和子叶性状标在系统树的右边。

(1) 确定了一些类群的系统位置

基于形态学性状为主的分类系统，由于不同学者在性状分析中对性状加权不同，或者相同性状但排列顺序不同，加之植物的形态性状易受环境条件饰变，因而所建立的分类系统各自成派，差异很大。例如，克朗奎斯特系统曾把领春木科(Eupteleaceae)归在金缕梅目(Hamamelidales),而达格瑞系统又将其归属连香树目(Cercidiphyllales)(Dahlgren,1983),塔赫他间(Takhtajan,2009)甚至将其独立成目——领春木目(Eupteleales)。APG Ⅲ将其放在毛茛目(Ranunculales)的基部。独蕊草科(Hydatelaceae)长期以来系统位置不确定,被置于单子叶植物的禾本目(Poales)附近。Saarela等(2007)利用多个DNA片段发现该科是被子植物最基部的类群之一,APG Ⅲ(2009)进一步扩大了睡莲目的系统范围,将独蕊草科置于睡莲目(Nymphaeales)中,解决了一些以前依据形态学性状未能确定的类群的系统位置。

(2) 将被子植物只分为双子叶植物和单子叶植物不科学

在传统分类系统中(如克朗奎斯特系统、达格瑞系统、塔赫他间系统),子叶数目(1个或2个)作为被子植物一级分类的性状。然而,分子系统学研究发现具双子叶的"ANITA进化阶"(grade)构成被子植物最早分化的3个分支,即无油樟目(Amborellales)、睡莲目(Nymphaeales)和木兰藤目(Austrobaileyales),而单子叶植物与另外4个具双子叶的类群——金粟兰目(Chloranthales)、木兰类(Magnolids)、金鱼藻目(Ceratophyllales)以及真双子叶植物(Eudicots)构成被子植物早期快速辐射的五大分支。即证明了将被子植物一级分类分为双子叶植物和单子叶植物不科学。

(3) 雄蕊发育方式不应作为划分纲或亚纲的重要依据

多雄蕊的向心发育和离心发育在传统分类上曾被认为是一个非常重要的性状。克朗奎斯特和塔赫他间在他们各自的分类系统中将这一性状作为划分纲或亚纲的依据之一。在APG系统中,雄蕊的离心发育至少出现在10个目中(图6-5中标灰色的目),而且在这些目中,仅有非常少的类群具有离心发育的雄蕊。这说明雄蕊的向心发育和离心发育是多次发生的,不应作为划分纲或亚纲的重要依据。

(4) 支持传统分类学基于形态学(广义)性状划分的大多数科是自然的

在克朗奎斯特系统中,被子植物共包括383科。在APG系统中,360多个科的单系性得到支持,仅有约50个科的界限和范围有大问题,如大戟科(Euphobiaceae)、百合科(Liliaceae)、马齿苋科(Portulacaceae)等。而这些科其实多数在传统分类上也被认为是异质的,如广义百合科是一个大杂烩,后来被达格瑞系统划分为30多个科。

(5) 颠覆了许多传统的认知

如在塔赫他间系统里玄参科(Scrophulariaceae)原来拥有300属约5000种。依据分子数据,许多属被归入车前科(Plantaginaceae),而半寄生的属,如马先蒿属(*Pedicularis*)被划到列当科(Orobanchaceae)。APG系统的玄参科只包含52属;原来只有3属的车前科现在拥有104属;列当科由15属扩大到96~99属。这使得一些习惯于旧分类系统的人一时很不适应,甚至颠覆了许多传统的认知。

6.2 古树各论

6.2.1 裸子植物

(1) 银杏(*Ginkgo biloba* L.)

【**分类**】银杏科(Ginkgoaceae)银杏属(*Ginkgo*)。

【鉴别】落叶乔木，高达40m。叶扇形，上缘有浅或深的波状缺刻，叶基部楔形，秋季落叶前叶片由浅绿色或绿色变为黄色，有长柄，短枝叶3~5(8)簇生。种子椭圆形、倒卵圆形或近球形，长2.5~3.5cm，成熟时黄色或橙黄色，被白粉，肉质外种皮有臭味。

【分布】我国特有的中生代孑遗树种，仅浙江天目山有野生银杏分布，银杏的栽培区广泛：北自东北沈阳，南达广州，东起华东海拔40~1000m地带，西南至贵州、云南西部（腾冲）海拔2000m以下地带均有栽培。朝鲜、日本、欧美各国也有栽培。

【生境】银杏生长喜光，深根性，耐干旱，对气候条件的适应范围广，可在年平均气温10~18℃，冬季绝对最低气温-20℃以上，降水量600~1500mm的地区生长良好。喜深厚湿润、肥沃、排水良好的砂质土壤，在酸性土、中性土或钙质土中也能生长，但不耐盐碱土及过湿的土壤。

【生活史】银杏雌雄异株，一般20年生的实生苗开始开花结实（嫁接苗可提前在8~10年生时开花结实），30~40年进入盛果期，结果能力数百年不衰，寿命可达千年以上。花期3月下旬至4月中旬，风媒传粉；种子9~10月成熟，千粒重为3000~3500g。种子发芽率70%左右，幼苗子叶留土。银杏作为一个古老的孑遗树种，其有性生殖过程复杂。银杏从传粉到受精保留了许多古老特征和原始性状。银杏雄花呈柔荑花序状。雌株的大孢子叶球即雌花，雌花开放时间一般要晚于雄花2~3d，其盛花期表现为珠孔处分泌传粉滴，持续时间约10d。雌花为裸露的胚珠，含有叶绿体，可进行光合作用。胚珠直立，传粉期会分泌传粉滴以增加接受花粉的机会。银杏裸露的胚珠直接发育形成种子。当雄花发育成熟时，直立的胚珠，易捕捉到空气中飘浮的花粉粒，当花粉粒黏附在传粉滴上后，由于授粉滴的收缩使得花粉通过珠孔道进入贮粉室，花粉粒在贮粉室停留6d左右萌发形成花粉管。6月初在贮粉室内生殖细胞发生第1次有丝分裂形成了精原细胞和不育细胞，精原细胞分裂形成后，随着花粉管向颈卵器室的生长，其体积迅速增大，在近细胞核核膜两侧各产生生毛体，接着在细胞核与生毛体之间各产生液泡状结构，在8月上旬精原细胞体积达到最大，银杏贮粉室中的精原细胞一般为3~4个。8月中旬至下旬，发生第2次有丝分裂，精原细胞经垂周分裂形成2个半球形的精细胞，2个精细胞内各有1个液泡状结构，临近受精前，在花粉管的顶端形成一开口，由于开口很小，2个精细胞以变形虫运动从花粉管末端逸出，受精作用开始时颈卵器室内充满液体，银杏精子带有鞭毛，因而在颈卵器室内以盘旋的方式向前游动，很快就到达颈卵器口。银杏种子从4月下旬开始发育，到9月中、下旬停止生长，其生长曲线为"S"形。银杏种子发芽时，首先胚根突破种皮，开始向下伸长扎入土中形成主根，上胚轴向上伸长、幼芽出土，子叶宿存于胚乳中，为留土萌发型树种。

【古树】浙江省素有我国"东南植物宝库"之称。浙江省11个区（市），每个区（市）都有古银杏分布。据文献报道，浙江省有银杏古树8558株，实测及统计4962株。在已知性别的144株古银杏中，雌株91株，雄株53株。浙江省古银杏最高者50m，雌株，胸径2.58m，树龄约1500年，冠幅22m×18m，位于宁波市奉化区尚田镇塔竹林村。在已知胸径的银杏古树中，胸径最大的单株为3.2m，位于桐庐县瑶琳镇舒家村洪武山。著名的"五世同堂"银杏树位于浙江杭州市临安区西天目乡西天目山开山老殿下（见彩图1），雌株，树龄约1600年，树高29m，胸径2.28m，冠幅16m×24m，根系从悬崖上长出，主干粗壮弯曲，长满苔藓，有瘤状突起；有6个大的主枝主要集中在树体南侧，有复干20多个。

(2) 铁坚油杉 [*Keteleeria davidiana*(Bertr.)Beissn.]

【分类】又名铁坚杉、大卫油杉、岩杉，当地百姓又称黄瓜米树，松科(Pinaceae)油杉属(*Keteleeria*)。

【鉴别】常绿大乔木，高达50m，胸径达2.5m。树皮粗糙，暗深灰色，深纵裂。树冠广圆形。叶条形，中脉两面凸起，在侧枝上排列成二列，先端圆钝或微凹，基部渐窄成短柄，下面微有白粉，沿中脉两侧各有气孔线10~16条。球果圆柱形，种鳞卵形或近斜方状卵形，边缘向外反曲，有微小的细齿；苞鳞上部近圆形，先端3裂，边缘有细缺齿；种子上端具宽大的厚膜质种翅。花期4月，种子10月成熟。与近缘种油杉[*K. fortunei*(Murr.)Carr.]的区别在于：后者种鳞宽圆形、斜方形或斜方状圆形，上部边缘微向内曲。

【分布】中国特有树种。分布于中国秦岭南坡以南，甘肃、陕西、湖北、湖南、四川、贵州、浙江、福建、广东、广西等地有分布，越南也有少量分布。常散生于海拔600~1500m的针阔叶混交林中地带，最低分布海拔100m以下。

【生境】铁坚油杉在南方各地有着广泛的适生区，宜生于砂岩、页岩或石灰岩山地，生长颇速，是山地林区培养中、大径优质木材的重要选择树种之一。对环境要求不苛刻，是油杉属中最耐寒的物种，能在瘠薄土壤甚至岩缝中扎根生长发育，有"岩杉"的美名。适应性较强，具有根瘤菌，可改良土壤，为重要先锋造林树种。

【生活史】铁坚油杉于4月上旬开花，4月下旬至5月上旬授粉结束。球果11月中旬至12月上旬成熟，熟后外观呈鲜艳紫褐色，采种时间以12月中下旬最为合适。球果内不孕性种子占绝大多数，自然繁殖率较低，因而林内自然更新较慢。成熟球果当年不易脱落，在自然环境下经阳光、雨淋后种鳞慢慢张开，种子随风飘落。部分种子在球果内至翌年5月初才脱出，在春季林内潮湿情况下，有的种子在球果内开始萌发露芽形成"假胎生"现象。结实的大小年十分明显，3年为1个周期。

60℃温水浸种24h，即浸种后1h内持续搅拌，使温水与种子均匀接触。取出种子，再用0.3%的高锰酸钾浸种消毒20min，清水漂净后播于沙床，薄膜覆盖增温。播种后种子第4天开始萌动，第7天开始出土，12~15d发芽率达到50%，25d左右发芽率达到80%左右。苗期地下部分生长极为迅速，尤其是1年生苗，地下部分的生长量是地上部分的5倍左右，扎根深，因而在苗期表现出一定的耐旱能力。苗期喜光，也能耐阴。截根能促进须根生长发育，苗出圃以2~3年生截根苗为宜。

树高和胸径快速生长期分别为1~12年和6~14年，连年生长曲线与平均生长曲线分别相交于12~13年和14~15年。材积生长期划分为生长缓慢期(1~8年)、生长加速期(9~19年)和生长快速期(20~30年)3个阶段。材积连年生长量在26年达到最大值0.030m^3·a^{-1}，之后逐渐降低，材积连年生长曲线与平均生长曲线相交于38~39年。

【古树】铁坚油杉是一种古老的孑遗植物，在湖北、贵州、重庆、四川、陕西和甘肃等地都生长着上千年的铁坚油杉。湖北神农架木鱼镇的小当阳生长着1株树龄逾1200年的铁坚油杉古树，树高48m，胸径248cm，树冠庞大圆满，覆盖面积逾530m^2。这株千年古树阅尽世间风云沧桑，仍枝叶婆娑、俊俏挺拔，正是革命老区人民英勇不屈的象征。此树早年因遭雷击而树干破裂，古人为纪念在此采药尝百草的神农氏，曾在树干破裂处供了一尊神农像。随着时间的流逝，古树伤口愈合，而神农像已被裹在树中，人们

图 6-6 铁坚油杉古树（重庆市巫溪县绿化委员会供图）

称之"树中神农庙"。

在重庆市巫溪县鱼鳞乡五宋村五龙宫处，耸立着两株挺拔苍古的铁坚油杉（图 6-6）。据专家测算，这两株树单株树高 30m，胸径 280cm，冠幅东西 24m、南北 35m，树龄 1570 年左右，这是国内发现的最高大铁坚油杉树，2018 年获得"中国最美古树"称号。两株古树呈东西走向、并排生长，相距 10.8m，树形呈环抱之势，像一对恋人携手同行，被当地人称为"夫妻树""大树菩萨"。树身如一条仰天长啸的巨龙，姿态雄伟、古朴壮观；站在树下看不到树梢，茂密的树枝完全挡住了视线，绿盖如云、遮天蔽日；枝繁叶茂，交叉相连，条条枝丫宛如壮实的手臂饱含温情地环抱，令人感慨而敬重。

（3）白皮松（*Pinus bungeana* Zucc. ex Endl.）

【**分类**】松科（Pinaceae）松属（*Pinus*）。

【**鉴别**】常绿乔木，高达 30m。幼树皮光滑，灰绿色，长大后树皮呈不规则的薄块片脱落，露出淡黄绿色的新皮，老干树皮呈淡褐灰色或灰白色，不规则鳞片状脱落。针叶 3 针一束，粗硬，长（50～100）mm，叶横切面内中央只含有 1 个维管束，叶鞘脱落。球花单性，雌雄同株。雌球果卵球形，长 5～7cm，直径 4～6cm。种子倒卵形，灰褐色，长度约 1cm，直径为 5～6mm；种翅短、赤褐色，种翅有关节，易脱落。

【**分布**】中国特有树种。主要分布在北纬 29°55′～38°25′和东经 103°36′～115°17′的范围内，包括河北、河南、山西、北京、甘肃、陕西和四川北部、湖北西部等地。分布区横跨暖温带、北亚热带及中亚热带 3 个气候带。分布范围广阔、不连续性明显、分布区地形、地貌复杂多变等特点，但垂直分布的幅度（上、下限之差）为 300～1000m。

【**生境**】白皮松生于海拔 500～1800 地带；在气候温凉、土层深厚、肥沃而湿润的钙质土和黄土中生长良好，对 pH 7.5～8.0 轻度盐碱土壤仍能适应。对二氧化碳有较强的抗性。

【**生活史**】江丽萍等 2012 年 4 月 26～27 日在北京市采集的白皮松小孢子叶球大部分处于单核小孢子时期。单核小孢子刚从四分体游离出来时已经具有 2 个小气囊。随后，单核小孢子经历 1 次不均等分裂。4 月 31 日前后，所采集的样品大部分为具有 1 个中央细胞和 1 个原叶细胞的二细胞花粉。第一原叶细胞形成后不久就逐渐降解，而中央细胞随后还要再进行 1 次不均等分裂。5 月 3 日前后，所采集的样品大部分为包含 1 个精子器原始细胞和 2 个原叶细胞的三细胞花粉。第二原叶细胞形成后不久也逐渐降解，而精子器原始细胞还要再进行 1 次不均等分裂。5 月 7 日前后，所采集的样品大部分为包含 1 个管细胞、1 个生殖细胞以及 2 个退化原叶细胞的四细胞花粉。这和松属其他种类成熟花粉粒一样都是四细胞型。

有关白皮松大孢子、雌配子体、授粉和受精，以及胚胎发育的文献很少，整个过程基本和油松相似。大孢子在春天形成，但在秋天才开始雌配子体发育，一直延续到翌春。成熟的雌配子体包括 2~7 个颈卵器。受精作用发生在传粉后 13 个月，也就是大孢子叶球出现的第 3 年春天。受精后，大孢子叶球继续发育成球果，珠鳞木质化。在种子形成过程中，珠被外层和中层形成紧贴的外种皮，内层变为膜质的内种皮，珠鳞的部分表皮形成种子顶端膜质的翅。白皮松单果种子数 15~19 粒，千粒重 130g 左右。当年采收的新鲜种子，生活力可达 99%。白皮松种胚有休眠特性，但其下胚轴没有休眠特性；种皮透性不是阻碍胚萌发的主要因素；种胚萌发需要足量浓度的蔗糖，并受胚乳的调控。

白皮松种子在播前应做好催芽工作，适时播种。一般以土壤解冻后 10~15d 播种较为适宜。白皮松种子可以萌发的温度范围(15~20℃)，超过该范围则种子萌发受阻。15℃ 和 20℃ 下种子萌发率分别为 87.33% 和 92.67%。白皮松幼苗生长缓慢，株高 1.5m 需要生长 5 年时间；长至 3m 需要 8 年时间。至于多大树龄可以首次结实，尚无统一的说法。

【古树】北京作为六朝古都，是我国和世界上白皮松古树最多的城市之一。北京的古白皮松大多集中在景山公园、北海公园以及故宫御花园等昔日皇家园林处(见彩图 2)。例如，景山公园有"绮望松""周赏松"；北海公园有"白袍将军""卧龙松""陟山松"；故宫御花园有"堆秀松""卧龙松"。这些都是北京著名的古白皮松，它们大多种植于乾隆年间，至今近 300 年。在北京郊区的一些古寺名刹还有明代的古白皮松。位于石景山区模式口法海寺的"白龙松"，八大处的"白虎皮松"，潭柘寺的"安乐松"，房山圣莲山上的"圣莲松"，香山的白松亭有多株清乾隆年间的白皮松；昌平十三陵的永陵、德陵等处，也有几百年历史的古白皮松。北京"古白皮松之最"当属京西古刹戒台寺内"五大名松"之一的"九龙松"。其树冠高达 18m，9 干胸围达 6.6m，为唐武德年间种植，至今已近 1400 年。该树于 2017 年被评为"全国最美古树"，于 2018 年被评为"北京最美十大树王"。

在济南市平阴县洪范池镇附近的于林有国内稀有的白皮松古树林，陵园占地面积 4hm²。林中植有万历皇帝所赐白皮松 59 株，尚存 44 株。平均胸围 2m，高 16m 左右。树干挺直，通体银白，经阳光照射，闪烁有光，斑斓可爱，历 400 余年仍生机盎然，是山东省内独有的白皮松古树林。陕西秦岭一带的西乡县午子山上如今还有 2500 亩*左右的白皮松林，其中有许多属于古树级别。河北省涉县西达镇牛家村儿白皮松，树高 17.5m，胸径 54cm，树龄 200 余年。地处南太行河南省焦作市沁阳的神农山世界地质公园内形状各异的白皮松有上万棵，其中树龄 500 年以上的 45 株，100 年以上的不计其数。其中最大的一株白皮松胸围 2.83m，树高约 17m，冠幅约 12m，悬挂在岭壁的岩石缝中，树龄约 1400 年，属天然古白皮松。

(4) 赤松(*Pinus densiflora* Sieb. et Zucc.)

【分类】松科(Pinaceae) 松属(*Pinus*)。兴凯赤松(*P. densiflora* var. *ussuriensis* Liou & Z. Wang) 为其变种，'球冠'赤松(*P. densiflora* 'Globosa') 和 '千头' 赤松(*P. densiflora* 'Umbraculifera') 为其栽培品种。

【鉴别】乔木，高达 30m。树皮橘红色，不规则鳞片状脱落，树干上部皮红褐色。1 年生枝淡黄色被白粉。2 针一束，针叶径约 1mm，树脂道 4~6 个，边生。球果卵状锥

---

* 1 亩 ≈ 666.7m²。

形，鳞盾扁平，鳞脐平或微突起成短刺。种子卵形，具翅。赤松与樟子松、油松相近，但在小枝和种鳞上区别明显。樟子松 1 年生枝无白粉；针叶径 1.5~2mm；鳞盾斜方形强隆起，有锐脊，多反曲，鳞脐瘤状突起，具易脱落短刺。油松 1 年生枝无白粉；针叶径约 1.5mm；鳞盾肥厚，横脊钝，鳞脐凸起有尖刺。

【分布】产于暖温带和温带近海地区，国内分布于黑龙江东部、吉林长白山区、辽宁中部至辽东半岛、山东胶东地区及江苏东北部云台山区，自沿海地带上达海拔 920m 山区，常组成次生纯林，胶东沿海的丘陵地带为集中分布区；日本、朝鲜、俄罗斯也有分布。垂直分布海拔为 0~2300m，在昆嵛山太白顶海拔 900m，崂山棋盘石海拔 850m，泰山海拔 720m 均有分布。

【生境】喜强光树种，喜湿润的海洋性气候，不耐庇荫，耐寒冷瘠薄，适应性强。分布地年平均气温在 0.9~13℃，1 月平均气温-22.1~-1.3℃，7 月平均气温 18~26.2℃，年降水量 550~1700mm。在冬季气温-40℃，年降水量 500~800mm 的延边地区生长良好。适生于土层深厚的山地暗棕壤，在砾质粗砂土乃至山地岩石间也可生长，但在土壤黏重、水分过多区域生长不良。在坡度 25°以上，多分布于阳坡或在低山顶部的山脊，土壤多为风化的粗砂砾石，干旱瘠薄；坡度为 10°~25°时分布于丘陵山地中上部，土壤为暗棕壤，排水良好；在坡度 15°以下，一般分布在土层深厚的山坡中下部或排水良好的台地。土壤 pH 6~7。

【生活史】王成等自 1994—2001 年先后报道了赤松天然更新及种子萌发、幼苗生长等研究工作。天然赤松林，在良好生境下，一般 10 年可开花结实，15~20 年结实量显著增加，30~60 年为结实盛期，直至 100 年及以上仍可结实。受生理状况和环境因子限制，赤松的开花结实年龄不完全相同，林内的个体往往 20 年生才开始结实，50 年以后种子质量有所下降。赤松花期在 4~5 月初授粉和花粉管萌发，翌年 5 月花粉管生长恢复完成受精。从授粉到受精作用需要约 13 个月，花粉管随胚囊的发育呈间歇性生长，授粉后只生长 4 个月，其他时间停止生长，花粉管生长恢复与颈卵器的形成是同步的，从花粉管重新生长到完成受精作用时间很短。受精后胚珠发育成种子，球果的发育期很长，一般自授粉后到翌年 9~10 月才能成熟。赤松的胚胎发育鲜有报道，松属总的胚胎发育大概分为 4 个阶段，即原胚、胚胎选择、胚的器官和组织分化、胚成熟。东北地区的研究表明，赤松不同个体种子千粒重差异比较大，范围为 7.45~15.79g，天然林为 11.456g，人工林千粒重为 20.787g。种子具翅，质轻，可随风传播树高 8~10 倍远的距离，甚至 500m 以外。种子萌发力强，天然更新良好。赤松种子在实验室适宜条件下 5d 可达萌发高峰，当年采种子萌发率可达 94.67%；贮存 1 年萌发率为 92.67%；贮存 2 年为 89.33%。赤松种子野外模拟天然更新的萌发率偏低，土壤中种子可以保持 2 年以上的萌发能力，但土壤种子库在一个生长季内基本被鸟兽消耗殆尽。虽然种子萌发容易，但其扦插繁殖较困难。幼苗为出土萌发。子叶 6~8，稀 5，针形，横切面扁三角形，无气孔线，上面两侧有白色气孔点。初生叶窄线形，边缘有细齿，中脉两面均隆起，每边各 1~2 条气孔线。下胚轴淡红褐色。在延边地区 1 年生更新苗 5 月 21 日开始出土萌发至 7 月 2 日结束，共 42d，9 月 23 日当年生幼苗停止生长，生长期是 126d。赤松早期生长迅速，5~20 年生树高生长最快。

【古树】据报道，赤松古树资源主要分布在辽东半岛南部和胶东半岛等地。山东有赤松古树单株 50 余株，古树群 3 个约 90 株；树龄≥1000 年的有 1 株，500~999 年的有 4 株，300~499 年的一级古树有 8 株，二级古树有 87 株。其中，大于 1000 年的古赤松存于沂源神清宫,树高17m,胸围120cm。在辽宁,据新宾县古树名木普查报道,木奇镇木奇古树群有5株古赤松,其中二级古树4株,最大的1株为一级古树,树龄约510年,高26m,胸径122cm,冠幅33m,被当地誉为新宾"神树赤松王",又称"启运树",2016年曾被列为"中华百棵重点人文古树"之一;宽甸满族自治县青山沟也有1株古赤松约260年,被当地称作"松神"(见彩图3)。

(5) 红松 (*Pinus koraiensis* Sieb. et Zucc.)

【分类】又名果松,松科(Pinaceae)松属(*Pinus*)。

【鉴别】乔木,高达50m。幼树皮灰褐色,近平滑;大树皮鳞块状不规则裂。1年生枝密被黄或红褐色毛。针叶常5针一束。球果种鳞鳞脐顶生,不显著,成熟后种鳞不张开或张开。种子无翅,不脱落。红松与新疆五针松(西伯利亚红松)、华山松同属五针松,形态多有相似;新疆五针松幼树皮平滑青灰色,小枝被毛黄色,种鳞上端常内曲;华山松小枝绿色,无毛,成熟球果种鳞张开,种子脱落。

【分布】东北林区主要森林树种之一。分布于中国东北小兴安岭和长白山区,俄罗斯远东地区南部,南到朝鲜半岛中南部及日本本州、四国山地,北纬34°~52°,东经124°~140°范围。中国东北是其分布中心区,西北至黑龙江黑河市胜山林场,东到饶河县,南至辽宁凤城凤凰山,西南至本溪县,跨黑龙江、吉林、辽宁三省。垂直分布于海拔50~1600m山地丘陵,单株红松分布海拔高限在长白山、张广才岭和小兴安岭分别为1600m、1200m、800m,黑龙江下游最低分布海拔50~100m。

【生境】红松幼年稍耐庇荫,长大后喜光,在全光下才能正常发育;喜温和湿润的气候条件,对湿度敏感,相对湿度70%以上生长较好,相对湿度50%以上生长不良,在湿度适宜情况下对温度的适应幅度广。个体耐寒力强,在国内红松自然分布区1月平均气温-28~-14℃,≥10℃积温2200~3200℃,年降水量500~800(1000)mm。浅根性,常生长在排水良好,湿润山坡上,喜土层深厚肥沃微酸性土壤(pH 5.5~6.5);在土层较薄,肥力较差的地方也能正常生长;在具有永冻层的谷地生长不良;排水不良的低地和间歇积水的区域不适合生长。在红松自然分布区内土壤多为暗棕壤,局部为白浆土、草甸土和棕壤。

【生活史】自20世纪五六十年代起陆续有国内学者对红松有性生殖过程做了大量观察。红松在天然林中80~140年开花结实,人工培育红松20年左右可正常开花结实,树龄和光照是影响其开花结实的重要因素;红松因分布区的南北差异,在一年内的各物候期也会随自北向南的温湿度的增加而提前,同样人工林也要比天然林中提早1~2周。以小兴安岭天然林内红松为例,在一年内的物候期阶段可分为:①树液流动,4月中旬至下旬,平均气温升至4.5℃以上;②芽膨胀,5月中旬,平均气温升至10.7℃以上;③芽展开,5月中下旬平均气温14℃;④新枝生长,5月中旬至7月上旬;⑤花芽显露,一般在6月上旬;⑥开始出叶,6月中旬;⑦开花,6月下旬,平均气温18℃,花粉靠风力飞散;⑧完全出叶,与开花物候相同;⑨受精,当年授粉后不受精,花粉管有漫长的生长期,至翌年6月中旬开始受精;⑩球果成熟,9月上旬开始成熟,至下旬成熟球果自树上脱落;⑪休眠,9月底以后,平均气温降至10℃以下。可以看出,红松从花原基生成到种子成熟要经过3个生长季:第一年秋季树木封顶,在混合芽中形成花原基;第二年春末夏初开花授粉；第三年夏季受精，秋末种子成熟，全程约 26 个月。其中，红松雌配子体发育大致经过游离核分裂、细胞壁形成、颈卵器和卵细胞发育 3 个阶段，胚胎发育过程中，原胚发育在 3~5d 内比较迅速，幼胚发育持续约 1 个月，红松即可产生裂生多胚，也可产生简单多胚。红松结实量有普遍的规律性，一般间隔 3 年，俗称"大小年"现象。红松结实的大小年现象也对种子质量有影响，丰收年产量最大者可为歉收年的 10 倍，丰收年的千粒重一般较小。红松球果大小不一，一般长 10~15cm，不同大小球果种子千粒重 250~650g，平均 431~493g，不同大小的球果内种子千粒重差异显著。红松和动物有密切的依存关系，球果成熟后整体脱落，从脱粒到散播都要依赖动物，包括小型哺乳动物和鸟类，动物的取食和贮藏的过程也是种子散播的过程。红松种皮坚硬，种子含单宁等萌发抑制物质，常深休眠，通常采用隔年埋藏和越冬埋藏法打破休眠，经处理种子发芽率可达 80%~90%，但普通干藏仅为 2%~10%。幼苗出土萌发，子叶 10~13 个，针形微上弯，全缘；初生叶线形，扁平。下胚轴圆柱形，近子叶处绿色，下部黄褐色。红松成年期成长迅速，在幼年期即前 10 年内生长缓慢，之后长速递增。实生 1 年生苗高 6.6cm；2 年生苗高 12cm，地径 0.2cm。红松在生长发育过程中，还常出现分叉现象。天然林中，一般 80~120 年开始分叉，人工林中分叉较早，有报道在辽宁草河口地区 11 年生就开始出现分叉，随年龄增加分叉株数增加。同时，人工培育的红松生长较为迅速，经嫁接的红松还可提早 8~10 年结实。

图 6-7　黑龙江省海林市长汀镇大海林林业局太平沟林场红松（王伟军　摄）

【古树】红松古树资源主要分布在黑龙江、吉林、辽宁三省，古树分布地点以林场、森林公园居多。黑龙江海林市长汀镇大海林林业局太平沟林场红松古树，树龄约 600 年，胸围 432cm，曾在 2018 年被评选为"中国最美古树"（图 6-7）。吉林露水河古树群，位于露水河林业局东升林场 21 林班，面积 2.1km^2，有红松 207 株，胸围最大者为 130.2cm，树龄 310~490 年，胸围≥100cm 有 23 株，树龄为 385~490 年。辽宁红松古树多有报道，主要分布于辽宁中东部，在丹东市凤城市凤凰山紫阳观三宫殿，有红松古树 6 株，树龄 400 余年，最大者树高 23m，胸围 1.9m，冠幅 9m。新宾县木奇镇木奇古树群有 1 株古红松，为三级古树，树龄约 150 年，高 22m，胸径 89cm，冠幅 9m。在山东省青岛市中山公园有 9 株，树龄 100 余年，平均高度 7m，平均胸围 35cm，长势旺盛。

（6）马尾松（*Pinus massoniana* Lamb.）

【分类】松科（Pinaceae）松属（*Pinus*）。雅加松（*P. massoniana* var. *hainanensis* W. C. Cheng & L. K. Fu）为其变种。

【鉴别】乔木，高达 45m，胸径 1.5m。针叶 2 针一束，稀 3 针一束，长 12~20cm，宽约 1mm，细柔，微扭曲，两面有气孔线，边缘有细锯齿。球果卵圆形或圆锥状卵圆形，长 4~7cm，直径 2.5~4cm，有短柄，熟时栗褐色，种鳞张开；鳞盾菱形，微隆起或平，横脊微明显，鳞脐微凹，无刺，稀生于干燥环境时有极短的刺。马尾松与雅加松的形态相似，其区别在于雅加松树皮红褐色，裂成不规则薄片脱落；枝条平展，小枝斜上伸展；球果卵状圆柱形。

【分布】据文献记载，马尾松在我国起源于四川盆地，也是当时马尾松的中心分布区及产地，但是林木产量高、林木生长情况优良的地区主要集中在南岭山地。马尾松分布极广，产于江苏（六合、仪征）、安徽（淮河流域、大别山以南），河南西部峡口、陕西汉水流域以南、长江中下游各地；北自河南及山东南部，南至两广、湖南（慈利县）、台湾，东自沿海，西至四川中部及贵州；纵向从我国亚热带东部湿润气候区延至北热带，横向跨越我国北热带和东部亚热带的南、中、北 3 个亚带，面积约 220 万 km²；经纬度分布范围为北纬 21°41′~33°56′、东经 102°10′~123°14′。在长江下游其垂直分布于海拔 700m 以下，长江中游海拔 1100~1200m 以下，在西部分布于海拔 1500m 以下。海拔对马尾松的空间分布具有显著性影响，在不同的海拔高度，马尾松的分布面积不同，主要分布在丘陵，其次是低山、中山和平原。随着海拔升高，分布面积减少。

【生境】喜光树种，不耐庇荫，喜温暖湿润气候。适生于年平均气温 13~22℃，年降水量 800~1800mm，绝对最低气温不到-10℃ 的环境条件下；对土壤要求不严格，能生于干旱、瘠薄的红壤、石砾土及砂质土，或生于岩石缝中，为荒山恢复森林的先锋树种，喜微酸性土壤，在 pH 4.0~5.0 土壤条件下长势较好；在肥润、深厚的砂质壤土上生长迅速，怕水涝，不耐盐碱，在石砾土、砂质土、黏土、山脊和阳坡的冲刷薄地上，以及陡峭的石山岩缝里都能生长，但在钙质土上生长不良或不能生长。

【生活史】马尾松种子繁殖能力很强，应适时早播，以 2 月上旬至 3 月上旬为宜，播后 20~30d 种子陆续发芽。在天然授粉情况下，马尾松生殖枝的顶端，通常发育 8 个雌球果。雄球花芽在每年 12 月中旬开始出现，着生于当年冬芽的基部，冬芽上部是休眠的叶芽；2 月中旬至 3 月上旬，冬芽萌动，雄球花芽开始膨胀，形成球状体，呈螺旋状排列；3 月下旬至 4 月上旬，小孢子囊破裂，开始散粉。雌球花每年的 12 月中旬，马尾松的雌球花芽出现，着生于抽长冬芽的顶部，1~8 个呈单轮排列；2 月中旬至 3 月上旬，冬芽开始萌动抽长，雌球花芽开始膨胀，形成球状体；3 月中旬，球状体顶部呈现紫红色；3 月下旬至 4 月上旬，雌花球开始生长，在适合的气候条件下，苞鳞开张，进入授粉阶段，9~10 月结果。

【古树】重庆市梁平区百里竹海景区中马尾松古树分布面积达 150 余亩，共有 250 余株，古树群平均树高超过 20m，平均树龄 150 年左右。其中有 1 株树龄在 300 年以上，高达 45m，直径达 1.15m，冠幅约 35m。湖北省宜昌市兴山县道路坪村九里冲地段多处生长着马尾松古树群落，总面积 46.1hm²，总蓄积量 7778m³。其中树龄达 100 年以上的马尾松古树群落涉及三大地块，最大年龄 130 年，最大树高 22.5m，最大胸径 84.4cm，最大冠幅 12m，面积 4.6hm²，蓄积量 986m³；树龄在 80~100 年古树后继资源涉及两大地块，最大年龄 110 年，最大株高 18.5m，最大胸径 72.6cm，最大冠幅 9.5m，面积 41.5hm²，蓄积量 6792m³。宜昌市远安县共有马尾松古树 184 株，分布于全县所辖 7 个乡（镇）的 6 个乡（镇）38 个村，其中茅坪场镇 120 株，荷花镇 31 株，其他乡（镇）33 株。远安县 184 株马尾松古树平均树龄为 225.7 年，树龄范围 100~515 年，树龄最大的 1 株为

515年。江西省修水县溪口镇下庄村的"江西马尾松树王"，树龄约450年，树高约46m，胸围4.18m，平均冠幅19m（图6-8）。

(7) 油松（*Pinus tabuliformis* Carriere）

【分类】松科（Pinaceae）松属（*Pinus*）。

【鉴别】乔木，高达25m，胸径约1m。幼树树冠圆锥形，壮年树冠塔形或广卵形，老树树冠盘形或平顶。树皮灰褐色，鳞片状开裂，裂缝红褐色。冬芽长圆形，红棕色，顶芽侧旁常轮生有3~5个侧芽。1年生枝淡红褐色至淡灰黄色，无毛。针叶2针一束，粗硬，长10~15cm，宽1~1.5mm，树脂道5~8，边生；叶鞘宿存。雄球花常黄绿色，雌球花绿紫色。当年小球果的种鳞顶端有刺，球果卵形，长4~9cm，可宿存枝

图6-8 江西省修水县溪口镇下庄村"江西马尾松树王"（刘小虎供图）

上达数年之久；种鳞的鳞背肥厚，横脊显著，鳞脐有刺。种子卵形，长6~8mm，淡褐色，有斑纹；子叶8~12枚。花期4~5月，果实翌年9~10月成熟。

【分布】中国特有种，北自吉林南部、内蒙古，南至河南，东自山东，西至青海的门源、四川小金和宝兴等地，以河北、山西和陕西为分布中心。东北南部垂直分布以海拔500m以下为主；华北北部主要分布在海拔1500m以下，华北南部则主要分布在海拔1900m以下。

【生境】喜强光树种，但1年生幼苗能在0.4郁闭度的林冠下生长。喜温凉气候，能耐-30℃低温。喜中性、微酸性土壤，不耐盐碱，土壤pH 7.5以上时生长不良。垂直根系及水平根系均发达，耐干旱瘠薄，在多石山地也能生长。

【生活史】以华北地区为例，油松每年在3月下旬顶芽开始萌动伸长，在4月下旬至5月上旬树高生长最快，至5月底停止高度生长，开始形成顶芽。4月中下旬雄球花开始显露，5月中旬开始开花散粉，散粉期1~2周；花谢后新叶逐渐抽长而以6月最旺盛，至8月生长减缓。枝条5月下旬开始加粗生长，至7月下旬暂停生长，9月又恢复增粗生长，直至11月中旬停止。10月中旬，多年生老叶脱落较为明显。由于油松花粉管生长极慢，5月已授粉的雌球花，于翌春开始受精，之后球果迅速生长，至9月下旬或10月初球果成熟。油松幼年期生长缓慢，1~2年生苗高20~30cm，自第三年开始分生侧枝，至第四、五年高生长逐渐加快，每年可增高约0.5m，至第10年高可达3m。油松在10~30年间生长最快，每年可增高约1m。实生油松苗6~7年生时可开花结实，至30~60年时进入结实盛期，盛果期可达100年以上。已有调查发现，油松种群在其生长过程中，当胸径达到22.5cm左右时，由于种内不同个体间为争夺空间与阳光，将遭遇一次死亡高峰；随后将进入一个平稳的生长期，随着龄级的增长，死亡率逐渐升高，直至其衰老死亡。

【古树】油松的寿命很长，在很多名山古刹中均有树龄数百年的古油松。如生长在北京

海淀区凤凰岭自然风景区车耳营村关帝庙前的油松，为辽代所植，为一级古树，胸径3.5m，树高7m，冠幅16m，树龄约1000年（图6-9）。鄂尔多斯高原的"油松王"树龄900多年。北京北海公园团城上的"遮荫侯"松，相传植于金代，树龄约800年。山东泰山上有二株"五大夫"松，树龄约300年。北京著名的大觉寺、潭柘寺、戒台寺等地均有油松古树，北京大学俄文楼附近有一株油松古树高12m，胸径250cm，树龄约230年。

图6-9 "北京油松之王"：海淀区车耳营迎客松
（北京市园林绿化局供图）

(8) 黄山松（*Pinus taiwanensis* Hayata）

【分类】松科（Pinaceae）松属（*Pinus*）。

【鉴别】乔木，高达30m。树皮分为黑褐色、赤褐色、灰褐色、灰色4个类型；树皮开裂形成长条状、龟甲状、鱼鳞状。枝平展，老树树冠平顶；1年生枝淡黄褐色或暗红褐色，无毛，不被白粉；冬芽深褐色，卵圆形或长卵圆形，顶端尖，微有树脂，芽鳞先端尖，边缘薄有细缺裂。针叶2针一束，稍硬直，长5~13cm，多为7~10cm，边缘有细锯齿，两面有气孔线；横切面半圆形，树脂道3~7(9)个，中生，叶鞘初呈淡褐色或褐色，后呈暗褐色或暗灰褐色，宿存。雄球花圆柱形，淡红褐色，长1~1.5cm，聚生于新枝下部成短穗状。球果卵圆形，长3~5cm，直径3~4cm，几无梗，向下弯垂，成熟前绿色，熟时褐色或暗褐色，后渐变呈暗灰褐色，常宿存树上6~7年；中部种鳞近矩圆形，长约2cm，宽1~1.2cm，近鳞盾下部稍窄，基部楔形，鳞盾稍肥厚隆起，近扁菱形，横脊显著，鳞脐具短刺。种子倒卵状椭圆形，具不规则的红褐色斑纹；子叶6~7枚。

【分布】黄山松是中国特有树种，是分布于我国亚热带东部河南、江西、浙江、安徽、湖南、福建、台湾等地有代表性的针叶树种之一。黄山松生长在海拔600m以上，分布于台湾和长江流域以南，向北引种至北纬36°10′（泰山）。垂直分布则随纬度与地形而有变化。

【生境】黄山松是黄山等独特地貌和气候条件下而形成的一种中国特有种，根系深广，菌根发达、聚集成束。适合生长的气温为7~15℃，能耐-22℃的低温；喜排水性好的酸性土壤，适宜土壤pH 4.5~5.5；喜凉润，最喜光，在0.5郁闭度下幼树生长很慢，在全光照下树干端直，侧枝轮生整齐，形成圆整树冠，针叶刚直，深绿有光泽；适生于年降水量1500mm以上的地区，耐瘠薄，但生长迟缓；适生于凉润的中山气候，在土层深厚、排水良好的酸性黄土壤中及向阳山坡生长良好，在干旱、土壤瘠薄、石头夹缝中生长缓慢；适合种植在光照充足、气候温良的山区，以及山坡林、石灰岩山顶、山坡纯林中。

【生活史】雄球花的小孢子叶球排列如穗状，生在每年新生的长枝条基部，由鳞片叶腋中生出；花期4~5月，传粉在晚春进行，此时大孢子叶球轴稍为伸长，使幼嫩的苞鳞及珠鳞略微张开。同时，小孢子囊背面裂开一条直缝，处于雄配子体阶段的花粉粒，借风力传播，传粉在第一年的春季，受精在第二年夏季，球果翌年10月成熟。

【古树】黄山松古树在安徽、湖北、浙江均有分布，其中浙江丽水市遂昌县分布黄山松古树507株，主要分布于古老村庄旁；在大崎山主峰龙王顶和大崎山林场接天山有大片保护完好的黄山松古树林，均为人工栽种，面积达42.7km^2；分布于龙王顶的黄山松古树有306株，最大树龄达284年，树高均在18m以上，胸径均在30cm以上，最大胸径达75cm。杭州市天目山分布有黄山松844株，其最大胸径为94cm，最大高度为34m；1975年古田山建立自然保护区，黄山松是其森林植被优势种之一。在黄山风景区海拔1680m处的玉屏楼青狮石旁，一株黄山松树高约10m，枝下高约2.5m，树龄逾1000年，其姿态优美、雍容大度（见彩图4）。

(9) 金钱松[*Pseudolarix amabilis* (Nelson) Rehd.]

【分类】松科(Pinaceae)金钱松属(*Pseudolarix*)。

【鉴别】乔木，高达40m，胸径达1.5m。树干通直，树皮粗糙，灰褐色，裂成不规则的鳞片状块片。枝平展，树冠宽塔形。叶条形，柔软，镰状或直，上部稍宽，长2~5.5cm，宽1.5~4mm（幼树及萌生枝之叶长达7cm，宽5mm），先端锐尖或尖，每边有5~14条气孔线，气孔带较中脉带为宽或近于等宽；长枝之叶辐射伸展，短枝之叶簇状密生，平展成圆盘形，秋后叶呈金黄色。球果卵圆形或倒卵圆形，长6~7.5cm，直径4~5cm，成熟前绿色或淡黄绿色，熟时淡红褐色；有短梗。

【分布】中国特有珍稀濒危树种，主产于长江中下游以南的低海拔温暖地区；零星分布于江苏南部宜兴市、溧阳市，浙江西北部西天目山、安吉县和东部天台山，福建北部蒲城县、崇安县和中部永安市，安徽南部黄山市、霍山县、岳西县、绩溪县、黟县，河南东南部固始县，江西北部庐山、修水县，湖北西部利川、东部英山县，湖南中部南岳区、安化市、新化市、涟源市和重庆万州区等地，在海拔100~1500m地带散生于针叶树、阔叶树林中。金钱松的分布格局为集群分布。浙江是金钱松的主产区，共逾38万株，其分布面积和数量均堪称全国之最，其中天目山地区和四明山地区是金钱松主要的分布中心。

【生境】喜光树种，苗期稍耐阴，后喜光性增强，生长较快；金钱松适生于年平均气温15.0~18.0℃，绝对最低气温-10.0℃，年降水量1200~1800mm的环境；多分布于山地及丘陵坡地的下部、坡麓及沟谷、河流两边，也能在较差的丘陵山地生长。其对土壤的酸碱度要求不严，酸性至微碱性土均能适应，在黄壤或黄棕壤，pH 5~6酸性土壤条件下其长势较好。金钱松忌积水地和盐碱土，为菌根共生树种。在土层深厚、肥沃、湿润的丘陵山地生长迅速，成材快。

【生活史】金钱松小孢子经过3次有丝分裂形成2个原叶细胞、1个管细胞和1个生殖细胞的雄配子体。2个原叶细胞扁平，靠近花粉壁，并呈退化状态。生殖细胞形成后不久便分裂形成1个体细胞和1个柄细胞。此时花粉进入传粉期。金钱松传粉时的雄配子体具5个细胞，与落叶松属一致，而有别于松属。传粉时大孢子形成。多数胚珠内只有1个大孢子母细胞。大孢子母细胞减数分裂形成4个大孢子。合点端的1个功能大孢子发育为雌配子体。单核期的雌配子体有1个大的中央液泡，外被几层绒毡层状细胞包围。随着雌配子体体积的增大，核不断分裂。游离核达到一定数目后，雌配子体细胞化，其外围的绒毡层状细胞出现解体迹象。雌配子体细胞化后，接着就在其珠孔端出现颈卵器原始细胞。颈卵器原始细胞分裂产生初生颈细胞和中央细胞。初生颈细胞经过3次分裂形成8个细胞，并分上下2层。中央细胞体积增加较快,在其形成后3周,即达到最大体积,其核始终靠近颈细胞一侧。不久中央细胞分裂形成腹沟细胞和卵细胞,腹沟细胞很快呈解体状。在成熟的颈卵器内,腹沟细胞常呈染色深的透镜状或月牙形结构,位于卵细胞上方。卵细胞核在其形成后不久即开始增大体积,并移到卵细胞的中央。通常1个胚珠内可见4~7个颈卵器。受精卵进行2次分裂形成4个游离核,并位移到颈卵器的基部排成1层,此后这些核再分裂1次形成8个核,分2层并形成细胞壁,上层为开放层。这2层细胞进一步分裂,最后形成4层,每层具4个细胞的原胚。这4层细胞从下至上依次为胚体、胚柄、莲座层和开放层。胚的发育属冷杉型。金钱松球果卵圆形或倒卵圆形,成熟前绿色或淡黄绿色,成熟时淡红褐色,有短梗,含油量较高,其结实的大小年现象十分明显,往往3~5年才能丰产一次,且结实量和种子质量有明显差异。10月下旬至11月上旬为金钱松种子最适宜的采种期,出籽率、发芽率和活力最高。

图6-10 浙江省杭州市临安区天目山保护区树龄660年古金钱松(引自《中国最美古树》)

【古树】江西、安徽、福建、浙江等省均有金钱松古树资源分布,其中浙江省是金钱松古树资源较为丰富的省份之一。杭州市临安区天目山保护区开山老殿有一株树龄约660年,胸围3.22m,平均冠幅15m,树高58m的金钱松,被誉为"古树之最""最高古树"(图6-10);余姚市现存百年以上的金钱松26株,主要分布在古老村庄的房前屋后、溪边,群落分布少,多为孤立木,其树龄以100~300年生最为集中。

(10) **长苞铁杉**(*Tsuga longibracteata* W. C. Cheng)

【分类】松科(Pinaceae)铁杉属(*Tsuga*)。

【鉴别】乔木,高达30m,胸径达115cm。树皮暗褐色,纵裂,1年生小枝干后淡褐黄色或红褐色,无毛,侧枝生长缓慢。叶辐射伸展,不呈二列状,条形,直,长1.1~2.4cm,宽1~2.5mm,上部微窄或渐窄,先端尖或微钝,上面平或下部微凹,有7~12条气孔线,微具白粉,下面中脉隆起、沿脊有凹槽,两侧各有10~16条灰白色的气孔线,基部楔形,渐窄成短柄;柄长1~1.5mm。球果直立,圆柱形,中部种鳞近斜方形,先端宽圆,中部急缩,中上部两侧突出,基部两边耳形;鳞背露出,部分无毛,有浅条槽,熟时深红褐色。

【分布】为中国特有树种。产于贵州东北部(印江梵净山、婺川)、湖南南部(新宁、莽山)、广东北部(连州、乳源)、广西东北部(资源、兴安、临桂、融水)及福建南部(连城、永安、德化、清流、上杭)山区,由于其生境特殊,分布范围亦十分狭窄,常呈斑块状分布。长苞铁杉分布较为集中的区域有 8 个,分别是:福建天宝岩国家级自然保护区、广东南岭国家级自然保护区、湖南莽山国家级自然保护区、广西猫儿山国家级自然保护区、贵州梵净山国家级自然保护区、湖南黄桑国家级自然保护区、湖南城步县奇山和江西大余县石溪。在湖南莽山海拔 600~1700m 地带,与广东五针松、南方铁杉、福建柏及常绿阔叶树组成针叶树林或针叶树阔叶树混交林,生长旺盛。

【生境】长苞铁杉是一种喜湿、耐贫瘠的喜光植物,多生于海拔 300~2300m、气候温暖、湿润、云雾多、气温高的酸性红壤、黄壤地带。根据测定,其分布区中心地带的越岭山地,海拔 1450m,年平均气温 14.8℃,最冷月平均气温 2.1℃,极端最低气温-11.9℃,最热月平均气温 22.2℃,年降水量 2065mm,平均相对湿度 85%。长苞铁杉零星间杂在常绿、落叶阔叶混交林中,常生于坡度大于 30°的山脊或山坡向阳处,能适应岩石裸露、土层较浅的岩隙地,或在山坡上部、山脊和山顶与阔叶林混生构成小片独特的山地混交林。

【生活史】长苞铁杉早期生长缓慢,通常在 15 年后逐渐进入速生,需在全光照条件下才能完成更新,幼树生长缓慢,而其伴生树种多为耐阴的阔叶树,长苞铁杉幼树难以与生长迅速的阔叶树种竞争,从而导致居群幼苗数量不足。长苞铁杉花期为 3 月下旬至 4 月,球果 10 月成熟。长苞铁杉的结实有明显的大小年,大年虽然球果很多,但种子大多为秕粒,胚乳发育良好,胚发育不良,可能存在某种障碍,造成授粉不受精,且其种子发芽率较低。

【古树】湖南、贵州、福建、广东等省份均分布长苞铁杉古树资源。在湖南省绥宁县黄桑国家级自然保护区赤板村袁头山,生长着一片以长苞铁杉为主要树种的针阔混交林,面积 8hm^2,有长苞铁杉大树 103 株,是湖南省长苞铁杉大树资源最丰富的林区。其中一株长苞铁杉树高 32m,胸径 1.1m,树冠覆盖面积 480m^2,树形雄伟壮观,是湖南同种最大的一株,被誉为"湖南长苞铁杉王"。位于福建宁化县治平乡邓屋村屋脊山的一株长苞铁杉,其胸径 1.78m,树高 45.8m,冠幅 22m,树龄 800 余年,曾被评为"福建长苞铁杉王"(图 6-11)。

图 6-11 福建省宁化县治平乡邓屋村树龄 800 年古长苞铁杉(引自《中国最美古树》)

(11)柳杉(*Cryptomeria japonica* var. *sinensis* Miq.)

【分类】杉科(Taxodiaceae)柳杉属(*Cryptomeria*)。

【鉴别】乔木,高达 40m,胸径逾 2m。树皮红棕色,纤维状,裂成长条片脱落。大枝近轮生,平展或斜展;小枝细长,常下垂,绿色。枝条中部的叶较长,常向两端逐渐变短;

叶钻形略向内弯曲，先端内曲，四边有气孔线，长1~1.5cm；果枝的叶通常较短，有时长不及1cm；幼树及萌芽枝的叶长达2.4cm。雄球花单生于叶腋，集生于小枝上部，成短穗状花序状；雌球花顶生于短枝上。球果圆球形或扁球形，径多为1.5~1.8cm；种鳞20左右，上部有4~5短三角形裂齿，鳞背中部或中下部有1个三角状分离的苞鳞尖头，能育的种鳞有2粒种子。种子褐色，近椭圆形，扁平，边缘有窄翅。花期4月，球果10月成熟。

【分布】柳杉起源于中生代白垩纪的后期，或第三纪的始新世，到第三纪北半球一带广泛分布。为中国特有树种，分布于长江流域以南至广东、广西、云南、贵州、四川等地。在江苏南部、浙江、福建、安徽南部、河南、湖北、湖南、四川、贵州、云南、广西及广东等地均有栽培。

【生境】幼年期稍耐阴，中等喜光。喜温暖湿润、凉爽的气候；喜土层深厚，湿润且透水性较好、结构疏松的砂质酸性土壤，1月平均气温5~8.3℃、极端最低气温-8.4℃、≥10℃积温5500℃，无霜期270~290d；年降水量1500~2000mm。柳杉根系较浅，侧根发达，主根不明显，抗风力差。对二氧化硫、氯气、氟化氢等有较好的抗性。

【生活史】刘洪谔等于1986年细致观察柳杉雌、雄配子体的发育、受精和胚胎发育等生物学特性。3月中旬珠心内一个具功能的大孢子细胞核开始分裂，形成雌配子体。约分裂至3000~4000个游离核时，逐渐向心形成细胞壁。3月中下旬，在雌配子体珠孔端形成由12~16个颈卵器组成的复合颈卵器。以单核花粉3月初传粉，4月下旬花粉萌发。花粉管伸出后，胚性细胞分裂形成生殖细胞和管细胞，生殖细胞再分裂形成不育细胞和精原细胞。5月中旬管细胞和不育细胞消失，精原细胞分裂形成2个精子。受精卵分裂3次，形成8个游离核，排列为2层，上层为5或6个核的开放层，下面为3或2个初生胚细胞。开放层再分裂1次，产生5~6个上层细胞和5~6个原胚柄细胞，形成标准型原胚。6月上旬原胚发展成圆柱形的后期胚胎，9月胚成熟。成熟胚一般由胚根、胚轴、胚芽和3枚子叶组成。

【古树】浙江省属于亚热带季风气候区，柳杉资源丰富。天目山、百山祖保存了树龄200~800年的较大规模柳杉古树林。在浙江景宁县大漈乡西二村保存一株树龄1500年以上的柳杉王，胸围1340cm，为"中国最美柳杉"（图6-12）。天目山区柳杉有"大树华盖闻九州"的美誉，其数量众多且植株高大，是天目山国家级自然保护区最具特色的植被之一，在禅源寺、老殿等区域分布集中且树龄悠久。根据史书记载，这些位于路旁的古老柳杉多为宋末

图6-12 浙江省丽水市景宁县大漈乡西二村"中国最美柳杉"（引自 https://www.sohu.com/a/234480700_129374）

元初僧侣们所栽植,根据测量数据,天目山国家级自然保护区内植株高度在40m以上、植株胸径大于1m的多达664株,其中有12株胸径大于2m,胸径最大的一株为2.28m。

(12) 杉木[*Cunninghamia lanceolata* (Lamb.) Hook.]

【分类】杉科(Taxodiaceae)杉木属(*Cunninghamia*)。'灰叶'杉木(*C. lanceolata* 'Glauca')、'软叶'杉木(*C. lanceolata* 'Mollifolia')为其栽培品种。

【鉴别】乔木,高达30m。幼树树冠尖塔形,大树树冠圆锥形。叶披针形或窄,长(20~60)mm×宽(3~5)mm;于主枝上辐射伸展、侧枝基部上扭转成二列状,边缘有细缺齿,先端渐尖,稀微钝;老树之叶通常较窄短、较厚。雌雄同株。种子扁平,暗褐色,两侧边缘有窄翅。

【分布】产于亚热带,北纬19°30′~34°03′,东经101°30′~121°53′区域。中国长江以南和越南北方是该树种的残遗中心,在中国北自秦岭淮河流域,南至南岭的丘陵地带,东起浙江、福建沿海山地及台湾,西达云南东部、四川大渡河及安宁河流域都有分布,其中中亚热带地区如贵州东南部、广西北部、浙江南部等是杉木的中心产区。垂直分布的上限常随地形和气候条件的不同而有差异,在大别山为海拔700m,福建戴云山区为海拔1000m,在四川峨眉山海拔为1800m,云南大理海拔为2500m。

【生境】喜温暖湿润气候,分布地年平均气温12~19℃,1月平均气温1~2℃,极端最低气温-5℃,极端最高气温40℃,年积温5693.8~7859.6℃,年降水量1200~2000mm,年平均相对湿度≥80%,生长海拔800~1000m以下,坡度≤30°;常处在避风、背阴的山下坡或山洼处的土层深厚、土质肥沃、湿润的地块,尤以在林内零星栽植为佳;裸露的阳坡和干燥、黏重板结的山地不宜种植杉木。对土壤要求较为严格,以板岩、页岩、砂岩、片麻岩和花岗岩等风化而成的土层深厚、腐殖质含量高、疏松湿润、通透性良好的酸性或微酸性土壤为宜。

【生活史】杉木雌雄同株,凭借风力传播花粉完成自交授粉。杉木的雄花多集中分布在树冠中下部分,当树冠上部分雌花授粉不良时易造成空粒,影响杉木种子产量。在杉木冠层区域,不同高度、方位、疏密林层度的花粉摄取量存在差异,树冠上面的花粉摄取量比树冠下面的花粉摄取量要大。杉木授粉期间花粉量越大,产生的杉木种子越多。人工辅助授粉是提高杉木种子产量的一项重要措施。在雌花苞片展开7d内进行人工授粉最好。开放前的雌球花呈长圆形,浅绿色,由近三角形的苞鳞螺旋状排列于中轴上,苞鳞腹面有一小片珠鳞,其上着生3枚胚珠,苞鳞数量因年份、个体而不同。苞鳞张开至传粉滴出现一般为12~24h。不同单株或同一株上不同部位,甚至同一苞片中3枚胚珠传粉滴的出现均不尽一致。传粉是雄球花成熟的象征,此时雄球花呈棕色,随着中轴迅速伸长,囊壁破裂,黄色花粉裸露,花粉粒近球形。杉木散粉期一般持续15d左右。传粉后幼果的早期膨大只是苞鳞增厚所致,传粉后在花粉的刺激下苞鳞增厚,同时珠心深处的大孢子核迅速分裂形成多核大孢子,然后细胞化形成细胞胚乳,即雌配子体,其顶端形成颈卵器,产生雌配子(卵),在这一时期胚珠在形态上是饱满的且体积增大,6月上中旬受精,7月上旬合子形成,有的可进入胚胎选择期。

【古树】四川、江西、浙江、福建、贵州等地均分布杉木古树资源。其中,浙江省杭州市、丽水市、衢州市现存的杉木古树树龄均在300年以上。四川省现存的5株杉木古树,树龄均逾500年,分别位于成都市、宜宾市、都江堰市、凉山州及广元州,其中尤以都江堰市的杉木古树最为古老，树龄1300年左右，树高25.7m，胸径4.2m，冠幅平均8.0m。位于福建省宁德市蕉城区的杉木古树"杉木王"，据载为唐僖宗李儇光启年间（885—888年）所植，树龄逾1100年，是福建迄今最大的杉木古树。位于江西广昌县尖峰乡沙背村"江西杉木王"，树龄约600年，树高约30m，胸围4.8m，平均冠幅19m（图6-13）。

（13）水松[*Glyptostrobus pensilis* (Staunt.) Koch]

【分类】杉科（Taxodiaceae）水松属（*Glyptostrobus*）。

【鉴别】水松为半常绿性乔木，通常树高10~15m，少数可达30m，胸径一般为20~120cm。树干有扭纹，枝叶平展稀疏，分支较高处斜伸。树皮呈褐色或灰褐色，裂成不规则条片。叶延下生长，鳞形、线状钻形或线形，常二者生于同一枝上；在宿存枝上的叶甚小，

图6-13　江西省广昌县尖峰乡沙背村"江西杉木王"
（刘小虎供图）

鳞形，长2~3mm，螺旋状排列，紧贴或先端稍分离；在脱落枝上的叶较长，长9~20mm，线状钻形或线形，开展或斜展成二列或三列，有棱或两侧扁平。雌雄同株，球花单生枝顶；雄球花有15~20枚螺旋状排列的雄蕊，雄蕊通常有5~7花药；雌球花卵球形，有15~20枚具2胚珠的珠鳞，托以较大的苞鳞。球果倒卵圆形，长2~2.5cm，直径13~1.5cm，直立；种鳞木质，与苞鳞结合而生，扁平，倒卵形；种子下部有膜质长翅。

【分布】水松作为世界著名的"活化石"植物，起源于距今1亿多年的晚白垩纪时期，曾是北半球植物区系的重要组成部分，在北美洲、东亚、欧洲中部曾广泛分布。由于自然地理因素和人为活动的影响，欧洲、北美、东亚及我国东北等地的种群均已相继灭绝，仅在我国长江流域和珠江三角洲等少数几个受冰期影响较小的"避难所"残存下来，成为罕见的孑遗树种。水松主要分布在北纬13°21′（越南）~37°36′（山东烟台），东经102°40′（云南昆明）~121°29′（中国台北）之间海拔30~2000m的地区。野生水松零散分布于广东珠江三角洲和长江中下游流域，特别是广东的珠海、中山、江门、清远等地；在福建北部和闽江下游分布较多，在屏南、周宁、寿宁、邵武、福清、福州、永春、建瓯、浦城等地均有栽植；江西弋阳、余江、南昌等地也有水松分布；另外，广西、湖南、云南、浙江等地有少量人工栽培。目前水松在杭州、武汉、上海、苏州、台湾等地已成功引种。

【生境】水松能适应我国南方中亚热带气候，喜温暖湿润，雨量充沛，多沿沼泽、河岸、堤围及田埂边缘生长。水松对其生境要求非常严格，对极端气候的抗性很差；球果易遭

受虫害，结实率很低；生长过程始终要求足够光照，需温暖的气候；幼苗怕霜冻，10℃以下不能成活，适宜生长温度为年平均气温15~22℃；需丰富降水，年均降水不低于1500mm；适宜生长于中性或微酸性土壤，最佳生长土壤是含丰富有机质的湿润平原冲积土，pH 6~7；不耐空气污浊，忌含硫化物气体。水松在其分布区内几无天然林，多系人工栽培。

【生活史】水松花期1~3月，花单性同株，球花单生于有鳞形叶的小枝顶端，球果9~10月成熟，成年后在最初开花的数年内只形成雌花，且花期很短，通常只有2周。水松2月传粉，3月中旬花粉管长出，到4月中旬已进入珠心组织近一半。在5月活动最明显，这时圆形或卵圆形的体细胞体积大大增加，其直径约60μm，细胞核非常大，未见有体细胞分裂成两个雄细胞。有时两个不育核中的一个已进入颈卵器中，另外一个不育核则位于旁边一个颈卵器的口上，同时体细胞仍未分裂，由此说明雄配子的形成较晚，也许只在受精前一刻。4月中旬雌配子体含有500个以上的游离核，到了5月中旬，雌配子体中游离核的数目为1600~2000个，此时核间的细胞壁从雌配子体的四周逐渐向心形成。颈卵器的原始细胞系由雌配子体顶端的一群细胞变成。幼颈卵器的形状较其他细胞明显增长，核较大，并占据颈卵器的上方。颈卵器原始细胞经第一次分裂形成初生颈细胞和中央细胞，前者再经几次分裂形成颈，颈高1~2层，每层有2~6个细胞。大多数颈卵器的数目为7~12个，少数为6个，最多可达17个，它们通常聚生在一起，形成典型的复合颈卵器。在复合颈卵器外面常有一层壳细胞包围。5月下旬颈细胞消失，颈卵器已完全成熟。受精作用发生在6月初，受精卵进行3次游离核分裂，产生8个游离核，并形成细胞壁。原胚有3层细胞，上面一层是开放层，其细胞质与卵细胞质相通；中间一层为4~6个细胞的原胚柄层；下面一层是初生胚细胞层，开放层与初生胚层的细胞数目之比为6∶2或4∶4，每个复合体胚系为1~6个，整个胚系的36.8%发育成正常胚，59.0%分离形成不参与胚形成的原胚柄细胞，4.2%发育成胚柄和其他异态细胞。在同一个胚系中，各个胚常处于不同的发育阶段。水松的胚具有比较发达的胚轴。

【古树】福建省屏南古水松群为天然水松古树群落，位于屏南县岭下乡上楼村东峰尖北麓海拔1247~1260m的一片中山湿地中，是全球目前保存最好、最完整、面积最大、唯一连片成林的天然水松林，面积6亩，共72株，株株枝干挺拔，平均胸径0.48m，最大株胸径约0.60m，平均树高22m，平均树龄407年。福建漳平市有一株水松，胸围6.97m，树高26m，冠幅16.7m，树龄约2100年，享有"天下第一水松"的美誉，被评为"福建水松王"（图6-14）。

图6-14　福建省漳平市永福镇李庄村树龄约2100年古水松（引自《中国最美古树》）

(14) 水杉(*Metasequoia glyptostroboides* Hu et Cheng)

【分类】杉科(Taxodiaceae)水杉属(*Metasequoia*)。

【鉴别】落叶乔木,高达35m,树干基部常膨大。树皮灰褐色,裂成长条状。叶条形,柔软,叶长(8~35)mm×宽(1~2.5)mm,交叉对生,基部扭转排成二列。雄球花多数组成总状或圆锥状球花序。球果下垂,近球形;种鳞木质,盾形。水杉属与北美红杉属(*Sequoia*)及落羽杉属(*Taxodium*)近似,但北美红杉属常绿,鳞叶螺旋状排列,条形叶互生排成二列;落羽杉属条形叶互生,排成二列。

【分布】水杉这一古老稀有的珍贵树种为我国特产,仅分布于四川石柱县及湖北利川市磨刀溪、水杉坝一带及湖南西北部龙山及桑植等地海拔750~1500m地区。自水杉被发现以后,国内外广泛引种,国内北至辽宁草河口、辽东半岛,南至广东广州,东至江苏、浙江,西至云南昆明、四川成都、陕西武功。湖北、江苏、安徽、浙江、江西等地用于造林和"四旁"植树,生长很快。国外约50个国家和地区引种栽培,水杉在北达北纬60°的俄罗斯彼得格勒及美国阿拉斯加等地,-34℃及-47℃的低温条件下能野外越冬生长。

【生境】水杉为喜强光的速生树种,对环境条件的适应性较强。喜气候温和、夏秋多雨、酸性黄壤土,适生于河流两旁、湿润山坡及沟谷中。已成为受欢迎的造林和园林绿化观赏树种之一。

【生活史】水杉生长迅速,20年可成材利用。但水杉发育迟缓,出现雌雄花的树龄相差较大,一般树龄20年左右就出现雌球花,而雄球花一般在树龄25年以后才能形成。水杉花芽分化于前一年的6月,雄花序6月中旬出现,10月多数雄球花形成总状花序,下垂于枝端,越冬前,花粉粒已完全成熟。雌花芽出现于7月上旬,单个散生于当年生结果枝上或和雄球花序上。翌年3月上旬或因春暖提前到2月下旬,雄球花先开放,传播花粉,随后雌球花开放,传粉期10d左右。雌球花花期不一致,也不全部开放。雌球花授粉后进入新的生长发育阶段,4月下旬发育成幼果,花粉粒萌发形成花粉管。5月胚珠内大孢子萌发,进入游离核时期,花粉管向球心深入。5~6月球果迅速增大,6月下旬花粉管到达珠心,完成受精作用,原胚发育。7~8月种子迅速发育,形成有生命力的种子。10月下旬,球果和种子完全成熟。种子千粒重1.75~2.28g,每千克种子44万~58万粒,种子无休眠习性。

【古树】湖北利川"水杉王"树龄达600年,树高35m,干径2.4m,冠幅22m,是水杉模式标本采集母树(见彩图5)。为此,它也被称为"植物活化石""世界水杉爷""天下第一杉";在由中国林业网等发起的"寻找'最美古树名木'"第三届"美丽中国"大赛中,获得"古树之冠"一等奖。湖南龙山洛塔乡老寨村、抱木村,有3株古水杉,树龄约1100年,胸围最大6.28m,树高最高46m,是湖南省迄今发现的最高古树,也是中国水杉的最高植株。这3株古水杉的发现,将水杉残遗分布区的东界扩大到东经109°23′的湘西武陵山西坡,也刷新了湖北利川谋道溪"水杉王"树高35m的记录。

(15) 北美红杉[*Sequoia sempervirens*(Lamb.)Endl.]

【分类】杉科(Taxodiaceae)红杉属(*Sequoia*)。

【鉴别】大乔木,在原产地高达110m,胸径可达8m。树皮红褐色,纵裂,厚达15~25cm。枝条水平开展,树冠圆锥形。叶二型:鳞叶螺旋状排列,贴生小枝或微开展,长约

6mm；条形叶基部扭转排成二列，长0.8~2cm，无柄，上面深绿或亮绿色，下面有2条白粉气孔带，中脉明显。雌雄同株，雄球花卵形，长1.5~2mm，单生枝顶或叶腋，有短梗；雌球花单生短枝顶端，珠鳞15~20，胚珠3~7。球果卵状椭圆形或卵圆形，长2~2.5cm，径1.2~1.5cm，淡红褐色；种鳞盾形，顶部有凹槽，中央有一小尖头；种子椭圆状矩圆形，长约1.5mm，淡褐色，两侧有翅。

【分布】原产于美国加利福尼亚州海岸。中国四川、云南、贵州、上海、浙江（杭州）、江苏（南京）、福建、广州、湖北等地均有引种栽培。大约在6500万年前的白垩纪末期，北美红杉分布相当广泛（包括亚洲和欧洲），后来由于气候的变迁，分布范围大为缩小，濒临灭绝，因此北美红杉也被称为"世界上稀有的孑遗植物"。

【生境】北美红杉喜温凉湿润，不耐水湿，喜光又较耐荫蔽，喜肥不耐旱。自然分布地海拔700~1000m，年平均气温为7.3~17.8℃，年降水量635~1878mm。土层深厚、肥沃、湿润、排水良好的中性红壤或黄红壤，最适合北美红杉生长。引种栽培时应该选择地势平缓、土层深厚的阴坡或半阴坡，年平均气温在14.7~15.3℃，土壤类型为黄红壤、黄棕壤、山地红壤、山地黄壤等。

【生活史】雄球花在6~8年生的幼树上即出现，由头年抽生的新梢顶芽形成，极少数（约0.9%）是由腋芽分化来，9月现蕾至翌年2月下旬开花。雌球花在8~15年生的树上出现，全部由顶芽分化来，初期与顶芽颇相似不易区别。雌球花的始花期比雄球花迟1~2d。每个雄花蕾从散粉到凋谢平均为2.5d。开花结束后球果迅速生长，4~6月增长最快，9月以后球果逐渐成熟，由绿色转变为黄绿色。球果成熟后果鳞开裂，种子自动脱落。自然条件下，种子不易萌发。

【古树】美国红杉树国家公园内有世界上现存面积最大的红杉树林，其中百年以上的老林区逾170km^2，成熟的红杉树树干高大，树高可达70~120m，树龄800~3200年。1972年2月，美国总统尼克松访问中国，赠送中国1株北美红杉作为礼物，树龄3年，树高2.4m，当即种植于杭州植物园，该树后来已成为各地引种的种源基地（见彩图6）。

(16) 柏木（*Cupressus funebris* Endl.）

【分类】又名垂丝柏，柏科（Cupressaceae）柏木属（*Cupressus*）。

【鉴别】常绿乔木，高达35m。树皮淡褐灰色，裂成窄长条片。小枝细长下垂，生鳞叶的小枝扁，排成一平面。鳞叶先端锐尖。雄球花椭圆形或卵圆形，雄蕊通常6对，淡绿色，边缘带褐色；雌球花近球形。球果圆球形，熟时暗褐色；种鳞4对，顶端为不规则五角形或方形，中央有尖头或无，能育种鳞有5~6粒种子；种子宽倒卵状菱形或近圆形，扁平，熟时淡褐色，有光泽，边缘具窄翅。与同属植物的主要区别在于其鳞叶小枝排列成一平面，但较稀疏，且小枝下垂。

【分布】中国特有树种。分布很广，辽宁、甘肃、青海、陕西、河南、山东、山西、福建、广西、江苏、浙江、江西、湖南、湖北、云南、贵州、四川、重庆等18个省（自治区、直辖市）都有分布，以四川、湖北、贵州栽培最多，生长旺盛。柏木在华东、华中地区分布于海拔1100m以下，在四川分布于海拔1600m以下，在云南分布于海拔2000m以下。

【生境】柏木喜温暖湿润的气候条件，在年平均气温13~19℃，年降水量1000mm以上，且分配均匀，无明显旱季的地区生长良好。对土壤适应性广，中性、微酸性及钙质土上均能生长。耐干旱瘠薄，也稍耐水湿，尤以在石灰岩山地钙质土上生长良好。

【生活史】柏木生长期长，3月初新梢生长，5~6月、8~10月为枝叶生长的两个高峰期，10月下旬枝梢生长速率开始下降，12月中旬生长停止。全年新枝梢生长40~68cm。叶在树上能维持两年左右，鳞叶小枝主要在3~4月和8~9月脱落。

3月初雄球花初现，单生于小枝顶端，近圆形，淡黄色；3月下旬，雄球花膨大为长椭圆形，淡黄褐色，略带粉红色；5月左右雄球花脱落。3月中旬雌球花形成，单生于枝顶；4月中下旬幼果形成，近球形，鳞尖突起，粉绿色；球果发育缓慢，12月中旬由青绿色转变为黄绿色、棕褐色以至红褐色。翌年5~6月球果成熟开裂，种子飞落。柏木种子易萌发，自然更新能力强。

柏木胸径和树高的连年生长量均在第20年生时达到最大值，材积连年生长量第40年生时出现最大值；胸径和树高的平均生长量均在第30年生时达到最大值；胸径生长率和树高生长率最大值出现在第10年，材积生长率最大值出现在第20年。因此，柏木的生长快速期都出现在第10~20年。

【古树】四川省剑阁县古蜀道上的翠云廊景区古柏木群，是中国三大古柏木群之一，绵延300余里（1里=500m）分布着2000余年历史的古柏7902株，至今仍然生机盎然，茂盛苍翠。这些古柏造型独特，风姿各异，有"鸳鸯树""观音树""状元柏""张飞柏""帅大柏"等，真是"千姿万态羞雷同"，被誉为"世界奇观和蜀道灵魂"。

在四川省北川县永安镇的大安山下，有一闻名遐迩的参天古柏"七贤柏"。这株古树迄今已逾1300年的历史，高37m，胸径328cm，众人伸直双臂合围，7个人才能将其围住（图6-15）。因主干在1.5m高处有7个分支，每分支又要2~3人才能合围，犹如7个忠诚的卫士。这株柏木周围10m范围内，还散生有7株小古柏树。因主干七分支、伴生七株，被称为"七贤柏"和"双七树群"，交相辉映间形成奇特景观，2018年荣获"中国最美古树"，2020年获得"四川十大树王"称号。

图6-15　四川省北川县永安镇树龄1300年柏木古树
（北川县自然资源局供图）

（17）巨柏（*Cupressus gigantea* Cheng et L. K. Fu）

【分类】又名雅鲁藏布江柏木，藏名"拉辛秀巴"，柏科（Cupressaceae）柏木属（*Cupressus*）。

【鉴别】常绿乔木，高30~45m。树皮纵裂成条状。生鳞叶的枝排列紧密，粗壮，不排成平面，常呈四棱形，常被蜡粉，末端的鳞叶枝不下垂；2年生枝淡紫褐色或灰紫褐色，老枝黑灰色，枝皮裂成鳞状块片。鳞叶斜方形，交叉对生，紧密排成整齐的四列，背部有钝纵脊或拱圆，具条槽。球果矩圆状球形，接近四方体，红褐色或褐色；种鳞6对，木质，盾形，顶部平，多呈五角形或六角形，或上部种鳞呈四角形，中央有明显而凸起的尖头，能育种鳞具多数种子；种子两侧具窄翅。与当地近缘种西藏柏木（*Cupressus torulosa* D. Don）的区别在于后者鳞叶小枝细长，排列较疏，微下垂或下垂，鳞叶背部宽圆或平；球果灰褐色。

【分布】巨柏是西藏特有树种，国家一级重点保护野生树种。分布于西藏东南雅鲁藏布江中游及其支流尼洋河的郎县、米林和林芝等地沿江地段的部分河谷和山坡，海拔3000~3400m江边的阳坡、半阳坡、开阔的谷地及有石灰岩露头的阶地、山麓坡地。巨柏大部分为稀疏零星分布，唯有林芝市巴宜区的巴结巨柏自然保护区和附近山坡保留有小片古老完整的纯林，面积8hm²。

【生境】中国分布的柏科树种中，巨柏属于体型最高大的一种，也是青藏高原上的高大树种，以长寿的特点和特有的生物学特性，获得了其他树木家族难以生活的场所，深受人们敬重。分布地的气候条件为：降水集中在6~9月，降水量不足500mm，年平均气温8.4℃，绝对最低气温-15℃，相对湿度65%以下，冬季多西风。喜生长于中性偏碱的砂质土上。巨柏处于湿润森林向旱生灌丛演替的过渡阶段，因此被认为是西藏东部山地针叶林向西过渡为山地灌丛草原特有的"草原化旱生疏林"类型。其鳞叶表面有较厚的角质层，具有适应寒、旱气候的本领，适宜生长于干旱多风的高原河谷。

【生活史】巨柏球花单生枝顶，雄球花为淡黄色，雌球花为褐绿色。雌球花集中生于多年生枝条的顶部，且数量极少，雄球花大量生于其下方。花芽每年10月开始分化，2月底分化完成，3月初花芽开始萌动，4月中下旬花期结束。其中雄球花的物候早于雌球花，花期平均为20~25d。4~7月是球果生长的旺盛期，球果最初为绿色，10月开始变为棕色，翌年3月变为棕褐色；种子翌年3月形态成熟，4月生理成熟并具有发芽能力。球果内最多含种子97粒，小球果含种子20余粒，正常球果种子数平均为58粒，部分球果内种子败育或受病虫害影响无种子，种子纯度为85%，千粒重2.70g。人工林15~20年生开始零星结实，天然林50~100年生后开始结实，树龄500~1000年仍为结果旺期。

天然生长的巨柏以古树、大树占优势，大部分成熟个体结实极少或不结实，且球果翌年10月成熟，这种繁殖机制与当地的林芝云杉、高山松、急尖长苞冷杉等成年后大量结实、球果当年成熟的优势种无法形成竞争优势，不利于个体数量增加和种群扩散。种子两侧有窄翅，翌年可以在母树的周围长成小苗，但受立地条件和降水限制，出现了植株数量少、种群面积有限、幼苗幼树甚少等情况，种群难以实现天然更新，亟待人工促进恢复和更新。

【古树】林芝巴结巨柏自然保护区以保护巨柏林为主，现已建成为"西藏林芝市巴宜区柏树王园林"，是著名的旅游景点之一，成为当地藏族群众心目中的圣地。景区有大小巨柏近千株，其中千年以上柏树396株，平均胸径达158cm，平均树高44m。塔形的树冠以及挺拔的树干十分醒目，形态千姿百态，或弯或直，或倾或卧，每一株树都历经沧桑。其中一株最大巨柏树高57m，胸径580cm，需要12个成年人才能环抱，树冠投影面积近700m²。2015年，专家用生长锥法测出该巨柏树王的树龄约为3240年，生长于商周时期（图6-16）。2018年11月被上海大世界基尼斯总部评为"中国树龄最长的巨柏"，被誉为"中国柏科之最""世界柏树之王"。

古巨柏扎根雪域千载，历经风刀雪剑，岁月的无情侵蚀，以沟壑纵横、皮裂成条状的形态呈现在树干上。古巨柏巍然屹立，苍劲挺拔，气势雄伟，枝繁叶茂，生气勃勃，球果累累，正因如此，当地群众奉其为"神树"。枝干上挂满了洁白的哈达和彩色经幡，迎风抖动，仿佛在诵经，当地居民和游客来到这里，便按照藏传佛教的仪轨，顺时针绕树转行，以求祈福，该古树已成为藏族人心目中的圣树。

(18) 剑阁柏木[*Cupressus chengiana* var. *jiangensis*(N. Chao) C. T. Kuan]

【分类】柏科 (Cupressaceae) 柏木属 (*Cupressus*)。

【鉴别】常绿乔木。枝叶浓密，生鳞叶的小枝斜展，密集不下垂，不排成平面；嫩枝扁圆形，被蜡质白粉；2年生枝带紫褐色、灰紫褐色或红褐色；3年生枝皮鳞状剥落。鳞叶斜方形，先端钝或钝尖，背部拱圆，有明显腺点，稀小枝基部的叶稀有明显纵脊。球果矩状卵圆形，种鳞6～7对，盾形，木质，

图 6-16　西藏林芝市巴结巨柏自然保护区树龄约 3240 年巨柏（潘刚　摄）

顶部中央的尖头扁平。每种鳞各腹面具8粒种子，扁圆形或倒卵状圆形，两侧具狭翅，黄褐色。

1978年9月，该种被原四川省林业科学研究所分类学专家赵良能先生鉴定为柏木属的新种，发表于《植物分类学报》。1983年，管中天先生编撰《四川植物志（第2卷）》时将其归纳为岷江柏木（*Cupressus chengiana* S. Y. Hu）的一变种。岷江柏木与柏木（*Cupressus funebris* Endl.）的区别在于后者生鳞叶的小枝排成平面，扁平、下垂。而剑阁柏木与岷江柏木的区别在于前者鳞叶被蜡质白粉，球果为矩状卵圆形。

【分布】据专家考证，剑阁柏在全球仅存1株，位于四川省剑阁县剑门关镇天桥村的翠云廊景区。

【生境】剑阁柏木生长在剑门关的深丘地带，年平均气温14.9℃，极端最低气温-7℃，极端最高气温为39℃，平均年降水量1000mm左右，日照1280～1620h。生长地海拔840m，紫色土，pH 6.7。周围森林为柏木天然次生林，林下灌木以黄荆为主。

【生活史】四川省剑阁县1978年曾对剑阁柏木展开过育种试验，试验一波三折，失败过2次，直到第三次试验，才培育出了剑阁柏的"后代"。遗憾的是，那些小树苗全被毁坏。2005年兰州大学刘健全教授在调查中收集球果17枚，获得种子68粒，成功获得苗木10余株。2017年9月，四川大学王丽教授重启剑阁柏木繁育研究，采用扦插、播种和组织培养等方法为剑阁柏木培育下一代，但目前效果不理想。

图6-17　四川省剑阁县剑门关镇翠云廊景区树龄2300年剑阁柏木（中间植株）（敬永雄　摄）

剑阁柏木的播种育苗与柏木属柏木、岷江柏木等树种基本相同，4月上旬播种，4月底苗木出齐，出苗期20d。种子出苗后10d，第一片针叶出现，30d后进入生长高峰期，9月上旬随温度降低，高生长停止。露地越冬时苗木有轻微冻害，但不影响生长。

【古树】翠云廊景区的这株剑阁柏木古树，植于2300年前秦惠文王时期，树高29m，枝下高17.7m，胸围364cm，立木材积12.5m³（图6-17）。全球仅此一株，树身笔直耸天、粗壮挺拔；虬枝凌空、展臂摩云，枝叶如松似柏，被誉为"国之珍宝"。因"干如松，皮如柏；果如松，裂纹如柏"，1963年3月21日，朱德委员长视察翠云廊时指示："要好好保护这棵松柏常青树"。"松柏常青树"一名由此而来。2018年入选"中国最美古树"。

剑阁柏木喜强光，容易长成良材；过去不仅天然更新困难，即便有也容易被人优先择伐；该树由于生长在古道上，受到历代严格的保护才留存至今。这株剑阁柏木树干有些中空，枝叶稀疏，距离地面约2m高处，树皮沿着一条斜线脱落，裸露出树干，生长状况岌岌可危，这株树木几乎失去了天然更新能力，种子已无繁殖能力。在《中国物种红色名录》中被列为极危等级（CR）。对这株剑阁柏木古树的保护已不能仅限于对其生境的保护，更多的是要在繁育上下功夫，只有通过人工干预得到剑阁柏木的后代，才能挽救其遗传资源，将这种古树基因传承下去。

(19) 刺柏（*Juniperus formosana* Hayata）

【分类】柏科（Cupressaceae）刺柏属（*Juniperus*）。

【鉴别】乔木，高达12m；树皮纵裂成长条薄片脱落；枝条斜展或直展，树冠塔形或圆柱形；小枝下垂。叶三叶轮生，条状披针形或条状刺形，长[1.2~2(3.2)]cm×宽(1.2~2)mm，先端渐尖具锐尖头，上面稍凹，中脉微隆起，绿色，两侧各有1条白色气孔带，气孔带较绿色边带稍宽，在叶的先端汇合为1条。雄球花圆球形或椭圆形。球果近球形或宽卵圆形，长6~10mm，径6~9mm，熟时淡红褐色，被白粉或白粉脱落；种子半月圆形，具3~4棱脊，顶端尖，近基部有3~4个树脂槽。

【分布】为我国特有树种，分布很广，产于台湾中央山脉、江苏南部、安徽南部、浙江、福建西部、江西、湖北西部、湖南南部、陕西南部、甘肃东部、青海东北部、西藏南部、四川、贵州及云南中部、北部和西北部；其垂直分布带由东到西逐渐升高，在华东为海拔 200~500m，在湖北西部、陕西南部及四川东部为海拔 1300~2300m，在四川西部、西藏及云南则为海拔 1800~3400m 地带。

【生境】喜光，耐寒，耐旱，主侧根均甚发达，对土壤要求不严，酸性土以至海边干燥的岩缝间、砂砾地、向阳山坡均可生长。多散生于林中或成小片纯林。

【生活史】花期 4~5 月，雌雄同株或异株，球花单生叶腋；雄球花卵圆形或矩圆形，雄蕊约 5 对，交叉对生；雌球花近圆球形，有 3 枚轮生的珠鳞，胚珠 3 枚，生于珠鳞之间。刺柏果浆果状，近球形，翌年 10 月成熟，近圆形或阔卵形，长 6~10mm，直径 6~9mm，外表上皱缩，淡红褐色，被白粉，顶端有时开裂。通常有 3 粒种子，种子半圆形，具 3~4 棱脊，无翅。

【古树】湖北武汉黄陂区横店街道独木村松林岗塆有 1 株 1200 余年的刺柏，是目前武汉最长寿的古树，高 12m，胸径 1.05m，冠幅 12m，一半树杈光秃，一半青枝绿叶，神似秃顶老人（图 6-18）。安徽舒城县棠树乡窑墩村大官庄组张家老坟有古树 1 株，树龄 230 年，树高 12.2m，胸径 1.62m，冠幅 10m。

(20) 圆柏（*Juniperus chinensis* L.）

【分类】柏科（Cupressaceae）刺柏属（*Juniperus*）。'龙柏'（'Kaizuka'）、'金叶'桧（'金星'柏，'Aurea'）、'金枝球'桧（'Aureoglobosa'）、'球柏'（'Globosa'）、'塔柏'（'Pyramidalis'）、'鹿角'桧（'Pfitzeriana'）为其栽培品种。

图 6-18　湖北省武汉市黄陂区横店街道独木村 1200 余岁古刺柏（引自长江日报 2019-07-30，陈奇雄　摄）

【鉴别】乔木，高达 20m。树皮灰褐色，裂成长条片。叶二型，鳞叶先端钝尖，刺叶三叶交叉轮生。球果被白粉。圆柏与香柏和侧柏形态相似，但三者成熟时球果种鳞区别明显，圆柏种鳞合生，肉质，成熟后不开裂；香柏薄革质；侧柏种鳞木质，成熟后开裂。

【分布】产于内蒙古南部、华北各地，南达长江流域至两广北部，西至四川、云南、贵州，垂直分布海拔 500~1000m；西藏有栽培。朝鲜、日本也有分布。

【生境】喜光，幼龄较耐庇荫，耐干旱瘠薄，酸性、中性、钙质土均能生长。为石灰岩山地良好的绿化造林树种。分布地年平均气温 14.0℃（范围为 0.8~24.1℃），最冷月平均气温 2.1℃（-16.1~18.3℃），最热月平均气温 25.0℃（9.9~30.1℃），年降水量 468mm（23~947mm），最暖季节降水量 88mm（2~203mm）。

【生活史】圆柏常为雌雄异株，球花单生枝顶，雄球花具 1~4 对雄蕊；雌球花具 3 轮生的珠鳞，胚珠生于珠鳞腹面基部，顶端在传粉期可以分泌传粉滴，接受和引导花粉

图6-19 北京市景山公园树龄约150年的古圆柏
（张炎 摄）

进入胚珠。有关圆柏生活史研究资料较少，其生活史可参考同属物种祁连圆柏（*Juniperus przewalskii*）。春末夏初花药散粉，珠果通常翌年成熟；种鳞合生，肉质。种子1~2(3~6)，无翅，坚硬骨质；子叶2~6。圆柏种子在自然条件下很难萌发，采收后的圆柏种子在常规环境下均不能萌发，经过低温层积出现萌发现象，说明低温层积可以打破圆柏种子生理休眠状态。外源GA的使用效果相对并不显著，而高浓度的GA还会抑制圆柏种子的萌发。使用浓硫酸对种皮进行15min的酸蚀处理后，萌发效果更为显著。

【古树】国内胸径最大的圆柏为济源济渎庙古桧，号"尉迟将军柏"，位于河南济源市，共2株，最大的一株高30m，胸径2.29m，冠幅13.6m×13.6m，植于隋代。北京皇家园林可见圆柏古树，如景山公园内（图6-19），北京胸径最大的圆柏为国子监许衡手植柏，位于东城区国子监街孔庙大成殿前西侧，树高20m，胸径1.67m，冠幅东西14m、南北8m。河北省邯郸临漳县习文乡靳彭城村有1株圆柏古树，树龄约1500年，树高21m，平均冠幅17m左右，胸围5.5m，树身伟岸，枝繁叶茂。

(21) 祁连圆柏（*Juniperus przewalskii* Kom.）

【分类】柏科（Cupressaceae）刺柏属（*Juniperus*）。

【鉴别】常绿乔木，高达10~20m。树冠呈窄塔形或窄圆锥形，树皮灰或灰褐色，条片状纵裂，易剥落。鳞叶交互对生，菱状卵形，先端尖或微尖，背面的基部或近基部有圆形、卵圆形或椭圆形腺体；幼树常为刺叶，刺叶3枚交互轮生，三角状披针形。雌雄同株或异株。球果卵圆形或近球形，熟时蓝褐色或蓝黑色，球果8~13mm。种子扁方圆、宽卵圆或宽倒卵圆形，两侧有明显棱脊，有深或浅树脂槽。祁连圆柏与塔枝圆柏（*J. komarovii*）相近，主要区别在于塔枝圆柏分支形状呈塔形，球果6~9(12)mm，种子卵圆形，两侧具钝脊。

【分布】祁连圆柏是我国青藏高原东北边缘特有树种，分布于甘肃（河西走廊南部）、青海（东部、东北部及北部）、四川（松潘）等地，水平分布约北纬32°40′~41°30′，东经98°40′~112°30′区域。祁连圆柏在甘肃省的主要分布区为北纬33°50′~40°30′，东经98°~104°，包括肃南、张掖、民乐、山丹、永昌、武威、古浪、天祝等地，祁连山北坡海拔2500~3500m的阳坡、半阳坡、半阴坡及阴坡地带，现多保存为疏林或纯林。

【生境】祁连圆柏耐高寒、干旱，耐土壤贫瘠。分布地区坡度较陡，一般为30°~

45°，坡面剥蚀严重，岩石裸露。祁连圆柏可生长在条件恶劣的悬崖陡壁的石隙，在海拔较高的地段，因气候寒冷，终年受强风的袭击，呈稀疏分布，且多呈低矮的塔形灌木状；在陡峭的山地，生长发育不良，分布稀疏，主干低矮、扭曲。由于其生长的环境条件较差，其他乔木种类难以生长，多呈稀疏的纯林，在高山草甸和荒漠草原呈不连续的岛屿状分布。

【生活史】祁连圆柏花单性，雌雄同株，花期15~20d。雄球花花药破裂后，花粉散落并随风传播。花粉散落到雌球花后，通过顶端瓶状珠孔授粉，花粉管萌发，伸长，最终完成授粉受精。祁连圆柏雌球花授粉受精完成后，顶端瓶状珠孔闭合，逐步发育成绿色球果，内部胚珠开始发育成骨质种子。7~10月球果开始迅速膨大，内部种子开始由乳白色逐渐发育成乳黄色，硬度逐渐增加。11月球果发育停止，翌年5月球果继续生长和发育，此时种子发育加快，硬度增加，骨质种子占整个球果的体积和重量比例加大。进入10~11月，球果发育成蓝黑色或黑色，微有光泽，表明已成熟。种子形态成熟后，进入深度休眠生理后熟时期，雪藏100d，混沙冬藏4个月和冰箱冷冻80d效果较好，出苗率高。

【古树】祁连圆柏古树较多，主要分布于青海省和甘肃省所属的祁连山脉亚高山带（图6-20）。人居环境中，青海省乐都区高庙镇保家村保塔寺有2株祁连圆柏古树，体型较大的1株树龄达到600年。甘肃省天祝县生长有6株祁连圆柏古树。

图6-20 青海省德令哈市宗务隆山千年祁连圆柏古树
（Liu et al.，2019）

(22) 侧柏 [*Platycladus orientalis* (L.) Franco]

【分类】柏科（Cupressaceae）侧柏属（*Platycladus*）。

【鉴别】乔木，高达逾20m。枝条向上伸展或斜展，幼树树冠卵状尖塔形，老树树冠广圆形。生鳞叶的小枝细，向上直展或斜展，排成一平面。叶鳞形，先端微钝。雄球花黄色，卵圆形；雌球花近球形，蓝绿色，被白粉。球果近卵圆形，成熟前近肉质，蓝绿色，被白粉，成熟后木质，开裂，红褐色；中间两对种鳞倒卵形或椭圆形；种子卵圆形或近椭圆形，顶端微尖，灰褐色或紫褐色，稍有棱脊，无翅或有极窄之翅。侧柏属（*Platycladus*）和柏木属（*Cupressus*）相似，主要区别在于，侧柏属种鳞木质扁平，背部有一弯曲的钩状尖头，球果当年成熟；柏木属种鳞木质盾形，球果翌年成熟。

【分布】中国特有种，华北地区有野生侧柏。除青海、新疆外全国均有分布。

【生境】侧柏喜光性中等，林冠下常有较多天然更新的幼苗幼树，生长发育良好，在有其他树种侧方庇荫的混交林中，侧柏生长更快，立地条件越好，混交效果越明显，但长期上方庇荫则生长缓慢以至死亡。能生长在绝对最低气温-35℃、年降水量仅300mm左右的干冷地区和南亚热带炎热气候区，但以年平均气温8~16℃的暖温带生长最好。侧柏对水肥条件的反应很敏感，在地下水位高、排水不良的低洼地容易烂根死亡。立地条件稍有改善，生长明显加快。在深厚湿润的土壤上，其生长速度较快。对基岩和土壤的适应性很强，在石灰岩、片麻岩、花岗岩、紫色页岩或黄土母质等发育的各类土壤上，在 pH 5~9 的范围内均有分布或栽培；有一定的抗盐性，能生长在含盐量 0.2% 的轻盐土上。

【生活史】侧柏有性生殖过程：①小孢子叶发生和雄球花发育。休眠期前（10 月中旬），雄球花先端变为浅褐色，小孢子囊内先由造孢细胞分裂为小孢子母细胞；休眠期内（冬季至翌年 2 月），小孢子母细胞经减数分裂形成小孢子，由于小孢子母细胞正处于减数分裂时期，小孢子叶球体积有一定程度的增加；翌春，雄球花内小孢子囊发育，小孢子发育形成单核花粉粒。②大孢子叶发生和雌球花发育，10 月底或 11 月发生，到翌年 3 月下旬，大孢子母细胞已在部分胚珠中形成。③授粉和种子形成。每年 4 月中下旬，胚珠授粉，进入胚胎发育早期，之后雌球果继续生长，逐步发育成种子，种鳞开始木质化。10 月中旬，球果成熟种鳞逐渐变成褐色，球果开裂，种子脱落。侧柏种子从萌发到长出子叶大约 1 周。

【古树】侧柏具有极高的观赏价值和丰富的文化内涵，自古以来常栽植于寺庙、陵墓和庭园中，其寿命很长，千年以上的古树较为常见。陕西省拥有大量古侧柏资源，其中黄帝陵古柏群面积 160hm^2，百年以上古侧柏 8.6 万余株，千年以上的古侧柏逾 3 万株，是目前已知的全世界面积最大、最古老、保护最完整的人工种植古侧柏群。我国树龄最大的侧柏位于黄陵县轩辕庙的"轩辕手植柏"，胸径约 2m，有 5000 年历史，2018 年被评为"中国最美古树"（见彩图 7）。此外，甘肃省天水市伏羲庙景区内最早栽植 64 株侧柏，如今存活 28 株，其中树龄最大的 2 株古侧柏为 1000 年左右，树龄最小的也在 400 年以上。贵州省开阳县有 90 余株 300 年以上古侧柏。山东省济南市有古侧柏 1369 株。河北省承德市平泉市发现万余亩天然侧柏古树群，百年以上树龄达 65% 以上，树龄最长者逾 1300 年。

(23) 罗汉松 [*Podocarpus macrophyllus*(Thunb.)Sweet]

【分类】罗汉松科（Podocarpaceae）罗汉松属（*Podocarpus*）。变种有短叶罗汉松 *P. macrophyllus* var. *maki*(Sieb.)Endl.，株形较小，叶短而密生，长（25~70）mm×宽（3~7）mm。

【鉴别】乔木，高达 20m。叶条状披针形，长（70~120）mm×宽（7~12）mm，先端尖，基部楔形，螺旋状着生。雌雄异株。雄球花穗状。种子卵状球形，熟时假种皮紫黑色，具白粉，肉质种托短柱状，红色或紫红色。

【分布】产于江苏、浙江、福建、安徽、江西、湖南、四川、云南、贵州、广西、广东等省份海拔 1000m 以下地区，野生树木极少，常栽培于庭园作观赏树。日本也有分布。

【生境】喜温暖湿润气候，生长适温 15~28℃。耐寒性弱，耐阴性强。喜排水良好湿润的砂质壤土，对土壤适应性强，盐碱土上也能生存。

【生活史】罗汉松 10~12 年生开始结实，正常结实期在 15~20 年以后。大小年间隔期为 1 年，但不甚明显。种子当年成熟，成熟 6~10d 后陆续落地，脱落持续时间 30~45d。据广西南宁物候记录，始花期 4 月上旬，盛期 4 月中旬，末期 5 月上旬。种子成熟期 7 月，成熟盛期为 7 月下旬；种子脱落期 7 月下旬至 8 月中旬。种子千粒重 400~600g，每千克纯净种子 1700~2500 粒。出土萌发；随采随播的种子，无休眠习性，播后 2~5d 胚根萌发，14~17d 子叶带壳出土，20~22d 发出初生叶。

【古树】我国南方历代古寺庙常栽植罗汉松，至今保留了不少古树。江西庐山东林寺有1株罗汉松，称"六朝松"，相传为东晋慧远禅师手植，至今树龄1600余年。江西龙虎山天师府"万法宗坛"院内有2株千年罗汉松，相传是祖天师亲手所植，一雄一雌，并肩而生，树高约30m，干径约1.5m，3个人合抱不拢。福州市林阳寺，建于后唐长兴二年（931年），距今已逾1000年，相传该寺开山祖师志端禅师在建寺时亲手栽植1株罗汉松，如今树高27m，胸围近5m，冠幅直径达15m。湖南长沙麓山寺后殿观音阁，有1株古罗汉松，也号称

图6-21 江西省九江市庐山市白鹿乡万杉村树龄1600年的罗汉松（引自《中国最美古树》）

"六朝松"，是建寺时所植，已逾1700年。江西省九江市庐山市白鹿乡万杉村有1株罗汉松古树，树龄1600年，胸（地）围760cm，2018年入选"中国最美古树"（图6-21）。

（24）东北红豆杉（*Taxus cuspidata* Sieb. et Zucc.）

【分类】又名紫杉，红豆杉科（Taxaceae）红豆杉属（*Taxus*）。

【鉴别】乔木，高达20m，胸径40cm。树皮淡红褐色。枝条平伸或斜展，小枝基部具宿存芽鳞。叶条形，通常直，排列紧密，呈不规则二列。雌雄异株。种子褐色，卵圆形，有明显横脊，具杯状红色假种皮。东北红豆杉与红豆杉、南方红豆杉相比，后两者小枝基部芽鳞常脱落；叶多少微弯，排列疏，呈羽状二列，背面中脉带上常有角质乳头状突起点。

【分布】国家一级保护物种，产于我国东北地区，跨辽宁、吉林、黑龙江三省，自然地理上分布于千山山脉及其南侧、吉林长白山区及其南侧，经老爷岭、张广才岭至小兴安岭南端，东到完达山脉。朝鲜北部，韩国济州岛，日本，俄罗斯远东阿穆尔州、萨哈林岛、千岛群岛也有分布。其自然分布区范围为北纬32.5°~53°，东经123°~155°，垂直分布于海拔250~1200m。

【生境】幼年期喜庇荫，7~8年后喜光，对光照适应幅度较大，但是对湿度要求严格，湿润度0.7以上生长良好，但积水低洼地生长不良。东北红豆杉耐寒性较强。自然分布地年平均气温-0.2~10.6℃，1月平均气温-18.8~-17.8℃，7月平均气温18.2~19.7℃，极端最低气温-45℃，夏季高温超过30℃生长缓慢，≥10℃积温1900~2200℃，年降水量554~1694mm。东北红豆杉分布地土壤多为暗棕壤或棕壤，pH 4.63~6.31，其立地条件可分为3种类型：①山脊陡坡型，多位于向阳坡或窄分水岭、山脊处，坡度在25°以上，土壤为薄层粗骨质暗棕壤，土壤瘠薄，生长缓慢，干形不通直，或在有岩石裸露成灌木状，此立地下数量较多；②斜缓坡型，一般在山坡中上部，坡度10°~25°，中厚层暗棕壤，生

长最好；③平谷立地型，坡度为5°~10°，厚层潜育暗棕壤，质黏、潮湿或有季节性积水，少见且生长极其不良。

【生活史】柏广新和吴榜华在2002年对东北红豆杉进行了系统综合的报道，包括其生长特性、繁殖规律等。天然林中，雄株最早在胸径其1.5cm进入花期，雌株胸径为9.5cm进入花期，开花雄株的最大胸径为92cm，雌株最大胸径为68.1cm。雄株进入花期早雌株20年左右。在天然种群中，雌雄比例为1:2，而且相对雌株而言，东北红豆杉雄株生殖生长开始早，持续时间更长。东北红豆杉雌雄异株，其有性生殖过程包括：①雄球花花期在4月16~24日，雄球花花药集生成球，下具柄，着生于2年生枝叶腋处。②雌球花分化较晚，形态可辨期相差约1个月。③花芽形成后进入冬眠，翌春恢复发育，3月中旬花粉母细胞进行减数分裂，4月中旬珠柄伸长、胚珠外漏，小孢子叶球伸出，依靠风力散粉，4月下旬至5月初，珠孔接收花粉。④受精后，子房开始膨大生长，7~8月为果实膨大期，8月下旬至9月上旬，假种皮初熟，9月中旬至下旬，果实直径达最大，9月中旬至10月下旬假种皮陆续成熟、干枯，10月上旬至11月上旬果实陆续成熟、脱落。由此可以看出，东北红豆杉从花原基形成到种子成熟需要2年时间，第一年花芽形成，第二年春末夏初开花授粉受精，秋天种子成熟。其中，在黑龙江省穆棱东北红豆杉国家级自然保护区内，小孢子叶球数量平均为大孢子叶球数量的2倍，大孢子叶球转化为果实的数量不足1/10，孢子叶球数量、结实数量与植株个体的胸径、冠幅、树高显著相关，与其他立地因子相关不显著。孢子叶球数量在冠层间的分布呈现由上至下的递减规律，而结实数量在冠层间沿中、上、下递减，结实率沿冠层自上而下递减。对黑龙江穆棱东北红豆杉当年种子生活力的测定结果表明（胡丹，2009），有活力的种子为24.67%；从解剖结果来看，空粒和涩粒的比例分别为14.33%和38.67%，这意味着东北红豆杉发育良好的种子比例较低，这可能也是其自然繁衍能力很差的一个主要因素。在当年生成熟的种子的切片中，种子几乎完全被胚乳所充满，胚乳浅黄色、油质。胚具有结构完整的胚根、胚轴和子叶，位于种子的中轴部，浅黄色、棒槌状，长约1.6mm，仅为种子长度的1/4~1/3。种子形态成熟时，胚体发育不完全。2年的种子在经历生理后熟之后，各种酶活性的增加、生长促进物质的形成、生长抑制物质的消失以及储藏物质转变成为胚发育可利用状态，种子的胚体充满胚腔，而且胚根开始生长，胚乳吸胀，种皮开裂，种子逐渐具备萌发的条件（胡丹，2009）。此外，东北红豆杉天然结实率很低，种子呈扁状至椭圆形球体，千粒重39~45g，种子依靠鸟类和啮齿类动物取食传播。种皮分外种皮、中种皮和内种皮3层，这种结构严重阻止水分吸收和气体交换，导致种子为深度休眠，播种前必须经过催芽处理才可萌发。根据需求可有两种催芽方式：隔年埋藏催芽法，种子可在秋季入藏，第二年全年埋藏，第三年春季取出播种；越冬埋藏催芽法，秋季采种，第二年提前20d左右取出播种。经过两冬一夏室外40cm土层深度层积处理后，发芽率能达到80.6%（刘翘，2018）。幼苗为出土萌发，子叶两片，向上斜展，线形。由于种子繁殖周期长，而扦插易生根，生产多用扦插繁殖。东北红豆杉生长缓慢，直径生长15~30年较快，树高生长从幼苗到15年生长最快，然后下降，数量成熟龄在55年以后，自然成熟为160年，之后树高停止生长，直径生长更趋缓慢。

【古树】东北红豆杉分布区内，古树资源在吉林、辽宁两省多见报道。吉林省延边州汪清林业局荒沟林场63林班1株树龄约3000年的古树在2018年被评为"最美东北红豆杉"(见彩图8)，高40~50m，胸径1.68m，此处古树群共有30多株；在和龙林业局的荒沟林场7林班也发现1株，树龄约2800年，胸径约1.85m，高20m，此处树龄≥900年的有14株。辽宁省本溪满族自治县小市镇陈英村有1株古树，树龄1000余年，胸围1.8m，高12m；桓仁满族治自治县大甸子村也有1株千年古树，胸围1.3m，高16m，树干基部萌生1株小树，胸围1.4m，又称"母子树"；在凤城市凤凰山下的1株古树，树龄800余年，高12m，胸围2.1m，冠幅7m。

(25) 南方红豆杉[*Taxus chinensis* var. *mairei* (Lemee et Levl.) Cheng et L. K. Fu]

【**分类**】红豆杉科(Taxaceae)红豆杉属(*Taxus*)。

【**鉴别**】乔木，高达30m，胸径达60~100cm。树皮灰褐色、红褐色或暗褐色，裂成条片脱落；大枝开展，1年生枝绿色或淡黄绿色，秋季变成绿黄色或淡红褐色，2~3年生枝黄褐色、淡红褐色或灰褐色；冬芽黄褐色、淡褐色或红褐色，有光泽，芽鳞三角状卵形，背部无脊或有纵脊，脱落或少数宿存于小枝的基部。叶排列成二列，多呈弯镰状，长(20~35)mm×(3~4)mm；上部常渐窄，先端渐尖，中脉带明晰可见，其色泽与气孔带相异，呈淡黄绿色或绿色，绿色边带较宽而明显。种子生于杯状红色肉质的假种皮中，间或生于近膜质盘状的种托(即未发育成肉质假种皮的珠托)之上，通常较大，微扁，多呈倒卵圆形，上部较宽，稀柱状矩圆形，长7~8mm，直径5mm，种脐常呈椭圆形。

【**分布**】中国特有树种。产于安徽南部、浙江、台湾、福建、江西、广东北部、广西北部及东北部、湖南、湖北西部、河南西部、陕西南部、甘肃南部、四川、贵州及云南东北部。垂直分布一般较红豆杉低，在多数省份常生于海拔1000~1200m以下的地方。

【**生境**】南方红豆杉是中国亚热带至暖温带特有成分之一，在阔叶林中常有分布。耐阴树种，喜温暖湿润的气候，通常生长于山脚腹地较为潮湿处。自然生长在海拔1000m或1500m以下的山谷、溪边、缓坡腐殖质丰富的酸性土壤中，要求肥力较高的黄壤、黄棕壤，中性土、钙质土也能生长。耐干旱瘠薄，不耐低洼积水。对气候适应力较强，年平均气温11~16℃，极端最低气温-11℃。很少有病虫害，寿命长。

【**生活史**】南方红豆杉为雌雄异株，雄球花成熟较早，5~6月现蕾，花期7~11月，时间较长；雌球花稍晚，在8月下旬至10月现蕾，花期10月至翌年1月，种子发育期3~9月，成熟期10~11月(在霜降后几全部成熟，在霜降前10~15d也有部分成熟)。在自然条件下南方红豆杉种子经2~3年才萌发，出苗率较低。在当地条件下进行沙藏、沙袋拌种或低温处理，翌年可萌发，经变温处理萌发率普遍提高。种子实生苗抽梢生长很缓慢，在前3年，每年生长5~8cm，且死亡率高。幼苗通过环境筛的强度过滤和筛选，仅有少量的个体能穿越环境筛发育为幼树，并最终进入营养生长和生殖生长，完成全部生活史。一般当年生苗高可达10~15cm，最高可达20cm，2年生苗50~90cm，4年生苗高1.5~2m。此外，低海拔地区的南方红豆杉现蕾、花期、果期均较早。

【**古树**】截至2020年，福建省名木古树管理系统记录的南方红豆杉共有5529株，其中散生木2872株，古树群共计137个2657株，古树群总面积123.24hm^2。福建大田县济阳乡分布着数十株超600年的南方红豆杉。浙江磐安县盘峰镇榉溪村太公坟溪边钟山的后坞，有1株树龄逾870年的南方红豆杉，胸围5.6m，平均冠幅21m，树高37m，树干笔直，昂然挺立，枝叶茂盛，郁郁葱葱。江西铜鼓县棋坪乡棋坪村"江西南方红豆杉树王"，树龄约 1600 年，树高约 27m，胸围 5.1m，平均冠幅 23m（图 6-22）。

（26）榧树（*Torreya grandis* Fortune ex Lindl.）

【分类】红豆杉科（Taxaceae）榧属（*Torreya*）。'香榧'（*T. grandis* 'Merrillii'）为其栽培品种。

【鉴别】乔木，高达 25m。叶条形，长（11~25）mm×宽（2.5~3.5）mm；先端有凸起的刺状短尖头，基部多圆形；螺旋状着生，基部扭转排成二列。雌雄异株。种子核果状，全部包于肉质假种皮内，熟时假种皮淡紫褐色。榧树与红豆杉属、白豆杉属植物的叶形态相似，但三者成熟时假种皮区别明显；红豆杉属肉质假种皮红色，种子露出一半；白豆杉属肉质假种皮白色，种子先端露出。

图 6-22 江西铜鼓县棋坪乡棋坪村"江西南方红豆杉树王"
（刘小虎供图）

【分布】中国特有树种。产于中亚热带和北亚热带，北纬 25°~32°，东经 109°~121° 区域，跨越安徽、江苏、浙江、江西、福建、湖南、湖北和贵州等地，集中分布于浙江、安徽。榧树居群经历了历史瓶颈效应，武夷山、黄山、会稽山和天目山等山区可能是榧树在第四纪气候振荡期的孑遗地。垂直分布于海拔 50~2000m 的丘陵山地，海拔高限在大别山为 1000m，黄山、天目山、武陵山、雪峰山为 1500m，武夷山为 2000m。

【生境】幼年期喜温湿阴凉，不适高温、干旱和强光照；成年个体具有较强的抗高温、干旱能力。分布地年平均气温 15.2~18.7℃，1 月平均气温 1.9~8.0℃，极端最低气温 -17℃，≥10℃ 积温 4758~5940℃，年降水量 1000~1900mm。在高海拔地段，≥10℃ 积温低至 3200~3500℃，榧树照常生长发育、开花结果。在中山地带，多见于沟谷和避风向阳地段；在低山丘陵地带，榧树在阴坡和半阴坡的分布多于阳坡，山谷和山脚多于山顶及中上坡。适生黄红壤，黄壤、山地黄壤和黄棕壤也可生长。

【生活史】汤仲埙等早在 1986 年报道了榧树的有性生殖过程，刘志敏等于 2017 年细致观察了榧树开花、传粉和受精等生物学过程及其特征。榧树有性生殖过程最显著的特点是：周期长，历时 3 年，民间称"一年开花、二年结果、三年成熟"，出现所谓"三代同树"奇观。综合前人的观察，榧树的有性生殖过程可分为 3 个时期。①雌、雄球花分化期，从第一年 5 月前后球果原基和第一对苞片分化开始，到第二年 4 月雌、雄球花形成；②雌、雄配子体发育期，从第二年 4~5 月大、小孢子母细胞减数分裂开始，至 8~9 月受精作用完成，期间经历开花、传粉等过程；③胚胎发育与种子成熟期，从第二年 9 月初受精作用开始，至第三年 9 月种子发育成熟，期间经历了受精、胚胎发育、种子成熟等过程。"三代同树"现象意味着生殖过程的营养消耗巨大，巧合的是榧树存在非叶器官（假种皮）光合作用现象，假种皮的营养对策也符合"叶经济谱"规律，从而补偿了种子发育所需营养亏缺。

浙江农林大学香榧研究团队提供了以下3个科学证据：①观测的叶绿素含量、叶绿体超微结构、总光合速率、暗呼吸速率、核酮糖-1,5-二磷酸羧化酶活性等数据，支持假种皮具有高光合活性；②种子发育早期的假种皮，总光合速率明显高于叶子，叶绿体基粒片层比叶子更复杂，证明假种皮的高同化能力；③假种皮总光合速率、暗呼吸速率和氮含量等性状的权衡与共变异，印证了Wright(2004)等提出的全球"叶经济谱"规律。种蒲（带假种皮的种子）质量5.24~12.23g，种核（去除假种皮）质量2.30~5.19g。种子休眠期长，同时因为种子脱落时胚未完全成熟，需有后熟过程，播种前需经催芽。经层积处理，田间发芽率可达80%。幼苗为留土萌发，子叶两片、白色、肉质、肥厚，中部横切面近长半月形。榧树早期生长缓慢。实生1年生苗高生长17cm；2~3年生苗高生长25cm，地径生长0.7cm；6年生幼树高生长227cm，地径生长6.9cm。经嫁接的香榧树，10年左右开花结实，20年进入产果盛期。

【古树】浙江是实生和栽培香榧古树资源最丰富的省份。据统计，树龄≥100年的有46万株；其中，杭州市临安区达40万株；安吉县和庆元县均有上万株；松阳县和诸暨市也逾3000株。绍兴会稽山古香榧群，分布在柯桥区、诸暨市、嵊州市的12个乡镇，面积402km²，有古香榧树7.2万株，其中千年以上的4500株。磐安县安文镇东川村王连坞有1株古树（全省统一编号：727100107），称为"榧树皇"，树龄约1500年，树高32m，胸围9.1m，冠幅平均20m，长势旺盛，号称中国最古老的香榧树之一。诸暨市赵家镇西坑村古香榧林和嵊州市长乐镇小昆村古香榧林，其形成时间均在千年以前（图6-23）。安徽省黄山区榧山乡所产的"榧山榧"明代就作为贡品，现尚存有1株大树，高18.5m，胸围6.85m。

图6-23　浙江诸暨赵家镇古香榧（方炎明　摄）

6.2.2　被子植物

(1) 玉兰[*Yulania denudata*(Desr.)D. L. Fu]

【分类】木兰科（Magnoliaceae）玉兰属（*Yulania*）。

【鉴别】落叶乔木，高达20m，胸径60cm，树冠卵形或近球形。树皮深灰色，粗糙开裂。幼枝及芽均有毛。叶倒卵状长椭圆形，长10~15(18)cm，宽6~10(12)cm；先端突尖而短钝，基部广楔形或近圆形，幼时背面有毛。花大，直立，径12~15cm，纯白色，芳香；花被片9枚，白色，近相似，长圆状倒卵形。花3~4月（也常于7~9月再开一次花），叶前开放，花期8~10月，果9~10月成熟。果蓇葖厚木质，褐色，具白色皮孔。种子心形，侧扁，高约9mm，宽约10mm，外种皮红色，内种皮黑色。

【分布】中国特有树种。产于河南、陕西、安徽、浙江（天目山）、江西（庐山）、湖北、湖南（衡山）、广东、贵州及四川，生于海拔 500~1000m 林中。自唐代以来久经栽培，现全国各大城市园林中广泛种植。

【生境】喜光，稍耐阴，颇耐寒，北京地区于背风向阳处能露地越冬。喜肥沃适当湿润而排水良好的弱酸性土壤（pH 5~6），也能生长于碱性土（pH 7~8）中。根肉质，畏水淹。

【生活史】玉兰在北京 4 月初萌动，花蕾卵圆形，4 月中旬先叶开放，花期 8~10d。雄蕊长 7~12mm，花药长 6~7mm，侧向开裂；雌蕊群淡绿色，无毛，圆柱形，长 2~2.5cm。聚合果圆柱形（在栽培中常因部分心皮不育而发生弯曲），长 12~15cm，直径 3.5~5cm。花谢后展叶，经过近 1 个月的抽新枝，在新枝的顶端开始出现新芽。花芽分化过程中，芽外部依次形成 2~3 层被白色或浅褐色毛的佛焰苞状苞片。玉兰通常情况每年只进行一次花芽分化，从 4 月底开始顶芽逐步分化，至 6 月中上旬分化结束，整个花芽分化过程持续约 40d。玉兰花芽分化可以划分为未分化期、花芽分化初期、花瓣原基分化期、雄蕊原基分化期、雌蕊原基分化期 5 个时期。在进入花芽分化时花芽原基都开始伸长变宽，由外而内逐步出现多轮凸起的小点。果实成熟时间是 9~10 月，当其聚合果由黄绿色转为红褐色或者棕褐色，伴随少量开裂露出红色的种粒时，表明其果实已达形态成熟。每年 10 月下旬开始落叶，11 月初落净。玉兰生长速度较慢，在北京地区每年树高增长 30cm 左右。

研究表明，玉兰属多数种类的种子具有休眠特性，休眠的主要原因是生理后熟，即种子成熟散落时胚发育不完全，只比原胚稍大，在发芽前必须继续进行生长和发育，这个特性给栽培和育种均带来一定的困难。又因其属于内种皮较厚的种类，春播前需要进行催芽，以达到出苗快而整齐、成苗率高的效果。生产上应用最广泛的是层积催芽法或室温贮藏。3 份湿砂土和 1 份种子混合后，放在 -7~0℃ 温度条件下保湿冷藏。玉兰种子破除休眠所需的层积时间较长，一般需 4 个月。为了缩短时间促进萌发，可在层积之前用赤霉素、细胞分裂素等生长调节剂处理。

【古树】玉兰作为我国著名的早春花木，在一些公园和寺庙等地有古树。北京颐和园，有 1 株树龄 180 年的古玉兰（见彩图 9）。北京西山的大觉寺，有 1 株 300 年树龄的古玉兰。江苏连云港南云台林场延福观，有 1 株树龄 800 余年的玉兰，树高约 20m，胸围 4m 左右。陕西秦岭的黑河国家森林公园景区内，生长 1 株千年玉兰，树高约 27m，胸围 5m 左右。

(2) **樟树**[*Cinnamomum camphora*(L.) Presl]

【分类】樟科（Lauraceae）樟属（*Cinnamomum*）。

【鉴别】乔木，高达 30m，胸径可达 3m。叶薄革质，椭圆状卵形至卵形，长 5~9cm，宽 3.5~5cm；离基三出脉，脉腋有腺体，两面光滑无毛。雌雄同株，圆锥花序长 3.5~7.5cm。果球形，径 6~8mm，成熟时紫黑色；果托杯状，三角状倒锥形。与猴樟（*C. bodinieri*）、黄樟（*C. parthenoxylon*）和沉水樟（*C. micranthum*）形态相似，但三者叶和果有明显区别；猴樟叶形较大（长可达 20cm），羽状脉，幼叶下面密被柔毛，老叶下面有绢质柔毛，果圆球形，果托喇叭形；黄樟叶较小，不超过 12cm，羽状脉，叶下无毛；沉水樟叶羽状脉，两面无毛，干后带黄色，果椭圆形，果托漏斗形。

【分布】分布于中国长江流域以南各地，北纬10°~34°，东经88°~122°区域，主产于台湾、福建、江西、广东、广西、湖南、湖北、云南、浙江。多生于低山平原，垂直分布一般在海拔500~600m以下，湖南、贵州交界处可达海拔1000m，台湾中北部海拔1000m以下多人工林，海拔1800m高山有樟树天然林，但以海拔1500m以下生长最旺盛。越南、朝鲜、日本也有分布。

【生境】较喜光，幼苗幼树耐阴，喜温暖湿润气候，适宜年平均气温8~10℃，耐寒性不强，怕冷，冬季最低气温<0℃会遭冻害，气温低于-8℃会冻伤死亡。适生于土层深厚、湿润肥沃、pH酸性至中性的黄壤、黄红壤和红壤，人工造林以"四旁"空地或山坡中下部平缓地或溪谷肥沃地为宜。不适宜在钙质土、盐碱土和干旱瘠薄林地上种植。

【生活史】樟树8~10年生开始开花结实，花期4~5月，果期10~11月。果实成熟时自行脱落，由鸟啄食。刚进入结实期的植株其种子空粒较多，发芽率较低。用种子繁殖，应随采随播，每千克种子7200~8000粒，发芽率70%~80%，每亩播种量10~15kg。樟树生长快，广东乐昌在良好的立地条件上，5年生树高5m，胸径达12cm；寿命长，可达1000年以上。

【古树】樟树是一个古老的树种。樟树开发利用历史悠久，距今约7000年的浙江河姆渡遗址发现有樟木的使用。樟树的栽培历史起始何时，难以考证。清乾隆《南岳志·物产》载衡山舜洞下田有陡壁，镌"舜樟"大字，相传旧时有大樟，为虞舜所植，现已不存在。樟树自然分布或栽培广泛，尤其以福建、江西等地为多。2013年福建评选"十大树王"，德化县美湖乡小湖村古樟为"福建樟树王"。该树王胸径5.32m，树高25.5m，冠幅37.4m，虽历经千年风霜，仍苍壮挺拔，枝繁叶茂，如擎天大伞，庇荫人间大地。江西古樟资源丰富，据记载保存古樟林300余处，主要分布于吉安地区，最壮观的是瓜畲乡邓家村古樟林，蜿蜒绕村呈带状分布，酷似一条绿色长龙，乡民称之为"龙脉"；龙头3株，胸围9.8~10m，树高约30m，冠幅30m×30m。据邓氏家谱记载，为后周年间栽植，距今1200余年。江西保存胸围9m以上的千年古樟有35处50余株。安福县严田乡王家堂和老屋2株最为美观，树龄2000余年，为汉代所植（图6-24）。王家堂古樟在胸径处萌发11干，现存8干，胸围21.5m，树高28m，冠幅30m×35m，是我国已报道的古樟中胸径最大株。

图6-24　江西省安福县严田乡"江西樟树王"
（刘小虎供图）

(3) 闽楠[*Phoebe bournei*(Hemsl.)Yang]

【分类】樟科(Lauraceae)楠属(*Phoebe*)。

【鉴别】乔木，胸径达1m，高达40m。树干通直，树皮褐色。叶革质或厚革质，长圆状披针形或长圆状倒披针形，长7~13cm，宽2~4cm，下面沿叶脉有柔毛，中脉在上面凹下，在下面凸起，侧脉连同横脉在下面明显凸起。圆锥花序腋生，紧缩，最下分支长不超过2.5cm。果实卵状椭圆形，长1.3cm，径7mm；宿存花被片紧贴果实基部。与楠木(*Ph. zhennan*)、浙江楠(*Ph. chekiangensis*)相似，但浙江楠的花序、小枝密被黄褐色绒毛，叶宽3~7cm，种子多胚性；楠木小枝密被黄褐色或灰褐色柔毛，下面密被短柔毛，横脉不明显，网络几不可见。

【分布】中国特有树种。产于中亚热带地区，集中分布在北纬24°18′~30°29′，东经106°2′~121°5′，海拔40~1220m区域，江西、福建、浙江南部、广东、广西北部及东北部、湖南、湖北、贵州东南及东北部有分布，多天然散生于常绿阔叶林中，呈零星及小片分布在海拔1000m以下的沟谷、山坡下部及河边台地。福建三明市沙县区富口镇荷山村与明溪县地美村交界处的罗卜岩省级自然保护内，有一片面积23.3hm^{2}闽楠林纯林，是国内目前发现的面积最大的一片天然楠木林，胸径30~85cm，高近30m的大树有近100株。

【生境】适生于气候温暖、湿润、土壤肥沃的立地，特别在山谷、山洼、半阳坡山腰中下部，土层深厚、疏松、排水良好，微酸性或中性壤土生长更好。山脊、山顶土壤瘠薄的地方生长不良，难以成材。中心分布区年平均气温16~20℃，1月平均气温5~10℃，年降水量1200~2000mm。深根性树种，侧根数量较多，根部有较强的萌生能力，能耐间歇性的短期水渍。寿命长，能长成大径材。幼树期耐阴，随着树龄增大，对光照需求增强。

【生活史】花期4月，花黄色；种子成熟期11月中下旬。种子千粒重180~280g，发芽率达80%~95%。春季条播，亩播种量12~15kg，1年生苗高30~40cm，地径0.4~0.5cm。幼壮年时期，每年春、夏、秋能抽3次新梢，春梢生长稍慢，6月夏梢生长最快，20d左右夏梢可抽长30~40cm，平均日生长量达1.5~2cm，为全年生长最高峰。8~9月秋梢也有1次生长高峰，但不及夏梢生长量大，2次高峰的生长量，占全年高生长总量的70%以上，胸径生长主要在5~9月。福建三明市罗卜岩自然保护区的解析木资料表明：天然闽楠初期生长甚为缓慢，20年生闽楠树高为5.6m，胸径4.1cm；至60~70年生以后，才达到生长旺盛期。闽楠树高生长以50~60年最快，胸径生长以70~95年最快，材积生长以60~95年最快。60~95年生的材积生长量占树干总材积生长量的89%；90~95年生的生长量占树干总生长量的25.5%。闽楠12年生开始结实，正常结实年龄在20年生以上，大小年间隔期3年。

【古树】历史上楠、樟、梓、椆并称为"四大名木"，而楠木居首，足见人们对楠木的喜爱。自古以来，金丝楠木有"神木"之称。福建永安市1株闽楠古树，胸围5.43m，树高35.6m，冠幅30.4m，树龄约850年，高大挺拔，枝繁叶茂，被评为"福建闽楠王"。顺昌县郑坊乡兴村闽楠古树群，共26株，平均树高23m，平均树龄200年，平均胸径59cm以上。在贵州，闽楠因其个体高大、古老被当地百姓以"风水神树"得以保存下来，常见胸围300cm左右古树。贵州黔东南苗族侗族自治州榕江县乐里镇本里村，保留1株贵州最大的闽楠，胸围769cm，树高42m，冠幅30m，树龄500年以上。闽楠自古以来与人们生活息息相关，江西民众有喜楠、崇楠的古老传统。客家人视闽楠为风水圣木，凡开基、建房、婚嫁、添丁，必于后龙山、村水口种植楠木，盼其守护风水时运、庇佑人丁繁盛，且制定族规民约，立下"闽楠只种不伐，余树只护不损"的族规，严加保护，给子孙后代留下了一片片风水之林、镇村之宝。江西遂川县衙前镇溪口村茶盘洲有一片闽楠林，产于此地的"江西闽楠树王"，树龄约1100年，树高约26m，胸围5.45m，平均冠幅29m（图6-25）。光绪年间，当地的贡木机构选择茶盘洲硕大通直的闽楠作为贡木，斧钺之声惊动了何氏族人，男女老少前来阻拦，数十人牵手，里外围住砍伤的楠木，由于众人护卫，闽楠林得以保全。遂川也是中国林学会认定的"中国楠木之乡"。

图6-25　江西遂川县衙前镇溪口村"江西闽楠树王"
（刘小虎供图）

（4）楠木（*Phoebe zhennan* S. Lee et F. N. Wei）

【**分类**】又名桢楠，樟科（Lauraceae）楠属（*Phoebe*）。

【**鉴别**】常绿乔木，高达30m，树干通直。叶革质，椭圆形，少为披针形或倒披针形，先端渐尖，基部楔形，下面被长柔毛，羽状脉的细脉明显。聚伞状圆锥花序十分开展，被毛，在中部以上分支，每伞形花序有花3~6朵；花中等大，花被片近等大，两面被灰黄色长或短柔毛，内面较密；第三轮花丝基部具腺体无柄，第四轮为退化雄蕊；子房球形，无毛或上半部与花柱被疏柔毛，柱头盘状。核果椭圆形，果梗微增粗；宿存花被片紧贴果实。花期4~5月，果期9~10月。与近缘种细叶楠（*Phoebe hui* Cheng ex Yang）的区别在于后者的叶片稍小，细脉不明显。

【**分布**】主要分布于长江以南的亚热带西部，多散生分布于海拔1500m以下的常绿阔叶混交林中，四川东南部、重庆和贵州是其分布最集中的地方，其次云南、广西、广东、福建、浙江、江西、湖北也有零散分布。由于历史上长期砍伐破坏，造成这一森林资源近于枯竭，现今只在大娄山、邛崃山、小凉山等地以散生状态存在小片天然林，以及在寺庙、风景名胜区和村舍旁等偶有大树分布。

【**生境**】楠木为耐阴树种，幼年期尤其喜阴湿；怕旱、怕涝、怕冻，病虫害少；适生于气候温暖、湿润、土壤肥沃的地方，尤其是在山谷、山洼的阴坡中下部；在干旱贫瘠、排水不良的环境下生长不良。

【**生活史**】11月初果皮变为蓝黑色即可进行采种，去掉果皮后，经洗净、阴干，采用湿沙保存，并于翌年早春进行播种。经过去皮处理的种子比没有经过去皮处理的种子发芽提前1个多月，且苗木长势较好。5~10月为苗木速生期，应加强肥水管理。1年生苗高>30cm，地径>0.4cm,即可出圃造林。楠木种子存在多胚苗现象,即由1粒多胚种子可以同时萌发出2株及以上的幼苗,多胚率达12.4%。多胚苗具有独立的根茎,但生长势较单胚苗稍差。

楠木就高生长而言,一年中出现3次生长高峰,分别为4月、6月和8月。自然状态下生长速度较慢,胸径前30年生长较为缓慢,30~90年生长比较快速,90年后生长速度稍有减缓,但未达到生长峰值。

【古树】楠木细胞腔常含碳酸钙或草酸钙结晶体,木材抛光面呈现金丝光泽,又称"金丝楠木",自古以来为皇家所有,北京故宫及京城古建多为楠木构筑,皇家藏书楼、金漆宝座、室内装修等也多用楠木制作。楠木在自然保护区内有少量的天然林,现今多为人工栽培的半自然林和风景保护林,在庙宇、村舍、公园、庭院等处保存有人们经常能见到的楠木古树。

四川省雅安市荥经县青龙镇柏香村,始建于唐代的云峰古寺内外有近千株楠木古树。据记载这些树植于元代,有800多年历史,是四川乃至全国规模最大的古楠木园林。其中列于天王殿石梯两侧的种植于东晋时期2株古楠木最壮观。据专家测算,这2株楠木树龄约1700年,株高分别为36m和31m,树干需要七八个人才能合抱。东面那株胸径199cm,平均冠幅22m,被评为"四川十大树王""中国楠木王"和"中国最美古树"。其树干如擎天之柱,直冲云霄;树冠如绿色大伞,遮天蔽日;裸露的树根如群龙虬结,铺展于地。同时,树身还附生有兰草,一树多景,令人赞叹(见彩图10)。

(5) 枫香树 (*Liquidambar formosana* Hance)

【分类】金缕梅科 (Hamamelidaceae) 枫香属 (*Liquidambar*)。

【鉴别】落叶乔木。高达30m,胸径可超过1m。小枝有柔毛。叶薄革质,宽卵形,掌状3裂,先端尾尖,基部心形,掌状脉3~5条,叶两面无毛,或下面有疏柔毛,两面网脉明显,具腺齿;叶柄长4~11cm,托叶早落。雄花为短穗状花序,常多个排成总状;雌头状花序具花22~43朵,萼齿4~7个,针形,长4~8mm,子房被毛,花柱长6~10mm,先端常卷曲。头状果序圆球形,直径3~4cm;花柱及针刺状萼齿宿存。种子褐色,多角形或有窄翅。枫香树与缺萼枫香树 (*L. acalycina* Chang) 外形极相似,但后者叶质地较厚,老叶两面无毛,叶柄较短,雌花序具花15~25朵,萼齿缺,果序较小,径约2.5cm。

【分布】产于我国秦岭、淮河以南各地,北起河南、山东,东至台湾,西至四川、云南及西藏,南至广东;分布范围涵盖北纬18°~38°,垂直分布一般在海拔1000m以下的山地、丘陵及平原地区,云贵高原可分布至海拔1600m。越南北部、老挝及朝鲜南部亦有分布。

【生境】喜光,深根性,抗风,稍耐旱,不耐水涝。分布地年平均气温14~20℃,年降水量900~2000mm。适应性强,适生于砂岩、板岩、花岗岩等母质上发育起来的红壤、黄壤、黄棕壤及冲积土,在土层深厚肥沃湿润的谷地、山麓缓坡、沟边生长旺盛,在干旱薄瘠的石质山地、板结黏性的土壤上也能生长。常见于疏林、林缘、沟边、村边和路旁,以谷地和山麓缓坡上生长旺盛,在山脊、山顶和迎风面生长不良。

【生活史】花期3~4月,风媒授粉;果期10~11月。种子千粒重3.1~5.5g,每千克180 000~320 000粒,发芽率低,一般仅20%~30%。子叶出土萌芽。幼苗出土时,树干呈青绿色,嫩叶呈锯齿状,绿色。25d后长叶,高约3cm;30d后开始抽梢,开始出现分支。幼苗11月停止生长进入休眠。当年苗高平均160cm,最高达200cm,地径约1.0cm。幼年期生长较慢,胸径生长在10~60年生为速生阶段,树高的速生期在10~40年生;材积生长在20年生以后急剧增加，20~100年生为速生阶段。此后开始缓慢下降。

【古树】枫香树是南方著名的红叶树种，枫香树深秋霜后叶色红艳，灿若披霞，幻为春红，故古人称之为"丹枫"。苏州天平山、长沙岳麓山、江西婺源长溪村、贵州红枫湖、福建西普陀山及明溪均峰山等红叶观赏地，都是以枫香树为主的景观。据记载，苏州天平山古枫引自福建。明万历年间（1573—1619年），范仲淹十七世孙范允临辞去福建参议之职后从福建带回380株枫香树幼苗，植于苏州祖茔地天平山。当年范允临种下的枫香树，如今只剩下139株，最大的枫香树高27m，需3人合抱。福建南靖县南坑镇北坑村班古王山有一条古道，古道是村民出山之道，古道沿途两侧有16株枫香树，树干粗壮，枝繁叶茂，树龄已经376年，如今，古枫香树成为客居他乡族亲前来北坑村认祖、探亲的标志。江西省赣州市大余县南安乡1株枫香树龄1400余年，树高约32m，胸围5.15m，平均冠幅31m，被评为"江西枫香树王"（见彩图11）。位于长沙市岳麓山崇圣祠前的古枫香，树高23.5m，胸径82cm，树龄约200年。据调查，岳麓山景区现有百年以上古枫香256株，每到深秋，枫叶转红，景色迷人。毛泽东在《沁园春·长沙》写下："橘子洲头，看万山红遍，层林尽染。"唐朝诗人杜牧途经岳麓山时，发出了"停车坐爱枫林晚，霜叶红于二月花"的感叹。

(6) 皂荚（*Gleditsia sinensis* Lam.）

【分类】豆科（Fabaceae）皂荚属（*Gleditsia*）。

【鉴别】落叶乔木，高达30m，具分支粗刺。1回偶数羽状复叶，幼树及萌芽枝有2回偶数羽状复叶，小叶3~7对，倒卵形至卵状披针形，长2~8.5cm；叶缘具细钝锯齿。杂性同株。总状花序。荚果带状，长5~35cm，黑褐或紫红色。本种与肥皂荚（*Gymnocladus chinensis* Baill）叶形相似，但肥皂荚小叶全缘，荚果肥厚肉质。

【分布】产于黄河流域以南，北至河北、山西，西北至陕西、甘肃，西南至四川、贵州、云南，南至福建、广东、广西，生于山坡林中或谷地、路旁，海拔自平地至2500m。常栽培于庭院或宅旁。多栽培于低山丘陵、平原地区，在四川中部栽培海拔达1000~1600m。太行山、桐柏山、大别山、伏牛山有野生。

【生境】喜深厚、肥沃、湿润土壤，在石灰岩山地、石灰质土、微酸性土及轻盐碱土中均能长成大树，干燥瘠薄地生长不良；在微酸性、石灰质、轻盐碱土甚至黏土或砂土均能正常生长。深根性植物，具较强耐旱性，寿命可达六七百年。

【生活史】皂荚寿命及结实期均很长，大致可以划分为幼年期、初果期、盛果期、衰果期和枯老期5个阶段。①幼年期：从幼苗至幼树第一次开花结果，经8~15年，树高生长较快；②初果期：从第一次开花结果至结果盛期以前，经5~10年，此本阶段胸径生长较快；③盛果期：可延续50~80年，期间结实量大增，有大小年之分；④衰果期：随树龄增长，结实量逐渐下降，树高、胸径和材积连年生长量显著下降，此阶段可延续100~300年；⑤枯老期：树势衰退，不再开花结果，树高、胸径、材积生长极慢，终于停止生长，树冠出现焦梢，呈现出衰老死亡的象征。花期5~6月，果熟期10月。种子千粒重450g，每千克种子2200粒。

【古树】河北邯郸市皂荚古树多，复兴区户村镇霍北村插瓶桥旁有1株树龄350年古皂荚，高13m，胸围4m，冠幅14m×15m；康庄乡西望庄村十字格西有1株树龄600年古皂荚，高14m，胸围3.75m，冠幅15m×15m。峰峰矿区和村镇北胡村西北角有1株树龄800年古皂荚，高9.5m，胸围3.8m，平均冠幅15m，树势衰弱，有树洞，此树是峰峰矿区内树龄最大的古树。此外，河南商丘市虞城县木兰镇小孟楼村遗存树龄1600年古皂荚1株，高35m，胸围3.7m，平均冠幅32m，《中国最美古树》记载了该古树(图6-26)。

(7) 红豆树(*Ormosia hosiei* Hemsl. et Wils.)

【分类】又名鄂西红豆树、江阴红豆树、花梨木等，豆科(Fabaceae)红豆属(*Ormosia*)。

【鉴别】常绿或半常绿乔木，高达20~30m，胸径可达1m；树皮灰绿色，平滑。奇数羽状复叶，小叶5~9，薄革质，卵形或卵状椭圆形，先端急尖或渐尖，基部圆形或阔楔形。圆锥花序顶生或腋生，下垂；花萼钟形，浅裂，萼裂片三角形；花冠蝶形，白色或淡紫色；雄蕊10，花药黄色；子房光滑无毛，花柱紫色，线状，弯曲，柱头斜生。荚果近圆形，扁平，先端有短喙；果瓣近革质，干后褐色，有种子1~2粒；种子近圆形或椭圆形，种皮鲜红色。花期4~5月，果期10~11月。与同属其他种类区别在于其果瓣内壁无隔

图6-26 河南省商丘市虞城县木兰镇小孟楼村树龄1600年的古皂荚(引自《中国最美古树》)

膜，全株仅幼时被稀疏毛，后变光滑。

【分布】红豆树为国家二级重点保护野生植物，主要分布于我国南方亚热带及以北地区，如陕西、甘肃、江苏、安徽、浙江、江西、福建、湖北、四川、贵州等地。生于海拔200~1350m的低山丘陵、河边及村落附近。

【生境】红豆树多生长在南方地区低海拔常绿阔叶林中，对生存环境要求严格，种群分布狭窄。分布区的气候温暖湿润、雨量充沛、夏季凉爽多雨雾、空气湿度大。在自然群落结构中处于上层林冠，常和樟、楠、枫香、冬青等树种混生。对土壤肥力要求中等，但对水分要求较高，喜土壤湿润，忌干旱，较适宜在土壤肥润、水分条件好的山洼、水旁等地生长。幼年喜湿、耐阴；中龄后喜光，较耐寒。

【生活史】红豆树寿命一般都很长，极易成为古树。红豆树林开花结果初始期在35年生，孤立木初始期可提前到24年生，结果盛期在50年生以后，250年以上的古树仍有很强的开花结实能力。开花结实年龄迟且不稳定，大小年明显，结实大年3~5年后才再次开花结果，个别植株的生殖生长间隔期更长。其种子还极易遭鸟食、鼠食和虫蛀危害，种皮干燥后又不易吸水，自然繁衍能力和传播扩散能力都较差。

红豆树叶芽于3月中下旬萌动，4月上旬开始展叶；花在4月下旬开始至5月上旬结束；10~11月荚果成熟，采种期宜在12月中下旬。播种前用热水处理种子，并挫伤

种皮，可提高发芽率。破皮种子发芽持续时间约15d，发芽高峰期持续时间约7d，4月中旬发芽基本结束。5~6月是初生幼苗的营养供给从子叶转至自体供给的过渡期，也是保证成苗率的关键期；地径、苗高生长主要集中在8~10月，地径、苗高和生物量生长率峰值分别出现在9月、10月和11月，生物量的生长主要集中在9~11月，即苗木生长高峰期。

【古树】在四川什邡市师古镇，有一座因红豆树古树而得名的村落——红豆村。村内的红豆树，树龄1200余年，相传由诗圣杜甫在师古镇"雨阻杜林观"时栽种。这株千年红豆树高30m，平均冠幅22m，树干需4人合抱，挺拔苍翠，树形优美。红豆树又称"相思树"，被认为是爱情的信物和友谊的象征，馈赠亲友、寄物思情，是极具文化底蕴的园林树木。"5·12"汶川特大地震后，北京市对口援建红豆村时，围绕千年红豆树建起了中国传统婚庆景色林，红豆村已被打造成西南最大的婚俗基地。

四川雅安市雨城区碧峰峡镇后盐村晏家山上有1株2000年以上的红豆树，树高39.5m，胸径250cm，需要9个成年人才能拉手围住，平均冠幅19m。它生长在形如卧虎的观音巨石上，强壮的树根裸露，盘旋交错，虬枝苍劲，状似千年老龟，也如瀑布飞流。树干粗壮直立，犹如擎天一柱，伟岸壮观，外面青藤缠绕，犹如龙蛇抱柱。树冠呈台阶状分支，分9个层次，枝繁叶茂，层层叠叠，遮阴逾700m²。主干5m以下腐朽中空，树洞内径达170cm，可供七八人围坐（见彩图12）。此红豆树常年吐绿，时常开花结果，2018年被遴选为"中国最美古树"。为保护此株红豆树，每年3~5月降水最少时节，当地村民纷纷自发挑水补给，供其健康生长。

(8) 槐树 [*Sophora japonica* (L.) Schott]

【分类】豆科（Fabaceae）槐属（*Sophora*）。'龙爪'槐（*S. japonicum* 'Pendula'）、'金枝'槐（*S. japonicum* 'Winter Gold'）为其栽培品种。

【鉴别】落叶乔木，高达25m。树皮灰黑色，粗糙纵裂。无顶芽，侧芽为叶柄下芽。小叶7~17，具短柄，卵形、长圆形或披针状卵圆形，先端尖。荚果肉质不裂，经冬不落。种子深棕色，肾形。花期6~8月，果期9~10月。槐树与刺槐属的刺槐形态相似，但二者的小枝和荚果区别明显；槐树小枝绿色，无托叶刺；荚果圆筒形，在种子之间缢缩呈念珠状，不开裂；刺槐小枝褐色或淡褐色，具托叶刺，荚果扁平，带状，褐色，开裂。

【分布】我国北自东北南部，西北至陕西、甘肃南部，西南至四川、云南海拔2600m以下，南至广东、广西等地栽培。日本、朝鲜也有分布。常见华北平原及黄土高原海拔1000m高地带均能生长。

【生境】为华北平原、黄土高原农村及城市习见树种，适应较干冷气候。分布地年平均气温13.9℃（范围为-4.3~22.4℃），最冷月平均气温2.1℃（-24.4~15.2℃），最热月平均气温24.2℃（9.6~29.9℃），年降水量466mm（15~996mm），最暖季节降水量84mm（0~259mm）。适应性强，能在石灰性及轻度盐碱土上正常生长。幼树稍耐阴，长大后喜光。喜深厚、湿润、肥沃排水良好的砂壤土，在酸性土、中性土、石灰性土及轻盐碱土上均能正常生长。槐树性耐寒，喜阳光，较耐瘠薄，石灰及轻度盐碱地（含盐量0.15%左右）上也能正常生长；对二氧化硫、氯气、氯化氢均有较强的抗性，在低湿积水地方生长不良。

【生活史】北京地区3月末4月初为槐树的萌芽期，持续约10d；4月上旬槐树开始进入展叶始期，到4月中下旬进入展叶盛期；6月上中旬为槐树花序出现期，6月下旬由花序轴下部向上逐渐开放；6月25~30日，进入花蕾初期，此时胚珠原基开始出现；7月1~6日进入花蕾生长期，陆续形成孢原细胞和大孢子；7月7~12日进入花蕾晚期，雌配子体形成，胚珠成熟；7月13~15日进入花蕾开花前期，开始传粉、受精；7月15~18日进入开花初期，多个胚乳游离核胚珠开始发育。槐树胚珠原基的出现是在6月底花蕾初期当生长至花蕾晚期时，胚珠完全形成。胚珠发育的同时，于7月初进入花蕾生长期，珠心表皮下第二层细胞中分化出3~4个孢原细胞，其中只有1个孢原细胞形成周缘细胞和造孢细胞。造孢细胞形成大孢子母细胞，经分裂后，具功能的大孢子发育成单核胚囊，胚囊发育为蓼型胚囊。进入盛开期旗瓣、翼瓣依次展开，花药完全开裂；凋落期花瓣洞落，雄蕊干枯脱落。8月初槐树进入果实生长发育期，这一时期，是槐树生长物候期中最长的一个阶段；10月下旬槐树进入落叶期，持续20~30d。11月中旬到12月中旬期间是槐树种子采收的最佳时期。成熟的槐树种子吸水性差，萌发率低。槐树种子人工老化过程中，种子发芽率、发芽势、发芽指数、活力指数均呈先上升后下降的趋势，短期的高温、高湿处理有利于提高种子活力；老化过程中质膜受损，可溶性糖含量逐渐增加。槐树种子萌发过程中，可溶性糖含量呈先上升后下降的趋势。经浓硫酸烧伤种皮后再进行低温湿藏，种子的发芽率可达98%。槐树幼年期生长较快，1年生苗高达1m以上。苏北地区的19年生树、高达10.8m，胸径22.5cm。选30年以上健壮母树采种；出种率约20%，每千克种子6500~6800粒。

【古树】槐树古树多集中分布于北京、河北、山东、山西等地。据统计，河南省散生古树中最多的树种为槐树，共计6165株。山东省17个地市均有不同数量的槐树古树，有数据记载的共计2280株，约占山东省古树的28.1%，其中潍坊和淄博槐树古树数量最多，分别为624株和351株。北京共有槐树二级古树1991株，一级古树289株。国内胸径最大的槐树为河北省涉县固新古槐，号"天下第一槐"，树高29m，胸径5.41m，冠幅东西18m，南北19m，树龄约2000年。北京胸径最大的槐树为北海公园唐槐，位于北海公园画舫斋古柯庭中，胸围5.3m，树龄逾1300年，入选北京市"最美十大树王"；景山公园的槐树古树"槐中槐"亦有千年之久（图6-27）。

图6-27 北京景山公园树龄约1200年的槐树
（张炎 摄）

(9) 紫藤[*Wisteria sinensis*(Sims.)Sweet]

【分类】豆科(Fabaceae)紫藤属(*Wisteria*)。有一变型白花紫藤(*W. sinensis* f. *alba*)。

【鉴别】落叶木质藤本,逆时针缠绕,枝灰褐色至暗灰色。奇数羽状复叶,互生,长20~30cm。总状花序,侧生,下垂,长15~30cm。萼钟状,有柔毛。花冠蓝紫色或深紫色,长约2cm。果扁,长条形,长10~20cm,密生灰褐色短柔毛。种子数粒,深褐色,长圆形,长约1.2cm。花期4~5月,果期8~9月。紫藤和藤萝(*W. villosa*)很像,区别是紫藤小叶成熟时近无毛或疏生细毛;花蓝紫色。藤萝小叶成熟时密生丝状柔毛;花淡紫色。

【分布】产于华北、华东、中南及辽宁、陕西、甘肃、四川等地。朝鲜、日本也有分布。

【生境】喜光,略耐阴;比较耐寒,在排水良好的肥沃土壤生长良好,但也耐瘠薄以及水湿;对土壤要求不严格,在素砂土、壤土、轻黏土之中都能够正常生长,在砂壤土中表现良好;具有一定的耐盐碱性,在pH 8.8、含盐量0.2%的盐碱土中也能够正常生长。因属深根性植物,主根很长,侧根很少,故在深厚、疏松、肥沃的土壤中生长特别良好。

【生活史】赵同欣等(2014)对紫藤传粉有过研究,其花粉在形态有长球形三孔沟、三菱锥形六孔沟、其他形四孔沟等,表现出多型性。主要访花昆虫为膜翅目的黄胸木蜂和意大利蜂,两者都有传粉行为,属传粉者。紫藤释放花粉的机制称为跳闸传粉机制(tripping mechanism)。传粉后经过约4个月的发育,荚果成熟。紫藤种子在25℃条件下5~7d开始萌发,15~20d完成发芽,发芽率为83.3%~100%。紫

图6-28 北京市纪晓岚故居的古紫藤(王文和 摄)

藤种子萌发属于子叶出土型。紫藤主根深,侧根少。实生苗幼时呈灌木状,数年后,旺梢的顶端才表现出缠绕性。5~7年后可以开花。

【古树】北京门头沟区城子乡一儿童食品厂内有1株紫藤,距今已逾500年,是北京的"古藤之最"。怀柔区红螺寺内2株古紫藤缠绕古松,称"紫藤寄松",其中一株树龄300多年,另一株也逾100年,为寺内吉祥昌瑞之树。房山区良乡弘恩寺也有1株古紫藤爬满明代1株古槐,称"紫藤寄槐"。通州潞河中学校园里有1株100多年前外籍教师种植的紫藤,人们称为"洋人藤"。北京现存最著名的1株古紫藤,是位于虎坊桥东北侧纪晓岚故居的古紫藤(图6-28)。这株紫藤为纪学士亲手所植,距今已近300年。在每年的初夏时节,紫藤花盛开,犹如一片紫霞映满棚架,格外绚丽。

河北省石家庄市正定县城东门里街正定隆兴寺内盘附于柏树之上的1株紫藤,树高12.4m,地径31.8cm,树龄400余年。南京市莫愁湖公园胜棋楼前的紫藤,虽历经300年光阴,仍然绽出千堆紫雪。国内许多地方都有紫藤古树需要保护。

(10) 梅(*Prunus mume* Sieb. et Zucc.)

【**分类**】蔷薇科(Rosaceae)李属(*Prunus*)。

【**鉴别**】落叶小乔木，高达15m。常有枝刺，小枝绿色。叶卵形，长3.5~7cm，先端尾尖，互生。花单生，先叶开放，近无梗。核果近球形，熟时黄或绿白色，被柔毛，果核具蜂窝状孔穴。梅与杏(*P. armeniaca* L.)叶形相似，但杏小枝红褐色，叶先端具短尖，果核光滑。

【**分布**】梅原产我国南方，已有3000多年的栽培历史，无论作观赏或果树均有许多品种，但以长江流域以南最多，江苏北部和河南南部也有少数品种。许多类型不但露地栽培供观赏，还可以栽为盆花，制作梅桩。日本和朝鲜也有栽培。

【**生境**】喜光，喜温暖湿润气候。耐瘠薄，喜肥沃深厚、排水良好的黏壤土，不耐涝，在积水黏土地上易烂根致死。不宜在风口栽植。

【**生活史**】梅实生苗3~4年开花，7~8年进入盛花期。据王白坡等对实生梅的研究，梅个体间的花期有早有晚，因植株而异，浙江省湖州市一般从2月中旬到3月下旬，花期约1个月。按开花先后可分为早花(2月下旬初前)、中花(2月下旬中期到3月上旬初期)和晚花(3月上旬初期后)3种类型。梅开花早，花期气温较低，低温对花器官常造成伤害，严重时不能结实。梅为虫媒花，梅开花后，3~4d内仍保持授粉、受精和着果的能力。不同品种间花器官构造存在差异，多数品种花粉量偏少，花粉发芽经较低。受早春低温频繁的影响，一般早花类型着果率低于中花和晚花类型。据张彦书研究，每朵花从微开至花瓣萎蔫5~7d，到花瓣脱落10~14d。梅果期在5~6月，华北地区成熟期能延长到7~8月。

梅结果枝分长果枝(20cm以上)、中果枝(10~20cm)、短果枝(3~10cm)、极短果枝(3cm以下)。盛可期树短果枝和极短果枝占70%~80%，中果枝次之(15%~20%)、长果枝较少(2%~5%)，短果枝坐果率高。

【**古树**】梅树寿命长，可达千年，是我国传统名花中最长寿的花木之一。考古发现，梅在我国的栽培历史已逾7000年。我国大陆现存200年以上古梅67株，分布于浙江、安徽、湖北、广东(图6-29)、四川、云南6省22县；东起浙江天台县，西达云南永平县，北至四川平武县，南达广东梅州市。垂直分布最高海拔2780m(云南宁蒗)，最低110m(安徽和县)。云南古梅资源最为丰富，已登录古梅58株，其中树龄最长的3株元代梅和10株明代梅中的9株都在云南。云南宁蒗扎美寺有元梅1株，树龄约730年，树高16m，胸径115cm，植株雄伟高大，为目前树龄最大的古梅树。

图6-29 广东省梅州市梅县区城东镇潮塘村树龄逾1000年古梅(引自《中国最美古树》)

(11) 新疆野苹果[*Malus sieversii* (Ledeb.) Rome.]

【分类】又名塞威氏苹果,属于蔷薇科(Rosaceae)苹果属(*Malus*)。

【鉴别】乔木,高达2~10m。树冠宽阔,常有多数主干。叶片卵形、宽椭圆形、稀倒卵形,先端急尖,基部楔形,边缘具圆钝锯齿。花两性,花序近伞形,具花3~6朵;花瓣倒卵形,基部有短爪,粉色,含苞未放时带玫瑰紫色。果实球形或扁球形,黄绿色有红晕,萼洼下陷,萼片宿存,反折。果径小,直径3~4.5cm,果梗长3.5~4cm,微被柔毛。花期5月,果期8~10月。新疆野苹果与苹果(*M. pumila*)相近,其区别在于苹果果实直径大,果梗短;叶边锯齿稍深,小枝、冬芽及叶片上茸毛较多。

【分布】新疆野苹果分布范围北起准噶尔盆地西端的塔尔巴哈台山,向西南经准噶尔的阿拉套山北坡至天山(包括伊犁山地和外伊犁阿拉套山),再经西南天山至帕米尔阿赖山地与中亚诸山系相连,呈带状或块状不连续的"残遗"群落。新疆野苹果在新疆主要分布于伊犁河谷两侧的天山,塔城地区的塔尔巴哈台山南麓、巴尔鲁克山西侧,海拔1000~1700m区域。伊犁自治州的新源、巩留、霍城、伊宁、察布查尔等县分布面积较大,其中新源县、巩留县面积最大。

【生境】新疆野苹果喜光,耐寒耐旱,主要分布于新疆天山山脉的阴坡或半阴坡,喜山地黑棕色森林土和温暖、湿润的气候条件。天山野苹果林生长区域的气候条件特殊,年平均气温2.8~7.7℃,1月平均气温-11.4~-6.5℃,7月平均气温16.9~22.6℃,≥10℃年积温为2062.1~3300.0℃,年降水量519~821mm。新疆野苹果多以纯林形式分布,但在部分地区与少量的野杏、天山云杉等树种伴生。

【生活史】在自然条件下,新疆野苹果以异花授粉为主,也可自花授粉,但结实率非常低。新源县新疆野苹果的花芽分化时间为7月上旬至9月上旬,9月初雌蕊原基分化完成,翌春3月随气温的升高,雌蕊基部逐渐膨大,形成胚珠原基,继而发育成胚珠。雄蕊原基形成后不断生长分化,其顶端膨大发育为花药,基部伸长形成花丝;4月初完成传粉受精,8月初果实成熟。新疆野苹果种群更新以种子繁殖为主,种子较小呈圆锥形,稍扁,具有自然休眠的特性,耐储藏,保存2年和3年的种子具有较高的发芽力。为了出苗整齐,人工播种繁殖前,需要进行种子处理,经3~4个月的低温层积处理,胚轴伸长,胚芽突破种皮(露白)后,即可播种。播种苗从出土到长出第7片真叶需要31d,其茎干变粗变红,子叶脱落成苗。

【古树】位于新疆伊犁地区新源县南山海拔1932m山地上的新疆野苹果"树王"是目前发现的寿命最长的新疆野苹果树,被命名为"最美新疆野苹果"(见彩图13)。2013年对该树树龄估测逾600年,获得上海大世界基尼斯总部颁发的"大世界基尼斯之最——树龄最长的野生苹果树"证书。2013年7月对新疆野苹果"树王"调查发现,新疆野苹果"树王"主干不明显,地面以上有5个巨大分支,冠幅19.0cm×15.3cm,基径238cm,目前长势依然良好,枝叶茂盛,结实良好。

(12) 沙梨[*Pyrus pyrifolia* (Burm. f.) Nakai]

【分类】蔷薇科(Rosaceae)梨属(*Pyrus*)。

【鉴别】乔木,高达7~15m。小枝嫩时具黄褐色长柔毛或绒毛,不久脱落。叶卵状椭圆形或卵圆形,长7~12cm,宽4~6.5cm,先端长尖,基部圆形或近心形,边缘有刺芒锯齿向上缘紧贴,老叶两面无毛;叶柄长3~4.5cm;托叶膜质,全缘。花序具花6~9,花白色，径 2.5~3.5cm，花梗长 3.3~3.5cm；萼片三角状卵形，边缘具腺齿，花柱 5(4)。果近球形，浅褐色，皮孔浅色，萼片脱落。花期 4 月，果期 8~9 月。本种与白梨（*P. bretschneideri* Rehd.）相近，但后者的叶片基部常呈楔形，花形较小，果皮黄色；本种与秋子梨（*P. ussuriensis* Maxim.）的不同点，在于后者果实具宿萼，叶片上具有明显刺芒锯齿。

【分布】产于安徽、江苏、浙江、江西、湖北、湖南、贵州、四川、云南、广东、广西、福建，多分布于北纬 22°~32°，生于海拔 50~1500m 的山区。我国长江流域和珠江流域各地栽培的梨品种，多属于本种。优良栽培品种有四川'苍溪'梨，贵州湄潭'金盖'梨、'木瓜'梨，云南呈贡'宝珠'梨，广西灌阳'雪梨'，浙江诸暨'黄章'梨、台州'包梨'、湖州'鹅蛋'梨，安徽'砀山酥'梨等。

【生境】喜光，要求充足、良好的光照；喜温暖湿润气候，抗寒性差；喜肥沃湿润酸性土及钙质土。分布区年平均气温 15.0~21.8℃，能耐-20℃左右的低温。适宜生长在温暖而多雨的地区，多分布于年降水量 1000mm 以上的地区。对土壤条件的要求不严格，砂质土、壤土和黏土都可栽培，以土层深厚、疏松肥沃、透水性和保水性良好的砂质壤土最佳，适宜酸性土壤。山地、丘陵、平原、河滩均可生长。

【生活史】花芽分化分为生理分化期、形态分化期和性器官形成 3 个时期。花期 4~5 月，花芽分化在 6 月中旬开始，6 月底到 8 月中旬为大量分化阶段。伞房花序具 5~10 朵花，花序基部花先开，先端中心花后开。梨是异花授粉植物，自花授粉结果率多数在 10% 以下，在生产中需要配置授粉树。砂梨种植后 3~4 年开始结果，果期 8~9 月，结果期一般可维持 50~100 年。一般单果重 150g 左右，最大达 350g 以上。盛果期产量每公顷 60 000~75 000kg。

【古树】沙梨栽培广泛，产区保留了一批古树。昆明市呈贡区'宝珠'梨距今已有 900 多年的栽培历史，其中，万溪冲村有 200 株'宝珠'梨古树，200~300 年的宝珠梨古树占 1/3 以上，其中还有一批树龄 400~500 年的珍稀古树，每年 3 月梨花盛开时，集中连片的'宝珠'梨古树竞相绽放出雪白的梨花，在绿叶映衬下繁花似锦，置身在清新淡雅的花海中，赏心悦目、心旷神怡。浙江云和县有树龄 100 年以上的'云和雪'梨古树约 580 株，分布在海拔 525~1075m，有 30 株树龄约 200 年，胸径 30~35cm 的古树；8 株树龄 300 年左右，胸径 35cm 以上的古树。安徽砀山县园艺场有 1 株砀山"梨树王"，估测年龄 230 年，树高 6.5m，生有九大主枝，树干围径 3.18m，平均冠幅 16m，占地 0.38 亩（图 6-30）。2014

图 6-30　安徽省宿州市砀山县园艺场六分场 230 年古沙梨（引自《中国最美古树》）

年，"梨树王"入选安徽省"名木"，2018年被全国绿化委员会办公室、中国林学会评为"中国最美古树"，命名为"最美沙梨"。"梨树王"独特的景观每年吸引70多万名游客来此赏花品梨、旅游观光。

(13) 沙棘(*Hippophae rhamnoides* L.)

【分类】胡颓子科(Elaeagnaceae)沙棘属(*Hippophae*)。

【鉴别】落叶灌木或乔木，高1~2m，有的可达18m。粗壮棘刺较多，顶生和腋生；嫩枝褐绿色，密被银白色而带褐色鳞片，老枝灰黑色，粗糙；芽大，金黄色或锈色。单叶通常近对生，狭披针形或矩圆状披针形，两端钝形或基部近圆形，下面被银白色或淡白色鳞片。雌雄异株，风媒花，先叶开放。果实圆球形，橙黄色或橘红色；种子小，阔椭圆形至卵形，黑色或紫黑色，具光泽。花期4~5月，果期9~10月。与近缘种西藏沙棘(*H. tibetana* Schltdl.)区别在于后者为植株较矮小，树高常不超过1m，分支多帚状；叶腋无棘刺，枝顶端刺状；叶多线形，较窄；果实顶端具放射状黑色条纹。

【分布】分布于我国华北、西北、东北和西南高山地区。常生于海拔800~3600m温带地区向阳的山脊、谷地、干涸河床地或山坡，多砾石或砂质土壤或黄土上。

【生境】沙棘喜光，对温度要求不很严格，极耐冷热，极耐干旱，极耐贫瘠，为植物之最。沙棘耐风沙及干旱气候，固沙能力强，在砾石土、轻度盐碱土、砂土，甚至盐碱化土地上都可以生长，但不喜过于黏重的土壤。沙棘对降水有一定的要求，年降水量要求在400mm以上；当降水量不足400mm时，仅能在河漫滩地或丘陵沟谷等地生长。

【生活史】沙棘生长分为幼苗期、初果期、盛果期和衰退期4个阶段。定植2年内以地下生长为主，地上部分生长缓慢；3~4年生长旺盛，逐步开花结果；第5年进入盛果期，可维持4~5年；树龄15年后进入衰退期。沙棘进入盛果期后，枝条老化干枯，内膛空虚，树势转弱，待隔3年左右，枝条又完成更新，树势转旺，又迎来新的盛果期。沙棘的寿命因所处的生长环境不同，变动幅度很大，短者20年左右，长者可达百年甚至上千年。

【古树】在西藏山南市错那县曲卓木乡的乡政府附近和沿娘姆江河谷，集中分布着树龄600年至上千年的古沙棘林，面积约186.67hm^2，是目前全世界年代最久远、面积最大、海拔最高的沙棘林(见彩图14)。这里的沙棘林高大粗壮、枝繁叶茂、生机蓬勃、郁郁葱葱，树木各具形态，恰似盆景一般，苍劲古雅，姿态奇特，天然去雕饰，惹人遐想，让人震撼。沙棘株株有姿势，棵棵有造型，阳光下千姿百态，每一株都是绝妙的大盆景、独自的小意境，因此曲卓木沙棘林被称为"原始盆景"。最高的沙棘约15m，最粗的胸径达143cm，冠幅约5m。该处沙棘历经一千多年的岁月变迁依旧生机勃勃，早已成为周围佛教信众心中的圣树。2018年被全国绿化委员会评为"中国最美沙棘林"。

(14) 酸枣(*Ziziphus jujuba* var. *spinosa* Hu ex H. F. Chow)

【分类】鼠李科(Rhamnaceae)枣属(*Ziziphus*)。原种枣(*Z. jujuba* Mill.)有无刺枣(*Z. jujuba* var. *inemmis*)和酸枣(*Z. jujuba* var. *spinosa*)变种，还有'龙爪'枣(*Z. jujuba* 'Tortuosa')栽培品种和葫芦枣(*Z. jububa* f. *lageniformis*)变型。

【鉴别】落叶小乔木，稀灌木，高逾10m。树皮褐色或灰褐色。叶柄长1~6mm，或在长枝上的可达1cm，无毛或有疏微毛；托叶刺纤细，后期常脱落。花黄绿色，两性，无毛，具短总花梗，单生或密集成腋生聚伞花序。核果矩圆形或是长卵圆形，长 2~3.5cm，直径 1.5~2cm，成熟后由红色变红紫色；中果皮肉质、厚、味甜。种子扁椭圆形，长约 1cm，宽 8mm。酸枣和原种的区别主要是：酸枣核果直径小于 1.2cm，中果皮味酸，两端钝。无刺枣与原种的主要区别是：长枝无皮刺，幼枝无托叶刺。'龙爪'枣特征是小枝常扭曲上伸，无刺。葫芦枣果实中部以上缢细而呈葫芦状。

【分布】枣原产于我国。以北方的陕西、山西、河北、山东、河南等地栽培最早，已形成一个栽培中心（栽培带）以后渐向南移，遍及全国。亚洲、欧洲和美洲常有栽培。

【生境】我国枣树栽培历史悠久，至少有 3000 年以上。生长于海拔 1700m 以下的山区、丘陵或平原。喜光，一般生长在阳光充足的地方。在年降水量 400~700mm，土壤的 pH 5.5~8.5 范围内均能生长。

【生活史】枣两性花，花期 5~7 月。小孢子母细胞经同时型的胞质分裂，形成四面体形四分体。枣子房半下位，2 室，胚珠的发育晚于花药的发育。有关枣胚囊发育的类型，有的学者认为是蓼型，也有人认为是葱型。

张学英等（2004）报道无核枣花是日开型，授粉后 4h，柱头上有花粉萌发，授粉后 72h，花粉管沿子房内壁生长，直到胚珠，经珠孔到达珠心，为珠孔受精。授粉后 5d，一个精子与胚囊次生核融合，形成初生胚乳核。授粉后 6d，另一个精子与卵细胞融合形成合子。合子经 6~7d 的休眠后，即开始分裂。合子第 1 次分裂为横裂，形成 2 细胞原胚；从 2 细胞到 3 细胞原胚和 4 细胞原胚，以及后期胚体和胚柄发育观察到不同基因型的材料结果不同，有人认为其胚发育属紫菀型，而有人认为其属茄型。授粉后 20d 胚体增大为球形胚，后经心形胚、鱼雷形胚到成熟胚。授粉后 6d，合子刚刚形成，初生胚乳核即开始分裂。枣胚乳发育属核型。授粉后 40~50d 胚周围的胚乳细胞开始解体。到种子成熟时，胚乳几乎全部被吸收，仅留有残存。果期 8~9 月。种子萌发较困难，带果核的种子需要 3~8 周后才可发芽，去掉果核只留种仁，约 1 周可萌发。苗期生长缓慢，童期较长，需要生长 7~8 年才能首次开花结果。

【古树】北京东城区花市枣苑小区古枣树，树高 20m，胸径 140cm，树龄 800 余年（编号 110101A00829，北京市园林绿化局）（见彩图 15）。这株枣树始植于明代，是北京枣树中树龄最大的，被誉为"枣树王"。该树于 2017 年评为"全国最美古树"，2018 年评为"北京最美十大树王"。北京市东城区府学胡同 63 号文天祥祠的后院有 1 株古枣树，相传为文天祥被囚期间亲手所植；树高 5.7m，胸径 75cm，树龄 700 余年。在北京西单小石虎胡同 33 号还有 1 株 600 多年树龄的古枣树。昌平南口镇王庄村南王家坟地酸枣王，高 16m，胸径 90cm，树龄 400 余年，被称为"京郊酸枣王"。枣树作为经济类树种，有吉祥的寓意，在北京的四合院中栽植较多。枣树有外表多荆棘，内中实赤心的精神气节，在于谦故居、鲁迅故居、老舍故居、田汉故居等均有栽种。

河北河间市沙洼乡姚天宫村儿酸枣，胸径 86cm，树高 6m，树龄 1000 余年。河北省黄骅市齐家务乡东聚馆村冬枣树群，树龄 600~700 年的有 200 株左右。河南新郑是我国古枣树分布最为集中的县市之一。据统计，全市现有古枣树 44 450 株，其中 300 年以上的枣树有 14 036 株，500 年以上的枣树有 2098 株，有的树龄近 600 年。山西省五台县郭家村的 1 株酸枣树，树龄逾 900 年。山西省高平市石末村，树高 11m，胸围 1.8m 的酸枣树，推测树龄约 2000 年。在陕西省榆林市佳县朱家坬镇泥河沟村，有高 8.3m，胸围 3.4m 的枣树，据年轮测算树龄已达 1400 年，是中国枣树的活化石。我国古老的枣树当数山东庆云、无棣一带的糖枣，相传为隋末唐初所植，距今已逾 1600 年的历史，被誉为"中华枣王"，载入《中国名胜大辞典》。

（15）朴树（*Celtis sinensis* Pers.）

【分类】大麻科（Cannabaceae）朴属（*Celtis*）。

【鉴别】落叶乔木，高达 20m。树皮灰色，不开裂。小枝密被毛。叶宽卵形或卵状椭圆形，长 2~8cm，宽 3~5cm，顶端短渐尖，基部略圆略偏斜，边缘常在中部以上有浅齿，下面沿叶脉有疏毛；叶柄长 5~8mm。核果近球形，单生或总梗具 2~3 果，直径约 5mm，成熟时红褐色；果核具 4 肋，表面有网孔状凹穴；果梗长 5~10mm。花期 4 月，果期 9~10 月。

【分布】产于山东（青岛、崂山）、河南、江苏、安徽、浙江、福建、江西、湖南、湖北、四川、贵州、广西、广东、台湾。越南、老挝也有分布。多生于海拔 100~1500m 的路旁、山坡、林缘。

【生境】喜光，稍耐阴，耐寒。适温暖湿润气候，适生于肥沃平坦之地。对土壤要求不严，有一定耐干旱能力，也耐水湿及瘠薄土壤，适应力较强。对土壤要求不严，适应 pH 值范围为 4.5~7.5，在微酸性、微碱性、中性及石灰性土壤均可生长。

【生活史】任群等（1991，1992，1993）报道了朴树的有性生殖过程。花杂性，具两性花和雄花，两性花中雌雄异熟。雄花位于当年生小枝下部无叶部分，每节 3 朵簇生，两性花位于当年生小枝上部叶腋内，2~3 朵簇生。朴树小孢子发生及雄配子体发育均早于大孢子发生及雌配子体发育。雄花的雄蕊当年 2 月上旬开始发育，两性花的雄蕊晚 1~2 周发育。雄花 4 月上旬传粉，两性花中雄蕊散粉期晚 1 周左右。两性花复雌蕊，单室，单胚珠横生，顶生胎座。雌蕊发育晚于雄蕊，3 月中旬开始分出胚原基，胚囊 4 月中旬成熟，为四孢子类型，雌配子体发育有两种类型：60%雌配子体为五福花型，40%雌配子体为德鲁撒的变型。珠孔受精，双受精过程属有丝分裂前配子融合类型。授粉后 10d 左右，雌雄核发生融合，初生胚乳核休眠 10d 后发生第一次有丝分裂，合子休眠 20d 后进行第一次分裂，合子在休眠过程中极性发生逆转。核型胚乳，具约 200 个游离核时以自由生长的细胞壁的方式细胞化。朴树果实生长分为三期：4 月上旬至 5 月中旬，果皮旺盛生长期；5 月下旬至 8 月下旬，果皮生长停滞期，胚及种子旺盛生长；9~10 月果皮生长恢复期，果皮完成最后的生长，果实成熟，大部分胚消耗胚乳而长大，直到充满整个种皮内的空间，种子成熟。10 月中旬果实成熟脱落，30%的成熟果实中种子或胚尚未成熟，其中胚可处球形胚、心形胚、鱼雷形胚等不同发育时期，种子有后熟现象。种子千粒重 67~100g，每千克 1 万~1.5 万粒。发芽率 50%~60%。子叶出土萌发。

【古树】朴树之名最早见于《诗经·大雅·棫朴》中的"芃芃棫朴，薪之槱之"。赞美 3000 年前周文王用人有方，贤人众多，犹如棫朴一样茂盛而济济。福建省长汀县南山镇塘背村，有 1 株古朴树，树龄 300 年，被评为"福建朴树王"（图 6-31）。浙江长兴县太傅乡周吴村大圻有 1 株千年古朴树，栽于唐宋年间（约 996 年），树高达 40m，胸径 1.92m，冠幅 28m×30m，虽经千年风霜仍以顽强的生命力发芽、展叶、开花、结果，广卵形的树冠像一把巨大的雨伞，为世世代代的周吴百姓带来清凉。上海松江区醉白池公园，有1株古朴树，树高16m，胸围2m，树龄110年。安徽和县高关乡高滕村旁的山坳里，有1株400余年的老朴树，树高达10m，主干粗壮，径围约3m，枝叶开展，冠盖如伞，覆盖面积逾100m²。据当地旧志记载，明末有和尚游历至此，曾为此树赋诗一首："白筱绕庵如下拜，缁衣缝我亦知间。幽岩说有无名树，不肯遗名与世间"。这株大树历经400多个春秋，至今仍生机勃勃，枝繁叶茂。由于它每年发芽或早或迟，往往与一年中气候变化相对应，当地称它为"气象树"。

（16）黑弹朴（*Celtis bungeana* Blume.）

【**分类**】又名小叶朴、黑弹树、棒棒木、白麻树，大麻科（Cannabaceae）朴属（*Celtis*）。

【**鉴别**】落叶乔木，高达20m。叶卵形、宽卵形或卵状长椭圆形，先端渐尖或近尾状尖，基部偏斜，叶基三出脉，侧脉弧形，萌芽枝的叶两面粗糙，先端

图6-31 福建省长汀县南山镇塘背村树龄300年古朴树（引自《福建树王》叁）

长尾尖。核果熟时紫黑色，果核白色，花期5~6月，果期9~10月。黑弹朴与相近树种朴树的区别：黑弹朴幼枝无毛，叶面平滑，具1核果，成熟时黑色，果柄长于叶柄2倍以上；朴树幼枝密被柔毛，叶脉凸起，叶腋具2核果，成熟时黄色至橙黄色，果柄与叶柄近等长或稍长。

【**分布**】分布于辽宁、内蒙古、河北、山西、宁夏、甘肃、陕西、四川、云南、西藏东部、贵州、湖南、湖北、河南、江西、安徽、山东、江苏、浙江等地。垂直分布于海拔150~2300m的路旁、山坡、灌丛或林边，以华北地区海拔1000m以下居多。

【**生境**】黑弹朴分布地年平均气温13.1℃（范围为0.6~21.3℃），最冷月平均气温0.0℃（-20.7~15.1℃），最热月平均气温24.8℃（9.0~29.8℃），年降水量439mm（81~996mm），最暖季节降水量58mm（2~228mm）。深根性，萌蘖力强，生长较慢，寿命长。对病虫害、烟尘污染和有毒气体等抗性强。中性，稍耐阴，耐寒，耐干旱，具有较强的适应性。

【**生活史**】黑弹朴花两性或单性，具梗，成小聚伞花序或圆锥花序，或呈簇状，具1两性花或雌花；花序生于1年生小枝上，雄花序多生于小枝下部叶腋或无叶处，在杂性花序中，两性花或雌花多生于花序分支顶端；花被片4~5，基部稍合生，脱落；雄蕊与花被

片同数，生于常具柔毛的花托上；花柱短，柱头 2，线形，顶端全缘或 2 裂，子房 1 室，具 1 倒生胚珠。目前黑弹朴生活史研究资料较少，但其近缘种朴树（C. sinensis）有资料报道胚囊发育为四孢型，双受精过程属有丝分裂前配子融合类型。黑弹朴的果核长 4.2~5.0mm（平均 4.6mm），宽 3.9~4.2mm（平均 4.0mm），壁宽 0.20~0.40mm。黑弹朴种子具有深休眠特性，播种前需经催芽。低温层积处理有利于黑弹朴种子的萌发。种子在低温层积 120d 后再进行播种，萌发效果较理想。在浓硫酸浸种的基础上，再使用赤霉素浸种可解除种子休眠。当赤霉素浓度达到 400mg·L^{-1} 时，黑弹朴种子的萌发率达到最高，为 27.7%。黑弹朴在播种后翌春开始出苗，幼苗开始出土，到 6 月中旬，幼苗完全出土。幼苗在 7~8 月进入速生期。

【古树】北京胸径最大的黑弹朴为天坛古朴，位于天坛祈年殿东偏北，为一级古树，树高 10.5m。位于延庆区大庄科乡小庄科村的黑弹朴，树高 15m，胸径 0.7m，冠幅东西 9m、南北 8m。北京钓鱼台养源斋黑弹朴树高 20m，树干周长 3m。北海公园西南侧也有树龄约 200 年的黑弹朴古树（见彩图 16）。山东青岛市崂山风景区、宁夏贺兰山国家级自然保护区等多地也都发现了黑弹朴古树。

(17) 青檀（*Pteroceltis tatarinowii* Maxim.）

【分类】大麻科（Cannabaceae）青檀属（*Pteroceltis*）。

【鉴别】中国特有树种。落叶乔木，高达 20m。树皮不规则的长片状剥落。叶薄纸质，宽卵形至长卵形，基部宽圆，边缘有不整齐的锯齿，基部三出脉，侧出的 1 对近直伸达叶的上部，侧脉 4~6 对，侧脉弯曲不齿端；长 4~9cm，宽 3~5cm，叶背脉腋有簇毛。花单性同株，雄花簇生叶腋，花被 5 裂，雄蕊 5；雌花单生于叶腋内，花被 4 裂。坚果周围具宽翅，顶部有凹缺，直径 10~15mm，果梗长 1.5~2cm。花期 3~5 月，果期 8~10 月。

【分布】青檀分布较广，在辽宁（大连蛇岛）、河北、山西、陕西、甘肃南部、青海东南部、山东、江苏、安徽、浙江、江西、福建、河南、湖北、湖南、广东、广西、四川和贵州均有分布，其中在安徽宣城、宁国、泾县分布较集中。生于海拔 100~1200m 山谷、溪边石灰岩山地。

【生境】青檀适应性强，为深根性中等喜光树种，适宜温暖湿润气候，在年平均气温 12~18℃，绝对最低气温 -20℃，年降水量 500~1600mm 条件下均能生长。喜肥沃湿润土壤，天然林多分布在阴坡及半阴坡，以沟边、河滩、坡脚处生长良好，在干旱瘠薄山地也能生长；生于石灰岩地区，也生于花岗岩地区的山谷溪边、疏林中。根系发达，侧根长达 10m 以上，沿石缝延伸，耐干旱、瘠薄能力较强，保水保土效能良好。

【生活史】据张兴旺（2007）研究，青檀种子为休眠种子，质量不高，饱满率为 61.2%，千粒重为 18.57g，种子潜在萌发力较高，种子活力达 86.7%，但在土壤中的萌发率最高仅 30.6%。种子本身含有发芽抑制物和存在生理后熟现象是引起休眠的主要原因，用质量浓度 300mg·L^{-1} 的赤霉素溶液浸种 24h 或低温层积后用赤霉素处理能在一定程度上解除休眠促进萌发，以低温层积 25d 后用 500mg·L^{-1} 的赤霉素浸种 36h 效果最好，发芽率和发芽势分别达 83.5% 和 65%。青檀幼苗幼树生长较快，1 年生苗高可达 80cm 以上，3 年生苗高可达 2.5m。树高在前 10 年生长较快，至 25 后生长开始下降，材积生长基本与胸径生长保持一致。青檀萌芽更新能力强，上百年的老伐桩或幼年伐桩上，均能萌发大量萌条，少则几根，多者几十根，一次造林可多次收获。生长速度较慢，长成直径4~5cm树木，在荒山上需要10年左右，在肥沃湿润的土壤上也需要5年左右。

图6-32 北京昌平区南口镇檀峪村古青檀（王文和 摄）

【古树】据《北京古树名木志》记载，北京昌平区南口镇檀峪村有1株古青檀，地径近3m，树高6m，树龄逾3000年，是北京最老的古树，堪称"北京树王"，千年以上的古青檀北京仅存此1株（图6-32）。山东枣庄境内有青檀寺、青檀路等以青檀命名的建筑和道路多处。"青檀秋色"为古峄县八景之一，主景点青檀寺附近石灰岩山地生长着900余株青檀，其中古青檀30余株，树龄数百年，为国内少有的青檀古树集中分布区。河南舞钢市石漫山森林公园天池山景区有保存完好的青檀群落，约有630株，树龄均逾300年，胸径最大的达45cm，树高在15m左右。安徽青阳县酉华镇二酉村董村组，有1株逾千年的青檀古树，树根径3.8m，5根粗壮的虬枝向外绽放呈高20m，冠幅16m的半球状，上接风云气，下饮黄泉水，盘根遒劲，冠若华盖，由于历史久远，历经朝代变幻，广受世人推崇，被远近村民尊称为"檀公古树"，也是皖南山区"青檀王"；郎溪县姚村乡白阳岗工段区有1株古青檀，树龄560年，树高26m，胸围8.6m，冠幅22m，因长年遭遇风霜洗礼，树的基部已经空心，大部分根系裸露，树干几处开裂，枝丫部分枯死。虽已到风烛残年，然而，这株古青檀的另一半根基却长出几十根小枝，延续着其顽强的生命力，2011年评选为宣城市"十佳古树名木"。福建枞阳县岱鳌山三贞庵有1株古青檀，树形苍古，树体残破，姿态奇异，树高17m，树冠蓬松，为明代弘治初年所植，树龄500余年。

(18) 大果榆（*Ulmus macrocarpa* Hance）

【分类】又名黄榆，榆科（Ulmaceae）榆属（*Ulmus*）。光秃大果榆（*U. macrocarpa* var. *glabra* S. Q. Nie et K. Q. Huang）是其变种。

【鉴别】落叶乔木，高达10m。树皮灰黑色纵裂。小枝常具2条扁平规则木栓翅，1年生枝淡褐黄色，有毛。叶倒卵形，叶缘重锯齿。翅果大，倒卵形或近圆形，两面被柔毛。果核位于翅果中部，上端不接近缺口。大果榆与春榆叶形相近，但在小枝和在翅果上区别明显；春榆小枝四周常具不规则膨大木栓翅；叶缘重锯齿深且尖；果核位于翅果上部，上端接近缺口。此外，大果榆和榆树相比，榆树小枝无木栓翅；叶长卵形或卵状披针形，叶缘单锯齿；翅果只在顶端缺口柱头面有毛。

【分布】产于寒温带、温带及暖温带地区，跨黑龙江、吉林、辽宁、内蒙古、河北、山东、江苏北部、安徽北部、河南、山西、陕西、甘肃及青海东部等省（自治区），其中河北、山西、陕西为主要分布区。蒙古、朝鲜及俄罗斯西伯利亚也有分布。垂直分布于海拔700~1800m 的山坡、谷地、台地、黄土丘陵、固定沙丘及岩缝中。

【生境】喜光树种，耐寒冷及干旱瘠薄，稍耐盐碱，能适应中性及微酸性土壤，有比较强的适应性。分布地年平均气温在-5.6~17.6℃，1月平均气温-29.8~5.6℃，极端最低气温-40℃，7月平均气温11~29℃，年生物温度3.6~17.8℃，年降水量200~1600mm。可生于山麓、向阳山地、黄土丘陵及固定、半固定沙丘，在全年无霜期为145d 左右、极端最高气温29℃、极端最低气温-30℃、年降水量200mm 的气候条件下能正常生长。对土壤要求不高，在砂土、含0.16%苏打盐碱土或钙质土及pH 6.5~7.0 的土壤中生长良好，pH 8.7 可正常生长。在土壤和气候条件良好的环境下其寿命较长。

【生活史】大果榆有性生殖过程鲜有系统性研究报道。通常大果榆个体4 月上旬为萌动期，4 月中下旬展叶，花期也在4 月中下旬，果实在4~5 月成熟，果实颜色由绿色变为黄白色，宽倒卵状、圆形、近圆形或宽椭圆形，果核部分位于翅果中部，宿存花被钟形。从4月上旬树液开始萌动至10 月上旬叶片变为红褐色并开始落叶，是北方重要的秋色叶树种。大果榆果实的饱满率较高，而提前脱落的种子饱满率不足10%（刘聪，2021）。大果榆年年结实，翅果种子靠风力传播，散播范围广。在北方如果果实成熟期正值干旱少雨期，加之鸟、兽取食，幼苗更新将受影响。大果榆种子不休眠，当年即可种植，无须催芽，应随采随播，否则降低萌发率。种子千粒重57.73~61.38g，25℃下种子人工萌发率可达92%。隔年播种发芽率为零。种子出土萌发，两片子叶，呈倒三角形。在吉林西部沙地，大果榆幼龄阶段（5~7 年），生长缓慢，树高平均年生长为16cm，直径为0.3cm；25 年生时生长速度加快，树高年升长量为36cm，径生长量为0.45~0.48cm；35 年生时，生长量有所下降，高生长量为20cm，径生长量为0.4cm；50 年以后下降趋势更加明显。

【古树】大果榆在多个省份分布区内有古树分布，多见于村镇周边或道旁，但多零星分布，少见古树群，其数量往往也在各地区古树资源中不占优势。在晋东南地区的古树资源调查中，共记录古树4312 株，涉及108 个种，其中大果榆有4 株，平均树龄425 年，平均树高12m，平均冠幅9.63m。吉林省珲春市新安街道迎春社区有1 株古树，树龄361 年，胸围1.47m。辽宁省阜新县大巴镇半截塔山西北公路旁有2 株古树，称作"救命树"，树龄约200 年，树高为5m、4m，地围为3.4m、2.9m，因道旁有大坑，失控车辆曾被2 株大树所阻幸免于难而得名（见彩图17）。

(19) 榆（*Ulmus pumila* L.）

【分类】榆科（Ulmaceae）榆属（*Ulmus*）。

【鉴别】落叶乔木。高达25m，胸径1m，树冠圆球形。树皮暗灰色，纵裂，粗糙。小枝灰色，细长，排成二列状。叶卵状长椭圆形，长2~6cm，先端尖，基部稍偏斜，缘有不规则之单锯齿。早春叶前开花，花簇生于去年生枝上。翅果近圆形，种子位于翅果中部，成熟时木质化。花期3~4月，果期4~6月。

【分布】分布于东北、华北、西北及西南各省份。生于海拔1000~2500m山坡、山谷、川地、丘陵及沙岗等处。华北及淮北平原地区栽培尤为普遍。俄罗斯、蒙古及朝鲜亦有分布。

【生境】喜光，耐寒，能适应干凉气候。喜肥沃、湿润而排水良好的土壤，不耐水湿，但能耐干旱瘠薄和盐碱土。萌芽力强，耐修剪。主根深，侧根发达，抗风、保土力强。对烟尘、CO_2及有毒气体抗性较强。

【生活史】以北京地区为例，3月上旬树液开始流动，3月中旬开始展芽，陆续展叶并开始抽梢，4月中旬为展叶盛期。3月中旬花开始出现，3月下旬进入盛花期，花谢后形成黄绿色果实，果实4月下旬至5月初成熟。10月下旬成熟叶开始变色，11月上旬至中旬叶片落净。榆树幼期生长较快，50~60年后生长降速，寿命可长达百年及以上。有调查表明，山西太原地区30年生树胸径约35cm，60年生树胸径约50cm，90年生树胸径约70cm。

图6-33　北京市延庆区千家店镇古榆树
（北京园林绿化局供图）

【古树】榆作为适应性强的乡土树种，在我国有较长的栽种历史。北京的"榆树王"，相传为明成祖朱棣北巡时所植，位于延庆区千家店镇，现为一级古树，胸围6.1m，树高21m，冠幅25m，树龄约600年（图6-33）。辽宁省大连市金州区七顶山满族乡大莲泡村，有1株古榆树，树高约21.5m，胸围约4.3m，树龄已长达400年，是辽宁省最古老的榆树。内蒙古赤峰市巴林右旗查干沐沦镇珠腊沁嘎查的古榆树群，是迄今为止国内发现的覆盖面积最大、树龄最长的沙地古榆树群。该古树群树龄最大的已经超过400年，平均树龄约350年，属国家二级古树。内蒙古浑善达克沙地、新疆达坂城等地也分布有古榆树群落。

(20) 高山榕（*Ficus altissima* Blume）

【分类】桑科（Moraceae）榕属（*Ficus*）。

【鉴别】常绿乔木，高25~30m，胸径40~90cm。叶厚革质，广卵形至广卵状椭圆形，长10~19cm，宽8~11cm，先端钝或急尖，基部宽楔形，全缘，两面光滑，侧脉5~7对；叶柄长2~5cm。隐头花序，单性同序，生于球形、肉质的花序托内腔。榕果椭圆状卵圆形，直径17~28mm。

【分布】产于热带、亚热带地区。在中国自然分布于云南、广东、广西和海南等海拔100~2000m的山地或平原。

【生境】喜光，喜高温多湿环境，对土壤要求不严，耐干旱瘠薄，抗强风和大气污染,且萌生力强,生长快,寿命长,不耐寒。

【生活史】高山榕花序发育周期分5期:①幼花期:隐头花序中雌花没有开放,花序苞片口苞片紧闭。②雌花期:雌花开放,花序苞片口苞片松动,榕小蜂进入隐头花序中进行传粉和产卵。③间花期:胚芽和小蜂的幼虫在子房中发育,接受幼虫的子房发育变为橘黄色。④雄花期:雄花成熟,瘿花中的小蜂也发育成熟准备羽化,隐头花序变为橘黄色。⑤雄花后期:隐头花序中的种子成熟、花序托变软。花期3~4月,果期5~7月。种子无休眠期,6~7月果熟。种子重量约0.48g(±0.02g),种子萌发率约为88%。高山榕种子萌发后1~5周根部均持续生长,根的生长高峰出现在前2周,第5周根长可达30mm。与根生长相似,幼苗茎1~5周均持续生长,茎生长高峰出现在第2周。

【古树】广东省高山榕古树资源丰富。茂名市信宜市镇隆镇八坊村委会沙街口河边有1棵高山榕古树,树木苍劲雄伟,气根林立,据村中族谱记载此树种植于宋代,树龄约1100年,树高约32m,胸围9.1m,冠幅平均20m。广州市天河区华南农业大学校内也生长1株高山榕,树高约15m,胸径约3m,冠幅平均12m,独木成林,蔚为壮观(见彩图18)。

(21) 榕树(*Ficus microcarpa* L. f.)

【分类】桑科(Moraceae)榕属(*Ficus*)。

【鉴别】常绿乔木,树高可达25m,胸径可达2m,树干主枝具气根。叶薄革质,椭圆形或倒卵状椭圆形,长4~8cm,宽3~4cm,先端钝尖,基部楔形,全缘,侧脉3~10对;叶柄长0.5~1cm。隐头花序,雌雄同株,生于肉质的花序托内腔。榕果成对腋生,熟时黄或微红色,扁球形,直径0.6~1.1cm。

【分布】分布于中国浙江南部、福建、台湾、广东、海南、广西、云南和贵州等地,海拔1900m以下的山地、平原。印度、缅甸、马来西亚也有分布。

【生境】喜光,也耐阴,喜温暖、湿润气候,根系发达,喜深厚肥沃排水良好的酸性土壤,在石灰岩山石壁、石缝中也能生长良好。幼苗期惧霜雪,冬季在5℃以下会受冻害,大树能耐短期-2℃低温;生长期最适温度为25~33℃、湿度为70%~80%。

【生活史】榕树依赖具专一性的榕小蜂传递花粉,果实发育过程可划分为5个时期:①雌前期:隐头花序浅绿色,表面被白色短柔毛,内部几乎被苞片占满。随着隐头花序的发育,花序托内逐渐出现空腔,而后大部分空间被雌花占据,苞口成为榕小蜂进出隐头花序内腔的唯一通道。②雌花期:花序托外层绿色,常有浅黄色至褐色的斑点和短柔毛,腔内有较大的空隙,传粉小蜂从苞口进入隐头花序内授粉或产卵。③间花期:隐头花序外层颜色有黄绿色、浅黄色、红色,苞口关闭,种子及虫瘿形成。④雄花期:隐头花序内部分层明显,雄花发育成熟,相对集生于近苞口的一侧,此时,通道再次形成,内部空腔变大,为小蜂行为活动提供条件。⑤花后期:小蜂从隐头花序中飞出后,外壁变软,甜而多汁,吸引其他生物觅食,完成种子的传播。花果期为5~9月,种子细小,萌发率低,一般在10~15d开始发芽,幼苗期病害严重,易死苗;60d左右幼苗比较强壮;生长期生长迅速,枝叶繁茂。抗二氧化硫及烟尘能力强,常用作行道树。

【古树】广东省是榕树古树资源较丰富的省份,记载了上万株古榕树。东莞市东城主山陵墓有1株榕树树龄约510年(图6-34)。广州市增城区石滩镇石湖村有1株树龄逾600

图6-34 广东省东莞市村旁种植的榕树（秦新生 摄）

年古榕树。广东江门市"小鸟天堂"景区1株古榕树尤为出名，估测树龄为400年，树高约10m，胸围约10m，东西冠幅约112.86m，南北冠幅约113m，独木成林，硕果累累，吸引大量鸟类和其他小型动物前来取食，已是当地生态系统重要组成部分。

（22）桑树（Morus alba L.）

【分类】桑科（Moraceae）桑属（Morus）。

【鉴别】落叶乔木或灌木，树皮具不规则浅纵裂。叶卵形或广卵形，先端急尖、渐尖或圆钝，基部圆形至浅心形，边缘锯齿粗钝或各种分裂，表面鲜绿色，无毛，背面沿脉有疏毛，脉腋有簇毛。花单性，腋生或生于芽鳞内，与叶同出；雌雄花序均为穗状花序。聚花果卵状椭圆形，成熟时红色或暗紫色，多汁味甜。花期4~5月，果期5~8月。与同属近缘种区别在于：鸡桑（M. australis Poir.）叶缘3~5裂或不分裂，表面粗糙，密生短刺毛，背面疏被粗毛；川桑（M. notabilis Schneid.）边脉明显，背面密被白色柔毛；华桑（M. cathayana Hemsl.）叶背面密被白色柔毛；蒙桑[M. mongolica（Bur.）Schneid.]叶缘锯齿端具刺芒。

【分布】原产我国中部和北部，有约4000年的栽培史。栽培范围广泛，北自黑龙江中部、内蒙古南部，南至广东、广西，东至台湾，西至新疆南部、西藏墨脱。东亚和中亚各国、南亚印度、东南亚越南，俄罗斯及欧洲等地均有栽培。

【生境】喜光树种，适应性强；耐旱，不耐水湿；喜深厚、疏松、肥沃的土壤，以微酸性至微碱性为宜，以壤土和砂壤土为最好，应选取适当集中连片、水源充足、土层深厚、能排能灌、方便管理的地块种桑为好。

【生活史】桑树的年生长周期又可分为发芽期、旺盛生长期、缓慢生长期和休眠期4个时期。发芽期从萌芽至第1片叶展开，春季气温达到12℃以上时就开始发芽生长，发芽期约20d。气温上升到20℃以上时，桑树生长快，进入旺盛生长期。气温下降到20℃以下时，转入缓慢生长期，即休眠前贮存养分时期。当气温下降到12℃以下时，桑树落叶后到第2年发芽前，桑树停止生长进入落叶休眠期。

桑树一生可分为幼树期、壮树期、衰老期3个明显发育阶段。从桑苗定植或桑籽萌发出土到树形养成、开始采叶为止为幼树期。幼龄期是桑树生长发育基础阶段，营养生长，生长速率高，必须进行合理的定型，加强抚育管理，促其分支，为加速成林和持续高产奠定基础。从树冠定型后开始采叶，而后生殖器官逐渐形成，大量开花结果，这个时期称为壮树期，此阶段生长势强、抗性强、创伤易愈合，必须加强水肥管理，延长桑叶的盛产年限。桑树的衰老期，桑叶产量明显下降，开花结果能力降低，生理机能和组织器官逐渐衰退，直到死亡为止。

【古树】经历千年风霜的古桑树，不仅彰显了我国是栽桑养蚕的发源地，带给世人观赏古桑风貌的机遇，也留下了很多动人的传说。我国栽培桑树历史悠久，由于自然和人为砍伐的原因，目前幸存的千年古桑树为数不多，其中最有名的当属西藏自治区的古桑树。林芝市林芝镇邦纳村海拔2900m尼洋河的河滩上，有1株树龄最大的桑树，被当地藏族百姓称为"那日欧索薪"。树龄约1650年，主干开裂、洞、孔较多而大，但木质坚硬不腐朽。树高仅有7.40m，树围13.68m，周围普通的树木均高它一头，树冠巨大，平均冠幅20m，生长势较旺，枝繁叶茂，郁郁葱葱（见彩图19），可谓中国无双、世界罕见的"桑树王"。这株古桑树不结果，当地人称为"雄桑树"。据传是松赞干布与文成公主为佐证其爱情，亲手所植，被当地人视为吉祥树。至今仍年年开花、生机盎然，每到夏末秋初的望果节（藏族庆丰收的节日），村民们便在桑树绿荫下欢乐地跳舞唱歌。

（23）板栗（*Castanea mollissima* Blume）

【分类】壳斗科（Fagaceae）栗属（*Castanea*）。

【鉴别】乔木，高达20m。单叶互生，薄革质，椭圆至长圆形，长11~17cm，宽稀达7cm；叶缘粗锯齿，羽状脉直达芒状齿尖；叶柄长1~2cm。花单性，雌雄同株；雄花成穗状花序，雌花单生或3~5朵簇生于总苞，雌花1~3(~5)朵发育结实。坚果深褐色，常2~3枚全包于总苞（壳斗）内；总苞外具密集坚硬短刺，成熟后4瓣裂。板栗与同属的日本栗（*C. crenata*）和茅栗（*C. seguinii*）叶片形态相似，但日本栗与茅栗每壳斗仅包1个坚果；日本栗叶背有灰白色或黄灰色星芒状伏贴绒毛；茅栗小乔木或灌木状，叶背无毛，或仅嫩叶背面叶脉有稀疏单毛。

【分布】除青海、宁夏、新疆、海南等少数省份外，广泛分布于我国海拔50~2800m的平原、丘陵、河谷等地，集中栽培于华北和长江流域。

【生境】喜光，不耐阴，光照不足易引起树冠内部小枝衰弱枯萎。喜温暖，分布地年平均气温10~14℃，生长期平均气温16~20℃，花果期需2000~3000℃积温，极端最低气温-30℃。对土质要求不严，以深厚湿润、排水良好、有机质丰富的砂壤土最佳；喜微酸至中性土壤（pH 4.5~7.2），不耐盐碱。较耐旱，不耐涝，年降水量500~800mm至1000~2000mm均能正常结果，但以年降水量700~800mm为宜；一般选坡度15°以下的阳坡、半阳坡或丘陵地区栽植，不宜植于低洼积水处。

【生活史】板栗为风媒花，花期4~6月。雄花5~6月开始分化，翌年4~5月结束，持续10个月左右；雌花4月中旬开始分化，6月中旬结束，持续约60d。二细胞型花粉，花粉粒长球型，腺质绒毡层，花药壁发育类型为基本型。中轴胎座，子房6~9室，每室2个倒生胚珠；胚珠双珠被，厚珠心，蓼型胚囊，珠孔受精，精卵融合为有丝分裂前型，胚发育为柳叶菜型，核型胚乳。果期8~10月，成熟种子无胚乳，种子单粒重4~16g，发芽率80%~90%，不耐储存。板栗幼苗子叶留土，早期生长缓慢，实生苗一般5~7年开花结实，15年左右进入盛果期。

【古树】泰山玉泉寺遗址遗存若干株古树，碑文记载宋大德四年（1139年）时已经是老龄树。重庆市石柱土家族自治县原洋洞乡三台村有1株唐代古树，树冠覆盖约387m^2。北京市怀柔区九渡河镇西水峪村的古板栗树龄约700年，树高9m，胸径5.18m，平均冠幅14m，被评为"最美板栗"。河北省邢台市前南峪村保留着1株树龄超过2500年的板栗，称作中国的"板栗王"（见彩图20）。

(24) 麻栎 (*Quercus acutissima* Carr.)

【分类】壳斗科（Fagaceae）栎属（*Quercus*）。

【鉴别】乔木，高达30m。叶片形态多样，通常为长椭圆状披针形，长8~19cm，宽2~6cm，顶端长渐尖，基部圆形或宽楔形，叶缘具刺芒状锯齿。花单性，雌雄同株；雄花序为柔荑花序，数个集生于当年生枝下部叶腋；雌花单生或簇生，生于雄花序基部。壳斗杯状，包被坚果约1/2；小苞片钻形或扁条形，向外反曲；坚果卵形或椭圆形，顶端圆形，果脐突起。麻栎与同属植物栓皮栎（*Q. variabilis*）的叶片形态相似，麻栎叶两面无毛或仅叶背脉上具柔毛，树皮木栓层不发达；栓皮栎叶背面密被灰白色星状毛，树皮木栓层发达。

【分布】分布区跨温带、暖温带和亚热带3个气候带，产于辽宁、河北、山西、山东、江苏、安徽、浙江、江西、福建、河南、湖北、湖南、广东、海南、广西、四川、贵州、云南等地，集中分布于黄河中下游及长江流域。垂直分布于海拔60~2200m的山地阳坡，成小片纯林或混交林。朝鲜、日本、越南、印度等国也有分布。

【生境】幼年期稍耐阴，成年个体喜光，喜湿润，耐旱，耐寒，极端最低气温-25℃，抗风力强。分布区年平均气温7~24℃，生长期有效积温2000~5500℃，年降水量500~1500mm。对土壤要求不严，以深厚、肥沃、湿润而排水良好的砂壤土为宜。喜中性至微酸性土（pH 4~7），不耐盐碱。主要分布于丘陵、中低山的山沟或山麓，以坡度小于20°、土层厚度约30cm的阳坡最佳。

【生活史】麻栎为风媒花，花期3~4月。花粉粒表面为瘤状，花粉于花柱基部的薄壁组织中休眠，至大孢子和雌配子体形成时期，花粉管重新开始生长；子房3室，稀2或4室，每室2倒生胚珠，但仅有1枚可发育；子房内有毛包被，双珠被，无明显株柄，珠孔受精，合子形成滞后12~14个月，蓼型胚囊，核型胚乳。果期为翌年9~10月。种子百粒重290~560g，淀粉含量高，不耐贮藏。室内或室外混沙贮藏后，发芽率达80%左右。幼苗子叶留土萌发，实生苗前5年地下部分生长快，地上部分生长缓慢，后生长加快，10~15年开花结实。

【古树】合肥紫蓬山保存有约40hm²的古麻栎树群，包括三级古树1827株，平均树龄约150年。山西永济市虞乡镇张家窑村的麻栎古树，树龄约4200年，树高6~8m，胸围4.7m，树围7m以上，被评为"最美麻栎"（图6-35）。

图6-35 山西永济市虞乡镇张家窑村"最美麻栎"
（刘翔 摄）

(25) 蒙古栎 (*Quercus mongolica* Fisch. ex Ledeb.)

【分类】又名柞树，壳斗科（Fagaceae）栎属（*Quercus*）。

【鉴别】落叶乔木，高达30m。幼枝紫褐色，具棱，无毛。叶倒卵形至长倒卵形，叶缘波状齿，侧脉7~11对；叶柄短，无毛。壳斗杯形，包坚果1/3~1/2，小苞片背部有半球形瘤状凸起，密被灰白色短绒毛；坚果卵形至长卵形。蒙古栎与辽东栎和槲树在叶形上相似。辽东栎幼枝绿色，叶侧脉5~7对；壳斗浅杯形，小苞片扁平微突无瘤状突起，坚果顶端有短绒毛。槲树小枝、叶背及叶柄均密被深色绒毛；壳斗小苞片革质，窄披针形，直立或反曲，红棕色。

【分布】 中国分布最北的一种栎树，产于寒温带、温带和暖温带北部，北纬34°~53°，东经111°~145°之间，跨黑龙江、吉林、辽宁、内蒙古、山西、河北、山东等地；北至漠河，南至伏牛山、云台山，集中分布区有：冀北山地、大兴安岭南部西侧山地、大兴安岭北部东坡山地、小兴安岭与长白山北部山地、长白山中部山地和长白山南部山地。俄罗斯、朝鲜、日本也有分布。垂直分布于海拔200~2100m的山地，在大兴安岭主要分布在海拔300~650m处，上限可达1000m；小兴安岭分布在海拔300~500m处，上限可达700m；在冀北山地一般分布在海拔600m以上，最高可达2100m。

【生境】 喜光、喜温凉、耐寒、耐干旱瘠薄，对环境有广泛的适应力。分布地年平均气温-3~14℃，1月平均气温-25.2~-1.1℃，7月平均气温19.63~26.92℃，极端最低气温-56℃。在冀北山地≥10℃积温2000~3650℃，小兴安岭与长白山北部山地≥10℃积温1900~2700℃，大兴安岭北部东坡山地≥10℃积温1700~2200℃，年降水量330~1200mm。在大兴安岭北部，中低山及斜陡坡地带多见山坡中上部阳坡、半阳坡地段；在低山、丘陵、漫岗地带可见于多坡向。分布区内土壤类型多为酸性或者微酸性的暗棕壤、棕壤、淋溶褐土和灰色森林土，pH 5.0~6.4。总之，蒙古栎适应性很强，常跨多个不同立地条件分布，在原生森林植被经火灾或皆伐等强干扰后，常可快速生长成为次生林优势种。

【生活史】 蒙古栎有性生殖过程研究多有报道。蒙古栎一般15~30年生进入结实期，蒙古栎雌雄同株，有性生殖包括：①5月上旬，花芽膨胀，芽鳞开裂。②5月中旬，幼叶展开。③5月下旬，雄花柔荑花序，成熟时下垂，有浅绿色变成黄色，5月底靠风力大量散粉。雌花为短穗状花序，成熟时柱头呈深红色，略反卷。④6月初，幼果成熟，8月下旬至9月中旬，坚果成熟并下落。在蒙古栎果实成熟最后阶段常受虫害，在其大量落种前约2周时，栎实象（*Curculio arakawai*）成虫成群爬上成年大树的树冠顶层，交配后，雌虫产卵于种子内，其产卵时先用喙钻一产卵孔，然后转身产卵于种子内，即子叶部位。据黑龙江帽儿山老爷岭生态定位研究站观测的结果显示，1995年观测蒙古栎的种实受害率达100%，而且单粒种子重复受害比例在50%以上。蒙古栎成熟坚果落下后经滚动遇到障碍物而得以聚集，但这种聚集过程是非常短暂的，落种高峰几天后，鼠类等开始活动，对种实就地取食并搬运埋藏，直至地表裸露的种实所剩无几，被动物取食的种实约占1/4，其余进入林地种子库。自然落到林地上的蒙古栎种子，千粒重通常为2000~3000g，种粒小的千粒重为2000g左右，种粒较大的可达3800g。蒙古栎结实周期一般跨4~5个年度。蒙古栎种子不需要休眠，落地后，林地种子库中约有8%的种子在适宜的水热条件下（一般温度>0.7℃）即可萌发，种子萌发率一般在70%以上。蒙古栎种子为子叶留土萌发，子叶柄长约3mm，淡绿色，幼茎绿色，有白色平伏毛，老则稀疏，不发育的初生叶6~8片，最初2片对生，以后则为互生，披针形，褐色，发育叶互生，倒卵状椭圆形或矩圆形。胚根扎入泥土中，深可过14cm，然后以根苗的形态越冬，于翌年5月下旬萌发真叶，这时子叶由白色变为粉红色，与真叶一起突出果皮，呈现于表土。在此期间，啮齿类与鸟类动物对子叶的取食危害率可达50%~70%，直到6月初，幼苗基本安全定位，天然状态下其成活率约为41.7%。

由于蒙古栎种实子叶肥厚，富含淀粉，营养丰富，在自然落种和萌发期间都容易受到啮齿类和鸟类的取食危害，导致幼苗存活率低。蒙古栎幼树阶段生长速度较快，不宜作用材树种，可作水土保持树种。50~80 年树龄的蒙古栎胸径平均可达 40cm，树高达 20m。

【古树】蒙古栎自然分布多形成纯林或混交林，古树资源也较丰富，成规模的古树群也多有报道，以吉林和辽宁分布集中。吉林露水河古树群，位于露水河林业局东升林场 21 林班，面积 2.1km^2，有蒙古栎 387 株，胸围最大者为 172cm，树龄为 274~601 年。辽宁老黑山蒙古栎古树群，位于庄河市步云山乡老黑山，是大连地区最大古树群，数量逾 3.1 万株，树龄为 80~120 年，最大者约 300 年；沈阳市新民市大喇嘛乡长山子村蒙古栎古树，年龄约 1000 年，胸围 400cm；本溪市思山岭满族自治乡财神庙村也有 1 株古树，树龄 1000 年，树高 13.6m，胸围 360cm（图 6-36）。

图 6-36　辽宁省本溪市思山岭满族自治乡财神庙村蒙古栎古树（卢元　摄）

(26) 栓皮栎（*Quercus variabilis* Blume）

【分类】壳斗科（Fagaceae）栎属（*Quercus*）。

【鉴别】乔木，高达 30m。木栓层发达。小枝灰棕色，无毛；冬芽圆锥形，芽鳞褐色，具缘毛。叶片卵状披针形或长椭圆形，长 8~15（~20）cm，宽 2~6（~8）cm，顶端渐尖，基部圆形或宽楔形，叶缘具刺芒状锯齿；叶背密被灰白色星状绒毛。雄花序生于当年生新枝基部，雌花单生或双生于新枝上端叶腋。壳斗杯状，包被坚果约 2/3；小苞片钻形，反曲，被短毛；坚果近球形或宽卵形。栓皮栎与同属的麻栎（*Q. acutissima*）形态相似。

【分布】产于辽宁、河北、山西、陕西、甘肃、山东、江苏、安徽、浙江、江西、福建、台湾、河南、湖北、湖南、广东、广西、四川、贵州、云南等地，以湖北、秦岭、大别山区为分布中心。分布区为北纬 23°24′~41°07′，东经 97°29′~126°06′，跨温带、暖温带和亚热带 3 个气候带，华北地区通常生于海拔 800m 以下的阳坡，西南地区可达海拔 2000~3000m。

【生境】喜光，稍耐阴；耐干旱，分布区年平均气温 12~16℃，年降水量 500~2000mm，生长期有效积温 2000~8200℃；耐寒，极端最低气温-25℃。对土壤适应性强，耐瘠薄，生长以海拔≤3000m，坡度<25°的向阳缓坡和山谷地段为宜，以深厚肥沃、湿润且排水良好的

壤土和砂壤土最适宜；耐轻度盐碱，在pH 4~8的酸性、中性及石灰性土壤均能生长，抗风力强。

【生活史】栓皮栎为风媒花，花期3~4月。花粉粒表面瘤状；雌花授粉后经过短暂发育，5~6月进入休眠期；至翌年5月，雌花恢复发育，子房3室，每室2枚倒生胚珠，但仅1枚胚珠发育；子房内有毛包被，双珠被，无明显株柄，珠孔受精，蓼型胚囊，核型胚乳。果期翌年9~10月，种子百粒重320~450g，发芽率85%~90%。子叶留土萌发，幼年期地上部分生长缓慢，地下主根生长迅速，后枝干生长逐渐加快，实生苗6~12年后开花结实。

【古树】浙江永康来龙山有30余亩古树群，其中37株已挂牌保护，树龄逾500年，其中列为省一级保护的有9株。湖北孝感的栓皮栎古树树龄逾500年，树高近30m，主干粗大，需4人合抱。神农架林区大九湖镇东溪的1株古树，树龄约900年，胸围5.1m，树高20m，冠幅约32m。山西省阳城县蟒河村的栓皮栎古树群平均树高30m，胸径最粗达1m（见彩图21）。

(27) 辽东栎(*Quercus wutaishanica* Fisch. Ex Ledeb.)

【分类】壳斗科(Fagaceae)栎属(*Quercus*)。

【鉴别】落叶乔木，高达15m。树皮灰褐色，纵裂。幼枝绿色，无毛，老时灰绿色，具淡褐色圆形皮孔。叶片倒卵形至长倒卵形，长5~17cm，顶端圆钝或短渐尖，基部窄圆形或耳形，叶缘有5~7对圆齿，叶面绿色，背面淡绿色，幼时沿脉有毛，老时无毛，侧脉每边5~7条；叶柄无毛。雄花序生于新枝基部，花被6~7裂，雄蕊通常8；雌花序生于新枝上端叶腋，花被通常6裂。壳斗浅杯形，包着坚果约1/3；小苞片扁平微突起，被稀疏短绒毛。坚果卵形至卵状椭圆形，顶端有短绒毛；果脐微突起。花期4~5月，果期9~10月。辽东栎与蒙古栎(*Q. mongolica*)形态相似，但壳斗形状有明显区别。辽东栎壳斗小苞片三角形，侧脉5~7对；蒙古栎壳斗小苞片瘤状突起，侧脉7~11对。

【分布】产于我国黑龙江、吉林、辽宁、内蒙古、河北、山西、陕西、宁夏、甘肃、青海、山东、河南、四川等省份及朝鲜北部。在辽东半岛常生于低山丘陵区，在华北地区常生于海拔600~1900m的山地，在陕西和四川北部可达海拔2200~2500m，常生于阳坡、半阳坡，成小片纯林或混交林。

【生境】辽东栎喜光、耐寒、耐旱，对环境有较强的适应能力，广泛分布于我国北方地区，常见于海拔800~1600m的阳坡、半阳坡和干燥的半阴坡，是暖温带区域地带性森林植被类型。其分布区域为：年平均气温5~10℃，极端最低气温-26℃，极端最高气温38℃，≥10℃积温2300~3600℃，无霜期160d左右，年降水量300~700mm，降水多集中在6~8月。辽东栎分布区土壤为褐土（普通灰褐土、碳酸盐灰褐土）、山地褐色森林土、栗钙土、灰钙土、石质土等。辽东栎常与油松、华山松、侧柏、白桦、杜梨、栎、山杨等多种树木混交。

【生活史】辽东栎在陕西延安市4月下旬展叶，花期4~5月，种子成熟散落期在9月中下旬至10月上旬。辽东栎结实能力较强，但大小年现象明显，2~3年大量结实1次。辽东栎种子成熟时含水量高，没有休眠期，若温度和湿度条件适宜，成熟种子均可当年萌

图 6-37　甘肃省定西市岷县蒲麻镇辽东栎古树（图片来源：https://www.sohu.com/a/232254452_119955）

发形成幼苗，且萌发率较高。据报道，子午岭地区辽东栎种子萌发率可达 47.2%，但由于新生苗对水热等环境变化反应敏感，极易受到不利环境的伤害或死亡，林下实生苗较少，主要靠萌生完成更新。

【古树】辽东栎适应性强，生态幅较宽，其古树常见于我国西北、东北等地。生长于甘肃定西市岷县蒲麻镇虎龙口村龙山山头处的辽东栎古树，树龄约 670 年，胸围 307cm，2018 年被评为"中国最美古树"（图 6-37）。山西省五鹿山国家自然保护区拥有以辽东栎林为主的生态系统 2 万 hm^2，其中，有 200 余株辽东栎树龄逾 100 年。在辽宁省沈阳市的北陵，有近千株辽东栎古树散生在陵后的油松林中，平均树高 22m，最高的可达 30m，平均胸径 50cm，最大胸径 79cm，树龄约 200 年。

（28）核桃（*Juglans regia* L.）

【分类】又名胡桃，胡桃科（Juglandaceae）胡桃属（*Juglans*）。

【鉴别】落叶乔木，高达 20~25m。树冠广阔，树皮纵裂。奇数羽状复叶，小叶 5~9 枚，椭圆状卵形至长椭圆形，顶端钝圆或急尖、短渐尖，基部歪斜或近圆形，边缘全缘，仅萌生枝的叶片具稀疏细锯齿。雄性柔荑花序下垂；雌性穗状花序常具 1~3 雌花。果实核果状，近于球状。花期 5 月，果期 10 月。该种关键特征在于叶片具芳香味，小叶全缘，顶小叶大。

【分布】分布于中亚、西亚、南亚和欧洲，我国产于华北、西北、西南、华中、华南和华东，海拔 400~1800m 的山坡及丘陵地带。

【生境】喜肥沃湿润的砂质壤土，在我国温带和亚热带常见栽培，在山区河谷地带的适生环境有逸生种生长。

【生活史】核桃根系发达、树体高大、寿命长，栽植 4~5 年可开花结果，20 年进入盛果期，200 年以上的大树仍能正常开花结果。叶芽或混合芽在 4 月上旬开始展叶，直到 5 月下旬，叶片定形展全。雌花序着生在当年生枝条的顶端，雄花序发育于去年生枝条上。雌雄花的花期不一致，有"雌雄异熟"现象，自然授粉困难。雌雄花在整个花期持续 10~25d，雄花散粉盛期 5~6d。在柱头干枯之后的 30d 左右，有落花落果情况发生。5 月中旬至 6 月中旬，果实生长最迅速；7 月初果实停止生长；8 月底、9 月初果实完全成熟。

【古树】核桃是长寿树种，寿命可达 600~800 年，新疆、西藏等地有 1000 年以上的古核桃树，具有较高的历史文化价值。新疆叶城县被誉为"中国核桃之乡"，境内萨依巴格乡的核桃七仙园，有 7 株古核桃树，分别被命名为"福、禄、寿、喜、和、安、康"，合称"核桃七仙"，树龄均逾 1500 年，是最古老的核桃古树群。老大"福树"被称为"中国核桃王"，树龄 1600 余年，高 25m，胸径 232cm，整个树冠占地近 400m²，2019 年获得《大世界基尼斯之最》认证证书。在 2013 年叶城县第六届核桃采摘大赛的竞拍环节中，其果实"福果"以每千克近 6 万元的最高核桃单价成交。

西藏核桃是世界核桃的"祖先"，结果能力强、抗病虫性能好、耐寒、耐贫瘠，最重要的是具有天然长寿基因。树龄超过 100 年的野生核桃多集中在林芝、山南、日喀则、昌都等地区，树木的萌发能力仍然很强。分布于林芝市朗县冲康村的古核桃林，共 1248 株，占地 5.11km²，平均树龄 565 年，其中最大树龄为 2100 年，需要 12 人伸臂才能合抱，尽管已属于超高龄"老寿星"，至今每年产核桃逾 2000kg，被当地人誉为"核桃王"。

日喀则市桑珠孜区年木乡胡达村的古核桃树，树龄 1600 年，相传为吐蕃三十一代赞普达日年塞栽种，2018 年入选"中国最美古树"（见彩图 22）。该核桃树高 15m，胸径 305.7cm，树冠圆满丰茂、苍劲葱郁、枝繁叶茂，冠幅超 30m，年产核桃逾 500kg。借助每年 8~9 月的望果节，这株千年核桃树已被打造成日喀则民俗风情旅游的知名景点，吸引众多游客前往。

(29) 枫杨（*Pterocarya stenoptera* C. DC.）

【**分类**】胡桃科（Juglandaceae）枫杨属（*Pterocarya*）。

【**鉴别**】落叶乔木，高达 30m。小枝髓心片状分隔；裸芽，具长柄。偶数羽状复叶，叶轴具窄翅，小叶 10~28，长圆形，长 4~11cm；互生。柔荑花序下垂。果序下垂，坚果具 2 斜展翅。枫杨与青钱柳［*Cyclocarya paliurus*（Batal.）Iljinsk.］叶形相似，但青钱柳叶轴无翅，坚果具圆盘状翅。

【**分布**】产于陕西、河南、山东、安徽、江苏、浙江、江西、福建、台湾、广东、广西、湖南、湖北、四川、贵州、云南，华北和东北仅有栽培。生于海拔 1500m 以下的沿溪涧河滩、阴湿山坡地的林中。朝鲜也有分布。

【**生境**】喜光，不耐庇荫。喜温暖湿润气候，耐水湿，在山谷、河滩、溪边低湿地生长最好，干旱瘠薄砂土地上生长慢，树干弯曲。要求中性及酸性砂壤土，也可耐轻度盐碱。现已广泛栽植作庭园树或行道树。

【**生活史**】枫杨 4~5 月开花、结果，果熟期 8~9 月，其挂果期为 5~11 月，长达半年之久，果实颜色随生长期及季节变化而变化，浅绿、嫩绿直至发黄、发黑。枫杨幼苗生长较慢，3~4 年后生长加快，速生期可延续到 15 年。8~10 年生时，年平均高生长可达 1.5~2m，胸径生长达 1.5~3cm；25 年后生长减慢；40~50 年后生长渐停；60 年后衰老。8~10 年开始结实，15~25 年后大量结实，40~50 年后结实渐少。种子千粒重 80~100g，每千克种子 1 万~1.2 万粒。

【**古树**】在中国许多地区都有枫杨古树的身影（图 6-38）。如武汉市木兰山上有 1 株树龄 470 年以上的枫杨古树；在广东连平县莞镇内莞河两岸，现存 400 余株树龄百年枫杨古树群落；在中国科学院南京地质古生物研究所院内发现了"最高枫杨古树"，在南京师范大学院内发现了"直径最大枫杨古树"。作为速生的乡土树种，枫杨成了乡村的标志与寄托，与乡村之间衍生出许多传奇的故事，村民们敬畏它，将之奉为风水宝树、吉祥古树。

图6-38 湖北省神农架林区松柏镇八角庙村707年古枫杨
(引自《中国最美古树》)

如浙江磐安县万苍乡斐湖村口就有1株树龄约450年、人称"龙头树"的古枫杨,数百年来一直守护着该村;安徽黟县宏村村口有1棵树龄约350年,号称"牛角红杨"的古枫杨,相传其为康熙年间,一方姓青年考中秀才后村民们栽下的,而后世世代代都以此树激励后人。湖南炎陵县1株"独立溪中百年,屡遭洪水袭击仍安然无恙"的古枫杨,当地人称其为"树坚强""不倒翁"。

(30)胡杨(*Populus euphratica* Oliv.)

【分类】又名胡桐,杨柳科(Salicaceae)杨属(*Populus*)。

【鉴别】乔木,高10~15m。树皮淡灰褐色,下部条裂;萌枝细、圆形、光滑或微有绒毛。成年树小枝泥黄色,有短绒毛或无毛。叶形多变化,卵圆形、卵圆状披针形、三角状卵圆形或肾形,先端有粗齿牙,基部楔形、阔楔形、圆形或截形,有2腺点,两面均为灰蓝色。单性花,雌雄异株,雌雄花序均为柔荑花序,花序轴有短绒毛或无毛。蒴果长卵圆形,2~3瓣裂,无毛。花期5月,果期7~8月。胡杨与灰胡杨(*Populus pruinosa*)相近,二者分布区重叠且混生,其主要区别在于灰胡杨小枝、叶和蒴果均被绒毛;叶上部边缘常有2~3个齿牙。

【分布】分布范围横跨欧、亚、非三大洲,聚集在地中海周围至我国西北部和蒙古国等20个国家的干旱、半干旱荒漠地带。我国是世界上胡杨林分布面积最大、数量最多的国家,主要分布在内蒙古、宁夏、甘肃、青海、新疆一带。其中新疆胡杨林面积占我国胡杨林总面积的90%,集中生长于塔里木盆地及其相邻区域,沿塔里木河流域两岸生长繁茂,形成走廊状绿洲,是目前世界上面积最大的一片天然林。

【生境】胡杨喜湿润、喜光、耐高温,较耐寒、耐干旱、耐盐碱、抗风沙,适应于干旱性大陆气候条件。分布区内年均降水量仅为20~50mm,年均蒸发量高达2500~3000mm;年均气温10.5~11.2℃,极端最低气温-30.9℃,极端最高气温42.1℃,夏季酷热,冬季寒冷。≥10℃年积温达4100~4350℃,持续180~200d。胡杨耐盐碱能力较强,土壤总盐量在1%以下时,生长良好;总盐量在2%~3%时,生长受到抑制;总盐量超过3%时,出现死亡。胡杨生长的土壤有吐喀依土(胡杨林土)、盐土、残余沼泽土、残余盐土、龟裂土、风沙土和绿洲土、棕色荒漠土等。

【生活史】胡杨花芽一般在11~12月没有明显变化,随着温度的升高,翌年2月,花芽开始萌动,3月萌发,到4月花芽形成花序,4月底雄花序脱落。胡杨果实一般在6月上旬成熟,蒴果成熟后开裂,种子较小,着生冠毛,可随风散落。6月上旬至8月上旬为种子大量散落期。7~8月为山地积雪和冰川融化汛期,洪水为胡杨种子的着床提供天然的辅助。胡杨种子的萌发速度较快，在湿润条件下，24h 内迅速萌发。胡杨种子寿命较短，其种子 30d 后几乎完全丧失活力。胡杨种子更新需要在湿润条件下完成，其个体发育的早期对环境要求较高，一旦"定居"即表现出较强的耐旱能力。

【古树】胡杨寿命较长，在维吾尔族民间，胡杨有"活着不死一千年，死后不倒一千年，倒下不朽一千年"的美誉。内蒙古额济纳旗的胡杨古树，最古老的树龄约 880 年，树高 27.0m，胸径 270.7cm，据说 300 年前土尔扈特人来到额济纳的时候，这些树就已经是参天巨树(见彩图 23)。新疆是胡杨之乡，其古树资源主要分布在阿克苏地区(库车县、阿拉尔市、阿瓦提县、沙雅县、拜城县、柯坪县)、巴音郭楞蒙古自治州(尉犁县、且末县、若羌县、和硕县、库尔勒市、轮台县)、和田地区(策勒县、民丰县、洛浦县、皮山县)、哈密市(伊吾县、伊州区、巴里坤县、哈密市)、喀什地区(巴楚县、疏勒县、麦盖提县)、塔城地区(乌苏市)、博尔塔拉蒙古自治州(精河县)、克拉玛依市(克拉玛依区、乌尔禾区)、昌吉回族自治州(木垒县)、吐鲁番市(托克逊县)。据估测，该地胡杨古树树龄在 100~299 年占多数，占 70% 以上；树龄 300~399 年占 15% 以上；树龄 500 年以上的古树不到 5%。在新疆哈密市伊吾县荒漠河岸，有 1 株逾 720 年的胡杨，称为"胡杨寿星树"；此树高 15m，胸径 127cm，冠盖如伞，挺立于荒漠之中。

(31) 小叶杨 (*Populus simonii* Carr.)

【分类】杨柳科(Salicaceae) 杨属(*Populus*)。有宽叶小叶杨(*P. simonii* var. *latifolia*)、辽东小叶杨(*P. simonii* var. *liaotungensis*)、圆叶小叶杨(*P. simonii* var. *rotundifolia*)和秦岭小叶杨(*P. simonii* var. *tsinlingensis*)等变种，垂枝小叶杨(*P. simonii* f. *pendula*)、菱叶小叶杨(*P. simonii* f. *rhombifolia*)、塔形小叶杨(*P. simonii* f. *fastigiata*)和扎鲁小叶杨(*P. simonii* var. *simonii* f. *robusta*)等变型。

【鉴别】乔木，高达 20m。树冠近圆形，树皮灰褐色，老时沟裂。幼树小枝及萌枝有明显棱脊，老树小枝圆形，细长而密，无毛。冬芽细长，有黏胶。叶菱状卵形、菱状椭圆形或菱状倒卵形，长 3~12cm，宽 2~8cm，上面淡绿色，下面灰绿或微白；先端突急尖或渐尖，基部楔形，叶缘细锯齿，无毛；叶柄圆筒形，长 0.5~4cm，黄绿色或带红色，无腺体。花单性，雌雄异株，柔荑花序，常先叶开放；雄花序长 2~7cm，苞片细条裂，雄蕊 8~9(25)；雌花序长 2.5~6cm，苞片淡绿色，裂片褐色，无毛，柱头 2 裂。果序长达 15cm；蒴果小，2(3)瓣裂，无毛。小叶杨与同属植物小钻杨(*P.* ×*xiaohei* var. *xiaozhuanica*)形态相似。小钻杨是小叶杨与钻天杨(*P. nigra* var. *italica*)的自然杂交种，其树冠圆锥形或塔形，侧枝与主干分支角度较小，常小于 45°，斜上生长。

【分布】在中国分布广泛，东北、华北、华中、西北及西南各省份均产，垂直分布一般多在海拔 2000m 以下，最高海拔可达 2500m。华北多生于海拔 1000m 以下，四川等地在海拔 2300m 以下。沿溪沟可见，多数散生或栽植于四旁。

【生境】喜光，适应性强，对气候和土壤要求不严。耐寒，亦耐热；喜湿润，亦耐干旱；能耐 -36℃ 的低温和 40℃ 高温；在年平均气温 10~15℃，有效积温 2800~4500℃，年降水量 400~700mm，相对湿度 40%~70% 的环境生长良好。耐瘠薄和弱碱性土壤，适宜土壤 pH 7.5~8.3。不耐庇荫，长期积水的低洼地上不能生长。砂壤土、黄土、冲积土、灰钙土上均能生长，栗钙土上生长不好。山沟、河边、阶地、沙荒茅草地上都有分布，而在湿润、肥沃土壤的河岸、山沟和平原上生长最好。

【生活史】小叶杨幼年期生长迅速，5~8年后初次开花，生长季形成花芽，翌年生长季开花。风媒传粉，花期3~5月，果期4~6月。花药壁四层，绒毡层腺质型，小孢子多呈四面体形，少左右对称形，二细胞型花粉。湿型柱头，实心花柱，胚珠倒生，单珠被，厚珠心，蓼型胚囊，珠孔受精，胚发育属柳叶菜型，核型胚乳。种子千粒重0.4~0.5g，子叶出土幼苗，生长较快，寿命较短，根系发达，主根不明显，萌芽力强。

【古树】青海省内拥有大量古树资源，羊曲柽柳古树林群落中有15株小叶杨，树龄逾100年；祁连县拥有2株树龄逾220年的古树。宁夏石嘴山市1株古树高约20m，树围约6m，两个成年人难以合抱。河北省承德市平泉市柳溪镇下桥头村有1株逾500年的古树，高22m，胸围1.96m，冠幅达26m，盘根错节，一根两干，冠形奇特，9条主枝或上扬、或平伸、或俯探，犹如九龙腾飞，被称"九龙蟠杨"和"最美小叶杨"（见彩图24）。

(32) 青杨 (*Populus cathayana* Rehd.)

【分类】杨柳科 (Salicaceae) 杨属 (*Populus*)。

【鉴别】乔木，高达30m。树皮光滑灰绿色，老时暗灰色，沟裂。小枝圆柱形，有时具角棱，无毛。芽长圆锥形，无毛，多黏质。叶卵形、卵状椭圆形至椭圆形，最宽处在中部以下，上面绿色，下面绿白色，无毛，叶边具腺钝齿；叶柄圆柱形，无毛；长枝或萌枝叶卵状长圆形，较大。蒴果卵圆形。青杨与小青杨、辽杨相近，其中小青杨树皮灰白色；叶菱状椭圆形、菱状椭圆形，叶缘具细密上下交错的锯齿。辽杨小枝密被短柔毛；叶常宽卵形，先端短渐尖或急尖，通常扭转，叶两面脉上被短柔毛。

【分布】我国特有树种，分布广，也是北方的习见树种。产于我国北方及西南山地，北纬27°~49°，东经85°~127°区域，跨越黑龙江、吉林、辽宁、内蒙古、河北、山西、陕西、甘肃、宁夏、青海、新疆、四川及湖北等地。垂直分布幅度较大，海拔450~3980m的沟谷、河岸和阴坡山麓均能生长，在河北、北京见于海拔1000~2000m，大青山、蛮汗山和乌拉山见于海拔1400~1800m，五台山、吕梁山海拔1500~1800m多见，伏牛山生于海拔1000m以上，青海生于海拔1900~3200m，横断山区可达海拔3980m。

【生境】青杨喜湿润或干燥寒冷的气候，比较耐寒，喜光不耐阴，在暖地生长不良。分布地年平均气温-4.8~17.1℃，1月平均气温-20.9~7.1℃，极端最低气温-35℃，≥10℃年积温在2000℃以上生长良好，分布地年降水量变化大，20~1900mm。在山区沟谷、河岸和阴坡山麓均能生长，其生长在河谷优于阴坡山麓优于坡中上部和山顶。对土壤要求不严，在透水良好的砂壤土、河滩冲积土、砂土以及弱碱性的黄土、栗钙土上均能正常生长，在山西地区土壤pH 6.5~7.0。适生于土壤深厚、肥沃、湿润处。耐干旱，不耐水淹，不耐盐碱。在山地黄土或栗钙土上因土壤干旱生长不良，在阴坡沟洼处生长良好。

【生活史】青杨为雌雄异株，一般4月中下旬花芽膨胀并展开，5月上旬开始展叶，5月下旬至6月上旬种子成熟，成熟期一般只有几天时间，蒴果颜色由深绿色变成黄绿色，种子成熟后靠风力分散。8月下旬开始落叶。青杨花粉量大，花粉粒近球形，直径约25.8μm，无沟孔，表面纹饰密集成小刺状，分布均匀。青杨种子小，随风散播。通常情况下，千粒重只有0.2g左右，每17.5~20kg青杨果穗可得净种0.5kg，每0.5kg青杨种子有 55 万~80 万粒。青杨种子无休眠,可随采随播种,种子发芽率达 90% 以上。储藏 250d 的种子仍有 60%~70% 的发芽率。生产时一般在播种前用 20℃ 温水泡种 0.5h,捞出晾干,等种子松散时,即可播种。也可在播种前 2h,把种子铺在被单或塑料布上,用 30℃ 的温水喷种子,用水搅拌,待种子完全湿透后盖上湿布,使种子吸水膨胀,等种子阴干到互不粘连时就可播种(凤花,2009)。青杨子叶出土生长,易生根。生产也可用扦插育苗,扦插技术简单,出苗成活率高。插穗一般以 1 年生扦插苗茎干为宜,幼壮母树的树干下部的 1~2 年生的萌发条和树冠中上部 1~3 年生的枝条也可应用。插穗以长 15~20cm,粗 0.8~1.5cm,带有生长环(上年与次年生长连接处)的成活多、生长好。春季育苗时,可随采随插,可也在秋季落叶后采集,窖埋储藏,次年扦插。在青海地区,扦插 1 年生平均苗高 133cm,平均地径 0.82cm;2 年生扦插苗平均苗高 220m,平均地径 2.45cm;3 年生扦插苗平均苗高 309cm,平均地径 3.36cm。青杨一般在 15 年生以后进入速生期,其中树高生长在前 10 年生,胸径生长在 10~15 年生较快,材积速生期在 15~20 年间。

【古树】华北西部及西北地区青杨古树资源较丰富。据 2019 年的资料显示,青海湟源县有古树 34 株,占全县古树的 97.14%,均散生于乡村,平均树龄 138 年,树高 12~35m,胸围 2.22~5.6m;互助县有古树 43 株,占全县古树的 78.2%,也均散生于诸乡村;民和县有 11 株,占全县古树的 1/3。陕西省宝鸡市的古树调查中,共计录古树 616 株,其中青杨 7 株,均位于凤翔县东湖公园内,为清代人工栽植,树龄 110~120 年,最大者树高 31m,胸围 4.3m,冠幅 12m;在柞水县丰北河乡北河村有 1 株古树,树龄约 590 年,树高 35m,胸围 4.52m。辽宁抚顺市清原满族自治县湾甸子镇砍椽沟村有 1 株古树称为"杨树王",树龄约 300 年,树高 31m,胸围 6.3m,冠幅 25m;"大南沟古杨"位于桓仁满族自治县八里甸子镇大南沟村,树龄 300 余年,树高 32m,胸围 6.8m,冠幅 18m,历经雷劈火烧仍茁壮成长,当地称为"古杨神树"(图 6-39)。

图 6-39 辽宁省桓仁满族自治县八里甸子镇大南沟村古青杨(卢元 摄)

(33) 重阳木[*Bischofia polycarpa* (Lévl.) Airy-Shaw]

【分类】叶下珠科(Phyllanthaceae)重阳木属(*Bischofia*)。

【鉴别】落叶乔木,高达 15m。三出复叶,具长柄,小叶圆卵形或卵状椭圆形,长 5~14cm;先端短尾尖;互生。雌雄异株。总状花序腋生,下垂。浆果球形,熟时红褐色。重阳木与秋枫(*B. javanica* Blume)叶形相似,但秋枫为常绿乔木,圆锥花序。

【分布】产于秦岭、淮河流域以南至福建和广东的北部，生于海拔1000m以下山地林中或平原栽培，在长江中下游平原或农村"四旁"习见，常栽培为行道树，是良好的庭荫树和行道树种。

【生境】喜光，稍耐阴。喜温暖气候，耐寒性较弱。对土壤的要求不严，在酸性土和微碱性土中皆可生长，但在湿润、肥沃的土壤中生长最好。耐旱，也耐瘠薄，且能耐水湿，抗风耐寒。

【生活史】重阳木雌雄异株，花期4~5月，6~8年生开始开花结实，正常结实期在20年以后。果期10~11月，结实间隔期一般为1年。种子千粒重6.2~7.1g，每千克种子14万~16万粒，种子无休眠习性。

图6-40 湖南省芷江侗族自治县岩桥镇小河口村树龄2000年的古重阳木(引自《中国最美古树》)

【古树】重阳木是长寿树，南方各地多有重阳木古树，很多古树已经被当地百姓奉为神树。湖南怀化芷江侗族自治县杨溪河桥头的河口处，有1株重阳木古树，传说植于西汉时期，树龄已逾2000年，明代万历《沅州志》列为"沅州八景"之一的"杨溪云树"，树高16m，胸围11.5m，树冠范围206m²（图6-40）。树侧建有昭灵庙，祭祀屈原。广西富川新华镇新华村关塘面屯有1株重阳木古树，树龄400年，树高30m，胸径1.86m，平均冠幅20m。广西融安县沙子乡沙子村沙子屯1株重阳木古树，树龄约200年，树高25m，胸径1.16m，平均冠幅15m。湖北监利县柘木乡赖桥村，有2株重阳木古树隔河相望，雌性树龄约790年，雄性逾500年，一雄一雌间距不到50m。

(34) 紫薇（*Lagerstroemia indica* L.）

【分类】又名痒痒树、满堂红或百日红，千屈菜科（Lythraceae）紫薇属（*Lagerstroemia*）。

【鉴别】落叶灌木或小乔木。树皮平滑，灰色或灰褐色；枝干多扭曲，小枝纤细，具四棱。叶互生或有时对生，纸质，椭圆形、阔矩圆形或倒卵形；无柄或叶柄很短。顶生圆锥花序，花瓣6，皱缩，具长爪，淡红色、紫色或白色。蒴果椭圆状球形或阔椭圆形，成熟时呈紫黑色，室背开裂。花期6~9月，果期9~12月。与近缘种川黔紫薇 [*L. excelsa* (Dode) Chun ex S. Lee et L. Lau] 的区别在于后者小枝圆柱形；叶片阔椭圆形，叶柄明显；花较小，花萼具脉纹。

【分布】分布于亚洲东部至南部和澳大利亚北部。中国作为主要的分布和栽培中心，栽培历史逾1600年，集中分布于西南和中南地区，野生种生于海拔1200m以下的山坡或林缘。

【生境】紫薇为亚热带喜光树种，喜湿暖气候，适宜生长的温度15~30℃。喜光，稍耐阴，生长和开花过程都需要充足的光照。耐旱忌涝，对土壤要求不严格，不论钙质土或酸性土都生长良好；喜肥沃、湿润而排水良好的砂壤土，在黏质土中亦能生长，但速度较慢；在低洼积水处容易烂根。有很强的吸附粉尘能力，对 SO_2、Cl_2、NH_3、HF 和 HCl 等有害气体具有较强抗性，是城市、工厂绿化的理想树种之一。

【生活史】紫薇树生长较慢，一年高生长仅 0.5m 左右。4 月上旬芽叶开始萌动；先展叶后开花，花芽属于当年分化当年开花型，分化时间短；随着新枝不断生长，花芽不断形成，花朵能不断持久开放；花期为 6 月中下旬至 10 月上旬，花期最长可达 120d，夏、秋季经久不衰。11 月果熟叶落，果实大部分宿存于枝头，即使到了严冬飘雪的季节，仍然摇曳于刺骨的寒风中。为延长花期，可适时剪去已开过花的枝条，可使之重新萌芽，长出下一轮花枝。实践证明，只要管理适当，经多次修剪可促使其一年多次开花。

紫薇在 3~4 月播种，将种子均匀撒入已平整好的苗床。每隔 3~4cm 撒 2~3 粒，播种后覆盖约 2cm 厚的细土，10~14d 后种子大部分发芽出土，出土后要保证土壤的湿润度；在幼苗长出 2 对真叶后，为保证幼苗有足够的生长空间和营养面积，可选择雨后对圃地进行间苗处理，使苗间空气流通、日照充足。生长期要加强管理，6~7 月追施薄肥 2~3 次，夏天防止干旱，要常浇水。幼苗的年生长特点是：初期生长缓慢，以后生长逐渐加快，中间出现生长高峰，后期生长速度又缓慢，最后停止生长，表现出慢—快—慢的规律性变化。

扦插宜在 7~8 月进行，此时新枝生长旺盛，最具活力，此时扦插成活率高。选择半木质化的枝条，剪成 10cm 左右长的插穗，枝条上端保留 2~3 片叶子。一般在 15~20d 便可生根，在生长期适当浇水，当年枝条可达到 70cm，成活率高。

【古树】"紫薇王"位于贵州省印江县紫薇镇政府所在地，是西线上梵净山的必经之路，树高 38m，树冠 15m，胸径 280cm，需 6 人才能合抱。经林业专家测算树龄已逾 1380 年，1998 年被选入"贵州省古、大、珍、稀树名录"，2018 年被评为"中国最美古树"。此树历经千余年的风吹雨打，仍然枝繁叶茂，生机盎然；"紫薇王"一般 3 年开花一次，花色红白相间，朵大色艳，十分美丽，每次开花会有白、粉、红三色变化，花期可持续 4 个月左右。目前它只开花，不结籽，不能种子繁衍。在"紫薇王"正对面的两山之间，有一个酷似"心脏"的山凹，当地人称之"紫薇心"，与紫薇王遥相呼应。"紫薇王"已被奉为神树，是当地的"金字招牌"，吸引众多游客前往。

在四川省广元市剑阁县剑门关景区大剑山深处，藏着一座千年古刹——梁山寺，寺中一株高大紫薇树覆盖了整个天井，枝叶茂盛，年年花开满树，是"剑门四奇"之一，为梁山寺镇寺之宝（图 6-41）。据寺院资料记载，寺中紫薇树是南北朝时期梁武帝萧衍在剑门关出家修行期亲手所栽，距今已逾 1500 年。

图 6-41　四川省广元市剑阁县剑门关镇梁山寺树龄 1500 年的古紫薇（引自《四川古树名木》）

该紫薇树高 7.4m，胸径 68cm，平均冠幅 10m；树干遒劲有力，通体无树皮，似冰肌玉骨，蜿蜒婀娜，远观如佛祖参禅，近看似石猴眺望，被评为四川省"最具人气古树名木"之一。有时两年一花，有时年年开花，其花呈紫色，每年 8 月初开花，持续到 9 月中旬。虽历经千年，如今仍然枝繁叶茂，繁花似锦，吸引众多游人驻足观赏。

（35）石榴（*Punica granatum* L.）

【**分类**】千屈菜科（Lythraceae）石榴属（*Punica*）。

【**鉴别**】落叶灌木或乔木，高通常 3~5m。枝顶常成尖锐长刺，幼枝具棱角，无毛，老枝近圆柱形。叶通常对生，纸质，矩圆状披针形，长 2~9cm，顶端短尖、钝尖或微凹，基部短尖至稍钝形，上面光亮，侧脉稍细密；叶柄短。花大，1~5 朵生枝顶；萼筒长 2~3cm，通常红色或淡黄色；花瓣通常大，红色、黄色或白色，长 1.5~3cm，宽 1~2cm，顶端圆形。浆果近球形，直径 5~12cm，通常为淡黄褐色或淡黄绿色，有时白色，稀暗紫色。种子多数，钝角形，红色至乳白色，肉质的外种皮供食用。

【**分布**】石榴原产巴尔干半岛至伊朗及其邻近地区，全世界的温带和热带都有种植。我国栽培石榴的历史，可上溯至汉代，据记载为张骞引入。石榴在我国南北都有栽培，以江苏、河南等地种植面积较大。西北农林科技大学孙云蔚教授等考证，石榴传入我国的路线，大概是从中亚一带，最初传至新疆，汉代传入陕西，再从陕西传向全国各地。也有人认为，石榴从伊朗传至印度，再由印度传入我国西藏，然后传至西北各地，再从西北传向全国。石榴适合我国从南到北大部分海拔 2000m 以下的地带生长。

【**生境**】喜光，适宜温暖气候条件，不怕日晒，对高温反应不敏感，较耐旱耐涝。生长季要求气温≥10℃，有效积温 3000℃ 以上，而冬季气温低于 -15℃ 时，则会出现冻害，-15℃ 是石榴能否露地越冬的临界温度。年降水量 500mm 以上地区均可栽培。果实成熟期，要求气候干燥，土壤湿润。石榴树适宜多种地形地貌，如山地、丘陵、平原均能生长发育，但在冷空气容易滞留的低凹地、风道口易发生冻害。山坡地种植石榴，以坡度 20°以下为宜，而以 5°~10°的缓坡地较好。对土壤选择要求不严，在棕壤、黄壤、灰化红壤、褐土、潮土、砂壤土、砂土上均可健壮生长，一般以灰质壤土或质地疏松、透水性强的砂质壤土为宜。石榴对土壤酸碱度的要求不太严格，pH 4~8.5 均可正常生长，但以 pH 6.5~7.5 的中性和微酸偏碱土壤中生长最适宜，也是落叶果树中最耐盐树种。

【**生活史**】花期 4~5 月，雌雄同株，虫媒花，石榴自花授粉结实率约为 33.3%，而异花授粉结实率可达 83.9%。据蔡永立等报道，石榴花芽的形态分化，从当年 6 月上旬开始，一直持续到翌年末花开放结束，历时 2~10 个月不等。第一批花称为"头花"，花形大，结实可靠，果实大。第二批花称为"二花"，这批花结实可靠，因其量大，常决定石榴产量的高低。第三批花称为"三花"，这批花因发育时间短，正常花比例低，果实也小。石榴花有败育现象，如果雌性败育，其萼筒尾尖；雌蕊瘦小或无，明显低于雄蕊，不能完成正常的受精作用而凋落，俗称"雄花""狂花"。两性正常发育的花，其萼筒尾部明显膨大，雌蕊粗壮，高于雄蕊或与雄蕊等高，条件正常时可以完成授粉受精作用而坐果，俗称"完全花""雌花""果花"。石榴果期 8~9 月。实生苗 5 年生可以结实，10 年左右进入盛果期。盛果期延续 70~80 年，寿命可达 120 年。

【古树】陕西省是我国石榴栽培最早和生产利用历史最悠久的地区,临潼石榴的栽植历史已逾 2000 年,是我国石榴文化和石榴产业的发源地和原生地。经过数千年的人工培育和自然变异,在临潼区骊山主峰东西两侧北麓山地及冲积扇坡地,形成了众多的石榴品种资源和古石榴树群,最著名的当数临潼老城西门外占地 33.33hm^2 的"汉石榴园",是我国最大的古石榴群。据 1991 年首届临潼石榴文化节资料,临潼石榴的古树资源逾万株以上。2016—2017 年,郭晓成等调查结果表明尚存石榴古树 712 株,含石榴古树群 19 个,其中单群 20 株以上古树群 12 个,有 1 个完全野生的石榴古树群。山东省枣庄市峄城区冠世榴园有 1 株古石榴树,树龄约 500 年(见彩图 25)。

(36) 黄栌(*Cotinus coggygria* Scop.)

【分类】漆树科(Anacardiaceae)黄栌属(*Cotinus*)。有 3 个变种,分别为灰毛黄栌(*C. coggygria* var. *cinerea*)、毛黄栌(*C. coggygria* var. *pubescens*)和粉背黄栌(*C. coggygria* var. *glaucophylla*)。

【鉴别】灌木或小乔木,株高 3~5m。树冠多呈圆球形;树皮灰褐色,小枝红褐色。单叶互生,倒卵形或卵圆形,长 3~8cm,宽 2.5~6cm,先端圆形或微凹,基部圆形或阔楔形,全缘,两面尤其背面显著被毛。聚伞圆锥花序顶生;花小,杂性,仅少数发育,花梗纤细,多数不孕花花后花梗伸长,被长柔毛。核果小,暗红色至褐色,肾形,极扁,花柱宿存。黄栌原变种与 3 个变种形态相似。与原变种相比,灰毛黄栌叶两面,尤其叶背显著被毛,花序被柔毛;毛黄栌叶多为阔椭圆形,稀圆形,叶背,尤其沿脉上和叶柄密被柔毛,花序无毛或近无毛;粉背黄栌叶较大,卵圆形,长 3.5~10cm,宽 2.5~7.5cm,无毛,但叶背显著被白粉,叶柄较长,1.5~3.3cm。

【分布】原变种产于匈牙利、捷克、斯洛伐克,我国不产。我国北方常见的灰毛黄栌(红叶)产于河北、山东、河南、湖北、四川等地,生于海拔 700~1620m 的向阳山坡林中。毛黄栌产于贵州、四川、甘肃、陕西、山西、山东、河南、湖北、江苏、浙江等地,生于海拔 800~1500m 的山坡林中。粉背黄栌产于云南、四川、甘肃、陕西等地,生于海拔 1620~2400m 的山坡或沟边灌丛中。

【生境】喜光,耐半阴,耐寒,极端最低气温-18℃;耐干旱瘠薄,不耐水湿,常生于向阳山坡。喜湿润肥沃、排水良好的砂质壤土,在黏重土壤上生长不好。在中性、酸性、石灰性土壤上均能生长,适宜种植于 pH 7.8~8.0、含盐量 8%~10% 的土壤。分布区年平均气温 12.9~16℃,有效积温 2300~4800℃,降水量 500~1700mm,降水集中在 7~9 月。

【生活史】幼年期枝干柔软,后逐渐坚硬。实生苗 4~7 年初次开花,花期 4~5 月,果期 5~6 月,10~11 月叶色变红。种子肾形,种皮薄,无胚乳,种子千粒重 68~92g,萌发率约 60%。子叶扁平,胚根长钩状。萌蘖力强。

【古树】北京香山的灰毛黄栌为清代乾隆年间栽植,经过逾 200 年的生长发育,形成了数量为 94 000 株的黄栌林区。河北邯郸市静因寺的黄栌古树,长在背阴的龙王庙内,穿窗而过。河南焦作青天河景区的黄栌古树,树干需 3 人合抱。山西省泽州县柳树口镇麻峪村的古树,树龄逾 1000 年,树高达 10m,主干胸围 4.1m,5 个分支像 5 条巨龙,形体独特,被评为"最美黄栌"(图 6-42)。

(37) 黄连木(*Pistacia chinensis* Bunge)

【分类】又名鸡冠木(台湾)、木黄连(湖南)、黄儿茶(湖北),漆树科(Anacardiaceae)黄连木属(*Pistacia*)。

【鉴别】落叶乔木,高可达25m。树干扭曲;树皮暗褐色,呈鳞片状剥落;小枝疏被柔毛或近无毛。偶数羽状复叶互生,小叶10~12,具短柄,顶端渐尖,基部偏斜,全缘。花单性,雌雄异株,雌花排成疏松的圆锥花序,花小,无花瓣。核果倒卵圆形,直径约5mm,先端细尖,成熟时紫红色,干后具纵向细条纹。黄连木属与漆树属(*Toxicodendron*)、盐肤木属(*Rhus*)植物主要区别:黄连木属花为单被花,只有花被片;漆树属、盐肤木属花为双被花,具花萼及花瓣。黄连木与清香木(*P. weinmanniifolia*)主要区别:

图6-42 山西省泽州县柳树口镇麻峪村的"最美黄栌"
(张怡夏 摄)

清香木为灌木或小乔木,小叶革质,长圆形或倒卵状长圆形,先端微凹,具芒刺伏硬尖头;花序与叶同出,雄花可见不育雌蕊。

【分布】产于长江以南及华北、西北,具体为河北、山西、河南、山东、江苏、安徽、浙江、福建、台湾、江西、湖北、湖南、广东、海南、广西、贵州、云南、西藏、四川、陕西及甘肃等地,河南为黄连木主要分布区;生于海拔140~3550m的石山林中。菲律宾也有分布。

【生境】温带树种,适应大陆性气候,喜光。主根发达,耐干旱瘠薄,多生于石灰岩山地,抗寒性较差,可耐-20℃低温。适应性强,在微酸性、中性、微碱性土壤上均能生长。在土层深厚、排水良好的砂壤土上生长快、结实好。在滇南海拔950~1100m石灰岩山地的小花龙血树林中,黄连木和油朴、清香木、榕树等混生,为伴生树种。

【生活史】黄连木生长缓慢,寿命长,但幼树期生长较快。1年生黄连木苗高可达80~100cm,5年生可达2.5m。树高连年生长量可达20~50cm,一直持续20年,之后生长量减缓。黄连木干性强,树姿开张,萌芽率高,隐芽寿命长,易萌生徒长枝。发育枝1年有2次生长高峰。第1次在4月中下旬开始至5月下旬;第2次生长高峰从6月下旬开始,持续到8月中旬,9月上旬新梢停止生长,生长量较小。黄连木在河北邯郸市涉县3月中下旬花芽萌动,4月中旬为盛花期,5月上旬至6月上旬为果实膨大期,6月中旬为硬核期,7月上中旬进入重量增长和油脂转化期。9月上中旬成熟,实粒果实熟时呈铜绿色,空粒果实为红色。黄连木苗木定植后,一般8~10年开始结实,大树高接后2~3年开始结实,15年生左右大量结实,20~50年生为结实盛期,结实期可延续百年以上。

【古树】由于黄连木适应性强,分布较广,古树资源较多,西北、华北以及华南等地区古树较为常见。

①广西共有黄连木古树 694 株。其中，特级古树 1 株，一级古树 15 株，二级古树 50 株，三级古树 585 株。

②江西保存黄连木古树有 5 处，有 10 余株，其中以永丰县陶唐乡石仓下村委会小石村民小组的一株黄连木，最为高大壮观。此树生长在海拔 190m 的山头上，树龄高达 1500 年，为六朝遗物。高 35m，胸径 264cm，冠幅 30m×15m，参天而立，灰褐色树皮碎片状剥离，似披满鳞甲的巨龙，当地群众视为"树神"，对其心怀敬畏。

③甘肃陇南市武都区五库镇安家坝村有 1 株树龄 2800 余年，胸径 292cm 的黄连木古树，2018 年被评为"中国最美古树"；文县屯寨乡王家庄后山坡的坟地，有棵树龄千年左右的黄连木，树高 31.5m，胸径 181cm，冠幅 571m^2。全树虽有 9 股侧枝被砍，但余下的侧枝十分茂密，树冠紧密、长椭圆形，树势强健(图 6-43)。

④湖北境内长江以南的石首市桃花山镇鹿角头村附近的"红军亭"，生长着 3 株枝繁叶茂、苍郁葱茏的古黄连木。1 号树高 21m，胸径 117cm；2 号树高 20m，胸径 96cm；3 号树高 19m，胸径 76cm，最大株树龄约 320 年。新中国成立后，此树被列为重点文物保护对象，为了纪念工农红军，将此树定名为"红军树"。

⑤湖南龙山县城西南 20km 处火岩乡前峰村"慈哥洞"的一块巨大石灰岩上，生长着 2 株黄连木连理古树，树龄约 300 年。树下岩板有溶洞，树根连着溶洞中 2 条并生的钟乳石，当地人称为"岩连树"。两树雌雄合壁，雌株高 24m，胸径 145cm；雄株高 26m，胸径 164cm，生在光裸无土的石灰岩缝中，一蔸双干，根基连生，大枝缠绕紧抱，组成一个冠幅 750m^2 的伞状树冠，恰似一对亲密无间的夫妻，又称"岩连夫妻树"。

图 6-43 甘肃省陇南市武都区五库镇安家坝村黄连木古树

(38) 元宝槭(*Acer truncatum* Bunge)

【分类】无患子科(Sapindaceae)槭属(*Acer*)。

【鉴别】小乔木，高 8~10m。小枝无毛，当年生枝绿色，多年生枝灰褐色。叶纸质，长 5~10cm，宽 8~12cm，常 5 裂，稀 7 裂，叶基截形或戟形；裂片三角卵形或披针形，先端锐尖或尾状锐尖，边缘全缘，长 3~5cm，宽 1.5~2cm，有时中央裂片的上部再 3 裂；叶柄长 3~5cm。杂性，雄花与两性花同株，伞房花序顶生，花小，黄绿色。翅果扁平，果翅长圆形，与小坚果近等长，两坚果基部相接处截形或圆形，两果翅夹角近直角或钝角。元宝椴与同属的五角枫(*A. pictum* subsp. *mono*)叶片形态相似，五角枫叶基及两小坚果结合处近心形，果翅长为小坚果的2~3倍。

【分布】主产于我国东北及华北南部，内蒙古、陕西及江苏、安徽亦产；多生于海拔400~1000m的疏林中，山西南部海拔可达1500m。

【生境】喜弱光，稍耐阴，喜生于低山丘陵的阴坡山谷或平原，喜温凉气候，耐热耐寒，极端最高气温42℃，极端最低气温-30℃。适宜生长于年平均气温7~8.5℃，年降水量370~1100mm，有效积温1100~3500℃的环境。喜肥沃、湿润而排水良好的土壤，有一定耐旱性，不耐涝；干燥山坡的砂砾土、酸性、中性及钙质土上均能生长，最适土壤pH 6~8。

【生活史】元宝枫的花芽分化属于夏秋分化间断建成型，花芽形态分化始于7月上旬，花序和小花分化期为8月上旬，雄蕊和雌蕊分化始于8月下旬，雌配子体发育晚于雄配子体，雌雄配子体翌年春季完成分化。元宝枫为风媒传粉，花期4月。花药具4个花粉囊，发育类型为基本型；腺质型绒毡层，小孢子减数分裂类型为同时型，小孢子四分体呈四面体形排列，二细胞型花粉粒。子房2室，每室2枚倒生胚珠，基生胎座，双珠被，厚珠心，蓼型胚囊。果期9月；种子千粒重136~186g，发芽率高，可达80%~98%。幼年期生长较快，后渐缓慢。

【古树】南京明孝陵有1株树龄百年以上的元宝椴。内蒙古翁牛特旗松树山林场有古树7万~8万株，约7万亩，平均树龄200年，最大树龄逾500年。山西省和顺县青城镇神堂峪村有1株树龄500年的古树，树高22m，胸围5.1m，主干高2.1m，上部分为两枝，树冠遮天蔽日，被评为"最美元宝椴"(见彩图26)。

(39)七叶树(*Aesculus chinensis* Bunge)

【分类】又名天师栗(本草纲目拾遗)、桫椤树(河南)，无患子科(Sapindaceae)七叶树属(*Aesculus*)。

【鉴别】落叶乔木。树皮深褐色或灰褐色；小枝圆柱形，黄褐色或灰褐色，无毛或嫩时有微柔毛。掌状复叶，有灰色微柔毛；小叶纸质，长圆披针形至长圆倒披针形，稀长椭圆形，先端短锐尖，基部楔形或阔楔形，边缘有钝尖形的细锯齿，上面深绿色，无毛，下面沿脉疏生毛。花序圆筒形，花杂性，雄花与两性花同株，花萼管状钟形，外面有微柔毛。果实球形或倒卵圆形，顶部短尖或钝圆而中部略凹下，直径3~4cm，黄褐色。种子常1~2粒发育，近球形，直径2~3.5cm，栗褐色。七叶树属在我国有10余种，本种与多脉七叶树(*A. polyneura*)和欧洲七叶树(*A. hippocastanum*)相近，其主要区别在于，多脉七叶树小叶长18~21cm，稀12cm，宽3.5~4cm，稀达5cm，侧脉22~28对；欧洲七叶树小叶下面略有白粉，边缘有圆齿，蒴果阔倒卵圆形，有疣状凸起。

【产地】产于河北南部、山西南部、河南北部、陕西南部，华北地区多有栽培，陕西秦岭有野生七叶树，常散生于海拔500~1500m山谷林中。作为优良的行道树和庭园树种在黄河流域、长江流域常见栽培。

【生境】七叶树喜光，适应能力强，耐寒耐旱，抗污染。喜冬季温和、夏季凉爽的湿润气候，在半阴、湿润的环境生长良好，不耐干热气候，可耐-25℃低温。在瘠薄及积水地生长不良，酷暑烈日下易遭日灼危害。对土壤类型要求不严，在酸性土、钙质土或溪边石砾土均能生长，要求土层深厚，喜深厚、肥沃、湿润而排水良好的土壤，土壤过于干燥时对其生长不利。

【生活史】七叶树寿命较长，根系发达，生长速度中等偏慢，但在阳光充足、湿润、肥沃、疏松的土壤中生长较快。一般3月初萌芽，4月中下旬展叶现花蕾，5月上中旬开花，9月下旬果熟，10月末至11月初落叶；每年树高出现春、秋2个生长高峰，春季树高生长明显大于秋季树高生长。第1次(3月上旬至4月中旬)春梢生长，第2次(8月中旬至9月下旬)秋梢生长，10月上旬开始进入冬眠。幼龄植株生长缓慢，一般4~6年生播种苗高3m左右，6~8年生后生长加速，25~30年生后生长缓慢。

【古树】七叶树因其寿命长、树形优美，生存能力强，在我国南北方栽植，各地保留的古树较多，是佛教寺庙的标志树种(见彩图27)。

①浙江杭州灵隐寺的七叶树相传是在东晋咸和元年(公元326年)由创建灵隐寺的印度和尚慧理从其家乡带来的。其中位于灵隐寺大雄宝殿西侧"紫竹林"佛宇南隅的2株高达27m，树身斑驳，苍劲古朴，树龄逾1600年，至今仍葱茏挺秀，生机盎然，是杭州西湖周围最老的古树。

②湖北保康龙坪镇的七叶树树龄约1000年，树高35m，地径360cm，胸径115cm，树冠覆盖面积达120m^2，树干从2.5m处一分为二，远观像2株大树，形神顾盼。

③河南西峡县米坪镇石门村七叶树古树，树龄约800年，树高28m，胸径220cm；树干距地面2.9m高处分3个巨大的枝杈，直径均在1m以上，托举着浓绿匝密的树冠；主干距地面2.5m有一大洞，树干中空，洞内可容纳5~6人。

④陕西铜川市金锁乡的玉华山七叶树古树，树龄1200年，树高16.4m，胸径292cm，树冠覆盖面积238m^2，枝叶繁茂、长势旺盛。安康市岚皋县南宫山镇宏大村七叶树古树，树龄500余年，树高27m，胸径109cm，冠幅30m，占地706.5m^2，2018年荣获"中国最美古树"称号。

(40) 荔枝(*Litchi chinensis* Sonn.)

【分类】无患子科(Sapindaceae)荔枝属(*Litchi*)。

【鉴别】常绿乔木，高可达10m。羽状复叶，小叶2~4对，披针形或卵状披针形，顶端骤尖。花序顶生，花瓣缺。果卵圆形，成熟时通常暗红色至鲜红色；果皮具小疙瘩，肉质白色；种子全部被肉质假种皮包裹。

【分布】分布于中国西南部、南部和东南部，以广东和福建南部栽培最盛，垂直分布海拔1000m以下。亚洲东南部、非洲、美洲和大洋洲都有引种记录。

【生境】喜高温、高湿，喜光向阳。分布地年平均气温17~27℃，1月平均气温15.16℃，极端最低气温1~15℃，极端最高气温在32℃以上，耐寒性极差，耐涝性强。适生赤红壤及红壤，在酸性土壤生长较好。

【生活史】荔枝幼苗为子叶留土萌发类型，播种育苗需要12年左右开花、结实，高枝压条法繁殖仅3年便可开花结实。幼苗种植后4~5年进入幼龄期，在这一时期，以营养生长为主。种植5~10年后，逐渐由营养生长期向生殖生长转移。春季开花，花芽分化需低温诱导，温度过高会形成带叶小花；降低坐果率，温度过低会产生冻害。抽穗开花期需适当水分；授粉受精过程中，高温削弱花粉和柱头生理功能，低温将降低授粉受精质量,严重时将造成花而不实。同一花穗雌雄花开放的高峰期不相遇,可分为3个类型:①单性异熟型,雌雄蕊不同时成熟,也不同时开放;②单次同熟型,雌雄花有一次同时开放;③多次同熟型,雌雄花同时开放在一次以上。雌花比例一般在30%以下,高者可达50%以上。每穗雌花量一般有100~200朵,高者可达700朵。夏季结果。

【古树】广东为我国荔枝古树数量最多的地区,记录有13 000余株,广州市'增城挂绿''从化荔枝皇'等品种均有逾400年的种植记载。现广东省的广州、深圳等地均保存有古荔枝林(见彩图28),其中,广州市黄埔区有荔枝古树近1万亩,是广东最大的古荔枝群落之一。广东云浮市新兴国恩寺佛荔园的六祖惠能手植佛荔树,树龄逾1300年,树高约20.5m,胸围约3.9m,树冠幅东西长约16m,南北长约18m,覆盖面积近300m^2,被誉为"广东省十大古树"之首,于2003年被广东省绿化委员会评定为"最长寿的树"。

(41) 文冠果(*Xanthoceras sorbifolium* Bunge)

【分类】又名文官果、木瓜,无患子科(Sapindaceae)文冠果属(*Xanthoceras*)。

【鉴别】落叶灌木或小乔木,高2~4m。冬芽卵形,顶芽和侧芽有覆瓦状排列的芽鳞。奇数羽状复叶,互生,小叶4~8对,膜质或纸质,披针形或近卵形,两侧稍不对称,顶端渐尖,基部楔形,边缘有锯齿,顶生小叶常3深裂。花杂性,雄花和两性花同株,辐射对称,总状花序,先叶开花或花叶同放,两性花序顶生,雄花序腋生;花瓣白色,基部紫红色或黄色;雄蕊8,花丝分离;子房上位,3室;萼片5,覆瓦状排列,两面被灰色绒毛。蒴果,室背开裂为3果瓣;种皮厚革质,无假种皮,种脐大,半月形;胚弯拱,子叶一大一小。文冠果树与栾树(*Koelreuteria paniculata*)相近,其区别在于栾树叶为一回、不完全二回或偶有为二回羽状复叶,小叶近基部呈缺刻状或羽状深裂而形成二回羽状复叶,顶生小叶有时与最上部的一对小叶在中部以下合生,果皮膜质。

【分布】中国特有珍稀木本油料树种。原产我国北方黄土高原地区,天然分布于北纬33°~46°、东经100°~125°地区,北到辽宁西部和吉林西南部,南至安徽萧县及河南南部,东至山东,西至甘肃、宁夏,甘肃、内蒙古、陕西、山西、河北等地为其分布中心,垂直分布于海拔52~2260m处的荒山坡、沟谷间和丘陵地带,是第三纪的孑遗物种,在内蒙古的巴林左旗有600多亩辽代遗留的天然片林。

【生境】喜光,耐半阴,耐寒,耐旱,耐贫瘠,适应性强,根系发达,萌蘖力强。适应温带大陆性气候,年降水量为200~750mm,但在年降水量约150mm的宁夏也有散生树木,年平均气温4~14℃,最低能耐-41.4℃的低温。多见于坡度较大、排水良好的阳坡或半阳坡,以及山坡中上部的悬崖峭壁上。对土壤要求不严,在撂荒地、沙荒地、黏土地、黄土丘陵、冲积平原和石质山区都能生长,以土层深厚、湿润肥沃、排水良好、中性至微碱性的黄绵土或黑垆土上生长最好,在低湿地、重盐碱地、未固定的沙地上生长不良。

【生活史】文冠果生活史包括7个时期:萌芽期、开花展叶期、盛花期、花谢期、果实生长期、果实成熟期和落叶期。萌芽期在3~4月中上旬,气温在5℃以下时,花芽和叶芽处于休眠或半休眠状态,当气温高于10℃以上时,花芽开始萌动,芽鳞分离,花序迅速伸长、抽梢、展叶并开花;开花展叶期在萌芽期的10~15d后,约有5%的花开放,新梢上小叶露出并伸长;4月下旬至5月上旬,随着气温的逐步升高,月平均气温保持在15℃

以上时，70%左右的花蕾展开，进入盛花期，同时完成授粉；5月中下旬大部分花的柱头枯萎，盛花期结束，进入花谢期；子房完成受粉后长出幼果，进入果实膨大期，7月下旬果实基本停止膨大；8月初果皮由绿色变为黄褐色，由光泽变粗糙，果实尖端微微裂开，种子由乳白色变为褐色，进入果实成熟期；10月中旬树冠开始落叶，至11月上旬叶片全部落完。种子繁殖时，种子千粒重600~2500g，种皮厚不易发芽，播种前应采取沙藏处理或80℃温水浸泡处理。文冠果早期生长缓慢，1~3年实生苗地下（根部）生长量较大，主根长且粗壮，其干物质量占整个植株干物质量80%以上。随着年龄的增长，地上部分所占的比例逐步升高。3~5年生树开始开花结果，15~20年后开始进入结果盛期，生长至150年后，树体开始衰老。

【古树】文冠果古树在北方较为常见，多古栽植于寺庙附近，黄土高原是文冠果古树资源最丰富的地区。内蒙古赤峰市北大庙附近有1株300年的古文冠果树。山西代县胡峪乡天叫坡村和繁峙县三圣寺分别有1株树龄逾1000年和1株树龄500年的古文冠果树。甘肃镇原县曙光乡有1株树龄逾600年的古文冠树。陕西渭南市合阳县黄甫庄镇河西坡村有1株古树，树龄约1700年，树高12m，胸径136.9cm，树形高大奇特，主干从基部劈开成两部分，2018年被评为"中国最美古树"（图6-44）。山西吕梁市离石区结神乡柳树局村有1株古文冠果，树龄600年，高9m，胸径188cm，树干高2.9m处有3个分支，冠幅直径近14m，被称为"文冠果之王"。河北唐山市滦南县青坨营镇姜六庄村南的原古药王庙前矗立着1株古树，树龄500多年，树高6m，胸径24cm，冠幅3m，是当地最老古树之一。

图6-44 陕西省合阳县黄甫庄镇"陕西十大珍稀古树名木——文冠果王"（图片引自网址：http://wap.heyang.gov.cn/info/1015/4129.htm）

(42) 木棉（*Bombax ceiba* L.）

【分类】锦葵科（Malvaceae）木棉属（*Bombax*）。

【鉴别】落叶乔木。树皮灰白色，树干及枝上幼时常具有圆锥形皮刺，老后逐渐平缓而突起。掌状复叶，小叶5~7片，全缘。花单生枝顶叶腋，通常红色，有时橙红色或粉白色，直径约10cm；花萼杯状，长2~3cm，内面密被淡黄色短绢毛。蒴果长圆形，密被灰白色长柔毛和星状柔毛。

【分布】中国海南、广西西南部、云南南部和西南部、台湾和广东雷州半岛分布较为集中。印度、斯里兰卡、马来西亚、印度尼西亚至菲律宾、澳大利亚北部等地以及中南半岛也有分布。

【生境】性喜干热，抗逆性强，适应性广，高丘陵坡地、山间盆地、平原台地、河流

图 6-45　广州市庭院种植的木棉（秦新生　摄）

沿岸、村庄附近均能生长。木棉在华南地区适生于土壤深厚的砖红壤，土层较浅的土壤长势欠佳，沙地不宜种植。

【生活史】4月中旬至10月中旬为木棉营养生长期，花芽主要是在当年生枝条上分化形成，11月中旬可见花蕾，花蕾形成后到凋谢约130d。通常在5月下旬至6月下旬前后果实成熟，成熟时果皮由青色变成浅褐色，果实裂开，棉絮和种子散出。木棉种子雨持续时间15d左右，落种主要集中在果实爆裂后的6~12d，种子扩散特点随距离增加呈先增加后减少的趋势，种子扩散主要在离母树4~22m内，种子库保存时间不超过半年。生长于干热河谷的木棉种子在雨季条件下得以萌发，但该地区会发生间歇性干旱，且萌发后的幼苗在雨季后将进入长约半年的旱季，此期间干热河谷的降水量为50~150mm。

【古树】花红似火，常喻为英雄奋发向上的精神，因此木棉树又被誉称为"英雄树""英雄花"。木棉作为广州市"市花"，种植历史悠久，在广州城市园林绿化景观和历史文化构建中具有十分重要的地位（图6-45），特别是木棉古树，历经百年沧桑，承载着一代代"老广人"的记忆。木棉古树约占广州古树名木总量的2%。最著名的1株在广州市中山纪念堂，树龄约350年，树高26m，胸径1.76m，树冠面积约800m^2，花开时节，红染云天，被称为"木棉王"。

(43) 茶 [*Camellia sinensis* (L.) O. Ktze.]

【分类】山茶科（Theaceae）山茶属（*Camellia*）。茶树是异交植物，遗传组成高度杂合，表现型多样，划分困难，分类系统尚未一致。按照被子植物分类系统包括原变种茶（*C. sinensis*），以及白毛茶（*C. sinensis* var. *pubilimba*）、德宏茶（*C. sinensis* var. *dehungensis*）、普洱茶（*C. sinensis* var. *assamica*）、香花茶（*C. sinensis* var. *waldensae*）4个变种。除此之外，山茶属的许多其他物种也可用作茶叶，如大理茶（*C. taliensis*）、厚轴茶（*C. crassicolumna*）、大厂茶（*C. tachangensis*）等。

【鉴别】小乔木或灌木，嫩枝无毛。叶革质，长圆形或椭圆形，先端钝或尖锐，基部楔形，上面发亮，侧脉5~7对，叶背主脉多数被毛，边缘有锯齿；叶柄长3~8mm，无毛。越冬芽鳞2~3片，芽叶淡绿、黄绿或绿色，具毛。花腋生1~3朵；苞片2片，早落；萼片5片，阔卵形至圆形，无毛，宿存；花瓣5~6片，白色或带绿晕，偶有黄、红晕，阔卵形，基部略连合，背面无毛，有时有短柔毛；雄蕊多数，花丝细长、花药小；子房密生白毛；花柱无毛，先端 2~4 裂，多为 3 裂。蒴果球形，含 1~2 粒种子。花期 10 月至翌年 2 月。野生种为小乔木状，叶片较大，长常超过 10cm，经长期广泛栽培，毛被及叶型变化很大。

【分布】茶树主要集中在低、中海拔的丘陵坡地上，亚热带或热带气候。据记载，茶树分布的最北限到俄罗斯外喀尔巴阡（北纬 49°），最南到南非纳塔耳（南纬 22°），垂直分布从海平面到海拔 2300m，分布涉及 60 多个国家（地区）。中国茶树野生种遍见于长江以南各省份的山区，现广泛栽培，西至西藏米林（东经 94°），东至台湾东海岸（东经 122°），南到海南榆林（北纬 18°），北至山东荣成（北纬 37°）。

【生境】原生于亚热带森林中，自然植被多为山地疏林，以常绿阔叶林为主，形成了耐阴、喜光的特性。多数分布区域全年热量较多，冬季温暖，空气湿度大，雨量较充沛，对土壤的酸碱度很敏感，喜偏酸性土壤。

【生活史】茶树的生命周期较长，自开始结实后，年年结实，周而复始，直至植株死亡。茶树整个一生的周期称为总发育周，每年的生长周期称为年发育周。

茶树总发育周从种子或营养体再生开始，直到个体自然死亡，可分为种苗期、幼年期、成年期和衰老期。①种苗期。在栽培上是从播种或扦插开始，因此种子期和幼苗期常合并为种苗期，即从种子萌发到实生苗第一次生长休止，或从营养体再生到完整独立植株为止，需要 4~8 个月。此时有 3~5 片叶，较小，近卵圆形，叶尖不明显，茎无分支，实生苗幼根长于幼茎，扦插苗多为须根系，不耐强光。②幼年期。从种苗期结束到首次现蕾这段时间称为幼年期，此时营养生长旺盛，需要养分多，为时 2~3 年。③成年期。从茶树开花开始到第一次更新改造这段时期称为成年期，树冠大小已经基本定型，分支层次相对平衡，各器官发育达到最高峰，处于旺盛的生殖生长和营养生长，约为 30 年，如生长良好可达更长年限。④衰老期。理论上讲成年期过后便进入衰老期，即树冠部分支条干枯，顶部枝条较细，多结节，新梢和叶短小且容易硬化，树体生长速度减缓，代谢能力降低等。但自然生长的茶树寿命很长，成年后何时进入自然衰老死亡较难确定；栽培条件下，因不合理采摘、养护管理等，可能会使茶树不能按照正常生活史而较早出现衰老状态，但这种非正常衰老可通过人为养护而复壮。

茶树年发育周中各器官发育的周期性可分为昼夜周期和季节周期。①昼夜周期，即各器官昼夜生长差异所表现出来的规律。白天温度高，植株体内水分消耗量大，可用于生长的物质少，较多的蓝、紫短光波可能影响细胞的伸长，生长较慢；夜间温度低，水分也较为充足，供给物质多，生长快。②季节周期，即随着一年四季气候而变化的生长节律，不同区域环境下茶树的季节周期有所不同。在热带潮湿地区可常年生长，只有短暂的休眠期或没有鲜明的休眠现象；其他大部地区的茶树均有越冬休眠期。在印度东北的平原区域茶树有 3 个月左右的休眠期，但在温度低于印度东北的近赤道高海拔区域，茶树却能周年萌发新梢，可见冬季休眠期不仅仅是低温影响。研究表明，白昼短，植株体内赤霉酸浓度降低，会导致细胞分裂和生长受阻而引起冬季休眠。茶树新梢在一年中有明显的轮性生长特性，该周期性是由于叶原基分化速度跟不上展叶速度所致。根系在年生长周期中，出现的生长峰值也具有明显的季节生长规律。且地上生长和根系生长有机配合，同样呈现出交替进行的季节周期性。在年发育周期中，花果相会是茶树个体发育中的重要特性，大部分茶区 6~12 月持续出现花芽分化，9 月始花，10~11 月盛花，受精后进入冬季休眠期，翌年5~6月幼果开始加快生长,10月中下旬成熟。

【古树】关于茶树的原产地一直存在争论,据史载我国人工栽培茶树的历史逾3000年,普遍认为中国西南部是茶树的起源中心。虞富莲在《中国古茶树》一书中介绍了479份中国古茶树、95个野生茶树居群及23份特异资源。涉及云南、贵州、四川、重庆、广西、广东、海南、江西、湖南、福建、台湾、浙江、江苏、安徽、湖北、河南、陕西、甘肃等地,其中云南最多,涉及15个地市,记录了295份古茶树资源。这些古茶树可分为栽培型茶树和野生型茶树。前文所介绍的茶及其变种多为栽培型茶树,代表古茶树有福建武夷山大红袍古树(*C. sinensis*)(见彩图29),树龄360余年,作为古树名木列入世界自然与文化遗产。野生型茶树多为山茶属的其他物种,代表古茶树如普洱市千家寨1号大茶树(*C. atrothea*),据推测树龄也有2700多年,获得"世界吉尼斯之最"称号。从野生型到栽培型茶树形态变化是一个渐进的过程,由于栽培历史悠久,植株异交等造成遗传特性变异,有些古茶树分类鉴定比较困难,如云南临沧市凤庆县香竹箐的大茶树,据传已逾3200年的历史,被称为"锦秀茶祖",是早期人工栽培型茶树的代表,相比野生型表现出了一定人为矮化的痕迹,但所属分类学物种目前尚无定论,有学者将其归为大理茶。

(44)**大树杜鹃**[*Rhododendron protistum* var. *giganteum*(Tagg)Chamb. ex Cullen et Chamb.]

【分类】为翘首杜鹃的变种,杜鹃花科(Ericaceae)杜鹃花属(*Rhododendron*)。

【鉴别】常绿高大乔木,高达30m。树皮褐色斑驳,幼枝粗壮,密被黄灰色茸毛。叶大,常聚生枝顶,革质,长圆状披针形或长圆状倒披针形,先端钝圆,具小凸尖头,基部宽楔形,老叶下面略被淡棕色平伏茸毛。顶生总状伞形花序,有花20~30朵,深紫红色,后期水红色;花冠大,斜钟形,裂片8,近圆形;雄蕊16,不等长;子房圆锥状,具棱。蒴果圆柱形,被黄棕色茸毛。花期1~3月,果期10~12月。与原变种的区别在于成叶下面毛被疏松,淡棕色,不脱落;花较大,花冠长7~8cm,深紫红色,无斑点。

【分布】大树杜鹃是云南高黎贡山中极为珍贵的特有树种,是我国一级珍稀保护植物。产于云南西部和西北部,缅甸东北部也有分布。云南高黎贡山一带海拔2100~3300m的混交林中,生长着3000株左右大树杜鹃。目前主要分布在腾冲市高黎贡山国家级自然保护区大塘管理站西坡的大河头和茨竹河,泸水县、福贡县和贡山县也有极少量分布。

【生境】大树杜鹃主要分布地高黎贡山,年平均气温11℃,最热月平均气温约16℃,最冷月平均气温约3.5℃;年均降水量约2000mm,干湿季分明,雨季(5~10月)集中年降水量的85%,其中7~9月雨量尤多,旱季(11月至翌年4月)雨量较少,年平均相对湿度在80%以上,属典型的亚热带季风气候。土壤为黄棕壤,微酸性,土壤肥沃,有机质和养分含量较高。整体生境为多雨高湿、气候温凉、土壤疏松、排水良好的地段。大树杜鹃主要分布于沟谷两侧,植被类型为中山湿性常绿阔叶林,上层木以常绿树为主,也有少量干季换叶的树种混杂,常与壳斗科、樟科、木兰科、山茶科、金缕梅科植物及杜鹃花科其他植物混交,林冠参差不齐。

【生活史】大树杜鹃地理分布范围十分狭窄,具有很强的局限性和特殊性,仅能在适宜的小生境中生长繁育。大树杜鹃幼苗年生长量仅为$6.6cm \cdot a^{-1}$,营养生长的缓慢直接导致开花结果大大延后。大树杜鹃的种子萌发率较高(86%~88%),但生境中凋落物厚度大,靠风力和重力传播的种子很难散布到有效的土壤基质层。幼苗对环境的依赖显著，耐寒能力较弱：温度在-1℃时，叶芽变为棕色；-2℃时，幼苗死亡。这些都导致大树杜鹃植株长势一般，限制了其种群繁衍和自然更新。

【古树】大树杜鹃是世界上800多种杜鹃花中树型最大、花朵最大的种类。"大树杜鹃王"位于腾冲市以北的界头乡大塘村，树龄逾600年，基部直径330cm，高28m，树冠61m²（图6-46）。这株大树杜鹃在离地面20cm处又分成两大植株，两株的直径分别为157cm、111cm；每个植株再分为2个大枝，即共有4个主干大枝，每大枝直径87cm左右。每年春天，该树盛开粉红、鲜红的杜鹃花，最盛时达2000余个花枝，每花枝有20余朵花，共开花逾4万朵，繁花似锦、色彩绚烂、无与伦比、芳香四溢的品貌，堪称"云南植物王国尊贵的公主"和高黎贡山的"镇山之宝"。

图6-46 云南省腾冲市界头乡大塘村树龄逾600年的大树杜鹃（高黎贡山自然保护区供图）

(45) 香果树（*Emmenopterys henryi* Oliv.）

【分类】又名茄子树、水冬瓜、大叶水桐子、丁木，茜草科（Rubiaceae）香果树属（*Emmenopterys*）。

【鉴别】落叶大乔木。树皮灰褐色，鳞片状；小枝有皮孔，粗壮。叶对生，阔椭圆形、阔卵形或卵状椭圆形，基部阔楔形，全缘，背面沿脉常有淡黄色柔毛；有长柄，淡红色；托叶大，三角状卵形，早落。圆锥状聚伞花序顶生；花芳香，花萼裂片中的一片扩大呈叶片状，匙状卵形或广椭圆形，白色或黄色，果后宿存；花冠漏斗形，白色或淡黄色，被黄白色绒毛，裂片近圆形。蒴果长圆状卵形或近纺锤形，有纵细棱；种子多数，小而有阔翅。花期6~8月，果期8~11月。与近似种鸡仔木[*Sinoadina racemosa*（Sieb. et Zucc.）Ridsd.]的区别在于后者托叶2裂，裂片近圆形，早落；叶基心形或圆钝；头状花序排成聚伞状圆锥花序式；花萼不扩大。

【分布】香果树主要分布在我国西南和长江流域一带，如陕西、甘肃、江苏、安徽、浙江、江西、福建、河南、湖北、湖南、广西、四川、贵州和云南等地；生于海拔400~1600m处的山谷林中。常呈单株或3~5株小群分布，数量很少。

【生境】喜光树种，但幼树耐庇荫，以光照充足又有侧方庇荫，相对湿度大的沟谷两旁的山坡中下部，土层深厚肥沃的酸性或微酸性土地生长最好，在岩石裸露、土层浅薄的山洞、石缝处亦能扎根生长，具有喜肥、喜湿、较耐阴、抗性强、能长寿的特性。常散生疏林中，常与银鹊树、马褂木、青钱柳、豹皮樟、檫木、枫香等混生。

【生活史】香果树幼龄期生长较快，生长量在20~25年前相对增幅较大，以后增幅逐渐变小，但生长仍在继续。香果树在第20年进入始花期，第80年未见衰退趋势，还有较大的生长空间和生产潜力。

香果树具有隔年结果现象，通常每2年或4年开花结果一次，每次花量虽多但结实量较少，林内很少见到天然实生幼树。果实成熟后，种子无明显的休眠，在5℃低温下保存的种子寿命较室温下更长。温度12~18℃、光照1000~3000lx的野外环境，是香果树种子萌发、幼苗建植的关键。香果树主根不明显，侧根、须根发达，根系多分布在20~50cm的土层中。其根蘖萌芽能力较强，当大树被砍伐后，侧根和伐根上能生长出茁壮的萌条，年高生长可达80cm左右，这是其繁衍后代的一种适应特性。

【古树】香果树是中国特有树种，古老孑遗植物，已列为国家二级重点保护植物，在植物区系划分和植物进化研究方面有重要研究价值。树体高大雄伟，枝叶稀疏，白色叶状萼片与黄色的花冠相衬，可谓"玉叶金花"，是一种优美的观赏树种，英国植物学家威尔逊（E. H. Wilson）在他的《华西植物志》中，把香果树誉为"中国森林中最美丽动人的树"。

图6-47　四川省成都市大邑县西岭镇飞水村香果树
（引自《四川古树名木》）

2018年4月26日，四川大邑县西岭镇飞水村古树"丁木大仙"——香果树被评为"中国最美古树"，是四川省"最具人气古树之一"（图6-47）。这株古树生长在飞水村村委会背后的一座山坡上，树龄逾1000年，树高35.8m，胸径243cm，平均冠幅23m，目前生长势良好。粗硕的树身高大苍劲，树姿雄伟；其树根爬满青苔，毛绒可爱；枝干形状奇特，如蛇蜿蜒；树叶青翠欲滴，树上缀满洁白芳香花朵；树冠庞大如伞，为四周林木遮风挡雨。对当地人而言，此树已然是家乡记忆中不可分割的一部分：老人怀念儿时爬过的树洞，离乡的青年难忘开花时节的芬芳。此树2~4年开花一次，6月下旬花蕾绽放，不到两周已是满树白花，花色白中带黄，冠大且艳丽，远远望去白花开满枝头；花期较长，可连续开一个多月；芳香四溢，香气袭人，几百米的地方都能闻到弥漫在林间的香气。

(46)流苏树(*Chionanthus retusus* Lindl et Paxt.)

【分类】木樨科（Oleaceae）流苏树属（*Chionanthus*）。

【鉴别】落叶乔木，高达20m。小枝无毛，幼枝被柔毛。叶薄革质至革质，长3~12cm，全缘，幼树及萌枝的叶具细锯齿，侧脉3~5对，网脉凸起；叶柄长0.5~2cm，密被黄色卷曲柔毛。聚伞状圆锥花序顶生，长3~12cm，近无毛；花单性，或为两性花，花冠白色，4深裂，裂片线状倒披针形，长1.5~2.5cm，花冠筒长1.5~4mm。核果椭圆形，内果皮骨质，胚乳肉质，被白粉，熟时蓝黑色，长1~1.5cm。流苏树与白枝李榄、长花流苏树相似，流苏树为落叶乔木，花冠长 1.5~2.0cm；长花流苏树[*C. longiflorus*(H. L. Li) B. M. Miao]为常绿乔木，或灌木状，高达 12m，花冠长短于 2~8mm；白枝李榄(*Linociera leucoclada* Merr. & Chun)的花冠长短于 5mm；广西流苏树(*C. guangxiensis* B. M. Miao)小枝和花序被柔毛。

【分布】广泛分布于我国亚热带及温带地区，北纬 25°13′~38°51′，东经 98°30′~121°53′，跨越辽宁、河北、山西、山东、河南、陕西、甘肃、四川、安徽、江苏、浙江、湖北、云南、广州、福建、北京、天津、台湾；集中分布于山东、河南、山西、湖北中低纬度地区的山区丘陵，推测我国中低纬纬度山区或极有可能是流苏树的中心产区。韩国、朝鲜、日本也有少量的分布。流苏树在世界范围内呈间断分布，分布于海拔 3300m 以下的稀疏混交林或灌木丛以及林缘、灌丛、河边、石缝中、砾石地等山地丘陵。

【生境】国内流苏树自然分布广泛，包括温暖的东南沿海，相对干燥的西北地区，华北和东北高纬度地区。流苏树喜光，也较耐阴，耐寒又耐热，抗旱又耐涝，喜酸又耐盐，木质柔韧又坚硬，肉质根多却耐水湿。前期生长速度缓慢，寿命长，对土壤的要求不高，喜中性及微酸性土壤，在 pH 8.7、含盐量 0.2% 的轻度盐碱土中都能正常生长；流苏树十分耐寒，能在-35℃的气候条件下安全越冬。同时具有极强的耐涝性，流苏树在轻度干旱(RWC 为 55%~60%)和水淹条件下生长不受影响，表现出良好的适应能力，在重度干旱胁迫下(SRWC 为 30%~35%)出现不耐受表现，但仍可持续 25d 以上。流苏树的耐旱阈值在 44.6%~57.1%，耐水淹阈值在 20~35d。流苏树对水分胁迫具有极强的适应能力。在海拔 3300m 以下的稀疏混交林或灌木丛及低山丘陵向阳山坡、沟谷疏林、灌丛中生长。

【生活史】两性花的两个心皮原基愈合分化形成雌蕊，雄花的两个心皮原基愈合后形成一个空室并停止发育至整体退化。雌蕊先熟，柱头可授期长，花粉在花药开裂后具有活力，室温下，活力维持在 10% 以上约 2 周。流苏树靠风和昆虫(主要是蓟马和食蚜蝇)传粉。控制授粉 30d 后，自然对照结实率为 34.36%；两性花不存在无融合生殖现象，自交亲和，但自发自交的结实率仅 10.70%；人工授粉下杂交结实率显著高于自交；有性生殖受到传粉者限制；是混合交配系统。流苏树是木樨科又一功能性的雄全异株，其依靠雄株增加异交花粉的数量和质量，避免自交衰退；同时两性花的自交亲和保障生殖成功。流苏树雄花的雌蕊退化，从另一个角度证明木樨科的雄全异株是两性株向雌雄异株进化的过渡状态。

流苏树种子形状不规则，有宽圆形、椭圆形、卵圆形、扁圆形，表面有棱。千粒重为 243.70g，属于中粒种子，含水量为 27.75%。成熟的流苏树种子由种皮、胚和胚乳三部分组成。种皮黄色，肉质胚乳；种胚被胚乳包裹，位于种子中部、白色。种子各部分所占比例，种皮为 57.19%，胚乳为 40.17%，胚为 3%，种胚小，种皮厚。种子具有胚根和胚轴双休眠的习性，需要进行低温或变温层积处理，即胚根需要经过 1~2 月或更长时间的 20~30℃ 高温阶段才能打破休眠，而胚轴需要 3~5℃ 低温 1~3 个月才能解除休眠。经层积处理，田间出苗率可达 90% 以上。早期生长缓慢。1 年生实生苗高生长 30~60cm；2 年生苗高生长 1.5~2.5m，地径生长 1.0~1.5cm；5 年生幼树高生长 4.0~5.0m，胸径生长 5.0~6.0cm。经嫁接的流苏树，有的当年就开花结实，2~3 年进入产果盛期。

【古树】山东是流苏树古树资源最丰富的省份。据不完全统计，树龄≥100 年的流苏树有 784 株，包含单株 101 株和 8 个群落 683 株，集中分布在鲁中、鲁东南和半岛沿海地区。单株流苏古树树高最大的一株是莱芜市莱城区鹏泉街道邹家埠村的流苏树，树高

17.0m；胸径最大的流苏古树是临沂市兰陵县下村乡孔庄村的孔庄流苏王，为1.27m；树龄最大的流苏古树是淄博市博山区太河镇峨庄乡土泉村的流苏树，树高8.0m，在离地面约50cm处分出两大主干，胸径分别为74.2cm和54.1cm，单株冠幅28.0m×32.0m、平均冠幅30.0m、覆盖面积706.0m^2，距今已有2700年，树韵雍容华贵，被山东省林业厅命名为"齐鲁千年流苏王""山东之最"。古树群落主要分布在鲁中和鲁东南地区，介于北纬35°00′~37°00′、东经116°50′~119°00′之间，淄博市4处，潍坊市2处，泰安市1处，临沂市1处。其中潍坊青州市的雀山流苏林是全国规模最大的流苏群落，距今已逾800年，共66株；安丘市辉渠镇张家溜村的千年流苏林是全国树龄最久的流苏群落，距今已有近1000年的历史，现存流苏古树13株，最高树高15m，胸径1.18m（见彩图30）；淄博市是山东省内流苏古树数量最多的城市。

（47）湖北梣（*Fraxinus hupehensis* Hu, Shang & Su）

【分类】又名对节白蜡，木樨科（Oleaceae）梣属（*Fraxinus*）。

【鉴别】落叶乔木，高达19m。营养枝常棘刺状。奇数羽状复叶，叶轴具窄翅，小叶7~9，卵状披针形或披针形，长1.7~5cm，宽0.6~1.8cm；具锐锯齿；对生。花杂性，簇生于2年生枝上，成密集聚伞圆锥花序。翅果，匙形。

【分布】中国特有树种。仅分布于湖北钟祥境内汉水以东至京山的曹武镇、永兴以西，南起雁门口，北至厂河、客店。海拔600m以下低山地区。

【生境】湖北梣耐旱、耐湿、耐高温，喜肥、喜水、喜阳光，北京地区以南均可露地栽培。适宜中性和弱酸性土壤，pH 5~7。在原产地生于河沟两岸、两山峡谷、山脚台地以及山腹土层深厚、肥沃、湿润的地方，丘陵、平原"四旁"分布较为集中。土壤干燥，甚至岩石裸露之处也有少量分布，但生长不良。湖北梣是嗜钙植物，与其伴生植物多为嗜钙或适应性较强的种类，这些伴生植物一起形成当地特有的植物群落。

【生活史】花期2~3月，果期9月。常在6~8年生开始开花结实，正常结实年龄可以延续70~100年，结实每隔1~3年有一个丰年，或没有明显的大小年现象。种子有休眠习性。

【古树】湖北梣树形优美，盘根错节，苍老挺秀，观赏价值极高。叶形细小秀丽，叶色苍翠，树节稠密且垂直对称，耐摘叶，耐修剪，容易造型。材质细腻、结实、色泽乳白、光亮，是根雕的最佳材料之一，是国家二级重点保护植物。湖北梣有"楚天第一节""植物活化石"之称，也是世界景点、盆景、根雕家族的极品，被誉为"盆景之王"。湖北梣生长缓慢，寿命长，可达到2000年左右。湖北钟祥市客店镇南庄村1株湖北梣古树，树龄约1800年，地径11.02m，在全国绿化委员会办公室、中国林学会公布中国首批85株"中国最美古树"中该树获得中国"最美湖北梣"美誉（图6-48）。

图6-48 湖北省钟祥市客店镇南庄村树龄约1800年古湖北梣
（引自《中国最美古树》）

(48)木樨(*Osmanthus fragrans* Lour.)

【分类】又名桂花，木樨科(Oleaceae)木樨属(*Osmanthus*)。

【鉴别】常绿乔木或灌木，高3~5m，最高可达18m。树皮灰褐色；小枝黄褐色，无毛。叶片革质，椭圆形、长椭圆形或椭圆状披针形，长7~14.5cm，宽2.6~4.5cm，先端渐尖，基部渐狭呈楔形或宽楔形，全缘或通常上半部具细锯齿，两面无毛，腺点在两面连成小水泡状突起；中脉在上面凹入，下面凸起；侧脉6~8对，多达10对，在上面凹入，下面凸起；叶柄长0.8~1.2cm，最长可达15cm，无毛。聚伞花序簇生于叶腋，或近于帚状，每腋内有花多朵；苞片宽卵形，质厚，长2~4mm，具小尖头，无毛；花梗细弱，长4~10mm，无毛；花极芳香；花萼长约1mm，裂片稍不整齐；花冠黄白色、淡黄色、黄色或橘红色，长3~4mm，花冠管仅长0.5~1mm；雄蕊着生于花冠管中部，花丝极短，长约0.5mm，花药长约1mm，药隔在花药先端稍延伸，呈不明显的小尖头；雌蕊长约1.5mm，花柱长约0.5mm。果椭圆形，长1~1.5cm，呈紫黑色。花期9~10月上旬，果期翌年3~4月。

【分布】原产于我国长江流域至华南、西南各地，现广泛栽培。中国南岭以北至秦岭以南的广大中亚热带和北亚热带地区是其主要的栽培分布区，而且形成了历史上著名的五大木樨产区，即浙江杭州、江苏苏州、湖北咸宁、广西桂林、四川成都。木樨国外栽培不太普遍，除了日本和越南以外，一般都较少。栽培木樨最早由我国传入日本，后由日本或我国广州传入欧洲和美洲。

【生境】木樨喜温暖环境，宜在土层深厚、排水良好、肥沃、富含腐殖质的砂壤土中生长。不耐干旱瘠薄，在浅薄板结贫瘠的土壤上，生长特别缓慢，枝叶稀少，叶色黄化，不开花或很少开花，甚至有周期性枯顶现象，严重时木樨整株死亡。木樨喜阳光，但有一定的耐阴能力。幼树时需要一定的荫蔽，成年后要求有相对充足的光照，忌淹涝积水，耐高温，有一定的耐寒性。

【生活史】木樨因品种不同，其生长习性有很大差异，有的品种是灌木，分支点较低；主干不明显，有的品种为乔木，最高可达18m。木樨花芽的生长发育在新梢木质化后进行，李瑾将木樨花芽分化时期分为：分化初始期、总苞分化期、花原基分化期、顶花花被分化期、雄蕊分化期和雌蕊分化期6个时期；且对比了可育的银桂和不育的丹桂之间雌雄蕊的发育，指出丹桂的不育是雌蕊发育不正常、心皮不愈合而形成2片叶状体造成的。王彩云等对'厚瓣金'桂(*O. fragrans* 'Houban Jingui')，杨秀莲等将'晚籽银'桂(*O. fragrans* 'Wanzi Yingui')、'多芽金'桂(*O. fragrans* 'Duoya Jingui')花芽分化过程分为7个时期，即苞片分化期、花序原基分化期、花蕾原基分化期、顶花花萼分化期、花瓣分化期、雄蕊分化期和雌蕊分化期。王彩云还指出，苞片分化期和雄蕊分化较慢，其他时期分化较快。聚伞花序的中间顶花先分化，需时长，侧花后分化，需时短，各小花几乎同时完成花芽分化进程。木樨结实品种少，且种子在自然条件下出苗率很低，目前木樨繁殖主要采用扦插法、嫁接法、高压法、压条法，很少用播种繁殖。木樨种子有后熟作用，需要经过贮藏，经历长达半年时间才能完成生理后熟，用GA_3处理、除去外果皮及果肉，以及低温层积可打破休眠，有效促进种子的萌发。

【古树】古木樨分布十分广泛，陕西汉中、甘肃康县、山东潍坊、河南内乡、安徽祁门、江苏苏州、上海、浙江绍兴、福建蒲城、湖北咸宁(见彩图31)、江西上饶、贵州织金、广西桂林、广东梅山、湖南芷江、重庆、四川渠县、云南建水等地均发现有数百年甚至上千年的古木樨,在已报道的秋桂类古木樨中,'丹桂'数量最少,多为'银桂'和'金桂'。已报道的古木樨中'四季'桂品种也是较少的类群,如江西弋阳的千年'四季'桂、湖北当阳市玉泉寺有树龄500余年的'月月'桂等。刘伟龙调查发现陕西南部有古木樨38株,其中树龄2000年以上有1株,树龄1700年以上有2株,树龄1300年有1株,树龄300~1300年有10株,树龄100~300年有24株,汪小飞对安徽古木樨进行了调查,发现主要分布于淮河以南地区,集中于皖南山区,调查古木樨共14株,树龄主要为200~400年,且几乎都为'金桂'。目前我国古木樨数量最多的市为湖北咸宁市,百年以上古木樨约2400株;已知最古老'丹桂'为福建蒲城临江镇水东村杨柳尖自然村的唐桂"九头丹桂王",树高15.6m,冠幅15.8m,覆盖面积230m^2,树龄在1000年以上。

(49) 紫丁香(*Syringa oblata* Lindl.)

【分类】又名丁香,木樨科(Oleaceae)丁香属(*Syringa*)。

【鉴别】灌木或小乔木,高可达5m。单叶对生,叶片革质或厚纸质,卵圆形至肾形,长2~14cm,宽2~15cm,先端渐尖,基部心形、截形至近圆形,或宽楔形。聚伞圆锥花序直立,由侧芽抽生;花冠紫色,花冠筒圆柱形,裂片呈直角开展,卵圆形、椭圆形至倒卵圆形。蒴果倒卵状椭圆形、卵形至长椭圆形,先端长渐尖,光滑。紫丁香与其变种白丁香(*S. oblata* var. *alba*)叶片形态相似,区别在于,白丁香叶片较小,叶面疏生绒毛,花白色。

【分布】产于东北、华北、西北及四川等地海拔300~2600m的山地沟谷,长江以北庭园普遍栽培。

【生境】喜光,稍耐阴,阴地能生长,但花量少或无花。耐寒性较强,极端最低气温-40℃;耐干旱,不耐水湿,喜湿润、肥沃、排水良好的土壤。分布区年平均气温-5~15℃,年降水量300~1200mm,有效积温3000~6000℃,土壤pH 6.5~7.5。

【生活史】紫丁香实生苗3~4年后开花结实。花期4~5月,虫媒传粉;6~9月开始花芽分化,花药4室,药壁4层:表皮层、纤维层(药室内壁)、中层与绒毡层,成熟花药壁仅由表皮层与纤维层组成。成熟花粉粒为二细胞型,花粉三孔沟。中轴胎座,子房2室,每室具2个倒生胚珠,单珠被,薄珠心,蓼型胚囊。果期6~8月,种子千粒重13~17g,发芽率高,可达85%~95%,子叶出土萌发。

【古树】丁香是哈尔滨市花,全市有80余万株紫丁香,其中3株树龄逾百年。北京戒台寺的20株古丁香,树龄逾200年,树高逾6m,干径最粗达70cm。山西省沁水县中村镇下川村有1株二级古树,树龄300年,胸围2.57m,树高10m,被评为"最美紫丁香"(图6-49)。

(50) 楸(*Catalpa bungei* C. A. Mey.)

【分类】紫葳科(Bignoniaceae)梓属(*Catalpa*)。

【鉴别】落叶乔木,高可达30m。叶三角状卵形或卵状长圆形,长6~15cm,宽达8cm,顶端长渐尖,基部截形,阔楔形或心形,有时基部具有1~2牙齿,叶面深绿色,两面无毛。顶生伞房状总状花序,花冠淡红色,内面具有2黄色条纹及暗紫色斑点。蒴果线形,长25~50cm;种子狭长椭圆形,两端生长毛。楸与同属植物梓(*C. ovata*)叶片形态相似,楸的叶三角状卵形或卵状长圆形,长大于宽,梓的叶宽卵形,长宽近相等;梓为聚伞圆锥花序或圆锥花序，花冠淡黄色。

【分布】产于黄河流域和长江流域，以河南、山西南部、陕西中南部、山东、江苏北部分布为主，河北、内蒙古、安徽、浙江等地也有分布。常生于海拔1400m以下的山区、丘陵及山沟两侧。

【生境】喜光，喜温暖湿润气候，不耐寒，适生于年平均气温10~15℃，年降水量700~1200m，年积温3200~5400℃的环境，在深厚湿润、疏松肥沃的中性或微酸性砂质壤土及钙质土中生长良好。不耐旱，忌水涝，在干旱瘠薄地区生长缓慢，在低洼积水地区不能生存；稍耐盐碱，含盐量0.1%的轻度盐碱土上能正常生长，土壤适宜pH 6~8。

【生活史】楸实生苗3~5年初次开花，花期4~5月，虫媒传粉。花药壁发育为双子叶型，异型腺质绒毡层，小孢子母细胞减数分裂为同时型，二细胞型花粉，无萌发孔。雌蕊2心皮合生，胚珠多数、倒生、单珠被、薄珠心、蓼型胚囊。果期6~9月，9月种子成熟；种子千粒重4~5g，发芽率低，仅40%~50%。

图6-49　山西省沁水县中村镇下川村"最美紫丁香"
（宁鹏　摄）

【古树】楸在我国栽培历史悠久，各地至今留有数百年至上千年古楸。北京故宫御花园、西城区白塔寺、通州药王庙、北海公园等地均有明清时期的一、二级古楸。山东省青州市范公亭公园有2株古楸，据传为唐代栽植，高15m，胸径超过1.5m。山西省原平市大林乡西神头村扶苏庙前，有2株古楸树，人称"龙凤楸"，树龄为1500~2000年。其中的"龙楸"高达35m，胸围13.2m，是树龄最长、胸围最大的一株，称"华夏第一楸"。山西省太原市晋祠内有4株古楸，顶部大都干枯，为特级珍稀古树（见彩图32）。树龄1300年，植于晋祠奉圣寺弥勒殿前，据《晋祠志》记载，奉圣寺原为唐尉迟恭的宅院，院中种植"松""柏""杆""楸"，寓意唐李氏江山松柏千秋，带砺河山。

(51) 冬青(*Ilex chinensis* Sims)

【分类】冬青科(Aquifoliaceae)冬青属(*Ilex*)。

【鉴别】常绿乔木，高达13m。树皮淡灰色至暗灰色，不裂。小枝浅绿色。叶椭圆形至长圆状椭圆形，长5~11cm；先端渐尖，基部楔形；互生。雌雄异株。聚伞花序，花淡紫色。核果椭圆形，深红色，分核4~5。冬青与铁冬青(*I. rotunda* Thunb.)叶形相似，但铁冬青叶全缘,花白色。

【分布】产于江苏、浙江、江西、福建、台湾、河南、湖北、湖南、广东、广西和云南(腾冲)等地。生于海拔500~1000m的山坡常绿阔叶林中和林缘。

【生境】喜温暖气候,有一定耐寒力。适生于肥沃湿润、排水良好的酸性壤土。较耐阴湿。

【生活史】冬青属树种开始结实树龄较迟。冬青间隔1年大量结实1次,有明显大小年现象。江苏南京5~6月开花,10月中旬至11月下旬果实成熟。种子千粒重8~11g,每千克种子9万~12.5万粒,种子具休眠习性。

【古树】冬青是园林绿化中使用较多的乔木,树叶清翠油亮,生长健康旺盛,观赏价值较高,是庭院中的优良观赏树种(图6-50)。宜在草坪上孤植,门庭、墙边、园路两侧列植,或散植于叠石、小丘之上。江西永新县江口文家坊有2株古冬青,树龄约700年,树高32m,胸径1.2m。安徽舒城县晓天镇双河村长岗村前1株冬青古树,树龄200年,树高15m,胸围1.7m,冠幅17m;晓天镇舒安村枫树庄边古树1株树龄约100年的冬青,树高19m,胸围0.94m,冠幅11m。

图6-50 河南省南阳市镇平县高丘乡刘坟村树龄2000年古冬青(引自《中国最美古树》)

小　结

本章介绍了裸子植物和被子植物分类系统的理论体系;重点介绍了26种裸子植物和51种被子植物常见古树及经典案例,描述了古树的基识别特征、地理分布、生境特征、生活史特性,提供了古树实景生长状态图。通过本章学习,读者可以从总体上了解中国的主要古树树种和古树资源。

思考题

1. 简述我国树木学家郑万钧的裸子植物分类系统。
2. 恩格勒系统坚持的是哪种学说原理?其认为哪些特征是原始性状?哪些是进化性状?
3. 哈钦松系统坚持的是哪种学说原理?其认为哪些特征是原始性状?哪些是进化性状?
4. 塔赫他间系统的主要理论依据是什么?
5. 克朗奎斯特系统的主要理论依据是什么?
6. 达格瑞系统的主要理论依据是什么?

7. 简述 APG Ⅳ 系统的基本框架。
8. 论述 APG 系统对传统分类系统的继承和发展。
9. 裸子植物门常见古树有哪些?
10. 被子植物门常见古树有哪些?

推荐阅读书目

1. 植物系统分类学——综合理论及方法.(印度)古尔恰兰·辛格编著,刘全儒,郭延平,于明译.化学工业出版社,2008.
2. 京津冀古树寻踪.京津冀古树名木保护研究中心.中国建筑工业出版社,2019.
3. 中国最美古树.《国土绿化》杂志.中国画报出版社,2021.

第 7 章

中国古树资源

 本章提要

在概论部分，首先引入古树分区的概念，依据地貌、降水、温度等影响植物生长的重要自然地理环境因素以及植物区系和行政区域，介绍了我国古树分区概况。在各论部分，首先将我国古树分为北方古树(华北区、东北区和西北区)和南方古树(华东区、华中区、华南区和西南区)，然后对各区域古树区系和组成特征进行了介绍。

7.1 中国古树分区概述

每种植物都有特定的自然分布区和适宜生长条件。树木生长依存于自然条件，一些低等植物能够耐受的困难环境，乔木不能生存，或虽能维持生命而不能正常生长发育。不同树种由于在系统发生历史中受到不同环境条件的选择，它们个体生长发育过程中对自然条件的要求也差异很大，特定树种只能在符合其生长的特定环境条件下生长。在影响古树植物分布的各种因素中，地势、地貌、降水、温度等都是十分重要的指标。

我国位于欧亚大陆东南缘，构成了东亚大陆的主体，地域辽阔，东西和南北跨度大，地质历史复杂，形成了多样的地貌环境，水热分布极不均衡。古树植物区系的形成是在特定的自然地理和自然历史条件环境中发展演化形成的。一个特定区域的植物区系，不仅反映了这一区域中植物与环境的因果关系，而且反映了植物区系在地质历史时期中的演化脉络。古树植物区系分区的目的在于把各个地域的不同区系，按照它们所形成的历史和地理的诸多因素进行区划，按照地貌特征、气温、降水、区系以及行政区进行分区，有助于了解古树的生长特性和分布特征，为不同区域的古树植物引种、资源开发和保护利用提供科学依据。

7.1.1 按一级地貌分区

中国陆地地貌最显著的特点是西高东低，山地多，平地少，山地、丘陵和高原的面积占国土总面积的 69%，平地不足 1/3（郑度，2015）。从地势上看，我国显著的特点是分成三级阶梯：青藏高原是最高一级阶梯，号称"世界屋脊"，平均海拔在 4500m 以上，高原上岭谷并列，湖泊众多（陈灵芝，2014）。越过青藏高原北缘的昆仑山—祁连山和东段的岷山—邛崃山—横断山一线，地势迅速下降至海拔 1000~2000m，主要有山地、高原和盆地，为第二级阶梯。这级阶梯东缘大致以大兴安岭—太行山，经巫山向南至武陵山、雪峰山一线为界，此界线以东到东海岸，主要为平原、丘陵和低山等，是第三级阶梯（陈灵芝，2014）。这种地势上自西向东下降的趋势，决定了长江、黄河、珠江等大江大河的基本走向，而且也间接影响了古树植物的分布。与三级阶梯地形相对应，我国古树分布区划分为第一级阶梯高原盆地古树区、第二级阶梯高原盆地古树区、第三级阶梯平原丘陵古树区（郑度，2015）。

①第一级阶梯高原盆地古树区　青藏高原平均海拔在 4000m 以上，面积达 230 万 km^2，号称"世界屋脊"（郑度，2015）。高原上横亘几条近乎东西向的山脉，自北向南依次为昆仑山脉—祁连山脉、唐古拉山脉、冈底斯山脉—念青唐古拉山脉，山脊线海拔都在 6000m 以上（郑度，2015）。在南沿有高耸入云的喜马拉雅山脉，山脉主脊海拔平均 7000m 左右，世界第一高峰——珠穆朗玛峰就位于它的中东部，海拔达 8844.86m。青藏高原西端与帕米尔高原相接，北面和东面地势从海拔 4000m 以上急剧地下降到海拔 1000~2000m 的下一级高原和盆地，南面更急剧降到海拔仅几十米的印度、孟加拉国境内的恒河平原（郑度，2015）。

②第二级阶梯高原盆地古树区　介于青藏高原与大兴安岭—太行山—巫山—雪峰山之间，其中包括内蒙古高原、黄土高原、云贵高原和塔里木盆地、准噶尔盆地和四川盆地等大的地貌单元。海拔一般在 1000~2000m，唯横亘于塔里木盆地和准噶尔盆地之间的天山较高，平均海拔超过 4000m；四川盆地较低，仅 500m 上下（郑度，2015）。

③第三级阶梯平原丘陵古树区　包括大兴安岭—太行山—巫山—雪峰山一线以东的部分。其地形面由于受到后期构造运动（断裂切割、侵蚀、隆起和沉降）的强烈破坏，地面高低起伏不平。近海的沉降地带成为广大的平原，而隆起受侵蚀、切割的地带则成为丘陵、山地。自北向南，有海拔 200m 以下的东北平原、华北平原、长江中下游平原；有江南广大地区平均海拔数百米的许多丘陵和盆地；还有海拔 500~1000m 的辽东半岛丘陵、山东半岛丘陵、东南沿海丘陵、两广丘陵等。此外，海拔超过 3000m 的台湾山地和水深不足 200m 的浅海大陆架也位于第三级阶梯范围内。三大地貌阶梯构成了中国地貌的宏观格局，是中国地貌特征的第一层次（郑度，2015）。

7.1.2　按降水和胡焕庸线分区

胡焕庸线（Hu Line）是从黑龙江省黑河，经四川省雅安、盐源，到云南省腾冲，大致为倾斜 45°基本直线，最初称"瑷珲—腾冲一线"，后因地名变迁，先后改称"爱辉—腾冲一线""黑河—腾冲一线"。胡焕庸线是由中国地理学家胡焕庸于 1935 年提出的划分我国人口密度的对比线，也是我国半湿润区和半干旱区的分界线，线东南方 36%国土居住着 96%人口，以平原、水网、丘陵、喀斯特和丹霞地貌为主要地理结构，降水充沛，自古以农耕为经济基础；线西北方人口密度极低，年降水量不足 400mm，土地便向荒漠化发展，是草原、沙漠和雪域高原的世界，自古游牧民族的天下，因而划出两个迥然不同自然和人文地域。

按降水分布特征，我国可划分为湿润古树区、半湿润古树区、干旱古树区、半干旱古树区(表7-1)。

表7-1 划分干湿区的指标及其标准

干湿状况	主要指标年干燥指数	辅助指标降水量(mm)
湿 润	≤1.0	>800
半湿润	1.00~1.50	400~800
半干旱	1.50~4.00 1.50~5.00(青藏高原)	200~400
干 旱	≥4.00 ≥5.00(青藏高原)	<200

降水对古树分布和生长有重要影响。乔木生长所需的最少降水条件相当于400mm，如果没有其他淡水水源补充，长期低于这个界线，乔木便生长不良，甚至不能生存。我国大部分地区的降水来自太平洋，滇西和藏东南来自印度洋，新疆西部与北部来自大西洋和北冰洋。但是，由于幅员辽阔，我国的三级台地地貌格局受到东北—西南向和南北向、东西向等山脉的阻隔，来自各大洋的降水都不能均衡分布，而是表现为从沿海向内陆递减。在我国年降水量从东南向西北递减的过程中，形成了一条从东北向西南的400mm的年降水线。这条线东北从大兴安岭的北端西麓起，经过张家口附近，向西南沿长城外侧到陕北靖边，再向西沿六盘山北坡和西坡，经兰州南山向西，转而向西南沿青藏高原边缘到拉萨以西南止。因为年降水量变化很大，这条线经常向前后移动，实际上是一条带。它大体上把我国分为东南与西北两半。西北半壁包括松辽平原的西南部，大兴安岭南部山地的南端，呼伦贝尔草原和整个内蒙古的中部与西部地区，宁夏的中部和北部，甘肃的北部和西部，青海的祁连山南麓和柴达木盆地，青藏高原和新疆的绝大部分地区。在这广大地区，降水量普遍低于400mm，大部分地区低于300mm，相当部分地区只有100mm左右，腾格里沙漠及其以西地区，包括腾格里沙漠、巴丹吉林沙漠、河西走廊与塔里木盆地以及柴达木盆地西端等，年降水量低于100mm，有些地方仅为一二十毫米，甚至全年无雨雪。例外的是，贺兰山、祁连山、昆仑山、天山、阿尔泰山等高山的山体中上部，由于海拔升高而温度降低、湿度加大的规律，都在某个海拔高度带(贺兰山为1900~2800m，祁连山为2400~3400m，天山为1500~3000m，阿尔泰山为1300~2500m)有相当于≥400mm年降水量或相当的湿度，适合于乔木生长。由于山体起伏，这个垂直森林地带在实际上并不都是连续的，而是由断断续续地呈孤岛状分布的地块组成。因此，在400mm年均降水量的西侧，除有淡水水源补充以外，绝大多数地方乔木不能生长。我国年均降水量低于400mm的地区总面积占国土总面积的51%，其中，热量足够而仅因降水量不足而乔木不能生长的土地面积占国土总面积的34.7%。可以说，降水量不足是我国森林面积的第二个限制因素。

①**湿润古树区** 包括大兴安岭北部区、小兴安岭长白山区、辽东低山丘陵区、大别山

与苏北平原区、长江中下游平原与浙北区、秦巴山地区、江南山地区、湘鄂西山地区、贵州高原山地区、四川盆地区、川西南滇北山地区、滇西山地滇中高原区、台湾北部山地平原区、闽粤桂低山平原区、滇中南山地区、滇西南山地区、台湾南部山地平原区、琼雷低山丘陵区、滇南山地区、琼南低地与东、中、西沙诸岛区、南沙群岛珊瑚岛区、若尔盖高原亚寒带湿润区、横断山脉东—南部高原温带湿润区、东喜马拉雅南翼高原亚热带山地湿润区。湿润区年干燥指数≤1.00，年降水量>800mm。

②半湿润古树区　包括三江平原及其以南地区、大兴安岭中部区、松辽平原区、燕山山地区、华北平原与鲁中东山地区、汾渭平原山地区、黄土高原南部区、果洛—那曲高山谷地高原亚寒带半湿润区、横断山脉中北部高原温带半湿润区。半湿润区的年干燥指数 1.00~1.50，年降水量 400~800mm（东北为 400~600mm）。

③半干旱古树区　包括西辽河平原区、大兴安岭南部区、呼伦贝尔平原区、内蒙古高原东部区、黄土高原西部区、鄂尔多斯与河套区、阿尔泰山地区、塔城盆地区、伊犁河谷区、黄土高原东部与太行山地区、青南高原亚寒带半干旱区、羌塘高原湖盆亚寒带半干旱区、祁连山东高山盆地高原温带半干旱区、藏南高山谷地敢于温带半干旱区。半干旱区的年干燥指数 1.50~4.00（青藏高原为 1.50~5.00），年降水量 200~400mm。

④干旱古树区　包括西河套与内蒙古高原西部区、阿拉善与河西走廊区、额尔齐斯谷地区、准噶尔盆地区、天山山地区、塔里木与东疆盆地区、昆仑高山高原亚寒带干旱区、柴达木盆地与昆仑山北翼高原温带干旱区、阿里山地高原温带干旱区。干旱区的年干燥指数≥4.00（青藏高原≥5.00），年降水量<200mm。

7.1.3　按温度和秦岭—淮河线分区

按温度分布特征，可区划为热带古树区、亚热带古树区、暖温带古树区、中温带古树区、寒温带古树区（郑度，2015）。

乔木生长要求相当数量的≥10℃的积温。东北泰加林北侧至少约为 400℃以上，我国西南高山森林的上限约 600℃。

我国地处欧亚大陆的东南部，东南临太平洋，西南隔印度次大陆与印度洋为邻，西北深入大陆腹地，地理范围最西为东经73°38′34″，最东为东经135°06′37″，最南为北纬4°附近，最北到北纬53°32′。按水平位置的气候状况，从南向北，依次划分为热带、亚热带、暖温带、温带和寒温带，其中寒温带的极端最低气温为-52℃，年平均气温为-6~-4℃，≥10℃积温≥1400℃。越往南气温越高，热量条件越好。但是，由于我国由东西向，地势逐渐升高，经过平原、丘陵、山地、高平原，到东经100°以西和北纬36°以南地区上升为平均海拔4000m的青藏高原，高原周围并分布有众多的海拔 4000~5000m 及其以上的高山。海拔越高，气温越低，因此，尽管青藏高原和周围高山按所处纬度和东部的温带、暖温带、亚热带相同，但是，常年气温却比东部低得多，不具备森林生长所需的连续积温量。这些因气温过低不能生长森林的区域总面积约占国土总面积的16%。西部地区因地势过高而形成的常年低温是我国乔木生长的第一个限制因素。

①热带古树区　位于中国最南部，包括云南南部边缘的瑞丽江、怒江、澜沧江、元江等河谷与山地以及雷州半岛、台湾岛南部、海南岛、澎湖列岛以及南海诸岛等（郑度，2015）。热带地区全年温暖、无冬无霜、雨多湿度大、四季不分明。我国热带地区陆地面

积仅约 8 万 km²,不足国土面积的 1%,多呈块状、岛状分布,并不成带,但南北跨度大,可进一步划分为边缘热带、中热带和赤道热带 3 个温度带(郑度,2015)。边缘热带包括台湾岛南部、雷州半岛、海南岛中北部、云南南部边缘的瑞丽江、怒江、澜沧江、元江等河谷山地地区等(郑度,2015)。边缘热带气温较高,降水充足,但水热条件存在较明显的东西差异(郑度,2015)。边缘热带西段的滇南山地日均温稳定≥10℃的天数基本接近 365d,其间积温为 7800℃左右,年平均气温 21~24℃,其中最冷月平均气温 15~18℃,最热月平均气温为 24~29℃;东段的雷州半岛、海南岛中北部及台湾岛南部的日平均气温稳定≥10℃天数为 365d 左右,其间积温达 8000~9000℃,年平均气温为 22~25℃,最冷月平均气温 15~18℃,最热月平均气温为 28~29℃。边缘热带偶尔也会受强寒潮影响,出现一定程度霜冻。

②亚热带古树区　包括淮河(北)—秦岭以南,福州、永春、永定和南岭南麓、西江两岸和云南南部边境附近以北的广大地区,青藏高原以东至大海,并包括台湾(郑度,2015)。亚热带是东亚季风盛行的地区,年平均气温多在 16~25℃(郑度,2015)。每当冬季北方有冷空气南下时,常常导致本区气温急剧降低,因此也常出现大范围雨雪天气(郑度,2015)。最冷月气温一般大于 0℃,但不论整个冬季还是 1 月,气温都低于地球上其他同纬度地区。这里夏季温度高、湿度大,尤其是初夏,由于此时北方冷空气仍能入侵本区,它们与南来的暖气流在此相遇,因而极易形成连续性的强降雨,即梅雨(郑度,2015)。亚热带从北向南又可划分为北亚热带、中亚热带和南亚热带,均属于湿润区(郑度,2015)。水平地带的典型森林植被以壳斗科、樟科及常绿阔叶林为代表。

③暖温带古树区　位于淮河(北)—秦岭—青藏高原北缘一线以北,中间被祁连山地及其北面的河西走廊和山地所割,分为东西两段:东段主要包括华北平原、太行山脉、山西高原和黄土高原东部及其以南的山地与谷地;西段主要在新疆南部,包括塔里木盆地和吐鲁番盆地(郑度,2015)。本区日平均气温稳定≥10℃的天数为 170~220d,年积温多为 3200~4500℃,个别地方(如吐鲁番盆地)因夏季炎热甚至可以超过 5300℃(郑度,2015)。年平均气温为 8~14℃,气候冬冷夏热,昼夜温差较大(一般达 10~20℃);特别是气温在季节上的差别很明显,其中最热月气温达 20~27℃,最冷月气温基本在 0℃以下,西部的塔里木盆地甚至为 -10℃左右(郑度,2015)。暖温带西部年太阳总辐射量大多达 6000MJ·m^{-2},是中国仅次于青藏高原的光能资源较丰富的地区。受西风带与夏季风的共同影响,暖温带仅在盛夏季节才有较多降水(郑度,2015)。东西水分差异明显:东段盛夏时受夏季风影响强烈,但时段较短,多为半湿润区,大部分区域年降水量达 500~800mm;其中沿海有小部分区域降水较为丰沛,年降水量可达 600~900mm,气候湿润;但黄土高原东部与太行山地降水较少,年降水量多在 400mm 以下,为半干旱气候(郑度,2015)。西段主要受西风带影响,年降水量多在 100mm 以下,为干旱气候(郑度,2015)。位于辽东半岛的辽东低山丘陵气候区是暖温带仅有的一个湿润区(郑度,2015)。受海洋影响,这里气候湿润(郑度,2015)。本区山地垂直带海拔 600~800m 以上的山地为温性针叶林与落叶阔叶混交林地带,主要树种有油松、华山松、白皮松、辽东栎等。1600~2500m 为寒温性针叶林地带,主要树种为华北落叶松、白杆、青杆、冷杉等针叶树以及白桦、蒙古栎等阔叶树。

④中温带古树区　地理范围很大,位于中国北部,从东北一直向西伸展到新疆西部的

国境线,其南界东起自丹东北部,经沈阳附近至彰武,然后折向西南,经赤峰南、张家口北、大同南、子长、西峰南、通渭、渭源至岷县,再折向北,沿青藏高原东缘山地祁连山北侧、疏勒河东向北至博格达山—天山南侧,再向西直至乌恰西的国境线(郑度,2015)。本区日平均气温稳定≥10℃的天数和积温分别为100~170d及1600~3200℃,生长季为3.5~5.5个月;年平均气温为-4~9℃,但气温年较差大,冬冷夏暖(郑度,2015)。本区最冷月平均气温在-25~-5℃之间,其中西部的准噶尔盆地和阿拉善高原冬季常为冷高压所控制,是中国寒潮的主要通道之一,因而最冷月平均气温都在-20℃以下,极端最低气温低至-51.5℃;本区最暖月平均气温一般都达18℃以上,个别地区甚至超过25℃(郑度,2015)。本区干湿状况变化明显,自东至西湿润程度逐渐减少,干旱程度不断加剧,包括湿润、半湿润、半干旱、干旱4个干湿区(郑度,2015)。带内降水差异极为明显,东部湿润区降水量一般可达600mm以上,半湿润区降水量为400~600mm,且60%~70%集中在夏季;东中部半干旱区降水为200~400mm,中西部干旱区一般都在200mm以下,其中黄河河套以西至准噶尔盆地大部分地区年降水量多在100mm以下(郑度,2015)。在地带山体上部还有以落叶松和云杉、冷杉林为主的寒温带针叶林出现,其分布下限在小兴安岭约为海拔700m,越往南越高,到长白山南部海拔达到1100m以上。

⑤寒温带古树区 地理位置在我国东北的北端,地理范围北起我国最北端,南到滨州铁路线附近,西起大兴安岭山地西麓,东界北为黑龙江干流,南为松嫩平原西缘。本区日均温稳定≥10℃的天数和积温分布小于100d和1600℃,生长季仅3个月;年平均气温为-3℃左右;夏季凉爽,最热月气温在19℃以下;冬季严寒,最冷月平均气温在-26℃以下,有气象记录以来的极端最低气温达-52.3℃;年降水量为450mm左右,干燥度小于1.0,气候湿润(郑度,2015)。北端海拔800m以上,南端海拔1200m以上。

7.1.4 按植物区系分区

泛北极古树区,包含亚欧森林古树区、亚洲荒漠古树区、亚欧草原古树区、青藏高原古树区、中国—日本森林古树区、中国—喜马拉雅森林古树区;古热带古树区,包含马来亚古树区(吴征镒,1983)。

植物区系是指特定区域内全部植物的总称(陈灵芝,2014)。植物区系的形成是植物界在特定自然历史环境中发展演化和和时空分布的综合反映(陈灵芝,2014)。植物区系分区的目的是把各个地域的不同区系,综合它们所形成的历史和地理等因素,划分为不同的区域,从而为植物资源开发、引种、多样性保护以及农、林、牧规划提供科学依据(陈灵芝,2014)。

植物区系分区以分类学和地理学的分类单元为基础,依据植物区系成分的组成特点和地区间的相似性与相异性,并特别考虑植物区系中科、属、种的特有性以及植物区系演化亲缘关系(郑度,2015)。由于对物种性质以及植物类群起源等的认知差异,对中国植物区系区划也有不同的观点。传统植物区系区划方案将我国北回归线以北和北回归线以南部分地区划分为世界上6个植物区系区中最大的一个泛北极植物区,其余划归为古热带植物区,然后再进一步细分(郑度,2015)。《中国植物区系与植被地理》一书中将中国植物区系划分为4个植物区系区7个亚区24个地区49个亚地区(陈灵芝,2014)。本书采纳传统划分方案,即两个植物区系区的区划方案。

(1) 泛北极古树区

①亚欧森林古树区　本范围相当于塔赫他间区划中环北极区中北极省和亚北极省(北美)之外的所有地区；北界符合欧洲到西伯利亚大森林的北界，南界是草原或荒漠和东亚森林(陈灵芝，2014)。本区是泛北极区中面积最大而区系成分相对简单的针叶林区(陈灵芝，2014)。本区特有科、属的数目较少，但有大量与东亚区共有的特有属，主要包括云杉属(*Picea*)、冷杉属(*Abies*)、落叶松属(*Larix*)组成的大面积森林，破坏后则被桦木属(*Betula*)、杨属(*Populus*)所替代；南缘出现一些落叶阔叶林，如水青冈属(*Fagus*)、鹅耳枥属(*Carpinus*)、栎属(*Quercus*)、槭属(*Acer*)、椴属(*Tilia*)和榆属(*Ulmus*)。我国东亚地区东部仅见栎，西部仅见榆。本区区系是在亚洲东部亚高山带同类区系的基础上发展起来的，经过第四纪冰期、间冰期的交替，一方面逐渐向下和向北迁移，另一方面日益贫瘠化(陈灵芝，2014)。

②亚洲荒漠古树区　中国荒漠植物区系是其主体，植物种类较为贫乏，约有1079种，以藜科的属种最多，蒺藜科(Zygophyllaceae)、柽柳科(Tamaricaceae)、菊科(Asteraceae)、豆科(Fabaceae)、麻黄科(Ephedraceae)、蓼科(Polygonaceae)、禾本科(Poaceae)等也占相当比重(陈灵芝，2014)。天山区系在云杉带以下渗透着许多亚洲荒漠成分，亚洲荒漠(包括区外沙地)从准噶尔至喀什两大片加上柴达木盆地和内蒙古西部、南部，有着约127属的特征属，它们不见或稀见于中国其他各植物区系亚区和地区、亚地区，特别是内蒙古南部还有8个特有属(包含5个单种、3个寡种)(陈灵芝，2014)。对这135属的分析显示，单种属33、寡种属55、多种属近47，单种属和寡种属合计88属，占全部特征属的58%，比例很高(陈灵芝，2014)。在内蒙古南部出现的8个特有属中，有4个属，即沙冬青属(*Ammopiptanthus*)、沙芥属(*Pugionium*)、绵刺属(*Potaninia*)和革苞菊属(*Tugarinovia*)为中亚东部特有(陈灵芝，2014)。另4属中的3个，即百花蒿属(*Stilpnolepis*)、紊蒿属(*Elachanthemum*)和连蕊芥属(*Synstemon*)显然系新特有属。蒺藜科的四合木属为单种属，则是该古老科残遗类型的古特有属(陈灵芝，2014)。由于以上8个特有属的出现，沙冬青2种又是喀什西部和内蒙古南部间断分布，不单亚洲中部概念可以成立，其古地中海成分残遗性质也可以肯定(陈灵芝，2014)。这135属按科中所含特征属排序如下：藜科28属、菊科24属、十字花科13属、豆科11属、伞形科10属、紫草科7属、唇形科6属、禾本科4属、蒺藜科4属，石竹科、罂粟科、蓝雪科、蓼科、毛茛科、柽柳科各2属，夹竹桃科、半日花科、景天科、锁阳科(Cynomoriaceae)、大戟科、瓣鳞花科、紫堇科、裸果木科(Illecebraceae)、鸢尾蒜科(Ixioliriaceae)、列当科(Orobanchaceae)、白刺科(Nitrariaceae)、骆驼蓬科、蔷薇科、茜草科、芸香科各1属(陈灵芝，2014)。

③亚欧草原古树区　本范围从匈牙利中部多瑙河流域、多瑙河下游、俄罗斯欧洲部分的草原、西伯利亚、哈萨克斯坦一直至阿尔泰山、蒙古国中部及我国内蒙古，围绕着亚洲荒漠北部成环带状，其北部接森林草原(陈灵芝，2014)。本区在中国的范围相当于塔赫他间所说的内蒙古。我国的草原实际是从环北极地区的东欧省经阿尔泰—萨彦省和外贝加尔省延续而来，主要植被类型是针茅属—蒿属(各有多种，并形成替代现象)草原；在其最东部为大兴安岭落叶松和小兴安岭—长白松的红松林(陈灵芝，2014)。落叶阔叶混交林所环绕的是赖草属—线叶菊属森林草原。树木种类在东部可见稀疏的蒙古栎(*Quercus mongolica*)、榛(*Corylus heterophylla*)、毛榛(*C. mandshurica*)，在沙地或凹地上

可形成榆属、柳属灌丛或矮林（陈灵芝，2014）。樟子松疏林代替东欧的 Pinus sylvestris subsp. cretacea，它们同样是由于更新世冰川作用，原来植被和区系有很大改变的结果（陈灵芝，2014）。在东欧广大地域内仅有一个特有属，即玄参科的 Cymbochasma，与芯巴属（Cymbaria）仅有微弱区别，后者系蒙古草原的主要特征属之一（陈灵芝，2014）。与之性质相近的还有野胡麻属（Dodartia），也是这一草原中的特征属之一，其分布区略有扩大。而知母属和线叶菊属则是这类草原向亚洲东北森林草原过渡的特征属（陈灵芝，2014）。本区特有种较大兴安岭地区为多，绝大多数为蒙古的种。草原遭到较强破坏则中亚荒漠成分大量侵入和增加，沙地上出现沙芥属（Pugionium）、蒿属（Artemisia）、沙蓬属（Agriophyllum）、盐生草属（Halogeton）、虫实属（Corispermum）等夏雨类短命植物，次生植被中出现百里香属（Thymus）、瑞香狼毒属（Stellera）、大戟属（Euphorbia）等牲畜不吃的毒草（陈灵芝，2014）。

④青藏高原古树区　植物区系是由周边地区植物随高原隆升而演化形成的一个年轻的适应高寒生境特点的区系，缺乏特有科，种类组成也不算丰富（郑度，2015）。本区可以进一步划分为 3 个地区（郑度，2015）。位于青藏高原东北部的唐古特地区约有种子植物 90 科 520 属 2050 种，具有明显的温带性质，以含有较多喜湿耐寒的灌丛和草甸植物为特征，特有种很少；南部较重要的植物有杜鹃花属（Rhododendron）、金露梅属（Potentilla）、柳属（Salix）、嵩草属（Kobresia）、针茅属（Stipa）等；北部较重要的植物有针茅属、蒿属（Artemisia）以及部分山谷中的针叶林和落叶阔叶林或灌丛建群植物（郑度，2015）。西藏、帕米尔、昆仑地区由藏南延伸到帕米尔高原，位于高原的核心区，植物区系组成物种并不十分丰富，但青藏高原成分在植物区系组成和群落中占有非常重要的地位（郑度，2015）。在藏南和雅鲁藏布江及其支流谷地，白刺花（Sophora vicifolia）、圆柏属（Sabina）、锦鸡儿属（Caragana）植物是河谷灌丛的优势植物，高山嵩草（Kobresia pygmaea）则在很多地方的高寒草甸中占优势。在羌塘高原，紫花针茅（Stipa purpurea）、羽柱针茅（Stipa basiplumosa）、青藏薹草（Carex moorcroftii）、扇穗茅（Littledale racemose）以及棘豆（Oxytropis spp.）和黄芪（Astragalus spp.）等在高寒草原中占重要地位（郑度，2015）。西北部，垫状驼绒藜（Ceratoides compacta）成为高寒荒漠中的重要植物，昆仑山和帕米尔东缘则还分布有少量的针叶林和灌丛（郑度，2015）。西喜马拉雅地区为一狭长区域，区系性质具有明显的过渡性。

⑤中国—日本森林古树区　位于我国东北部到北回归线之间，主要受太平洋季风影响的东部森林区，向东到朝鲜半岛、俄罗斯远东南部、日本等地，相当于植被区域中的温带针叶与落叶阔叶混交林区域、暖温带落叶阔叶林区域、亚热带常绿阔叶林区域（郑度，2015）。我国台湾岛植物区系的归属则有较大的争议，从种的联系上看应归属于东亚植物区，从植被类型上看也应如此，但从植物区系的组成中属的性质上看，热带属有 742 属，温带属有 346 属（郑度，2015）。中国—日本森林植物亚区植物区系物种组成丰富，有植物 2 万种以上和 90 个以上的特有属，由于地质历史环境变化较小，保留了很多古近纪和新近纪甚至更古老的孑遗植物，可进一步划分为 6 个植物地区（郑度，2015）。东北植物地区约有种子植物 116 科 575 属 1776 种，无特有科，特有属也较少，地区特有种约 124 种，其中属于中国特有种的约为 119 种，全为温带性质（郑度，2015）。华北植物地区种子植物有 151 科 919 属 3829 种，其中约 1600 种为中国特有种，200 多种为地区特有种（郑度，

2015)。华东植物地区约有种子植物 174 科 1180 属 4259 种,其中 1722 种为中国特有种,约 425 种为华东特有种,有众多的原始被子植物科属(郑度,2015)。华中地区约有种子植物 207 科 1279 属约 5600 种,其中约 4035 种为中国特有种,约 1548 种为华中特有种(郑度,2015)。岭南山地地区含有较多的热带成分,具有明显的过渡性质;物种丰富,但特有性明显不如华东和华中地区;地区特有属不及 20 属,中国特有属约 100 属(郑度,2015)。滇黔桂地区广阔古老喀斯特地貌和复杂多样的生境上,发育了丰富而较为特殊的植物区系,苦苣苔科植物在特有植物中尤其明显,热带成分依然占有重要的地位,约有种子植物 248 科 1454 属 6276 种(郑度,2015)。

⑥中国—喜马拉雅森林古树区 有温带、亚热带至热带北缘植物种类 2 万种以上,仅我国云南高原和部分横断山脉地区就有 12 000 种以上,有许多古近纪和新近纪以前的孑遗植物,同时由于环境复杂多变和近代造山运动,许多新分化类群也得以保留(郑度,2015)。本区可进一步划分为 3 个地区:云南高原地区约有种子植物 249 科 1491 属 5545 种,基本上为亚热带性质,但在山地和高山也分布许多喜温凉的植物,适应干热气候环境的高山栎类植物以及适应山地环境的杜鹃花属植物在本地区有较集中的分布,当属该地区的重要特点;横断山脉地区约有种子植物 226 科 1325 属 7954 种,南部热带成分较多,但北部洮河和岷江流域温带性质已非常明显,山地中上部较丰富的松科植物,尤其是冷杉属和云杉属植物以及由它们组成的暗针叶林是该区的重要特征;东喜马拉雅地区主要含云南西部到西藏东部以及境外缅甸和印度等,植物区系中缺乏特有科属,含有一些特殊的地区特有种(郑度,2015)。

(2)古热带古树区

古热带古树区包含我国南部沿海至云南南部和喜马拉雅山南坡以南地区属于古热带植物区系的印度—马来西亚植物亚区的北缘,以含有较多典型的热带科属为其特征,包括台湾岛主体、台湾岛南部、南海岛礁、北部湾、滇缅泰和东喜马拉雅南翼 6 个地区(郑度,2015)。其中,台湾约有种子植物 186 科 1201 属(包括热带属 742 属、温带属 346 属)3656 种,地区特有种丰富,约占总种数的 40%,新老成分并存,具有明显的亚热带性质,种子植物中约 90% 的属与大陆相同,表明与大陆植物区系有极为密切的关系,植被组成也以常绿阔叶林为主(郑度,2015)。因此,许多人认为本区植物区系应属于东亚植物区系的重要组成,而不应作为古热带植物区系(郑度,2015)。但是,台湾岛南部的恒春半岛和兰屿、小兰屿、绿岛等小岛上的植物区系和植被的热带特征是极为明显的,显示出与菲律宾植物区系的密切联系(郑度,2015)。南海地区诸岛礁及雷州半岛约有种子植物 200 科 1400 属 3600 种以上,以海南岛最为丰富,其次为雷州半岛和珠江口,南海中其余岛屿由于面积很小,种类极少;植物区系组成中热带科(含亚洲热带科等)占一半左右,全球分布的科约占 1/3,显示出这里植物区系的热带特点(郑度,2015)。北部湾地区有大面积的喀斯特地貌,植物区系古老复杂并富含特有属种,仅中国境内约有种子植物 255 科 1294 属 4303 种,其中中国特有种约 2170 种,地区特有种约 300 种;热带北缘的区系性质明显,龙脑香科(Dipterocarpaceae)、肉豆蔻科(Myristicaceae)、五桠果科(Dilleniaceae)等热带科均以本地区为其分布北缘;含大量与越南共有的区域特有属,反映出其间的紧密联系。蚬木(*Excentrodendron hsienmu*)、金丝李(*Garcinia paucinervis*)、肥牛树(*Cephalomappa sinensis*)、假肥牛树(*Cleistanthus petelotii*)、东京桐(*Deuzianthus tonkinensis*)等,为本地区石灰岩山地季雨林中最具特征性的种类(郑度,2015)。滇缅泰地区主体为泰国、老挝和缅甸北部,我国云南南部为该地区的组成部分(郑度,2015)。该地区热带季风气候特征明显,多种地貌类型并存,植物区系复杂而具热带北缘性质,仅我国境内约有种子植物248科1447属4915种,是我国热带雨林(季节性雨林)和季雨林发育最好的地区,龙脑香属(*Dipterocarpus*)、坡垒属(*Hopea*)、望天树属(*Parashorea*)、婆罗双属(*Shorea*)、青梅属(*Vatica*)、榕属(*Ficus*)、番龙眼属(*Pometia*)等属植物是本地区雨林中最具代表性的种类,木棉属(*Bombax*)、合欢属(*Albizia*)、刺桐属(*Erythrina*)等属植物为季雨林或稀树草原中的重要落叶树种(郑度,2015)。东喜马拉雅南翼地区主要位于印度境内,在我国西藏只有雅鲁藏布江等谷地的局部地方;由于地势结构以及气候的特殊性,这里成为热带植物区的北界,植物和植被的垂直分布现象极为突出,热带成分主要集中在低海拔的地方,而亚热带和温带的种类占据较高海拔的地方,因此,区系组成极为丰富,仅中国境内约有种子植物180科726属1679种,其中缺少特有科,特有属也极少,而特有种却十分丰富,仅墨脱县境内就有180种,表明该地区是近代物种剧烈分化的中心之一(郑度,2015)。

7.1.5 按行政区域分区

按行政区,我国包括东北区、华北区、西北区、华东区、华中区、华南区、西南区。

东北区包括辽宁、吉林和黑龙江。一些地理区划也将内蒙古的东北部归入本区。从纬度地理位置看,东北区是我国各地中最偏北、气温最低、最寒冷的区域(上海师大等,1980)。从海陆位置看,东北区显著地向海洋突出,其南面是黄海、渤海,东面是日本海,从小笠原群岛一带发育向西北伸展的一支东南季风,使东北的降水季节稍长,降水量也较多(上海师大等,1980)。东北区的自然地理,具有两个显著的特征,即山环水绕、沃野千里的盆地形势和冷湿性的自然景观(上海师大等,1980)。东北区森林资源丰富,是我国森林分布面积最广、木材蓄积量最多的地区(上海师大等,1980),树种包括兴安落叶松(*Larix gmelinii*)、鱼鳞云杉(*Picea jezoensis* var. *microsperma*)、红松(*Pinus koraiensis*)、水曲柳(*Fraxinus mandshurica*)、榆树(*Ulmus pumila*)、核桃楸(*Juglans mandshurica*)等,林木平均年龄达100年。

华北区包括北京、天津、河北、山西、内蒙古。华北区的地势包括3类,东部为山东丘陵,中部的华北平原,西部的黄土高原、冀北山地和蒙古高原。华北区居于暖温带,夏季炎热,冬季寒冷。在东部季风区,华北较为干燥,大部分属于半湿润地区,西部属于干旱、半干旱地区,而东部的胶东半岛则为湿润地区。华北区属于中纬度暖温带季风气候环境,其植物区系突出的特点是具有过渡性,种属繁多,但特有较少(上海师大等,1980)。华北的植被,东西由森林、森林草原逐渐过渡到草原和荒漠,山地由阔叶夏绿林、针叶林过渡到高山草甸(上海师大等,1980)。山地垂直带比较明显,海拔1800m以下是落叶阔叶林带,人为破坏严重。1800~2300m为山地寒温性针叶林带,以白杆(*Picea meyeri*)、青杆(*P. wilsonii*)为主,也有白桦(*Betula platyphylla*)和山杨(*Populus davidiana*)。海拔2600m以上是亚高山灌丛过渡到高山草甸(上海师大等,1980)。

西北区包括陕西、甘肃、青海、宁夏、新疆。西部区深居内陆,高山与盆地相间分布。四周有高山阻挡,来自海洋的潮湿气流很少能够到达,具有强烈的大陆性温带荒漠气候特征,形成我国最干旱的地区(上海师大等,1980)。区内降水稀少,相对湿度小,大部分地区属于干旱荒漠，东西两侧边缘地区为荒漠草原。海拔垂直带谱比较明显，天山海拔1100m以下为山地荒漠带和荒漠草原带，1100~1800m为山地草原，1800~2700m为山地森林带，2700m以上为亚高山带和高山带（上海师大等，1980）。区内高山迎风面可以获得较多降水，形成荒漠中的"湿岛"，高山上孕育了众多冰川积雪，山坡上还有绿色的草原和森林（上海师大等，1980）。高山冰雪区发育的河流，使得山前平原又形成了成片绿洲。

华东区包括上海、江苏、浙江、安徽、福建、江西、山东和台湾。本区地形北部为平原和丘陵为主，南部以山地为主，包括皖南—赣北山地、闽浙山地，海拔一般在500~1000m之间，最高峰在2000m左右，黄山莲花峰海拔1841m，武夷山最高峰海拔2158m，山间有盆地。本区温暖湿润，降水普遍在1200mm以上，武夷山一带最高达2200mm。闽浙山地地势高，临近海洋，降水较多，台风频率和强度也较大。年平均气温16~20℃，最冷月平均气温3~4℃，最热月平均气温27~29℃，无霜期220~300d。自然植被为常绿阔叶林，主要树种有米槠（*Castanopsis carlesii*）、甜槠（*C. eyrei*）、大叶槠（*C. tibetana*）、闽浙山地还有闽粤栲（*C. fissa*）、南岭栲（*C. fordii*），山地常有杉木林和毛竹林。

华中区包括河南、湖北和湖南。华中区地貌结构以低山丘陵与平原相间分布为主。华中气候温暖湿润的亚热带季风气候，冬温夏热，四季分明，降水充沛，季节分配比较均匀，充沛降雨和湿润气候使得河网稠密、湖泊众多、水资源丰富。温暖湿润的气候条件下，华中植被主要以壳斗科、樟科、山茶科、冬青科等常绿阔叶树种为主的亚热带常绿阔叶林类型，但也混有南方热带性植被和北方温带性植被类型，表现出明显的过渡性。

华南区包括广东、广西和海南（包括南海诸岛）、香港和澳门。华南区地面呈丘陵性起伏，大部分海拔在500m上下，平地狭小，仅在河流入海的地方和河道两旁，有一些河谷平原和河口三角洲。本区是全国纬度最低的区域，属于高温多雨的热带—南亚热带气候，热量充沛，年日照时数2000~4000h，夏长冬暖、雨量充沛、降水强度大，多数地方年降水量为1400~2000mm，水系多，河流密度大，河间分水岭交互错杂。华南地区的海岸线长，岛屿多。这里植物种类繁多、四季常绿，又热带雨林、季雨林和南亚热带季雨常绿阔叶林等地带性植被。珍贵树种包括海南天料木（*Homalium hainanense*）、铁刀木（*Cassia siamea*）、乌材仔（*Diospyros eriantha*）、喜树（*Campotheca acuminata*）、美登木（*Maytenus hookerii*）等。

西南区包括重庆、四川、贵州、云南和西藏。本区地形上属于高原，云贵高原、青藏高原，地域辽阔，山川纵横，地势高峻，素有"世界屋脊"之称。青藏高原平均海拔4000m以上，且有许多雪线之上的6000~8000m的山峰（上海师大等，1980）。青藏高原地势高耸的特殊自然环境条件形成了独特的高原气候，高原上空气稀薄，光照充足，辐射量大，气温低，温度年变化较小，日温差大，干湿季分明，冰川、冻土广布，高原湖泊众多，自然景观复杂多样，高原东部为亚热带常绿阔叶林和暖温带落叶阔叶林，而高原上则为针叶林、高山草甸和高寒荒漠（上海师大等，1980）。高原上降水较多的地区，植被以针叶林为主，是我国西南的重要林区，以冷杉、云杉为主，并有圆柏疏林、川滇高山栎林等，雅鲁藏布江下游海拔800m以下的河谷地区，气候温暖湿润，年平均气温在20℃以上，最冷月平均气温不低于13℃，年降水量在2000mm以上，分布在茂密的热带性原始森林，建群种包括千果榄仁（*Terminalia myriocarpa*）、长毛龙脑香（*Dipterocarpus pilosus*）、阿萨姆婆罗树（*Shorea assamica*）、天料木（*Homalium cochinchinense*）、四数木（*Tetrameles nidiflora*）、榕树等（上海师大等，1980）。云南高原有四季不显、干湿分明，由山地、山原、高原组成，自然景观的垂直分异现象普遍，800m以下深谷为南亚热带干旱、半干旱气候，植被为稀树灌丛草原为主，海拔稍高处为针叶、栎类树，800~1200m的河谷低山丘陵地，气温也较高，干旱程度减轻，生长有南亚热带季雨林或亚热带常绿阔叶林；1200~2000m，气候四季如春，降水适中，植被为常绿阔叶林；2000~2500m的地段夏凉，冬短，春秋较长，相当于北亚热带气候，植被为常绿与落叶阔叶混交林、云南松林；2500~2800m属暖温带气候，植被为落叶阔叶林、云南松林；2800~4000m相当于温带湿润气候，植被为亚高山暗针叶林、高山栎林；4000~4600m的植被为高山草甸；4600m以上终年积雪（上海师大等，1980）。贵州高原的特色是岩溶山原，东北与四川、湖北接壤，西北毗邻四川盆地西南，大部分海拔在1000m左右，地势向北、东、南倾，受东南季风和西南季风影响，气候特点是阴雨天多，年均降水量在1000~1200mm，但由于岩溶地区，因漏水严重而常缺水（上海师大等，1980）。四川盆地地貌和常年温暖湿润气候是它的主要特征，也是自然景观发育的主要因素。盆地东部褶皱带，海拔700~1000m；盆地中部为方山丘陵，区内大河蜿蜒，丘陵起伏，海拔多在700m以下；盆地西部为平原，平均海拔500~600m（上海师大等，1980）。

7.2 中国古树分区各论

李世东等（2020）最近报道我国古树名木352.48万株，一级古树6.31万株，二级古树106.14万株，三级古树239.27万株，名木0.76万株。Liu等（2019）报道的古树数量不足68.3万株。依据新报道数据更新华中和华南区古树数据显示，我国古树共有544.51万株。从古树分布看，我国古树分布极不均衡，西南最多，华中次之；国家一级古树主要分布在云南、山东、浙江、四川、江西、河北，其中云南最多，153 862株；国家二级古树主要分布在云南、河北、浙江、山东、北京等地，以云南最多，有419 200株；国家三级古树则主要分布在云南、湖北、河北、浙江、山东、湖南、江西等地，以云南最多，有1 133 718株（全国绿化委员会办公室，2005）（表7-2）。从古树生长位置看，89.2%的古树分布在农村，10.5%分布在城镇，0.3%分布在农林场、风景名胜区和历史文化区。绝大多数（91.1%）古树呈群生状态，散生古树约占8.9%（全国绿化委员会办公室，2005）。从年龄结构看，我国古树树龄主要集中在100~499年区段，100~299年区段古树占全国古树的61.6%，300~499年区段古树占比36.6%，500年以上的古树占比1.5%，1000年以上的古树占比0.3%（全国绿化委员会办公室，2005）。从树高看，我国古树主要集中在10~20m区段，占全部古树的53.4%，10m以下的占24.5%，30m以上的占3%（全国绿化委员会办公室，2005）。从胸径看，我国古树胸径主要集中在100~299cm，占比69.5%，100cm以下的占比3.8%，300~499cm的占比17.3%，500cm以上的占比9.4%（全国绿化委员会办公室，2005）。从古树生长情况看，94.3%的古树生长正常，5.5%的古树处于衰弱和濒危状态，而0.2%的古树已经死亡（董锦熠等，2021）。

全国绿化委员会于2015—2020年在全国范围内组织开展了第二次古树名木资源普查，

结果于2022年9月发布。据此最新调查结果，全国古树名木共计508.19万株，其中散生古树122.13万株，群状古树386.06万株。散生古树名木中，古树121.4865万株，名木5235株，古树且名木1186株。群状古树分布在18 585处古树群中。按生长位置分，分布在城市的古树有24.66万株，分布在乡村的古树有483.53万株。按行政区分，古树名木资源最丰富的省份是云南，超过100万株；陕西、河北超过50万株；浙江、山东、湖南、内蒙古、江西、贵州、广西、山西、福建超过10万株。按树龄分，全国散生古树的树龄主要集中在100~299年，共有98.75万株，占81.2%；树龄在300~499年的有16.03万株，占13.2%；树龄在500年以上的有6.82万株，占5.6%，其中1000年以上的古树有10 745株，5000年以上的古树仅5株。按权属分，全国散生古树名木中国有18.23万株，集体90.97万株，个人12.41万株，其他0.52万株。按生长环境分，环境良好的古树96.98万株，中等18.04万株，环境较差的古树6.85万株，环境极差的古树有0.26万株。按长势情况分，正常古树103.73万株，衰弱古树15.77万株，濒危古树2.63万株。按类群分，全国散生古树名木中数量较多的树种有樟树、柏树、银杏、松树、槐树等。

表7-2 古树数量分省份统计

省（自治区、直辖市）	一级古树	二级古树	三级古树	名木	古树总数	备注	参考文献
辽宁	112	151	42 000		42 700		何武江和王艳霞，2018
吉林	0	3	1 296		1 299	长春地区	陈晓丽和刘雪微，2008
黑龙江	3	130	937		1 075	哈尔滨	王娜等，2018
北京	6 182	34 347		1 336	41 865		孙海宁和孙艳丽，2020
天津					4 639	无分级	刘中华等，2019
山西	4 712	4 809	13 558		23 185	古树总数，不含古树群79 909株	王玉龙，2018
河北	6 498	100 498	386 931		506 404		张伟等，2020
内蒙古	125	525	3 820		4 484		郝向春，2019
陕西					600 300	无分级	陈丹，2015
宁夏	2	50	539		593		李庆波，2020
青海			203		203		晁永娟，2019
新疆	274	102	4 854		5 230		杨建明，2007
甘肃	276				891		王世积，2004
上海	79	133	1 626	36	1 838		邹福生，2019
安徽	616				35 766	分级不详	刘大伟等，2020
江苏					7 119	无分级	陈赛赛等，2021
浙江	13 408	50 545	210 829	147	274 929		浙江省林业局，2020
江西	9 110	21 687	93 834		129 423		刘强，2016
福建	3 995	12 989	84 640	396	102 020		刘友多，2021

(续)

省 (自治区、 直辖市)	一级 古树	二级 古树	三级 古树	名 木	古树 总数	备 注	参考文献
山东	49 498	39 891	139 022		228 411		徐婷等, 2019
湖南	989	5 745	96 097		102 831		侯伯鑫等, 2005
湖北	2 093	5 932	777 988		786 013		湖北林业网, 2014
河南	3 988	5 730	20 199	211	528 457	古树群617个	周亚爽和蒋泽军, 2021
香港					485	无分级	洪文君等, 2021
澳门					593	无分级	赵创焜, 2011
广东					80 337		魏丹等, 2021
广西	2 604	8 792	108 105		119 501		梁瑞龙和熊晓庆, 2018
海南	164	928	17 219	145	18 366		张昌达, 2019
重庆	37	90	404		531		刘立才等, 2019
贵州	292	839	4 440		5 571	仅黔东南州	田华林等, 2014
云南	153 862	419 200	1 133 718	25 992	1 709 379		史梅, 2013
西藏	211	1 235	7 064		10 327	仅仁布县	扎西次仁等, 2020
四川	10 669	6 223	53 322		70 308		李守剑和沈京晶, 2020

7.2.1 北方古树

我国北方包括东北区、华北区、西北区。

①东北区 有古树156 250株。辽宁古树名木42 700株,隶属于29科49属89种,千年以上古树39株,500~1000年的一级古树73株,300~500年的二级古树151株,100~300年的三级古树42 000株(何武江和王艳霞,2018)。吉林长春地区古树名木1299株,隶属于10科13属14种,二级古树3株,其余均为三级古树;长春地区古树包含针叶树4种9株,多为油松,阔叶树有10种1290株,最多的是山梨1188株,占92.3%(陈晓丽和刘雪微,2008)。近年来,吉林汪清林业局荒沟林场发现红豆杉(*Taxus cuspstelata*)古树群(赵春刚和魏静,2016)。黑龙江哈尔滨市古树名木1075株,其中名木8株,隶属于9科15属18种;按年龄分,哈尔滨市古树中一级古树3株,二级古树130株,三级古树937株。按古树数量,榆科最多,占89.40%,然后依次为胡桃科(Juglandaceae)、杨柳科(Salicaceae)、芸香科、木樨科(Oleaceae)、蔷薇科、松科(Pinaceae)、桑科(Moraceae)、椴树科(Tiliaceae);从分布状态看,哈尔滨市古树名木以散生为主,南岗区、香坊区、道里区、松北区和平房区都超过100株,道路系统中古树最多,有328株,其次是公园和风景区,有295株(王娜等,2018)。

②华北区 有古树580 577株,其中北京41 865株,天津4639株,河北506 404株,山西103 094株,内蒙古4484株。北京古树名木种类多,共有古树名木41 865株,其中一级古树6182株(占比14.77%),二级古树34 347株(占比82.04%),名木1336株(占比

3.19%)(孙海宁和孙艳丽，2020)。北京的古树分布不均匀，海淀区因为有很多历史久远的园林建筑和公园，如颐和园、圆明园、香山公园、卧佛寺等，因此古树最多，达10 234株；平谷区最少，仅58株(杨静怡等，2010；孙海宁和孙艳丽，2020)。北京古树有比较鲜明的特征，古树群较多，静福寺古树群、长辛店乡太子峪古树群等，另外，北京古树常绿针叶树占绝对优势，针阔比达6∶1，针叶古树中，侧柏(*Platycladus orientalis*)和圆柏(*Sabina chinensis*)占比高达90%(杨静怡等，2010)。北京门头沟区潭柘寺的帝王树银杏、北海公园的唐槐、门头沟区戒台寺的白皮松、天坛的九龙柏等树龄均超过1000年(杨静怡等，2010)。天津古树名木有4639株，分布在14个区，涉及15科25属，其中梨树1945株、核桃(*Juglans regia*)739株，栗(*Castanea mollissima*)553株，枣树(*Ziziphus jujuba*)477株，油松(*Pinus tabuliformis*)472株，槐树(*Sophora japonica*)354株，柏树44株，银杏8株，桑树(*Morus alba*)7株，柳树(*Salix* sp.)7株，杜梨(*Pyrus betulifolia*)5株等。树龄超过500年的古树基本是银杏和油松(刘中华等，2019)。天津古树名木主要分布在蓟州区，占全市古树总数的83%，该区为天津的半山区，古称"渔阳"，夏商遗存、西周遗址、汉墓群和唐、宋、元、辽墓葬及清王爷陵和太子陵等遗迹较多，名寺古村众多，对古树名木起到了保护作用。山西古树名木103 094株，散生较少，有23 185株，包含一级古树4712株，二级古树4809株，三级古树13 558株，名木106株，隶属于47科92属175种(王玉龙，2018)。群状分布古树较多，79 909株，主要分布在交城、蒲县、稷山、晋源、光灵、平定、寿阳等地(王玉龙，2018)。山西古树数量最多的是侧柏，有50 000株，占总数的50%；其次是槐树，约20 000株(20%)，油松有15 000株(15%)，银杏、栎类、杨柳和枣树等约占15%(王玉龙，2018)。山西古树大多生长在村旁、院落和寺庙等建筑周围，如晋祠的唐槐、周柏，介休西欢村的秦柏，运城关帝庙的松柏古树群(王玉龙，2018)。从市级行政区看，临汾市和吕梁市古树数量最多，临汾市有26 551株，吕梁市有29 583株(王玉龙，2018)。山西比较有代表性的古树有芮城县南卫乡禹王庙4000多年的侧柏，太原市晋祠公园2800多年的周柏，沁源县灵空山600多年的油松王，灵石县西许村2840年的周槐等(王玉龙，2018)。河北古树名木506 404株，包括一级古树6498株，二级古树100 498株，三级古树386 931株，隶属41科82属143种(张伟等，2020)。河北古树群生较多，有492 707株(古树群796个，计480 286株；名木群4个，计12 421株)，占全省古树的97.30%，而散生古树较少，总共13 697株(古树13 641株、名木56株)(张伟等，2020)。承德市、张家口市和保定市古树名木较多，分别占全省总数的34.07%、18.15%和14.77%，其次为秦皇岛市、石家庄市和邢台市，定州市、廊坊市和雄安新区最少。河北古树资源数量最多的是侧柏，共167 985株，松科的油松有121 115株，河北梨58 037株，栗、枣和柿也较多(张伟等，2020)。内蒙古古树名木4484株，包含一级古树125株，二级古树525株，三级古树3820株。内蒙古古树名木隶属21科38属63种，主要树种包括旱榆(*Ulmus glaucescens*)、胡杨(*Populus euphratica*)、旱柳(*Salix matsudana*)、元宝槭(*Acer pictum* subsp. *mono*)、油松、侧柏、樟子松(*Pinus sylvestris* var. *mongolica*)、文冠果(*Xanthoceras sorbifolium*)、杜松(*Juniperus rigida*)等。名木树种有桑、旱柳、牡丹和樟子松。内蒙古还有古树群585个，共计3 843 247株(郝向春，2019)。

③西北区 有古树名木735 486株。陕西古树名木多，共60.03万株(不含自然保护

区、森林公园和国有林区），隶属于 56 科 94 属 166 种，落叶树种约 70%，常绿树种 30%（陈丹，2015）。黄帝陵古侧柏面积 89hm^2，计 8.3 万余株，树龄千年以上的有 3.5 万余株，是我国最古老、保存最完好的古柏群。陕西柞水县营盘镇国家稀有树种秦岭冷杉约 50 万株，平均树龄 300 年以上（董青峰等，2008）。陕西古树名木特点有三：一是主要分布在农村（82.3%）；二是古树树龄基本在 500 年以下（99.68%）；三是古树名木群生，集中在商洛、延安、西安（96.99%）（董青峰等，2008）。宁夏古树名木共 593 株，散生古树名木 431 株，群状古树名木 162 株，包括一级古树 2 株，二级古树 50 株，三级古树 539 株；此外，宁夏还有 5 个古树群，分布在海原县、灵武市、沙坡头区、中宁县和隆德县，总株数 20 478 株（李庆波，2020）。宁夏古树主要树种包括榆树、柳树、杨树、枣树、枸杞（*Lycium chinense*）等，榆树最多。青海同德县然果村甘蒙柽柳（*Tamarix austromongolica*）古树成群分布，超过 100 年树龄的古树有 203 株。湟源县古树 35 株，大通县古树 29 株，处于散生状态，树种均以青杨（*Populus cathayana*）为主，还有少量的旱柳、柽柳、刺槐，树龄全部属于三级古树（晁永娟，2019）。新疆古树名木 5230 株（含古树群的古树 3299 株），一级古树 274 株，二级古树 102 株，三级古树 4854 株，树种包括云杉、巴旦木（*Amygdalus communis*）、核桃、葡萄（*Vitis vinifera*）、无花果（*Ficus carica*）等（杨建明，2007）。胡杨古树多分布在阿克苏地区、巴音郭楞蒙古自治州和哈密地区，占比 79.67%，其中单株数量最多的是阿克苏地区的阿瓦提县（韩晓莉等，2021）。甘肃古树 891 株，隶属于 4 科 59 属 90 种，以柏科最多，还有杨柳科、豆科、松科、银杏科和榆科，树龄 500 年以上的有 196 株，千年以上树龄的有 80 株（王世积，2004）。

7.2.2 南方古树

我国南方包括华东区、华中区、华南区、西南区。

①华东区 古树资源多，共有 779 506 株，包括上海 1838 株、江苏 7119 株、浙江 274 929 株、安徽 35 766 株、福建 102 020 株、江西 129 423 株、山东 228 411 株。上海古树 1838 株，名木 36 株，包含一级古树 79 株，二级古树 133 株，三级古树 1626 株，隶属于 50 科 90 属 114 种（邹福生，2019）；古树资源松江区最丰富（216 株），虹口区最少（8 株）。安徽一级古树 616 株，隶属于 30 科 52 属 62 种，银杏、圆柏、榧树（*Torreya grandis*）、樟树、南方红豆杉（*Taxus chinensis*）和苦槠（*Castanopsis sclerophylla*）为优势种，科和属的分布区类型以热带和温带分布型为主；安徽省一级古树树龄结构整体呈金字塔形，主要集中在 500~820 年，阜阳市临泉县和亳州市蒙城县的银杏树龄均达到了 1350 年（刘大伟等，2020）。江苏古树名木 7119 株，隶属 65 科 119 属 218 种，其中常绿树种 79 个，落叶 139 种，蔷薇科、豆科、壳斗科、木樨科和柏科包含了 5 属或更多，蔷薇科种类最多，其次是柏科；有 63 种仅 1 株，如秤锤树（*Sinojackia xylocarpa*）、浙江楠（*Phoebe chekiangensis*）等。江苏的苏南地区古树最多，有 4564 株，苏中和苏北较少，分别为 1532 株和 1023 株；从树龄看，苏北地区较大，平均树龄 240 年，其次为苏南，为 220 年，苏中最小，198 年。江苏古树主要分布在村落，2290 株，平均树龄 230 年，最大树龄 2000 年，数量最多的 5 种为银杏、柿树、榉树（*Zelkova serrata*）、槐树、朴树；215 个园林景区，有 143 种 1992 株，最大树龄达 2200 年，树龄大的树种有圆柏、银杏、枫香（*Liquidambar formosana*）、木樨（*Osmanthus fragrans*）和榉树等；322 个寺庙古树名木 83 种

1087株，最大树龄达2000年（陈赛赛等，2021）。苏州司徒庙4株圆柏古树"清、奇、古、怪"，树龄达1900年。浙江古树名木274 929株，古树群3637个，隶属于77科206属482种，包含一级古树13 408株，二级古树50 545株，三级古树210 829株，名木147株（浙江省林业局，2020）。浙江天目山古树5511株，隶属43科73属100种，常见古树种类包括银杏、柳杉（*Cryptomeria japonica*）和金钱松（*Pseudolarix amabilis*）等；树龄主要集中在100~300年，500年以上古树少；柳杉古树较多，2000株（张凤麟等，2019）。浙江龙游县古树1046株，樟树、苏铁、银杏树龄1200~1500年（王秋华等，2011）。浙江诸暨香榧古树40 754株，主要以古树群的形式存在，古树群188个，总株数40 356株，而散生香榧少，仅398株（孟鸿飞等，2003）。诸暨香榧一级古树1376株，包含千年以上的古香榧27株，二级古树有14 694株，三级古树多，24 684株。江西古树129 423株，一级古树9110株，二级古树21 687株，三级古树93 834株，名木792株。江西古树主要分布在村落，有126 769株，城市仅2610株，散生和群状生长相差不大，分别有69 566株和59 813株（刘强，2016）。福建古树名木102 020株，包含一级古树3995株，最高树龄达2100年，二级古树12 989株，三级古树84 640株，名木396株（刘友多，2021）。福建古树隶属61科148属267种，数量较多的物种有樟树（9861株）、枫香（9053株）、柳杉（6618株）、南方红豆杉（>5202株）、闽楠（*Phoebe bournei*）（3906株）、油杉（*Keteleeria fortunei*）（1521株）、银杏（1434株）（刘友多，2021）。福建散生古树有38 094株（37.34%），群状分布的有63 926株（62.66%）（刘友多，2021）。山东古树群有695处，总计228 411株，一级古树有49 498株（21.67%），二级古树39 891株（17.46%），三级古树139 022株（60.86%）（徐婷等，2019）。从分布格局看，山东古树数量内陆地区多于沿海地区，乡村古树（151 987株）多于城市（76 424株）（徐婷等，2019）。山东德州有种植枣和桑的传统，分布有大规模经济树种古树群，达71 641株；其次是聊城，有32 446株；东营市最少，仅9株。山东非经济古树群481处，总计76 065株，包括侧柏、皂荚（*Gleditsia sinensis*）、银杏等，数量最多的是侧柏古树群，共54 965株；经济树种古树群主要分布在鲁西和鲁北平原区，非经济树种古树群主要分布在鲁中和鲁南山地丘陵区。

②华中区　有古树1 417 301株，其中湖南有102 831株，湖北有786 013株，河南有528 457株（李世东等，2020）。湖南一级古树989株，二级古树5745株，三级古树96 097株，树龄结构呈金字塔形（侯伯鑫等，2005）。湖南古树隶属65科164属322种，其中属的数量最多的是松科，包含7属；种数量最多的是壳斗科，包含33种；而株树最多的是枫香，有21 366株，此外，马尾松（*Pinus massoniana*）、樟树、柏木（*Cupressus funebris*）、青冈栎（*Cyclobalanopsis glauca*）等古树也比较多；仅存1株古树有白皮松、红花木莲（*Manglietia insignis*）、紫玉兰（*Yulania liliiflora*）等67种（侯伯鑫等，2005）。湖南古树散生为主，群生较少，95%以上古树分布在城镇、村寨、风景名胜区和森林公园（侯伯鑫等，2005）。长沙岳麓山麓山寺六朝松——古罗汉松树高9m，胸径88cm，树龄约1400年，据记载这株罗汉松栽植于南北朝时期。湖北古树总数786 013株，其中一级古树2093株，二级古树5932株，三级古树777 988株（湖北林业网，2014）。湖北古树以群生为主，有古树群478个752 000株，占总数的95.67%，主要分布在神农架林区和十堰市，散生的有34 013株，主要分布在黄冈市和恩施州（湖北林业网，2014）。湖北的银杏古树较多，达9062株，古树群67个，1498株，散生银杏古树8104株，一级古树577株，二级古树

1761 株, 三级古树 6724 株 (刘鹏等, 2019)。河南古树名木 528 457 株, 名木 211 株, 古树群 617 个, 散生古树 29 917 株, 隶属于 61 科 147 属 236 种, 一级古树 3988 株, 二级古树 5730 株, 三级古树 20 199 株 (周亚爽和蒋泽军, 2021)。

③华南区　有树 219 282 株, 香港和澳门古树数量较少, 分别有 485 株和 593 株 (洪文君等, 2021; 赵创焜, 2011); Zhang 等 (2017) 报道澳门有 793 株古树名木。广东古树 80 337 株, 物种组成种类比较集中, 隶属于 83 科 269 属 549 种, 其中榕树、樟树、枫香、荔枝 (*Litchi chinensis*) 和龙眼 (*Dimocarpus longan*) 五种古树占总株树 55.4% (魏丹等, 2021)。古树山区多, 而滨海少, 村落古树远多于城市; 历史名城古树数量又多于新城, 分水林、公园景区、寺庙宗祠和学校等文化空间古树分布比较集中 (魏丹等, 2021)。广西古树资源丰富, 有 119 501 株, 包括树龄超过 1000 年的特级古树 408 株, 一级古树 2196 株, 二级古树 8792 株, 三级古树 108 105 株。广西古树名木在桂林最多, 29 063 株 (20.69%) (梁瑞龙和熊晓庆, 2018)。从区域分布看, 广西有 97.75% 的古树分布在农村, 且以散生为主 (76%) (梁瑞龙和熊晓庆, 2018)。从组成种类看, 广西古树中樟树最多, 达 22 666 株, 其次是龙眼 13 280 株, 第三是枫香 12 995 株, 第四是榕树 12 267 株, 第五是荔枝 11 352 株, 此外, 越南油茶 (*Camellia drupifera*)、马尾松、高山榕 (*Ficus altissima*)、木荷 (*Schima superba*) 和红锥 (*Castanopsis hystrix*) 也比较多 (梁瑞龙和熊晓庆, 2018)。海南古树名木较少, 共计 18 366 株, 包括名木 145 株, 三级古树 17 129 株, 二级古树 928 株, 一级古树 164 株 (张昌达, 2019)。海南古树名木中, 榕树最多, 有 3869 株 (21.07%), 其次是酸豆 (*Tamarindus indica*), 2116 株 (11.52%), 第三是高山榕, 1999 株 (10.88%)。海南的古树名木以散生为主, 有 17 408 株, 占总数的 94.78%; 群生的仅 958 株, 占总数的 5.22% (张昌达, 2019)。古树分散分布受到环境因素和人为因素的选择作用 (张昌达, 2019)。海南古树名木主要分布在乡村, 占 86%; 其次是国有林场、公园和寺庙宗祠 (张昌达, 2019)。

④西南区　古树资源丰富, 共有 1 796 116 株, 其中云南最多, 17 909 379 株; 四川次之, 70 308 株; 贵州、西藏和重庆数据不全。重庆古树主要为川柏 (*Cupressus chenqiana*)、罗汉松 (*Podocarpus macrophyllus*)、红豆杉、马尾松、大叶榕、侧柏、樟树、龙眼等常绿树种, 落叶树种有银杏、枫香、紫薇、核桃、苦楝、皂荚等。重庆南川区古树有 531 株, 包含一级古树 37 株, 二级古树 90 株, 三级古树 404 株, 隶属于 26 科 35 属 39 种, 以银杏、柏木、枫香、黄葛树 (*Ficus virens* var. *sublanceolata*)、樟树、木樨等乡土树种为主 (刘立才等, 2019)。贵州的古树名木隶属于 52 科 100 属 161 种 (张华海和张超, 2006), 有国家一级古树 164 株, 其中有全国最大的树 31 株, 如贵州苏铁王、福泉大银杏、惠水青岩油杉王、从江古翠柏、望谟红花木莲、黔灵山岩生红豆树、凯里扶芳藤、铜仁金弹子、江口大桂花、青岩香果树 (*Emmenopterys henryi*)、印江川黔紫薇 (*Lagerstroemia excelsa*) 等。黔东南州各县市古树名木共计 40 506 株 (吴晓丽和李瑞军, 2019)。贵州黔南州古树资源丰富, 有 5571 株, 包括一级古树 292 株, 二级古树 839 株, 三级古树 4440 株; 最老树魏福泉市黄丝镇乐帮村李家湾的古银杏, 树龄约 4000 年; 古树超过 100 株以上的有 10 种, 包括枫香、柏木、榉、樟树和银杏 (田华林等, 2014)。云南古树名木总计 1 709 379 株, 其中国家一级古树 153 862 株 (9%), 二级古树 419 200 株 (24.52%), 三级古树 1 133 718 株 (66.32%), 名木 25 992 株 (0.15%) (史梅, 2013)。云南古树多在农村, 且主要集中在普

洱市和楚雄州，普洱市农村古茶树 1 665 235 株，城市古树名木主要分布在昆明市，有 4927 株（史梅，2013）。寺院古树主要在大理市，有 1828 株（史梅，2013）。西藏古树资源数据还比较缺乏，个别县有过调查。西藏仁布县古树 10 327 株，包含一级古树 211 株，二级古树 1235 株，三级古树 7064 株，树龄 50~100 年的准古树 1717 株，隶属于 10 科 16 属 26 种。古树数量较多的种类包括藏川杨（*Populus szechuanica* var. *tibetica*）和长蕊柳（*Salix longistamina*），株树分别是 4889 株和 2352 株，此外，光核桃（*Amygdalus mira*）和左旋柳（*Salix paraplesia* var. *subintegra*）也比较多（扎西次仁等，2020）。四川古树名木 70 308 株，其中一级古树 10 669 株，树龄千年以上的古树就有 3339 株，二级古树 6223 株，三级古树 53 322 株（李守剑和沈京晶，2020）。这些古树隶属于 73 科 184 属 351 种（李守剑和沈京晶，2020）。古树在四川省内分布不均匀，绵阳市、广元市和成都市分别有 14 756 株、10 821 株、9628 株，三市古树约占全省的 50%；群生和散生分布约各占 50%；乡村古树占全省古树的 87%（李守剑和沈京晶，2020）。

小 结

介绍了物种分布的影响因素；按地形、降水、温度、区系以及行政区对我国进行了区划；按行政区概况介绍了我国古树资源及其分布状况。

思考题

1. 影响古树生长的关键因子有哪些？
2. 按地形特征，我国如何进行区划？
3. 按降水特征，我国如何进行区划？
4. 按温度特征，我国如何进行区划？
5. 植物区系是什么？我国包括哪些植物区系区？
6. 我国古树分布的基本特征是什么？

推荐阅读书目

1. 中国植物区系与植被地理．陈灵芝．科学出版社，2014.
2. 中国种子植物区系地理．吴征镒．科学出版社，2011.
3. 中国自然地理总论．郑度．科学出版社，2015.

第 8 章

国外古树资源

 本章提要

在概述部分,引入生物地理的观念,建立生物地理单元、生物地理群系等概念,切入全球古树树种、树龄和大小三要素,提供全球最老和最高古树的典型案例。在国外各区域古树部分,首先将全球不同生物地理区域组合为 4 个模块,然后分模块按概述、古树树种、古树年龄和大小三方面来介绍古树资源。还提供了丰富的插图、表格、案例和其他学习资源。

了解中国的古树资源是从事古树保护工作的基础。然而,从事中国古树保护工作也需要借鉴全球各地古树保护的智慧和成功经验。因而,本章重点介绍世界各地的主要古树资源,为从业者进一步吸取世界各地古树保护的有益实践打下基础,同时也为古树探寻爱好者提供一扇了解世界古树的窗户。

8.1 国外古树概述

古树与其他植物一样,具有地理属性。一个古树树种具有特定的地理位置和分布区,从而有别于其他古树树种。要探讨国外的古树资源,就必须立足全球尺度,按生物地理学规律,对世界范围的地理空间进行划分,进而了解世界各地古树的多样性与独特性。

8.1.1 基本概念

8.1.1.1 生物地理单元及等级

为解决同一生物地理区划单元具有不同划分等级和不同名称的混乱问题,系统进化生物地理学协会(SEBA)于 2007 年在法国巴黎提出了《国际区域命名法规》(ICAN, 2007)(Ebach et al., 2008),对生物地理单元的等级进行了规范,生物地理区划单元的等级从高到低分为界(realm)、区(region)、域(dominion)、省(province)、地(district)五级。生物地理区域的确定不仅为大数据时代的生物分类、生物区系、生态学与生物地理学确立了全球尺度的空间构架，而且将物种与生态系统、生态与进化过程连接起来，为生物多样性保护奠定基石。五级制的生物地理单元等级，虽目前尚不完善、存有争议，但为统一区域名称、达成通用规则打下良好基础，有利于学术交流。

8.1.1.2　生物地理群系

生物地理群系可理解为大型生态系统，群落和生物地理单元，动物和植物区系组合，生态建模对象，具有特定的结构、功能、地貌和生物-环境互作特征。如热带和亚热带湿润阔叶林为一个生物地理群系，它既含植物群落，也含动物群落。

生物地理群系的认知经历了一个发展的过程。1916年，克莱门茨首次提出biome一词，原意是生物群落。克莱门茨（Frederick E. Clements，1874—1945）、坦斯利（Arthur G. Tansley，1871—1955）、奥杜姆（Eugene P. Odum，1913—2002）和惠特克（Robert H. Whittaker，1920—1980）等生态学家相继发展了这一概念。奥杜姆《生态学基础》（1971）："区域气候与区域生物群和基质相互作用而产生的大型、易于识别的群落单元"。惠特克在《群落与生态系统》（1971）写道："在特定大陆、地貌上可辨识的一种主要群落，当只考虑植物时称群系，同时考虑植物和动物时称地带性生物群落。"

8.1.1.3　生物地理界、生物地理省与生态区

所谓生物地理界（biogeographic realm），是指全球尺度陆地表面的生物地理空间，空间内的生态系统组成物种具有相似的演化历史和分布模式。它是根据独特植物和动物区系划分的世界生物地理区划单元。同样的生物地理空间因学者和学科不同而分别称为"realm"或"kingdom"，指全球最大尺度的单元。

生物地理界的划分经历了从狭义动物地理区划或植物地理区划到广义生物地理区划漫长发展演进过程。1876年，英国生物学家华莱士（Alfred R. Wallace，1823—1913）在其著作《动物地理分布》中将该方案应用于其他脊椎动物。1969年，苏联植物学家塔赫他间（Armen Takhtajan，1910—2009）在《有花植物：起源与扩散》中将其分为泛北极、古热带、新热带、开普、澳大利亚和南极6个界。

1975年，匈牙利生物地理学家乌瓦迪（Miklos D. F. Udvardy，1919—1998）集成动物地理和植物地理区划为生物地理区划，纳入了生物地理群系（biome）新要素，将每个生物地理界按不同生物地理群系，划分为若干二级生物地理单元，并将其称为生物地理省（biogeographic provine）（Udvardy，1975）。

奥尔森（Olson，2001；Olson & Dinerstein，2002）认同了乌瓦迪的8个生物地理界，修订了生物地理群系的名称，放弃了生物地理省的等级，参考其他地理和植被图资料。建立了生物地理界、生物地理区和生态区（ecoregion）三级地理单元，具体如下：

生物地理界：包含陆地界（terrestrial realm）、淡水界（freshwater realm）和海洋界（marine realm）。

生物地理区：在陆地界、淡水界和海洋界再划分不同的生物地理区，即新北极区、古北极区、非洲热带区、印度—马来区、大洋洲区、澳大利西亚区、南极区和新热带区。

生态区：是指特定生物地理区下按生物地理群系划分的第三级地理单元。例如，在陆

地界古北极区,有温带针叶林群系,包含以下生态区:欧洲地中海山地混交林、高加索安纳托利亚海尔坎温带森林、阿尔泰萨扬山地森林、横断山针叶林。

8.1.2 生物地理分区

本教材采用奥尔森的生物地理区划方案,将陆地视为一级生物地理单元——生物地理界;将古北极区、新北极区、印度—马来区、非洲热带区、新热带区、澳大利西亚区、大洋洲区、南极区视为二级生物地理单元——生物地理区。按本教材的实际需要,主要介绍古北极区、新北极区、印度—马来区、非洲热带区、新热带区、澳大利西亚区等生物地理区的边界。

①古北极区(palearctic region) 简称古北区,是地球8个生物地理区中最大的一个。它横跨喜马拉雅山麓以北的整个欧亚大陆和北非。该区由以下部分组成:欧洲—西伯利亚,地中海盆地,撒哈拉沙漠和阿拉伯沙漠,以及西亚、中亚和东亚。

②新北极区(neoartic region) 简称新北区,覆盖了北美大部分地区,包括格陵兰岛、佛罗里达中部和墨西哥高地。

③印度—马来区(Indo-malay region) 又称东洋区(oriental region),它遍布印度次大陆和东南亚,一直延伸到中国南部的低地,并穿过印度尼西亚,一直延伸到爪哇岛、巴厘岛和婆罗洲,东边是华莱士线(以阿尔弗雷德·罗素·华莱士命名,是东洋区与澳新区的分界线)。该区还包括菲律宾、中国台湾低地和日本琉球群岛。该区大部分地区有森林覆盖,主要为热带和亚热带潮湿阔叶林,也有热带和亚热带干燥阔叶林;热带潮湿森林主要由龙脑香科的树木构成。

④非洲热带区(afrotropic region) 包括撒哈拉沙漠以南的非洲、阿拉伯半岛的大部分地区、马达加斯加岛、伊朗南部和巴基斯坦的最西南部,以及西印度洋的岛屿。该区前名称为埃塞俄比亚区。

⑤新热带区(neotropic region) 包括南美洲、中美洲、加勒比群岛和北美洲南部。在墨西哥尤卡坦半岛和南部低地,以及大部分东西海岸线,包括下加利福尼亚半岛南端,都是新热带地区。在美国,佛罗里达州南部和佛罗里达州中部沿海地区被认为是新热带地区。该区域还包括温带南美洲,但不包括最南端的南美洲。

⑥澳大利西亚区(Australasia region) 简称澳新区,包括澳大利亚、新西兰、新几内亚岛(包括巴布亚新几内亚和印度尼西亚巴布亚省),印度尼西亚群岛的东部等地。

下文按古北区、新北区、泛热带(包含东洋区、非洲热带区和新热带区)、澳新区4个模块来介绍国外的古树,古北区中有关中国古树的内容不再赘述。

8.1.3 生物地理群系划分

本教材采用全球14个生物地理群系的划分方案(Olson et al.,2001;Olson & Dinerstein,2002)。

①热带和亚热带湿润阔叶林(tropical and subtropical moist broadleaf forests) 分布于非洲热带区(如刚果海岸森林、马达加斯加森林和灌丛等)、澳新区(如新几内亚南部低地森林、新喀里多尼亚湿润森林等)、东洋区(如中国东南部海南湿润森林、婆罗洲低地和山地森林等)、新热带区(如大安的列斯湿润森林、委内瑞拉沿海山地森林等)和大洋区(如夏威夷湿润森林等)。

②热带和亚热带干燥阔叶林(tropical and subtropical dry broadleaf forests) 分布于非洲热带区(如马达加斯加干燥森林)、澳新区(如新喀里多尼亚干燥森林等)、东洋区(如中南半岛干燥森林等)、新热带区(如墨西哥干燥森林等)和大洋区(如夏威夷干燥森林)。

③热带和亚热带针叶林(tropical and subtropical coniferous forests) 分布于新北区(如马德雷山脉东西部松—栎林)和新热带区(如大安的列斯松林)。

④温带阔叶混交林(temperate broadleaf and mixed forests) 分布于澳新区(如东澳大利亚温带森林等)、东洋区(如东喜马拉雅针阔混交林等)、新北区(如阿巴拉契亚中生混交林)和古北区(如中国西南温带森林等)。

⑤温带针叶林(temperate coniferous forests) 分布于新北区(如太平洋温带雨林、内华达山脉针叶林等)、新热带区(如瓦尔迪夫温带雨林/胡安·费尔南德斯群岛)和古北区(如欧洲地中海山地混交林等)。

⑥北方森林/泰加林(boreal forests/taiga) 分布于新北区(如加拿大北方森林等)和古北区(乌拉尔山针叶林等)。

⑦热带和亚热带草原、稀树草原和灌丛(tropical and subtropical grasslands, savannas, and shrublands) 分布于非洲热带区(如苏丹稀树草原等)、澳新区(如澳大利亚北部和横飞稀树草原)、东洋区(如泰莱杜阿尔稀树草原和草原)和新热带区(如塞拉多疏林和稀树草原等)。

⑧温带草原、稀树草原和灌丛(temperate grasslands, savannas, and shrublands) 分布于新北区(如北方草原)、新热带区(如巴塔哥尼亚草原)和古北区(如达乌里亚草原)。

⑨泛洪草原和稀树草原(flooded grasslands and savannas) 分布于非洲热带区(如赞比西亚泛洪稀树草原等)、东洋区(如卡奇沼泛洪草原)和新热带区(如潘塔纳尔泛洪稀树草原等)。

⑩山地草原和灌丛(montane grasslands and shrublands) 分布于非洲热带区(如埃塞俄比亚高原等)、澳新区(如中央山脉亚高山草原)、东洋区(如基纳巴鲁山地灌丛)、新热带区(如安第斯北部高山稀树草原等)和古北区(如青藏高原草原等)。

⑪冻原(tundra) 分布于新北区(如加拿大低北极冻原等)和古北区(如芬兰—斯堪的纳亚高山冻原和泰加林等)。

⑫地中海型森林、疏林和灌丛(medteranean forests, woodlands, and shrub) 分布于非洲热带区(如非洲南部的灌木群落)、澳新区(如澳大利西南部森林和灌丛等)、新北区(如加利福尼亚常绿阔叶灌丛和疏林)、新热带区(如智利常绿有刺灌丛)和古热带区(如地中海森林、疏林和灌丛)。

⑬沙漠和旱生灌丛(deserts and xeric shrublands) 分布于非洲热带区(如阿拉伯高地疏林和灌丛等)、澳新区(如卡那冯旱生灌木等)、新北区(如奇瓦瓦—特瓦卡沙漠等)、新热带区(如加拉帕戈斯群岛灌丛等)和古北区(如中亚沙漠)。

⑭红树林(mangroves) 分布于非洲热带区(如东非红树林等)、澳新区(如新几内亚红树林)、东洋区(如大巽他群岛红树林等)和新热带区(如圭亚那—亚马孙红树林等)。

8.1.4 全球古树概况

8.1.4.1 全球古树的类群与数量

成为古树首先必须是木本植物。全球维管植物中木本物种占 40%~48%(FitzJohn et al.,2014)。国际植物园保护联盟建立了一个木本植物在线数据库,称为全球树木搜寻(Global Tree Search)。该数据虽然还不完整,但已经记录了全球 6 万多种木本植物,从中可以获得一些有趣的信息:①45%的木本植物出现在 10 个木本植物丰富的科,即豆科 5405 种,茜草科 4827 种,桃金娘科 4330 种,樟科 2930 种,大戟科 2008 种,锦葵科 1834 种,野牡丹科 1677 种,番荔枝科 1630 种,棕榈科 1282 种,山榄科 1280 种;②木本物种集中分布在一些木本属,例如,蒲桃属(*Syzygium*)1069 种,番樱桃属(*Eugenia*)884 种,桉属(*Eucalyptus*)747 种,榕属(*Ficus*)727 种,柿属(*Diospyros*)726 种,九节属(*Psychotria*)624 种,金合欢属(*Acacia*)616 种,绢木属(*Miconia*)598 种,露兜树属(*Pandanus*)589 种,杜英属(*Elaeocarpus*)468 种(Beech et al.,2017)。这些木本植物丰富的科属也是古树丰富的类群,如桃金娘科的桉属。

全球树木个体知多少? 树木个体数很难按树种推算,但可以按林分(群落)树木密度和面积进行推算。根据实测林分树木密度原始数据,可以估算全球不同生物地理群系的树木密度和个体数。按照这一途径推算,全球约有树木 30 400 亿。其中 10 390 亿株树木存在于热带和亚热带森林;环北极的北方地区有树木 7400 亿株,温带地区有树木 6100 亿株,各陆地生物地理群系估测的树木个体数见表 8-1 所列(Crowther et al.,2015)。

表 8-1 不同陆地生物地理群系的估测树木个体数(Crowther et al.,2015)

陆地生物地理群系	样本数	树木株数(10 亿)
北方森林	8 688	749.3
沙漠	14 637	53.3
泛洪草原	271	64.6
红树林	21	8.2
地中海森林	16 727	53.4
山地草原	138	60.3
温带阔叶林	278 395	362.6
温带针叶林	85 144	150.6
温带草原	17 051	148.3
热带针叶林	0	22.2
热带干燥阔叶林	115	156.4
热带草原	999	318.0
热带湿润阔叶林	5 321	799.4
冻原	2 268	94.9
合计	429 775	3 041.2

在3万亿株树木中,到底有多少古树呢?这个问题很复杂。每种乔木或灌木树种都有幼年期、青年期、成熟期和衰老期,不同树种达到成熟或衰老的年龄不一致,因而,古树的年龄是相对的、因树种不同而不同的。另外,不同树种的高生长和增粗生长速度是不一致的,不同树种达到成熟或衰老的高度和粗度也不一样,因而,古树的大小也是相对的、因树种不同而不同。按绝对的古树概念,不同树种的寿命不一致,有些树种寿命短,树龄可能达不到100年,无古树而言;另一些树种寿命长,树龄超过100年个体就会很多,古树也会很多。回到3万亿株树木中有多少古树这个问题,如果按万分之一古树比例算,全球古树就多达3.041亿株。总之,全球古树数目巨大,目前尚未有科学的估计数据。

8.1.4.2 全球古树年龄

全球寿命最长的古树有多少年?按照树木年代学研究结果,寿命最长的是智利巴塔哥尼亚北部安第斯山脉的智利乔柏(*Fitzroya cupressoides*),5682年(Lara et al., 2020)。其次,坐落于内华达州大盆地国家公园的长寿松(*Pinus longaeva*),被命名为"普罗米修斯(Prometheus)",树龄4900年(Currey, 1965),然而,该古树已被砍伐。虽有报道欧洲云杉树龄有9550年(Öberg & Kullman, 2011),但这个数字被认为是不可靠的(Mackenthun, 2015)。

树木年代学证据还显示,全球不同的生物地理群系的寿命存在明显差异。论平均水平,寿命最长的是温带沙漠和旱生灌丛,544年;寿命最短的是泛洪稀树草原,104年。论最小寿命,极大值出现在温带山地草原和灌丛,极小值出现在热带稀树草原。论最大寿命,极大值出现在温带阔叶混交林,2006年;极小值出现在泛洪稀树草原,211年。总体而言,温带树种平均水平(322年)最大寿命高于热带树种(186年)(Locosselli et al., 2020)(表8-2)。

表8-2 不同陆地生物地理群系树木的寿命(Locosselli et al., 2020)

生物地理群系	样本数	寿命(年)		
		平均值(误差)	最小值	最大值
温带沙漠和旱生灌丛	135	544(6.19)	58	754
温带山地草原和灌丛	99	434(25.27)	146	1437
冻原	94	342(13.73)	54	657
温带针叶林	870	368(7.06)	37	1621
温带稀树草原	142	310(12.69)	53	892
北方森林	341	341(6.19)	58	754
温带阔叶混交林	790	254(5.63)	19	2006
地中海森林	172	269(12.38)	50	915
热带山地草原和灌丛	44	289(27.06)	60	917
热带针叶林	35	255(22.71)	57	512
热带湿润阔叶林	304	208(8.29)	15	1077

(续)

生物地理群系	样本数	寿命(年)		
		平均值(误差)	最小值	最大值
热带干燥阔叶林	72	158(12.47)	23	626
热带沙漠和旱生灌丛	27	147(27.34)	17	589
热带稀树草原	168	128(7.95)	9	562
泛洪稀树草原	11	104(19.59)	31	211

在巴西半干旱草原塞拉多植被带(Cerrado)分布的延叶蓝花楹(*Jacaranda decurrens*),为紫葳科植物,可以通过克隆生长,形成一种奇怪的地下"树"。所谓地下树是由一系列合轴分支的地下茎轴(sobole)构成,地下茎轴上长出地上气生枝叶,地下茎轴形成缠绕的地下"树冠",也有次生生长和年轮形成。据考证,这些地下茎轴的平均年龄3801年,被认为是新热带最古老的树木之一(Alves et al.,2013)(图8-1)。

图8-1 延叶蓝花楹植株地上和地下部分(Alves et al., 2013)
A. 地上分株及生境 B. 地下茎轴片段 C. 地下茎轴横断面 D. 地下茎轴示意图

8.1.4.3　全球古树的类型

世界各地对古树的描述有不同的方式。树龄是广为接受的方式，但要准确测定树木的树龄难度大，具有准确树龄的古树数据有限。对古树的描述还有以下4种形式：①树高；②胸围或胸径；③冠幅；④树木积点（一个综合树高、胸围、冠幅三维尺度的综合指标，将在"新北区古树"详细介绍）。

在澳大利亚维多利亚国王湖国家公园，分布有世界最高的阔叶林——王桉林，王桉（*Eucalyptus regnans*）为单优势树种。在该王桉林中，7株树高超过90m。其中一株，树龄299年，树高92.4m，胸径265cm，干物质58.2t，心材材积90.7m³；另一株，树龄299年，树高91.3m，胸径312cm，干物质76.1t，心材材积116.3m³（Sillett et al., 2010；图8-2A）。在美国加利福尼亚州洪堡红杉州立公园，有世界最高的针叶林——北美红杉林，林分中70%的红杉（*Sequoia sempervirens*）个体超过107m。年龄最大（1847年）且胸径最大（648cm）的巨树，树高102.5m；另一株最高的巨树高112.9m，树龄1533年，胸径598cm（Sillett et al., 2010；图8-2B）。

高大非洲楝（*Entandrophragma excelsum*）生长在非洲东部和中东部海拔1280~2150m的山地雨林，主产于刚果、马拉维、坦桑尼亚、乌干达、赞比亚。坦桑尼亚东北部有一座乞力马扎罗山，是非洲最高的山。在那里分布了一株非洲最高的树——高大非洲楝，树高81.5m，地径255cm；列第二的高大非洲楝，树高74.2m，地径164cm；列第三位的树高67.7m，地径160cm；超过60m高的共有8株（Hemp et al., 2017；图8-2C）。

在马来西亚婆罗洲的沙巴，最近发现的法桂娑罗双（*Shorea faguetiana*）是最高的热带树木之一，树高100.8m，胸径212cm，冠幅40m，估测鲜生物量81.5t；这株巨树被命名为"梅那拉"（Menara）（Shenkin et al., 2019；图8-2D）。

澳洲贝壳杉（*Agathis australis*）是新西兰最大和最老的现存古树，树龄逾2000年，树高逾50m，胸围14m以上。土著毛利人称为"kauri"，这些树木是文化偶像，被视为活着的祖先。然而，澳洲贝壳杉正面临着一种致病疫霉（*Phytophthora agathidicida*）的威胁（Black & Waipara, 2018；图8-2E）。

在澳大利亚塔斯马尼亚州阿尔夫谷，生长着一株99.6m的王桉，是澳大利亚最高的古树之一，这棵树超越主林冠层60m，具有绝对的高生长优势（Tng et al., 2012；图8-2F）。

习近平主席在《生物多样性公约》第十五次缔约方大会领导人峰会上指出，我们要深怀对自然的敬畏之心，尊重自然、顺应自然、保护自然，构建人与自然和谐共生的地球家园。古树是在自然界中生存历史较长的树木个体，具有遗传基础优、适应性强、寿命长等特点。因此，保护古树是保护生物多样性、构建和谐共生地球家园的重要举措。要贯彻落实全球生物多样性保护的"中国方案"，就需要了解世界各地的古树。

"全球巨树（monumentaltrees）"是一个提供全球最粗、最高和最美古树信息的互动团体网站（https://www.monumentaltrees.com/），采用英语、法语、荷兰语、德语、西班牙语5种语言版本，提供丰富的古树树种、照片、测量和位置细节等信息，是了解世界各地古树资源的窗口。然而，对于古树保护专业人员来说，仅仅了解这些初步信息是不够的，还需要切入不同的生物地理区域，从树木分类、生物地理等多角度了解更多的古树细节。

图 8-2　世界最高森林和古树

A. 王桉林（Sillett et al., 2010）　B. 北美红杉林（Sillett et al., 2010）　C. 高大非洲楝（Hemp et al., 2017）
D. 法桂娑罗双（Shenkin et al., 2019）　E. 澳洲贝壳杉（Black & Waipara, 2018）　F. 王桉（Tng et al., 2012）

8.2　国外各区域古树

全球古树资源十分丰富，古树数量无比巨大，古树树种高度多样，古树位置镶嵌分布，古树信息错综复杂。系统地获取、整理和判读海量的古树科学数据是极具挑战性的一项工作，这是由于分布在不同地区古树可利用的科学数据丰度是不平衡的，还由于这些科学数据公布的语言是多样的，可有效利用的程度不对称。因此，古树的科学数据获取确实有局限性。以下按古北区、新北区、泛热带和澳新区 4 个模块，从概述、古树主要类群、古树年龄和大小 3 个方面介绍全球的古树资源。

8.2.1　古北区古树

8.2.1.1　概述

古树保护很重要的一环，就是建立健全古树调查登记机构和古树资源数据库。古北区的古树调查登记多半由行业学会来承担，少数由民间来组织。该区部分国家的古树登记机构如下。

①英国古树登记机构　树木登记(The Tree Register-http://www.treeregister.org/)是一家慈善机构，负责英国和爱尔兰的古树登记，建立了20万株树木的数据库，其中包含6.9万株树王的完整资料，以及最高和最粗的树木，数据库信息需经注册为会员才能获取。

②比利时古树登记机构　比利时树木(Beltrees-https://www.arboretumwespelaar.be/EN/Beltrees_Trees_in_Belgium/)建立了1.5万株古树名木的数据库，由比利时树木学会创建，目前由韦斯普拉树木园运营，该网站有荷兰语、法语和英语3个版本，定期发布大树信息——《比利时树木编目》(Beltrees Inventory)，其中包含树王相关的信息。

③匈牙利古树登记站点　匈牙利树王(Dendromania-http://www.dendromania.hu/index.php)是一个民间建立的网站，基于GyörgyPösfai出版的一本书：《Hungary's Largest Trees-Dendromania》，数据库采用匈牙利语和英语两种语言。

④波兰古树登记机构　波兰巨树登记(PMTR, the Polish Monumental Trees Register, http://rpdp.hostingasp.pl/)是一个负责登记波兰最粗、最高和最老古树木的机构，数据库收录5000株树木的照片、测量和位置等数据，采用波兰语和英语两种语言。

⑤德国古树登记机构　德国树王登记由德国树木学会(DDG, Deutsche Dendrologische Gesellschaft, http://www.ddg-web.de/index.php/championtrees.html)支持，网站只有德语介绍，数据库提供了属名和种名，可以查询。

除以上古树登记机构以外，还有其他国家的相应机构。如丹麦古树登记(The Danish Tree Register)(http://www.dendron.dk/dtr/english/)，法国古树登记(Arbres Remarquables)(https://www.arbres.org/les-identifier.htm)。

在古北区，由于自然条件、语言文字、文化历史具有极大的多样性，古树资源调查和评估标准很难统一。尽管有些国家的古树调查起步较早，但测树标准不统一，数据难以共享，至今未见欧洲或亚洲统一的古树数据平台。在古北区，古树还有其他的称谓，大致有以下两种类型。

①树王(champion trees)　指单个树种年龄最大的树木，或胸围最大的树木，或树高最大的树木。理论上，每个树种只有1个树王。实际上，树王会有多个，因为不同国家、不同地区都会有国家或地区的树王，还因为依据不同标准(树龄、树围、树高)而产生多个树王。因此，树王不是绝对的，而是相对的，具有多样性。树王信息较完整的国家是英国和比利时。

②巨树(monument tree)　在土耳其，古树称为巨树，分为4种：历史巨树(historical monument tree)、民俗巨树(folkloric monument tree)、神秘巨树(mystical monument tree)和尺度巨树(dimensional monumental tree)。尺度巨树的确立，主要依据树龄、树高、胸径和冠幅大小，这些指标需要达到一定的阈值(Genc & Gune, 2001)。例如，臭圆柏(*Juniperus foetidissima*)树龄阈值为500年，土耳其松(*Pinus brutia*)250年。又如，三球悬铃木的胸径阈值为200cm；高加索云杉140cm。同理，不同树种树高和冠幅的阈值也不同。

此外，古北区还有一种大型古树非常丰富，具有特殊的自然价值，分布在稀树牧场。稀树牧场(wood-pastures)是欧洲一种特殊类型的农林复合系统，将树木与牲畜放牧结合在一起。在罗马尼亚特兰西瓦尼亚地区，有97个稀树牧场，分布16种2520株古树，其中夏栎（*Quercus robur*）、无梗花栎（*Q. petraea*）和欧洲水青冈（*Fagus sylvatica*）最丰富（Hartel et al., 2018）。

8.2.1.2 古树主要类群

古北区作为最大的生物地理区，乔灌木树种丰富。其中有相当多的树种寿命长，大树留存多，主要分布在森林、果园和牧场，也有很多分布在公园、社区、教堂周边。中国是生物多样性十分丰富的国家，也是古树十分丰富的国家，鉴于中国的古树资源已在前面章节进行了论述，在古北区以及东洋区古树专论中，凡中国特有的古树，不再赘述。

古北区裸子植物古树最常见的有3科：松科、柏科（含杉科）和红豆杉科。松科有冷杉属（*Abies*）、雪松属（*Cedrus*）、落叶松属（*Larix*）、云杉属（*Picea*）和松属（*Pinus*）。这些属呈现两种分布式样：欧、亚和北美分布，如冷杉属、落叶松属、云杉属和松属；北非、西亚至喜马拉雅分布，即雪松属。柏科有3属：柳杉属（*Cryptomeria*）、柏木属（*Cupressus*）和广义刺柏属（*Juniperus*）（含圆柏属 *Sabina*）。红豆杉科1属，即红豆杉属（*Taxus*）。9个属的代表古树如下：

①冷杉属　欧洲冷杉（*Abies alba*）、希腊冷杉（*A. cephalonica*）、奇里乞亚冷杉（*A. cilicica*）、高加索冷杉（*A. nordmanniana*）和西班牙冷杉（*A. pinsapo*）。

②雪松属　北非雪松（*Cedrus atlantica*）（图8-3E）、雪松（*C. deodara*）和黎巴嫩雪松（*C. libani*）。

③柳杉属　日本柳杉（*Cryptomeria japonica*）。

④柏木属　不丹柏木（*Cupressus cashmeriana*）和地中海柏木（*C. sempervirens*）。

⑤刺柏属　加那利刺柏（*Juniperus cedrus*）、欧洲刺柏（*J. communis*）、希腊圆柏（*J. excelsa*）、尖叶刺柏（*J. oxycedrus*）和西班牙圆柏（*J. thurifera*）。

图8-3　欧洲古树代表种（https://www.treeoftheyear.org/）
A. 德国宽叶椴，600年　B. 波兰夏栎，1000年　C. 比利时夏栎，1000年　D. 捷克宽叶椴，650年
E. 法国北非雪松，150年　F. 匈牙利柔毛栎，400年

⑥落叶松属　欧洲落叶松(*Larix decidua*)。

⑦云杉属　欧洲云杉(*Picea abies*)和高加索云杉(*P. orientalis*)。

⑧松属　加那利松(*Pinus canariensis*)、瑞士五针松(*P. cembra*)、叙利亚松(*P. halepensis*)、波士尼亚松(*P. heldreichii*)、欧洲黑松(*P. nigra*)和欧洲赤松(*P. sylvestris*)。

⑨红豆杉属　欧洲红豆杉(*Taxus baccata*)。

被子植物主要有12科17属：冬青科冬青属(*Ilex*)、大麻科朴属(*Celtis*)、山茱萸科山茱萸属(*Cornus*)、壳斗科栗属(*Castanea*)、水青冈属(*Fagus*)和栎属(*Quercus*)、胡桃科胡桃属(*Juglans*)、锦葵科椴属(*Tilia*)、木樨科梣属(*Fraxinus*)和木樨榄属(*Olea*)、悬铃木科悬铃木属(*Platanus*)、蔷薇科樱属(*Prunus*)和梨属(*Pyrus*)、杨柳科杨属(*Populus*)和柳属(*Salix*)、无患子科槭属(*Acer*)、榆科榆属(*Ulmus*)。在上述各属中，大多数属在古北区和新北区都有分布，少数例外。其中，木樨榄属分布古北区、东洋区、热带非洲区和澳新区，而梨属主要产古北区。各属的代表古树如下：

①槭属　欧亚槭(*Acer pseudoplatanus*)。

②栗属　欧洲栗(*Castanea sativa*)。

③朴属　南欧朴(*Celtis australis*)。

④山茱萸属　欧洲山茱萸(*Cornus mas*)。

⑤水青冈属　东方水青冈(*Fagus orientalis*)和欧洲水青冈(*F. sylvatica*)。

⑥梣属　窄叶梣(*Fraxinus angustifolia*)和欧梣(*F. excelsior*)。

⑦冬青属　欧洲冬青(*Ilex aquifolium*)。

⑧胡桃属　核桃(*Juglans regia*)。

⑨木樨榄属　木樨榄(*Olea europaea*)。

⑩悬铃木属　二球悬铃木(*Platanus × hispanica*)和三球悬铃木(*P. orientalis*)。

⑪杨属　加杨(*Populus × canescens*)和黑杨(*P. nigra*)。

⑫樱属　江户彼岸樱(*Prunus spachiana*)。

⑬梨属　欧洲野梨(*Pyrus pyraster*)。

⑭栎属　土耳其栎(*Quercus cerris*)、葡萄牙栎(*Q. faginea*)、匈牙利栎(*Q. frainetto*)、冬青栎(*Q. ilex*)、无梗花栎(*Q. petraea*)、柔毛栎(*Q. pubescens*)、夏栎(*Q. robur*)和欧洲栓皮栎(*Q. suber*)等(图8-3B、C、F)。

⑮柳属　白柳(*Salix alba*)。

⑯椴属　心叶椴(*Tilia cordata*)、欧洲椴(*T. × europaea*)和宽叶椴(*T. platyphyllos*)(图8-3A、D)。

⑰榆属　光叶榆(*Ulmus glabra*)、欧洲白榆(*U. laevis*)和欧洲野榆(*U. minor*)。

古北区最具代表性的被子植物古树是"橡、榉、榆、椴"。"橡"即栎属，"榉"即水青冈属(山毛榉属)，"榆"指榆属，"椴"指椴属。其中尤以古橡树最典型，种类多、株数多、树龄大。

8.2.1.3　古树年龄与大小

针对古北区树木寿命问题，已经有学者进行了研究(Thomas, 2013)。一般地，裸子植物寿命较长，500~2000年，但树种间有差别。如欧洲刺柏2000年，瑞士五针松1200年，欧洲赤松 500 年。被子植物寿命较短，130~930 年，树种间差别更大，欧洲水青冈 930 年，木樨榄 700 年，西洋梨 300 年，欧梣 250 年，北极柳（Salix arctica）130 年。然而，这些数据并非来自严格的科学测定，尚需要进一步验证。

欧洲的一些实证研究验证了一些古树树龄的古老性。2017 年，来自德国、瑞典和美国的树木年代学家在希腊北部发现了波士尼亚松（P. heldreichii）的一株 1075 年的古树（Konter et al., 2017）。翌年，这一纪录被刷新。在意大利南部波利诺国家公园，有一株波士尼亚松，取名"伊塔露丝"，胸径 160cm，树高 15m；基于木芯的树木年代学分析，树龄 1230 年，号称最古老的波士尼亚松。伊塔露丝的树龄推算由两部分构成，现存主茎为原树桩的萌生茎，木芯有 1062 年（955—2016 年）；根部更老，根木芯往前推 166 年至 789 年（图 8-4A~C）。在该地波士尼亚松的 177 样株中，大多数胸径 50cm 以上，树龄 621~372（1400—1650 年）。波士尼亚松古树所在的南欧地区，被认为是潜在古树的冰期避难所（Piovesan et al., 2018, 2019a；Piovesan & Biondi, 2021）。"伊塔露丝"并非报道过最古老的古北区最老的古树。2008 年，瑞典学者声称发现了一棵 9550 年的欧洲云杉，称为"老特吉科"，并认为老特吉科是克隆起源的。然而，该测定结果采用的是放射性碳年代测定法，并非树木年代学方法；同时，已有资料显示瑞典山区云杉的寿命可能达到 100~600 岁，

图 8-4　几种古树的年龄与生长状态

（A~F. Piovesan & Biondi, 2021；G. Garcia-Cervigon et al., 2019；H. Mackenthun, 2015）

A~C. 波士尼亚松"伊塔露丝"，1230 年　D~F. 欧洲水青冈"米歇尔"，623 年　G. 加那利刺柏"族长"，1050 年
H. 欧洲云杉"老特吉科"　A、D. 生长轮宽度年变化　B、E. 古树全株　C、F. 古树基部

不可能会接近 10 000 年，未提供枯木遗骸和活树本身之间有遗传连续性的证据，也没有证据表明云杉是克隆起源的，因而，该项所谓发现一直受到质疑，并未得到广泛的承认（图 8-4H；Öberg & Kullman，2011；Mackenthun，2015）。

加那利群岛以火山岛著称，由若干小岛组成。泰德国家公园位于特内里费岛，此处生长一种柏树，叫作加那利刺柏，其中最古老的一株叫作"族长"，在强度人为和火山干扰的双重压力下繁衍了上千年。树木年代学测定表明，"族长"的实际年龄为 1050 年（图 8-4G；Garcia-Cervigon et al.，2019）。

最古老的欧洲水青冈存活于意大利南部波利诺原始森林，该古树被称为"米歇尔"，胸径 65cm，树高 12m，树龄 623 年；该地还有一株"诺尔曼"，比"米歇尔"小两年（图 8-4D~F；Piovesan et al.，2019b；Piovesan & Biondi，2021）。在意大利阿斯普罗蒙特国家公园，有五株无梗花栎，最大的命名为"德米特"，胸径 80cm，树高 6m，树龄 934 年±65 年；最小的 570 年±45 年。这一发现打破了最古老夏栎（930 年）和无梗花栎（866 年）的前记录（Piovesan et al.，2020；Piovesan & Biondi，2021）。

落基山观测站树木年轮实验室发布了《古树寿命清单》（Brown，1996；http：//www.rmtrr.org/oldlist.htm）。东肯塔基大学也发布了《东部古树寿命清单》（Pederson，2010；https：//www.ldeo.columbia.edu/~adk/oldlisteast/）。"全球巨树（monumentaltrees）"网站也提供了世界各地的古树年龄资料。根据上述 3 个数据集，古北区部分树种的古树寿命汇总于表 8-3。

表 8-3 古北区部分树种的古树最大树龄

中文名	拉丁学名	树 龄	国 家
欧洲红豆杉	*Taxus baccata*	4021	土耳其
地中海柏木	*Cupressus sempervirens*	4021	伊朗
日本柳杉	*Cryptomeria japonica*	3021	日本
欧洲落叶松	*Larix decidua*	2171	意大利
波士尼亚松	*Pinus heldreichii*	1501	黑山
圆 柏	*Juniperus chinensis*	1500	日本
喀什方枝柏	*Juniperus turkestanica*	1437	巴基斯坦
赤 松	*Pinus densiflora*	1321	韩国
欧洲黑松	*Pinus nigra*	1041	奥地利
尖叶刺柏	*Juniperus oxycedrus*	1021	西班牙
西班牙圆柏	*Juniperus thurifera*	1021	法国
不丹柏木	*Cupressus cashmeriana*	821	不丹
瑞士五针松	*Pinus cembra*	821	意大利
新疆落叶松	*Larix sibirica*	750	蒙古
北非雪松	*Cedrus atlantica*	721	摩洛哥
瑞士五针松	*Pinus cembra*	701	罗马尼亚

（续）

中文名	拉丁学名	树龄	国家
黎巴嫩雪松	*Cedruslibani*	633	土耳其
新疆五针松	*Pinus sibirica*	629	蒙古
欧洲赤松	*Pinus sylvestris*	621	波兰
叙利亚松	*Pinus halepensis*	521	西班牙
欧洲冷杉	*Abies alba*	521	黑山
欧洲云杉	*Picea abies*	529	挪威
木樨榄	*Olea europaea*	4021	意大利
欧洲栗	*Castanea sativa*	3021	意大利
三球悬铃木	*Platanus orientalis*	2071	土耳其
连香树	*Cercidiphyllum japonicum*	1971	日本
樟	*Cinnamomum camphora*	1971	日本
江户彼岸樱	*Prunus spachiana*	1921	日本
夏栎	*Quercus robur*	1721	立陶宛
榉树	*Zelkova serrata*	1500	日本
宽叶椴	*Tilia platyphyllos*	1261	德国
冬青栎	*Quercus ilex*	1204	西班牙
欧洲野榆	*Ulmus minor*	1121	保加利亚
比利牛斯栎	*Quercus pyrenaica*	1086	西班牙
长角豆	*Ceratonia siliqua*	1021	意大利
无梗花栎	*Quercus petraea*	1019	英国
南欧朴	*Celtis australis*	1004	克罗地亚
维吉尔栎	*Quercus virgiliana*	971	意大利
匈牙利栎	*Quercus frainetto*	921	保加利亚
圆叶栎	*Quercus rotundifolia*	921	西班牙
加那利龙血树	*Dracaena draco*	921	西班牙
欧梣	*Fraxinus excelsior*	865	葡萄牙
欧洲山茱萸	*Cornus mas*	827	意大利
柔毛栎	*Quercus pubescens*	821	捷克
心叶椴	*Tilia cordata*	821	德国
土耳其栎	*Quercus cerris*	821	保加利亚
光叶榆	*Ulmus glabra*	791	英国
葡萄牙栎	*Quercus faginea*	750	西班牙
欧亚槭	*Acer pseudoplatanus*	721	瑞士

(续)

中文名	拉丁学名	树 龄	国 家
单子山楂	*Crataegus monogyna*	661	法国
欧洲椴	*Tilia×europaea*	621	德国
欧洲栓皮栎	*Quercus suber*	621	意大利
欧洲白榆	*Ulmus laevis*	621	保加利亚
瓦隆栎	*Quercus macrolepis*	621	意大利
欧洲冬青	*Ilex aquifolium*	621	西班牙
黑 桑	*Morus nigra*	604	土耳其
锦熟黄杨	*Buxus sempervirens*	568	法国
笃耨香	*Pistacia terebinthus*	521	意大利
核 桃	*Juglans regia*	521	西班牙
欧洲野梨	*Pyrus pyraster*	521	意大利
欧洲水青冈	*Fagus sylvatica*	559	意大利

数据来源：①http：// www. rmtrr. org/oldlist. htm；②https：// www. ldeo. columbia. edu/~ adk/oldlisteast/；③https：//www. monumentaltrees. com/。

由表 8-3 可知，古北区居前十位的最古老裸子植物和被子植物古树的树种、树龄（年）和分布国家分列如下：

(1) 最古老裸子植物古树

①欧洲红豆杉，4021，土耳其；②地中海柏木，4021，伊朗；③日本柳杉，3021，日本；④欧洲落叶松，2171，意大利；⑤波士尼亚松，1501，黑山；⑥圆柏，1500，日本；⑦喀什方枝柏，1437，巴基斯坦；⑧赤松，1321，韩国；⑨欧洲黑松，1041，奥地利；⑩尖叶刺柏，1021，西班牙。

(2) 最古老被子植物古树

①木樨榄，4021，意大利；②欧洲栗，3021，意大利；③三球悬铃木，2071，土耳其；④连香树，1971，日本；⑤樟，1971，日本；⑥江户彼岸樱，1921，日本；⑦夏栎，1721，立陶宛；⑧榉树，1500，日本；⑨宽叶椴，1261，德国；⑩冬青栎，1204，西班牙。

根据英国的"树木登记"、比利时的"比利时树木"和"全球巨树"的数据库信息，汇编古北区最粗和最高的古树列于表 8-4 和表 8-5。

表 8-4 古北区部分树种的古树最大胸围

中文名	拉丁学名	胸围(m)	国 家
圆 柏	*Juniperus chinensis*	17.30	日本
日本柳杉	*Cryptomeria japonica*	16.20	日本
不丹柏木	*Cupressus cashmeriana*	16	不丹
雪 松	*Cedrus deodara*	14.50	印度

(续)

中文名	拉丁学名	胸围(m)	国　家
西藏柏木	*Cupressus torulosa*	13.40	不丹
欧洲红豆杉	*Taxus baccata*	12.47	西班牙
欧洲落叶松	*Larix decidua*	11.20	瑞士
尖叶刺柏	*Juniperus oxycedrus*	10.80	西班牙
黎巴嫩雪松	*Cedrus libani*	10.60	法国
希腊圆柏	*Juniperus excelsa*	9.10	伊朗
北非雪松	*Cedrus atlantica*	9	意大利
三球悬铃木	*Platanus orientalis*	27	格鲁吉亚
樟	*Cinnamomum camphora*	24.22	日本
连香树	*Cercidiphyllum japonicum*	18.04	日本
加那利龙血树	*Dracaena draco*	17.44	西班牙
榉　树	*Zelkova serrata*	16	日本
木樨榄	*Olea europaea*	15.50	意大利
夏　栎	*Quercus robur*	15.10	瑞典
欧洲栗	*Castanea sativa*	14.80	西班牙
宽叶椴	*Tilia platyphyllos*	14.77	德国
无梗花栎	*Quercus petraea*	14.02	英国
树商陆	*Phytolacca dioica*	14	葡萄牙
欧　梣	*Fraxinus excelsior*	13	葡萄牙
心叶椴	*Tilia cordata*	12.81	奥地利
长角豆	*Ceratonia siliqua*	12.80	意大利
白　柳	*Salix alba*	12	奥地利
江户彼岸樱	*Prunus spachiana*	11.80	日本
欧洲野榆栽培变种	*Ulmus minor* var. *vulgaris*	11.75	爱尔兰
银叶树	*Heritiera littoralis*	11.30	日本
欧洲水青冈	*Fagus sylvatica*	11.00	英格兰
黑　杨	*Populus nigra*	10.64	英国
欧洲椴	*Tilia × europaea*	10.40	英国
二球悬铃木	*Platanus acerfolia*	10.40	英国
银白杨	*Populus alba*	10.13	匈牙利
江户彼岸樱	*Prunus spachiana*	9.90	日本
欧洲白榆	*Ulmus laevis*	9.74	德国
糙叶树	*Aphananthe aspera*	9.70	韩国

(续)

中文名	拉丁学名	胸围(m)	国 家
加　杨	*Populus × canescens*	9.60	匈牙利
光叶榆	*Ulmus glabra*	9.58	英国
窄叶梣	*Fraxinus angustifolia*	9.50	摩洛哥
土耳其栎	*Quercus cerris*	9.12	英国
核　桃	*Juglans regia*	9.05	西班牙

表 8-5　古北区部分树种的古树最大树高

中文名	拉丁学名	树高(m)	国　家
欧洲云杉	*Picea abies*	62.70	斯洛文尼亚
高加索冷杉	*Abies nordmanniana*	60.50	俄罗斯
欧洲冷杉	*Abies alba*	59.71	黑山
加那利松	*Pinus canariensis*	56.70	西班牙
欧洲落叶松	*Larix decidua*	53.80	德国
欧洲黑松	*Pinus nigra*	47.40	黑山
欧洲赤松	*Pinus sylvestris*	46.60	爱沙尼亚
新疆落叶松	*Larix sibirica*	44.50	芬兰
北非雪松	*Cedrus atlantica*	43.80	法国
希腊冷杉	*Abies cephalonica*	43.50	英国
高加索云杉	*Picea orientalis*	41	英国
新疆冷杉	*Abies sibirica*	40.30	芬兰
欧洲水青冈	*Fagus sylvatica*	51	法国
欧　梣	*Fraxinus excelsior*	50.60	德国
二球悬铃木	*Platanus acerifolia*	50.10	法国
无梗花栎	*Quercus petraea*	48.40	法国
东方水青冈	*Fagus orientalis*	46.50	俄罗斯
欧洲椴	*Tilia × europaea*	46.50	英国
银白杨	*Populus alba*	45.40	德国
光叶榆	*Ulmus glabra*	44	德国
夏　栎	*Quercus robur*	43.60	波兰
黑　杨	*Populus nigra*	43.40	法国
三球悬铃木	*Platanus orientalis*	42.05	意大利
宽叶椴	*Tilia platyphyllos*	41.60	德国
欧洲山杨	*Populus tremula*	41.40	波兰
土耳其栎	*Quercus cerris*	41.20	英国

(续)

中文名	拉丁学名	树高(m)	国　家
心叶椴	*Tilia cordata*	40.50	英国
欧亚槭	*Acer pseudoplatanus*	40.50	德国
毛柱椴	*Tilia dasystyla*	40	格鲁吉亚

论胸围大小(表8-4)，本区最粗壮古树的树种、胸围(cm)和分布国家分列如下：

裸子植物古树：①圆柏，17.30，日本；②日本柳杉，16.20，日本；③不丹柏木，16，不丹；④雪松，14.50，印度；⑤西藏柏木，13.40，不丹；⑥欧洲红豆杉，12.47，西班牙；⑦欧洲落叶松，11.20，瑞士；⑧尖叶刺柏，10.80，西班牙；⑨黎巴嫩雪松，10.60，法国；⑩希腊圆柏，9.10，伊朗。

被子植物古树：①三球悬铃木，27，格鲁吉亚；②樟，24.22，日本；③连香树，18.04，日本；④加那利龙血树，17.44，西班牙；⑤榉树，16，日本；⑥木樨榄，15.50，意大利；⑦夏栎，15.10，瑞典；⑧欧洲栗，14.80，西班牙；⑨宽叶椴，14.77，德国；⑩无梗花栎，14.02，英国。

论树高大小(表8-5)，本区最高大古树的树种、树高(m)和分布国家分列如下：

裸子植物古树：①欧洲云杉，62.70，斯洛文尼亚；②高加索冷杉，60.50，俄罗斯；③欧洲冷杉，59.71，黑山；④加那利松，56.70，西班牙；⑤欧洲落叶松，53.80，德国；⑥欧洲黑松，47.40，黑山；⑦欧洲赤松，46.60，爱沙尼亚；⑧新疆落叶松，44.50，芬兰；⑨北非雪松，43.80，法国；⑩希腊冷杉，43.50，英国。

被子植物古树：①欧洲水青冈，51，法国；②欧栎，50.60，德国；③二球悬铃木，50.10，法国；④无梗花栎，48.40，法国；⑤东方水青冈，46.50，俄罗斯；⑥欧洲椴，46.50，英国；⑦银白杨，45.40，德国；⑧光叶榆，44，德国；⑨夏栎，43.60，波兰；⑩黑杨，43.40，法国。

总体而言，本区域的古树资源具有以下特点：①古树资源非常丰富，庭院、稀树牧场、国家公园、森林中都有分布；②古树资源的区域分布很不平衡，欧洲大陆、不列颠诸岛和东亚地区更丰富，中亚和西亚地区更稀少；③古树的信息化平台建设进程发展不平衡，比利时、英国等少数欧洲国家比较先进，许多国家尚未见可利用古树信息资源；④古树定义和测量技术规范不统一，区域内不同国家和民族使用的语言具有多样性，有效利用大尺度、多区域的古树数据难度很大。

8.2.2　新北区古树

8.2.2.1　概述

新北区的古树调查启动较早。1个世纪前，美国森林(American Forests，AF)发起了一场运动，寻找美国最大的树木活体标本，以使公众参与林业活动。美国国家树王项目(The National Champion Trees Program，以前称国家大树项目)最初是一项竞赛，一项全国性的寻树活动，旨在发现供选树种中的最大活标本。其目标是维护和促进树木活"帝王"的标志性地位，教育人们认知树木和森林在维护健康环境中的关键作用。马里兰州林学家弗莱德·

白思莱（Fred Besley），于 1909 年首次对橡树进行测量和拍照，被认为是国家大树项目的奠基人。1940 年，国家大树项目正式启动。

加拿大尚无国家层面的大树调查机构，但有相关的省级机构——卑诗省大树登记（BC Big Tree Registry）。它最初是由兰迪·斯托尔曼（Randy Stoltmann）创建的，许多注册树木都记录在他 1993 年发表的《卑诗省记录树指南》一书中。2010 年卑诗大学林学院接管负责卑诗省的大树登记，并被授权承担：识别、描述、监测和保护卑诗省境内每一树种的最大树木，教育公民和争取公众的帮助。

国家树王（champion tree）是全国尺度最大的树木。如何来衡量尺度最大呢？白思莱首次采用了树体三维尺度折算积点的方法，即：

$$树木积点 = 胸围积点 + 树高积点 + 冠幅积点$$

式中，胸围每英寸记 1 个积点，树高每英尺记 1 个积点，冠幅每 4 英尺记 1 个积点，胸围在 4.5 英尺处（相当于 1.37m）测定。

转换成米制单位，积点计算办法为：

$$树木积点 = 胸围厘米数 \times 0.3937 + 树高米数 \times 3.2808 + 冠幅米数 \times 0.8202$$

例如，江西庐陵文化生态公园有一株千年古樟王，胸径 3.18m、树高 15m、冠幅 16m，其总积点为 $318 \times 3.14 \times 0.3937 + 15 \times 3.2808 + 16 \times 0.8202 \approx 455$。

考虑到不同树种之间的差别，树王是在树种内进行比较的，不同的树种都有各自的树王，美国森林提供了寻找树王的供选树种名录。考虑到不同的州可能存在相同的树种，作为一项竞赛，树王是自下而上进行的，对于某个特定的树种，各州树王中积点最大者命名为国家树王。美国的树木积点计算方法也适用于加拿大、澳大利亚和新西兰的树王评价。

美国国家树王项目提供了完整的可供查询的数据库，可查询到以下信息：记录参考号、拉丁学名、命名年份、命名人、胸围、树高、冠幅、总积点、上次测树年份、上次报告的树木健康、现状、加冕日期、县、州和照片。卑诗省大树登记提供了丰富的可查询信息。如《卑诗省大树登记树王名录》（BC Big Tree Champion List）可获得丰富的信息，其数据库字段包括：俗名、注册号、树木昵称、树木积点、树高、胸围、冠幅、上次测树年份、命名年份、位置、最近城市、权属、权属细节、经度、纬度、海拔、寻找备注、立地备注、主管命名人、协助命名人、审核人和照片。

除了全国范围的树王评选以外，美国各地还有各具特色的古树划分方案。如弗吉尼亚州威廉斯堡市，古树名木的类型包括遗产树（heritage tree）、标本树（specimen tree）、行道树（street tree）、树王（champion tree）和纪念树（memorial tree）。西雅图市遗产树项目（Plant Amnest）关注标本树（specimen）、历史树（historic）、地标树（landmark）和树群（collection）。

8.2.2.2 古树主要类群

新北区常见裸子植物古树多为松科和柏科两个科的成员。松科有冷杉属（*Abies*）、落叶松属（*Larix*）、云杉属（*Picea*）、松属（*Pinus*）、黄杉属（*Pseudotsuga*）和铁杉属（*Tsuga*）6 属，这些属广泛分布于北半球，也出现在古北区。柏科有翠柏属（*Calocedrus*）、扁柏属（*Chamaecyparis*）、柏木属（*Cupressus*）、刺柏属（*Juniperus*）、北美红杉属（*Sequoia*）、巨杉属（*Sequoiadendron*）、落羽杉属（*Taxodium*）、崖柏属（*Thuja*）8 属；其中，北美红杉属和巨杉属是北美特有的类群，落羽杉属分布北美和墨西哥，其余属则与古北区共有。裸子植物各属古树代表分列如下：

①冷杉属　温哥华冷杉(*Abies amabilis*)、白冷杉(*A. concolor*)和大冷杉(*A. grandis*)等。

②翠柏属　北美翠柏(*Calocedrus decurrens*)。

③扁柏属　美国扁柏(*Chamaecyparis lawsoniana*)和黄扁柏(*Ch. nootkatensis*)。

④柏木属　大果柏木(*Cupressus macrocarpa*)。

⑤刺柏属　西美圆柏(*Juniperus occidentalis*)、犹他圆柏(*J. osteosperma*)、岩生圆柏(*J. scopulorum*)等多种。

⑥落叶松属　高山落叶松(*Larix lyallii*)、西美落叶松(*L. occidentalis*)。

⑦云杉属　巨云杉(*Picea sitchensis*)等多种。

⑧松属　刺果松(*Pinus aristata*)、狐尾松(*P. balfouriana*)、糖松(*P. lambertiana*)、长寿松(*P. longaeva*)、西黄松(*P. ponderosa*)、北美乔松(*P. strobus*)等10余种。

⑨黄杉属　花旗松(*Pseudotsuga menziesii*)等。

⑩北美红杉属　北美红杉(*Sequoia sempervirens*)。

⑪巨杉属　巨杉(*Sequoiadendron giganteum*)。

⑫落羽杉属　落羽杉(*Taxodium distichum*)。

⑬崖柏属　北美香柏(*Thuja occidentalis*)、北美乔柏(*Th. plicata*)。

⑭铁杉属　加拿大铁杉(*Tsuga canadensis*)、异叶铁杉(*Ts. heterophylla*)等。

被子植物古树多出现在以下9科11属：壳斗科水青冈属(*Fagus*)和栎属(*Quercus*)；胡桃科山核桃属(*Carya*)和胡桃属(*Juglans*)；樟科加州桂属(*Umbellularia*)；木兰科鹅掌楸属(*Liriodendron*)；蓝果树科蓝果树属(*Nyssa*)；木樨科梣属(*Fraxinus*)；悬铃木科悬铃木属(*Platanus*)；杨柳科杨属(*Populus*)；无患子科槭属(*Acer*)。被子植物各属古树代表分列如下：

①槭属　大叶槭(*Acer macrophyllum*)等。

②山核桃属　美国山核桃(*Carya illinoinensis*)、沼泽山核桃(*C. glabra*)等。

③水青冈属　北美水青冈(*Fagus grandifolia*)。

④梣属　美国白梣(*Fraxinus americana*)。

⑤胡桃属　黑胡桃(*Juglans nigra*)。

⑥鹅掌楸属　北美鹅掌楸(*Liriodendron tulipifera*)。

⑦蓝果树属　北美紫树(*Nyssa sylvatica*)和沼生蓝果树(*N. aquatica*)。

⑧悬铃木属　一球悬铃木(*Platanus occidentalis*)。

⑨杨属　弗氏杨(*Populus fremontii*)、三角杨(*P. deltoides*)和毛果杨(*P. trichocarpa*)。

⑩栎属　金杯栎(*Quercus chrysolepis*)、美国白栎(*Q. alba*)、加州白栎(*Q. lobata*)、弗吉尼亚栎(*Q. virginiana*)等。

⑪加州桂属　加州桂(*Umbellularia californica*)。

8.2.2.3　古树年龄与大小

新北区是古树树龄研究比较详细的部分，尤其是美国古树树龄报道更多。表8-6列出了部分裸子植物和被子植物古树的最大树龄，树龄都在500年以上。近20种裸子植物寿命在1000年以上，最大者长寿松5021年；而被子植物只有两种。不难看出，裸子植物寿命多半比被子植物长。

表 8-6 新北区部分树种古树最大寿命

中文名	拉丁学名	年龄(年)	国家
长寿松	Pinus longaeva	5021	美国
巨杉	Sequoiadendron giganteum	3266	美国
西美圆柏	Juniperus occidentalis	3021	美国
落羽杉	Taxodium distichum	2671	美国
刺果松	Pinus aristata	2435	美国
北美红杉	Sequoia sempervirens	2321	美国
狐尾松	Pinus balfouriana	2110	美国
犹他圆柏	Juniperus osteosperma	1967	美国
岩生圆柏	Juniperus scopulorum	1889	美国
软叶五针松	Pinus flexilis	1697	美国
北美香柏	Thuja occidentalis	1653	加拿大
黄扁柏	Chamaecyparis nootkatensis	1636	加拿大
北美乔柏	Thuja plicata	1571	美国
花旗松	Pseudotsuga menziesii	1350	加拿大
白皮五针松	Pinus albicaulis	1267	美国
科罗拉多果松	Pinus edulis	1101	美国
鳄皮圆柏	Juniperus deppeana	1071	美国
西黄松	Pinus ponderosa	1021	美国
高山落叶松	Larix lyallii	1011	美国
北美圆柏	Juniperus virginiana	940	美国
巨云杉	Picea sitchensis	921	美国
银云杉	Picea engelmannii	911	美国
单叶果松	Pinus monophylla	900	美国
山地铁杉	Tsuga martensiana	889	美国
西美落叶松	Larix occidentalis	824	美国
银叶五针松	Pinus monticola	707	美国
沙斯塔红冷杉	Abies magnifica var. shastensis	665	美国
加州扭叶松	Pinus contorta var. murrayana	628	美国
加州黄松	Pinus jeffreyi	626	美国
异叶铁杉	Tsuga heterohylla	614	美国
加拿大铁杉	Tsuga canadensis	555	美国
北美翠柏	Calocedrus decurrens	533	美国

(续)

中文名	拉丁学名	年龄(年)	国家
白云杉	*Picea glauca*	668	加拿大
毛果冷杉	*Abies lasiocarpa*	501	加拿大
多脂松	*Pinus resinosa*	500	加拿大
金杯栎	*Quercus chrysolepis*	1021	美国
加州栎	*Quercus agrifolia*	1021	美国
北美紫树	*Nyssa sylvatica*	679	美国
黄栗栎	*Quercus muehlenbergii*	601	美国
沼生蓝果树	*Nyssa aquatica*	601	美国
美国白栎	*Quercus alba*	581	美国
糖槭	*Acer saccharum*	540	加拿大
加州白栎	*Quercus lobata*	521	美国
北美鹅掌楸	*Liriodendron tulipifera*	509	美国

数据来源：①http：//www.rmtrr.org/oldlist.htm；②https：//www.ldeo.columbia.edu/-adk/oldlisteas；③https：//www.monumentaltrees.com/en/agerecords/world/。

寿命在2000年以上的裸子植物，按降序分别是：长寿松、巨杉、西美圆柏、落羽杉、刺果松、北美红杉和狐尾松。寿命达到1000年的被子植物，只有金杯栎和加州栎两种栎树。

本区古树大小可以按胸围、树高和积点三个维度来进行观察。

表8-7给出了新北区部分古树的最大胸围。裸子植物列前十位的巨树树种和位置分别是：巨杉(加利福尼亚)、北美红杉(加利福尼亚)、北美乔柏(华盛顿)、巨云杉(华盛顿)、落羽杉(路易斯安那)、大果柏木(加利福尼亚)、花旗松(华盛顿)、美国扁柏(俄勒冈)、北美翠柏(加利福尼亚)和长寿松(内华达)。

表8-7 新北区部分树种最粗古树胸围

中文名	拉丁学名	胸围(m)	国家
巨杉	*Sequoiadendron giganteum*	30	美国
北美红杉	*Sequoia sempervirens*	27.47	美国
加州桂	*Umbellularia californica*	22.83	美国
北美乔柏	*Thuja plicata*	18.80	美国
巨云杉	*Picea sitchensis*	16.90	美国
落羽杉	*Taxodium distichum*	15.90	美国
大果柏木	*Cupressus macrocarpa*	14.93	美国
花旗松	*Pseudotsuga menziesii*	14.80	美国
美国扁柏	*Chamaecyparis lawsoniana*	13.30	美国

(续)

中文名	拉丁学名	胸围(m)	国 家
北美翠柏	*Calocedrus decurrens*	12.44	美国
西美圆柏	*Juniperus occidentalis*	12.19	美国
长寿松	*Pinus longaeva*	11.55	美国
糖 松	*Pinus lambertiana*	9.70	美国
弗氏杨	*Populus fremontii*	14.22	美国
金杯栎	*Quercus chrysolepis*	13.10	美国
沼生蓝果树	*Nyssa aquatica*	12.30	美国
弗吉尼亚栎	*Quercus virginiana*	12.08	美国
大叶槭	*Acer macrophyllum*	11.11	美国
北美鹅掌楸	*Liriodendron tulipifera*	9.91	美国
加州白栎	*Quercus lobata*	9.88	美国
一球悬铃木	*Platanus occidentalis*	9.40	美国
美国白栎	*Quercus alba*	9.01	美国

数据来自 https://www.monumentaltrees.com/en/agerecords/world/。

被子植物列前十位的巨树树种分别是：加州桂(俄勒冈)、弗氏杨(亚利桑那)、金杯栎(加利福尼亚)、沼生蓝果树(阿肯色)、弗吉尼亚栎(乔治亚)、大叶槭(俄勒冈)、北美鹅掌楸(弗吉尼亚)、加州白栎(加利福尼亚)、一球悬铃木(俄亥俄)和美国白栎(纽约)。

表8-8给出了新北区部分古树的最大树高。排在前列的裸子植物古树有北美红杉(加利福尼亚)、巨云杉(加利福尼亚)、花旗松(俄勒冈)、巨杉(加利福尼亚)、西黄松(加利福尼亚)、糖松(加利福尼亚)、异叶铁杉(加利福尼亚)、美国扁柏(加利福尼亚)、白冷杉(加利福尼亚)和北美乔松(田纳西)。

表8-8 新北区部分树种的最高古树树高

中文名	拉丁学名	树高(m)	国 家
北美红杉	*Sequoia sempervirens*	115.72	美国
巨云杉	*Picea sitchensis*	100.20	美国
花旗松	*Pseudotsuga menziesii*	99.70	美国
巨 杉	*Sequoiadendron giganteum*	95.80	美国
西黄松	*Pinus ponderosa*	83.70	美国
糖 松	*Pinus lambertiana*	83.45	美国
异叶铁杉	*Tsuga heterophylla*	83.34	美国
美国扁柏	*Chamaecyparis lawsoniana*	81.08	美国
白冷杉	*Abies concolor*	62.60	美国
北美乔松	*Pinus strobus*	57.55	美国

(续)

中文名	拉丁学名	树高(m)	国家
北美乔柏	Thuja plicata	55.50	加拿大
加拿大铁杉	Tsuga canadensis	52.76	美国
北美鹅掌楸	Liriodendron tulipifera	58.50	美国
红槲栎	Quercus rubra	48.49	美国
心果山核桃	Carya cordiformis	47.58	美国
毛果杨	Populus trichocarpa	47.26	美国
美国白梣	Fraxinus americana	46.19	美国
一球悬铃木	Platanus occidentalis	45.54	美国
沼泽山核桃	Carya glabra	45.38	美国
黑胡桃	Juglans nigra	43.98	美国
北美水青冈	Fagus grandifolia	43.65	美国
美国红枫	Acer rubrum	43.59	美国
糖槭	Acer saccharum	43.13	美国
野黑樱桃	Prunus serotina	42.67	美国

数据来自 https://www.monumentaltrees.com/en/agerecords/world/。

被子植物列前十位的古树有北美鹅掌楸(北卡罗来纳)、红槲栎(田纳西)、心果山核桃(宾夕法尼亚)、毛果杨(俄勒冈)、美国白梣(宾夕法尼亚)、一球悬铃木(宾夕法尼亚)、沼泽山核桃(宾夕法尼亚)、黑胡桃(田纳西)、北美水青冈(田纳西)和美国红枫(田纳西)。

表8-9给出了美国树王树种、积点和位置。列前十位的裸子植物有巨杉(1533,加利福尼亚)、北美红杉(1290,加利福尼亚)、巨云杉(951,华盛顿)、北美乔柏(922,华盛顿)、花旗松(891,华盛顿)、美国扁柏(773,俄勒冈)、落羽杉(739,路易斯安那)、大果柏木(718,加利福尼亚)和北美翠柏(644,加利福尼亚)。

表8-9 美国部分树种的树王大小、积点和位置

中文名	拉丁学名	胸围(英寸)	树高(英尺)	冠幅(英尺)	积点	位置
巨杉	Sequoiadendron giganteum	1231	275	107	1533	加利福尼亚
北美红杉	Sequoia sempervirens	950	321	75	1290	加利福尼亚
巨云杉	Picea sitchensis	740	191	80	951	华盛顿
北美乔柏	Thuja plicata	746	163.6	48	922	华盛顿
花旗松	Pseudotsuga menziesii	581	293.6	66.2	891	华盛顿
美国扁柏	Chamaecyparis lawsoniana	522	242	35	773	俄勒冈
落羽杉	Taxodium distichum	626	91	87	739	路易斯安那

(续)

中文名	拉丁学名	胸围（英寸）	树高（英尺）	冠幅（英尺）	积 点	位 置
大果柏木	Cupressus macrocarpa	588	102	111	718	加利福尼亚
北美翠柏	Calocedrus decurrens	472	157.4	57.4	644	加利福尼亚
糖 松	Pinus lambertiana	362	241	48	615	加利福尼亚
黄扁柏	Chamaecyparis nootkatensis	454	124	28	585	华盛顿
壮丽冷杉	Abies procera	316	251.6	44	578	华盛顿
西黄松	Pinus ponderosa	324	235	66	576	加利福尼亚
异叶铁杉	Tsuga heterophylla	343	190	50	546	华盛顿
长寿松	Pinus longaeva	455	52	45	518	内华达
西美落叶松	Larix occidentalis	267	154	34	430	蒙大拿
鳄皮圆柏	Juniperus deppeana	324	52	70	394	亚利桑那
加州桂	Umbellularia californica	601	101	87	724	俄勒冈
弗氏杨	Populus fremontii	560	102	160.5	702	亚利桑那
金杯栎	Quercus chrysolepis	473	124	98	622	加利福尼亚
大叶槭	Acer macrophyllum	463	119	91	605	俄勒冈
沼生蓝果树	Nyssa aquatica	451	125	92.5	599	阿肯色
一球悬铃木	Platanus occidentalis	432	124	88	578	俄亥俄
三角杨	Populus deltoides	450	88	108	565	内布拉斯加
弗吉尼亚栎	Quercus virginiana	440	78	161	558	佐治亚
毛果杨	Populus trichocarpa	379	141	96	544	俄勒冈
加州白栎	Quercus lobata	348	153	99	526	加利福尼亚
北美鹅掌楸	Liriodendron tulipifera	362	139	78	521	弗吉尼亚
古丁氏柳	Salix gooddingii	351	110	94.7	485	新墨西哥
樱皮栎	Quercus pagoda	331	114	138	480	弗吉尼亚
刺 槐	Robinia pseudoacacia	326	99	72	443	纽约
美国山核桃	Carya illinoinensis	293	97	106	417	弗吉尼亚
橙 桑	Maclura pomifera	328	65	93	416	弗吉尼亚
渐尖木兰	Magnolia acuminata	309	91	35.4	409	俄亥俄
美洲椴	Tilia americana	276	102	85.5	399	肯塔基
西方朴	Celtis occidentalis	286	90	89	398	俄亥俄
美国白梣	Fraxinus americana	255	115	111	398	新泽西
红果桑	Morus rubra	305	75	71	398	阿肯色
美国榆	Ulmus americana	260	112	84.4	393	马里兰

(续)

中文名	拉丁学名	胸围（英寸）	树高（英尺）	冠幅（英尺）	积　点	位　置
黄花七叶树	*Aesculus flava*	295	81	56	390	弗吉尼亚
北美枫香	*Liquidambar styraciflua*	228	132	112	388	新泽西
美国皂荚	*Gleditsia triacanthos*	247	103	112	378	弗吉尼亚

美国树王数据引自 https://www.americanforests.org/champion-trees/。

被子植物树王有加州桂（724，俄勒冈）、弗氏杨（702，亚利桑那）、金杯栎（622，加利福尼亚）、大叶槭（605，俄勒冈）、沼生蓝果树（599，阿肯色）、一球悬铃木（578，俄亥俄）、三角杨（565，内布拉斯加）、弗吉尼亚栎（558，乔治亚）、毛果杨（544，俄勒冈）和加州白栎（526，加利福尼亚）。

表 8-10 给出了加拿大卑诗省树王树种、积点和位置。列前十位的裸子植物有北美乔柏（917）、巨云杉（811）、花旗松（784）、黄扁柏（618）、异叶铁杉（541）、大冷杉（451）、温哥华冷杉（421）、西美落叶松（420）、银云杉（418）和落基山花旗松（407）。

表 8-10　加拿大卑诗省部分树种的树王大小和积点

中文名	拉丁学名	胸径（m）	树高（m）	冠幅（m）	积　点
北美乔柏	*Thuja plicata*	5.84	55.5	16.0	917
巨云杉	*Picea sitchensis*	4.36	77.8	19.6	811
花旗松	*Pseudotsuga menziesii* var. *menziesii*	4.23	74.0	23.0	784
黄扁柏	*Chamaecyparis nootkatensis*	3.69	46.4	12.2	618
异叶铁杉	*Tsuga heterophylla*	3.05	45.7	16.8	541
大冷杉	*Abies grandis*	1.85	64.4	13.4	451
温哥华冷杉	*Abies amabilis*	2.11	45.7	12.5	421
西美落叶松	*Larix occidentalis*	1.92	52.4	11.9	420
银云杉	*Picea engelmannii*	2.27	38.8	11.7	418
落基山花旗松	*Pseudotsuga menziesii* var. *glauca*	1.87	49.5	15.6	407
山地铁杉	*Tsuga mertensiana*	1.91	45.0	11.0	391
银叶五针松	*Pinus monticola*	1.44	53.4	8.0	360
西黄松	*Pinus ponderosa*	1.51	49.7	11.6	360
毛果杨	*Populus trichocarpa*	3.40	47.5	27.5	599
大叶槭	*Acer macrophyllum*	3.41	29.0	20.0	533
美国草莓树	*Arbutus menziesii*	2.16	34.4	19.8	396
红桤木	*Alnus rubra*	2.11	24.6	15.0	354

数据引自 https://bigtrees.forestry.ubc.ca/bc-bigtree-registry/。

加拿大卑诗省被子植物前五位树王分别是毛果杨（599）、大叶槭（533）、美国草莓树（396）、红桤木（354）和俄勒冈栎（317）。

总体而言，新北区古树有以下特点：①红杉属和巨杉属是该区最具特色的成分；②裸子植物中古树种类最丰富的是松属；③被子植物中古树最常见的是栎属；④该区最早建立了树木积点计算方法和树王评选制度；⑤以登记树王为主的古树信息数据库系统完整，标准和方法统一。

8.2.3　泛热带古树

8.2.3.1　概述

这里所指的泛热带，主要包括东洋区、热带非洲区和新热带区。不包括澳新区的热带部分。泛热带古树登记的信息资源相对较少，再加上语言对于信息收集的限制因素，以下只介绍南非和新加坡的有关古树登记的信息。

南非树王(Champion Trees of South Africa)项目：1998年，南非水务和林业部(The Department of Water Affairs and Forestry，DWAF)启动了南非树王树项目，依据1998年《国家森林法》来保护某些树木单株和树群。网站提供了树王名录和介绍。

新加坡遗产树(Heritage Trees)项目：汇丰银行有限公司(HSBC)设立了一个遗产树基金(Heritage Trees Fund)，用于实施一项保护计划，以保护遗产树木，促进对自然遗产的欣赏。这些计划包括安装避雷针、设置标识和社区保护树木提名。执行机构为新加坡植物园，目前列出了59株遗产树。

8.2.3.2　古树主要类群

泛热带地区常见的裸子植物古树主要有3科5属。

柏科的智利乔柏属(Fitzroya)和落羽杉属(Taxodium)；南洋杉科的南洋杉属(Araucaria)；罗汉松科的非洲杉属(Afrocarpus)和核果杉属(Prumnopitys)。智利乔柏属仅产于南美，非洲杉属仅产于非洲，落羽杉属分布美国至墨西哥，南洋杉属和核果杉属分布于澳新区和新热带区。各属代表种如下：

①非洲杉属　非洲杉(Afrocarpus falcatus)。

②南洋杉属　狭叶南洋杉(Araucaria angustifolia)、智利南洋杉(A. araucana)和柱状南洋杉(A. columnaris)。

③智利乔柏属　智利乔柏(Fitzroya cupressoides)。

④核果杉属　智利核果杉(Prumnopitys andina)。

⑤落羽杉属　墨西哥落羽杉(Taxodium mucronatum)。

在该区的被子植物中，古树的种类高度多样，常见的有16科32属。主要科包括：漆树科、夹竹桃科、香皮樟科(Atherospermataceae)、橄榄科、红厚壳科(Calophyllaceae)、龙脑香科、杜英科、豆科、壳斗科、玉蕊科、锦葵科、楝科、桑科、山榄科、南青冈科(Nothofagaceae)和四数木科。其中，最丰富的科是豆科和锦葵科，各有6属；其次，龙脑香科、玉蕊科和楝科，各有3属；其余11科各有1属。32属的分布情况见表8-11所列。各属的代表种分列如下：

表 8-11 泛热带古树代表属及其分布

属	分布区域	中国是否分布	所属科
人面子属 Dracontomelon	印度—马来	是	漆树科
大糖胶树属 Dyera	印度—马来	否	夹竹桃科
月桂檫属 Laurelia	新热带	否	香皮檫科
风车榄属 Triomma	印度—马来	否	橄榄科
红厚壳属 Calophyllum	印度—马来、新热带、澳新	是	红厚壳科
异翅香属 Anisoptera	印度—马来	否	龙脑香科
龙脑香属 Dipterocarpus	印度—马来	是	龙脑香科
娑罗双属 Shorea	印度—马来	是	龙脑香科
猴欢喜属 Sloanea	泛热带、古北、澳新	是	杜英科
合欢属 Albizia	泛热带、古北、澳新	是	豆科
异味豆属 Dinizia	新热带	否	豆科
凤眼木属 Koompassia	印度—马来	否	豆科
牧豆树属 Prosopis	新热带、热带非洲区	否	豆科
舟合欢属 Serianthes	印度—马来	否	豆科
酸豆属 Tamarindus	热带非洲区	否	豆科
栎属 Quercus	古北、新北、新热带	是	壳斗科
巴西栗属 Bertholletia	新热带	否	玉蕊科
翅玉蕊属 Cariniana	新热带	否	玉蕊科
玉风车属 Petersianthus	热带非洲区	否	玉蕊科
猴面包树属 Adansonia	热带非洲区、澳新	否	锦葵科
木棉属 Bombax	泛热带、澳新	是	锦葵科
吉贝属 Ceiba	新热带	否	锦葵科
巨鹧树属 Gyranthera	新热带	否	锦葵科
番木棉属 Pseudobombax	新热带	否	锦葵科
翅苹婆属 Pterygota	印度—马来、热带非洲区	是	锦葵科
洋椿属 Cedrela	新热带	否	楝科
天马楝属 Entandrophragma	热带非洲区	否	楝科
非洲楝属 Khaya	热带非洲区	否	楝科
榕属 Ficus	印度—马来、新热带、澳新	是	桑科
久榄属 Sideroxylon	新热带、新北	否	山榄科
南青冈属 Nothofagus	新热带、澳新、印度—马来	否	南青冈科
四数木属 Tetrameles	东洋	是	四数木科

①猴面包树属　猴面包树(*Adansonia digitata*)、大猴面包树(*A. grandidieri*)、红皮猴面包树(*A. rubrostipa*)和亮叶猴面包树(*A. za*)。

②巴西栗属　巴西栗(*Bertholletia excelsa*)。

③木棉属　木棉(*Bombax ceiba*)。

④合欢属　雨树(*Albizia saman*)。

⑤异翅香属　显脉翼翅香(*Anisoptera costata*)。

⑥吉贝属　吉贝(*Ceiba pentandra*)。

⑦红厚壳属　红厚壳(*Calophyllum inophyllum*)。

⑧翅玉蕊属　合法卡林玉蕊木(*Cariniana legalis*)。

⑨洋椿属　洋椿(*Cedrela odorata*)和狭叶洋椿(*C. angustifolia*)。

⑩异味豆属　异味豆(*Dinizia excelsa*)。

⑪龙脑香属　高大龙脑香(*Dipterocarpus alatus*)和中脉龙脑香(*D. costatus*)。

⑫人面子属　人面子(*Dracontomelon duperreanum*)。

⑬大糖胶树属　大糖胶树(*Dyera costulata*)。

⑭天马楝属　高大非洲楝(*Entandrophragma excelsum*)。

⑮榕属　修道院榕(*Ficus albipila*)、垂叶榕(*F. benjamina*)、雅榕(*F. concinna*)、查拉特榕(*F. insipida*)和菩提树(*F. religiosa*)。

⑯巨鹊树属　加勒比巨鹊树(*Gyranthera caribensis*)。

⑰非洲楝属　安哥拉非洲楝(*Khaya anthotheca*)。

⑱凤眼木属　高耸凤眼木(*Koompassia excelsa*)和甘巴豆(*K. malaccensis*)。

⑲月桂檫属　月桂檫(*Laurelia sempervirens*)。

⑳南青冈属　魁伟南青冈(*Nothofagus dombeyi*)和南水青冈(*N. obliqua*)。

㉑玉风车属　玉风车(*Petersianthus quadrialatus*)。

㉒牧豆树属　卡尔登牧豆(*Prosopis caldenia*)。

㉓番木棉属　哥斯达黎加番木棉(*Pseudobombax septenatum*)。

㉔翅苹婆属　巴西翅苹婆(*Pterygota brasiliensis*)。

㉕栎属　哥斯达黎加红栎(*Quercus bumelioides*)。

㉖舟合欢属　尼氏舟合欢(*Serianthes nelsonii*)。

㉗久榄属　海岸乳树(*Sideroxylon inerme*)。

㉘娑罗双属　法桂娑罗双(*Shorea faguetiana*)。

㉙猴欢喜属　加勒比猴欢喜(*Sloanea caribaea*)。

㉚酸豆属　酸豆(*Tamarindus indica*)。

㉛四数木属　四数木(*Tetrameles nudiflora*)。

㉜风车榄属　马来西亚风车榄(*Triomma malaccensis*)。

猴面包树是泛热带最具代表性的树种，多个种的寿命很长。

8.2.3.3　古树年龄与大小

泛热带最老古树参见表8-12。其分布地按区域分述如下。

表 8-12 泛热带部分树种的最老古树

中文名	拉丁学名	树龄	国家
智利乔柏	Fitzroya cupressoides	3021	智利
智利南洋杉	Araucaria araucana	1821	智利
墨西哥落羽杉	Taxodium mucronatum	1421	墨西哥
智利核果杉	Prumnopitys andina	1321	智利
狭叶南洋杉	Araucaria angustifolia	1021	巴西
非洲杉	Afrocarpus falcatus	671	南非
合法卡林玉蕊木	Cariniana legalis	3021	巴西
菩提树	Ficus religiosa	2217	斯里兰卡
猴面包树	Adansonia digitata	2071	南非
红皮猴面包树	Adansonia rubrostipa	1671	马达加斯加
大猴面包树	Adansonia grandidieri	1400	马达加斯加
垂叶榕	Ficus benjamina	1328	菲律宾
亮叶猴面包树	Adansonia za	1302	马达加斯加
卡尔登牧豆	Prosopis caldenia	1221	阿根廷
加勒比猴欢喜	Sloanea caribaea	1021	委内瑞拉
酸豆	Tamarindus indica	1021	泰国
安哥拉非洲棟	Khaya anthotheca	1000	津巴布韦
吉贝	Ceiba pentandra	912	巴西
显脉翼翅香	Anisoptera costata	721	泰国
月桂檫	Laurelia sempervirens	721	智利
魁伟南青冈	Nothofagus dombeyi	721	智利
狭叶洋椿	Cedrela angustifolia	521	秘鲁
红厚壳	Calophyllum inophyllum	500	菲律宾

东洋区的主要古树记录：在泰国，有素攀武里府的1021年酸豆，来兴府塔克辛马哈拉特国家公园的721年显脉翼翅香。在菲律宾，有东内格罗省的1328年垂叶榕，北阿古桑省的500年红厚壳。在印度尼西亚，有巴厘岛的600年吉贝。

非洲热带区已知树龄的古树：南非有林波波省的2071年猴面包树，西开普省的671年非洲杉。在马达加斯加，图利亚拉省有3株古老红皮猴面包树，树龄分别为1671年、1200年和1000年；大猴面包树3株，树龄分别为1400年、1021年和900年；亮叶猴面包树2株，树龄为1302年和906年；马哈赞加省有751年的猴面包树。在津巴布韦，北马塔贝莱兰省有1971年的猴面包树，马斯温戈省有1571年和1500年的猴面包树2株，马尼卡兰省有1000年的安哥拉非洲棟。

新热带区的记录较多，且树种多样。①智利：河流大区，3021年智利乔柏；阿劳卡尼亚大区，1821年智利南洋杉；阿劳卡尼亚大区，1021年智利核果杉；河流大区，721年月桂橄；阿劳卡尼亚大区，721年魁伟南青冈。②墨西哥：瓦哈卡州，1421年墨西哥落羽杉。③巴西：圣保罗州，3021年合法卡林玉蕊木；南里奥格兰德州，1021年狭叶南洋杉；帕拉州，912年吉贝。④阿根廷：巴塔哥尼亚地区，2621年智利乔柏；圣路易斯省，1221年卡尔登牧豆。⑤委内瑞拉：亚拉奎州，1021年加勒比猴欢喜。⑥秘鲁：库斯科省，521年狭叶洋椿。

表8-13列出了泛热带部分最粗古树（胸围9m以上）。该区域胸围最大的树木为墨西哥的墨西哥落羽杉，菲律宾的垂叶榕，南非的猴面包树，巴西的吉贝，胸围均超过30m。马达加斯加的大猴面包树、泰国的四数木、泰国的修道院榕、菲律宾的人面子、泰国的高耸凤眼木、马达加斯加的亮叶猴面包树和印度尼西亚的木棉，胸围均超过20m。胸围9m以上的古树，以泰国最丰富，有四数木、修道院榕、高耸凤眼木、显脉翼翅香、高大龙脑香、雅榕、酸豆、菩提树和雨树9株。

表8-13 泛热带部分树种的最粗古树

中文名	拉丁学名	胸围(m)	国 家
墨西哥落羽杉	*Taxodium mucronatum*	30	墨西哥
智利乔柏	*Fitzroya cupressoides*	11	智利
垂叶榕	*Ficus benjamina*	30	菲律宾
猴面包树	*Adansonia digitata*	30	南非
吉 贝	*Ceiba pentandra*	30	巴西
大猴面包树	*Adansonia grandidieri*	28.82	马达加斯加
四数木	*Tetrameles nudiflora*	24.20	泰国
修道院榕	*Ficus albipila*	22.90	泰国
人面子	*Dracontomelon duperreanum*	22	菲律宾
高耸凤眼木	*Koompassia excelsa*	20	泰国
亮叶猴面包树	*Adansonia za*	20	马达加斯加
木 棉	*Bombax ceiba*	20	印度尼西亚
合法卡林玉蕊木	*Cariniana legalis*	19	巴西
洋 椿	*Cedrela odorata*	18	委内瑞拉
加勒比巨鹑树	*Gyranthera caribensis*	17.12	委内瑞拉
显脉翼翅香	*Anisoptera costata*	16	泰国
巴西栗	*Bertholletia excelsa*	15.45	巴西
加勒比猴欢喜	*Sloanea caribaea*	15.43	委内瑞拉
安哥拉非洲楝	*Khaya anthotheca*	15	津巴布韦
哥斯达黎加番木棉	*Pseudobombax septenatum*	15	哥斯达黎加
高大龙脑香	*Dipterocarpus alatus*	14.64	泰国
哥斯达黎加红栎	*Quercus bumelioides*	14.20	哥斯达黎加
红皮猴面包树	*Adansonia rubrostipa*	13.50	马达加斯加

(续)

中文名	拉丁学名	胸围(m)	国家
狭叶南洋杉	*Araucaria angustifolia*	12	巴西
玉蕊	*Petersianthus quadrialatus*	11.31	菲律宾
尼氏舟合欢	*Serianthes nelsonii*	10.20	马来西亚
海岸乳树	*Sideroxy loninerme*	10.02	南非
雅榕	*Ficus concinna*	9.84	泰国
酸豆	*Tamarindus indica*	9.50	泰国
魁伟南青冈	*Nothofagus dombeyi*	9.41	智利
菩提树	*Ficus religiosa*	9.25	泰国
雨树	*Albizia saman*	9.15	泰国
红厚壳	*Calophyllum inophyllum*	9.10	菲律宾

泛热带拥有20余株树高超过40m的古树(表8-14)。最高的为马来西亚的法桂娑罗双,高达97.58m。其次为巴西的异味豆,高88m;第三是坦桑尼亚的高大非洲楝,高81.50m。树高超过60m的还有马来西亚的高耸凤眼木、哥斯达黎加的哥斯达黎加翅苹婆、泰国的四数木、委内瑞拉的加勒比巨鹅树、哥斯达黎加的哥斯达黎加红栎和吉贝。最近有报道,南美亚马孙盆地发现了大批高大古树,最高的有88.5m,超过80m的有两株,75m以上的有一批,但由于采用的是机载激光扫描(ALS)测定方法,树种不详(Gorgens et al., 2019)。

表8-14 泛热带部分树种的最高古树

中文名	拉丁学名	树高(m)	国家
智利乔柏	*Fitzroya cupressoides*	56.80	阿根廷
智利南洋杉	*Araucaria araucana*	51.19	智利
柱状南洋杉	*Araucaria columnaris*	51	巴西
法桂娑罗双	*Shorea faguetiana*	97.58	马来西亚
异味豆	*Dinizia excelsa*	88	巴西
高大非洲楝	*Entandrophragma excelsum*	81.50	坦桑尼亚
高耸凤眼木	*Koompassia excelsa*	69.30	马来西亚
哥斯达黎加翅苹婆	*Pterygota excelsa*	64.50	哥斯达黎加
四数木	*Tetrameles nudiflora*	64.20	泰国
加勒比巨鹅树	*Gyranthera caribensis*	63.43	委内瑞拉
哥斯达黎加红栎	*Quercus sapotifolia*	60.40	哥斯达黎加
吉贝	*Ceiba pentandra*	60.40	哥斯达黎加
中脉龙脑香	*Dipterocarpus costatus*	55.50	马来西亚
甘巴豆	*Koompassia malaccensis*	52	马来西亚

(续)

中文名	拉丁学名	树高(m)	国　家
马来西亚风车榄	*Triomma malaccensis*	52	马来西亚
加勒比猴欢喜	*Sloanea caribaea*	52	委内瑞拉
大糖胶树	*Dyera costulata*	50.20	马来西亚
修道院榕	*Ficus albipila*	49.30	泰国
魁伟南青冈	*Nothofagus dombeyi*	48.87	智利
高大龙脑香	*Dipterocarpus alatus*	46.80	泰国
巴西翅苹婆	*Pterygota brasiliensis*	45	巴西
菜王棕	*Roystonea oleracea*	44	巴西
查拉特榕	*Ficus insipida*	43.50	委内瑞拉
南水青冈	*Nothofagus obliqua*	40	阿根廷

总而言之，泛热带古树有以下特点：①泛热带包含东洋区、非洲热带区和新热带区，是热带和亚热带森林的主要分布区域，树木个体和古树数量巨大，但有效的古树信息不完整；②裸子植物古树种类相对较少，且明显不同于古北区和新北区种类；③被子植物古树种类繁多，高度多样；④典型的裸子植物古树为南洋杉属；⑤典型的被子植物古树有猴面包树属、榕属。

8.2.4　澳新区古树

8.2.4.1　概述

澳大利亚国家大树登记(NRBT, National Register of Big Trees, http：//nationalregisterofbigtrees.com.au/)是一个负责大树登记的法人团体，成立于2009年。其宗旨是促进树木生长，保护自然美景和遗传资源。其主要业务包括：记录澳大利亚所有树种最大的树木，命名树王，登记社区和荒野地区所有美丽花园、人行道和公园的树木。澳大利亚的树木项目(The Tree Project, https：//www.thetreeprojects.com/)和澳大利亚国家信托基金(The National Trust of Australia, https：//trusttrees.org.au/)等实体也开展树木登记业务。NRBT采用美国的树木积点计算方法。目前已经登记了366个树种的923株树，其中，新南威尔士州(351株)、维多利亚州(178株)和昆士兰州(147株)列前3位。NRBT还公布了"胸围最大的25株树""冠幅最大的25株树""树高最大的25株树"和"积点最大的25株树"。

新西兰名木法人机构(NZNTT, The New Zealand Notable Trees Trust, https：//www.notabletrees.org.nz/)成立于2007年，由新西兰皇家园艺学院(RNZIH)和新西兰树木栽培协会(NZArb)联合建立。2009年新西兰树木登记册开始生效。新西兰树木登记的目标是提高社区树木的知名度，促进树木信息的集中和交流，并鼓励人们提交他们认为重要的树木。通过集中记录，以便与更广泛的受众共享树木信息，并将其与国家和国际记录进行比较。NZNTT也采用美国的树木积点计算方法。登记树木的类别包括国家历史树(historic tree-national interest)、地方历史树(historic tree-local interest)、国际名木(notable tree-international interest)、国家名木(notable tree-national interest)地方名木(notable tree-local interest)和其他重要树木(general tree)。此外，还评选树王，建立了古树图像库。

8.2.4.2 古树主要类群

该区裸子植物古树不算丰富，最具特色的就是南洋杉科的成员。其中，贝壳杉属(*Agathis*)与东洋区共有，常见古树如澳洲贝壳杉(*A. australis*)和小穗贝壳杉(*A. microstachya*)；南洋杉属(*Araucaria*)与热带美洲共有，常见古树如大叶南洋杉(*A. bidwillii*)和南洋杉(*A. cunninghamii*)。罗汉松科的罗汉松属(*Podocarpus*)在该区也有代表性，桃柘罗汉松(*P. totara*)。

区域内最常见的被子植物古树莫过于桃金娘科桉树属(*Eucalyptus*)树种，该属物种极其丰富，全球超过800种，能成长为古树的种类多达20种，如赤桉(*E. camaldulensis*)、齿叶亮果桉(*E. denticulata*)、大桉(*E. grandis*)、代表桉(*E. delegatensis*)、弹丸桉(*E. pilularis*)、迪思桉(*E. deanei*)、多枝桉(*E. viminalis*)、高枝桉(*E. fastigata*)、红桉(*E. jacksonii*)、红柳桉(*E. marginata*)、加利桉(*E. diversicolor*)、蓝桉(*E. globulus*)、亮果桉(*E. nitens*)、柳叶桉(*E. saligna*)、山桉(*E. dalrympleana*)、塔斯马尼亚桉(*E. delegatensis* ssp. *tasmaniensis*)、王桉(*E. regnans*)、小帽桉(*E. microcorys*)和斜叶桉(*E. obliqua*)。桃金娘科古树还有另外5个属的成员，伞房桉属(*Corymbia*)有伞房桉(*C. gummifera*)、斑皮桉(*C. maculata*)和美叶桉(*C. calophylla*)等，蒲桃属(*Syzygium*)有弗氏蒲桃(*S. francisii*)，聚果木属(*Syncarpia*)有松节油树(*S. glomulifera*)，金缨木属(*Xanthostemon*)有红金缨木(*X. whitei*)，铁心木属(*Metrosideros*)有新西兰圣诞树(*M. excelsus*)。

该区其他常见古树还有：桑科榕属(*Ficus*)的澳洲大叶榕(*F. macrophylla*)、绿黄葛树(*F. virens*)和澳洲小叶榕(*F. obliqua*)。锦葵科猴面包树属(*Adansonia*)的澳洲猴面包树(*A. gregorii*)，酒瓶树属(*Brachychiton*)的酒瓶树(*B. rupestris*)。唇形科牡荆属(*Vitex*)的新西兰牡荆(*V. luscens*)。南青冈科南青冈属(*Nothofagus*)的桃金娘南青冈(*N. cunninghamii*)。漆树科肖乳香属(*Schinus*)的肖乳香(*S. molle*)。

8.2.4.3 古树年龄与大小

新西兰达格维尔西海岸北部的怀普阿森林的澳洲贝壳杉，是澳新区已知最古老的树木，树龄2521年，号称"森林之父"。在新西兰毛利人最早的聚居地——奥波蒂基的胡库塔伊亚公园，生长1株1971年的新西兰牡荆。超过千年的古树还有：怀卡托南部，1821年桃柘罗汉松；科罗曼德尔岭，1121年新西兰圣诞树。

澳大利亚最古老的树木是澳洲猴面包树，树龄1508年，位于西澳大利亚州金伯利地区；维多利亚州温德姆市另有一株1021年澳洲猴面包树。树龄超过千年的古树还有：昆士兰州火山口湖国家公园阿百利湖，1021年小穗贝壳杉；塔斯马尼亚，1089年塔斯马尼亚陆均松(*Lagarostrobus franklinii*)。树龄超过300年的还有松节油树、酒瓶树、美叶桉和绿黄葛树。

裸子植物最粗古树出现在新西兰怀普阿森林，为澳洲贝壳杉，胸围16.79m。最高古树分布于新西兰奥克兰卡斯特贝壳杉地区公园，树高46.40m。树高达42.70m的桃柘罗汉松，则分布在新西兰怀卡托南部。

区域内高大的被子植物，多出现在澳大利亚。胸围列前十位的为：澳洲大叶榕、红桉、王桉、斜叶桉、蓝桉、塔斯马尼亚桉、伞房桉、弹丸桉、亮果桉和加利桉，胸围14.70~31m，除了榕属和伞房桉属各1种外，其余均为桉树属树种（表8-15）。树高列前十位的为：王桉、多枝桉、蓝桉、加利桉、齿叶亮果桉、山桉、美叶桉、大桉、迪思桉和斑皮桉，均为桉树属树种，高度从68~99.82m不等（表8-16）。

表 8-15 澳新区部分树种的最粗古树

中文名	拉丁学名	胸围(m)	国　家
澳洲贝壳杉	*Agathis australis*	16.79	新西兰
绿黄葛树	*Ficus virens*	31	澳大利亚
澳洲大叶榕	*Ficus macrophylla*	29.00	澳大利亚
红　桉	*Eucalyptus jacksonii*	24	澳大利亚
王　桉	*Eucalyptus regnans*	22.08	澳大利亚
斜叶桉	*Eucalyptus obliqua*	20.50	澳大利亚
蓝　桉	*Eucalyptus globulus*	19.00	澳大利亚
塔斯马尼亚桉	*Eucalyptus delegatensis* ssp. *tasmaniensis*	18.00	澳大利亚
伞房桉	*Corymbia gummifera*	16.30	澳大利亚
弹丸桉	*Eucalyptus pilularis*	15.10	澳大利亚
亮果桉	*Eucalyptus nitens*	14.90	澳大利亚
加利桉	*Eucalyptus diversicolor*	14.70	澳大利亚
齿叶亮果桉	*Eucalyptus denticulata*	14.40	澳大利亚
澳洲猴面包树	*Adansonia gregorii*	14	澳大利亚
高枝桉	*Eucalyptus fastigata*	13.75	澳大利亚
红金缨木	*Xanthostemon whitei*	12.60	澳大利亚
代表桉	*Eucalyptus delegatensis*	12.30	新西兰
桃金娘南青冈	*Nothofagus cunninghamii*	11.12	澳大利亚
酒瓶树	*Brachychiton rupestris*	11	澳大利亚
肖乳香	*Schinus molle*	11	澳大利亚
柳叶桉	*Eucalyptus saligna*	10.84	澳大利亚
美叶桉	*Corymbia calophylla*	10.80	澳大利亚
红柳桉	*Eucalyptus marginata*	10.67	澳大利亚
多枝桉	*Eucalyptus viminalis*	10.30	澳大利亚
小帽桉	*Eucalyptus microcorys*	10.30	澳大利亚
大　桉	*Eucalyptus grandis*	10.07	澳大利亚
赤　桉	*Eucalyptus camaldulensis*	10	澳大利亚

表 8-16 澳新区部分树种的最高古树

中文名	拉丁学名	树高(m)	国家
澳洲贝壳杉	*Agathis australis*	46.40	新西兰
桃柘罗汉松	*Podocarpus totara*	42.70	新西兰
王桉	*Euclayptus regnans*	99.82	澳大利亚
多枝桉	*Eucalyptus viminalis*	92	澳大利亚
蓝桉	*Eucalyptus globulus*	90.70	澳大利亚
加利桉	*Eucalyptus diversicolor*	77	澳大利亚
齿叶亮果桉	*Eucalyptus denticulata*	75	澳大利亚
山桉	*Eucalyptus dalrympleana*	74	澳大利亚
美叶桉	*Corymbia calophylla*	71	澳大利亚
大桉	*Eucalyptus grandis*	71	澳大利亚
迪思桉	*Eucalyptus deanei*	71	澳大利亚
斑皮桉	*Corymbia maculata*	68	澳大利亚
斜叶桉	*Eucalyptus obliqua*	65	澳大利亚
柳叶桉	*Eucalyptus saligna*	65	澳大利亚
弹丸桉	*Eucalyptus pilularis*	60	澳大利亚
小帽桉	*Eucalyptus microcorys*	58	澳大利亚
松节油树	*Syncarpia glomulifera*	58	澳大利亚
亮果桉	*Eucalyptus nitens*	58	澳大利亚
赤桉	*Eucalyptus camaldulensis*	57.02	澳大利亚
弹丸桉	*Eucalyptus pilularis*	47.10	新西兰
红桉	*Eucalyptus jacksonii*	44	澳大利亚

在澳大利亚，积点超过1000点的巨树有4株，王桉2株，分别为1155点和1070点，斜叶桉1049点，蓝桉1038点，均为桉树属树种产塔斯马尼亚州(表8-17)。

表 8-17 澳大利亚25株积点最大的古树

中文名	拉丁学名	胸围(m)	树高(m)	冠幅(m)	积点	所在州
王桉	*Eucalyptus regnans*	22.08	82	20	1155	TAS
王桉	*Eucalyptus regnans*	21.65	60	25	1070	TAS
斜叶桉	*Eucalyptus obliqua*	20.50	65	35	1049	TAS
蓝桉	*Eucalyptus globulus*	19.00	82	25	1038	TAS
红桉	*Eucalyptus jacksonii*	22.30	30	25	997	WA
澳洲大叶榕	*Ficus macrophylla*	29.00	50	48	912	NSW
塔斯马尼亚桉	*Eucalyptus delegatensis* ssp. *tasmaniensis*	18.00	57	18	909	TAS
绿黄葛树	*Ficus virens*	18.92	40	40	908	QLD

（续）

中文名	拉丁学名	胸围(m)	树高(m)	冠幅(m)	积 点	所在州
绿黄葛树	*Ficus virens*	19	36	45	903	NSW
王桉	*Eucalyptus regnans*	18.80	41	30	899	VIC
王桉	*Euclayptus regnans*	13.70	99	18	882	TAS
红桉	*Eucalyptus jacksonii*	18.60	38	18	847	WA
红桉	*Eucalyptus jacksonii*	16.50	52	27	842	WA
弹丸桉	*Eucalyptus pilularis*	15.10	60	52	834	NSW
澳洲小叶榕	*Ficus obliqua*	16.55	49	22	829	QLD
伞房桉	*Corymbia gummifera*	16.30	52	22	828	NSW
王桉	*Eucalyptus regnans*	14.85	65	30	822	VIC
红桉	*Eucalyptus jacksonii*	17.00	40	20	816	WA
澳洲大叶榕	*Ficus macrophylla*	16.90	33	42	807	NSW
亮果桉	*Eucalyptus nitens*	14.90	58	20	791	VIC
齿叶亮果桉	*Eucalyptus denticulata*	14.40	62	25	790	VIC
齿叶亮果桉	*Eucalyptus denticulata*	11.00	75	30	777	VIC
斜叶桉	*Eucalyptus obliqua*	13.20	60	45	753	VIC
多枝桉	*Eucalyptus viminalis*	11.00	91.3	19	748	TAS
加利桉	*Eucalyptus diversicolor*	13.00	66	25	748	WA

注：NSW. 新南威尔士；QLD. 昆士兰；SA. 南澳大利亚；TAS. 塔斯马尼亚；VIC. 维多利亚。

总之，澳新区古树有以下特点：①裸子植物古树种类相对较少，且明显不同于古北区和新北区种类；②被子植物古树种类相对单调，以桃金娘科为特征；③典型的裸子植物古树为南洋杉属和贝壳杉属；④典型的被子植物古树有桉属，数量占绝对优势。

了解全球的古树资源概况，首先，是进一步学习国外古树知识、发掘古树文化的基础；其次，了解全球古树知识，是深入学习古树年龄、尺度检测技术的前提；最后，学习全球古树知识，也是了解世界的一个窗口，有利于"一带一路"建设，深化中国与东盟、欧洲、非洲、北美、南美的区域间科技、文化、人才的合作与交流。读者可以通过相关的在线学习资源，个性化的深入学习和掌握全球古树知识(表8-18)。

表8-18 全球古树在线学习资源

网站名称	网 址
The Tree Register	http://www.treeregister.org/
Beltrees	https://www.arboretumwespelaar.be/EN/Beltrees_Trees_in_Belgium/
Dendromania	http://www.dendromania.hu/index.php
PMTR	http://rpdp.hostingasp.pl/
The Danish Tree Registe	http://www.dendron.dk/dtr/english/
Arbres Remarquables	https://www.arbres.org/les-identifier.htm

(续)

网站名称	网　址
The National Champion Trees Program	https://www.americanforests.org/champion-trees/
BC Big Tree Registry	https://bigtrees.forestry.ubc.ca/
Champion Trees of South Africa	https://www.inaturalist.org/projects/champion-trees-of-south-africa-s-afr
Heritage Trees	https://www.nparks.gov.sg/sbg/our-gardens/heritage-trees
NRBT	http://nationalregisterofbigtrees.com.au/
NZNTT	https://www.notabletrees.org.nz/
Oldlist	http://www.rmtrr.org/oldlist.htm
Eastern oldlist	https://www.ldeo.columbia.edu/~adk/oldlisteast/
monumentaltrees	https://www.monumentaltrees.com/

小　结

建立了生物地理区和地带性生物地理群系的基本概念；给出了认知和探究全球古树的基本方法——生物地理结合植物系统分类的路径；介绍了全球古树登记、古树年龄和古树大小和积点的基本知识；基于科学数据和案例，介绍了古北区、新北区、泛热带和澳新区的古树资源；拓展了古树保护的国际化视野。

思考题

1. 何谓生物地理单元？全球生物地理区域有哪些？简述其范围和边界。
2. 什么是生物地理群系？全球14个生物地理群系指哪些？生物地理群系的划分有何意义？
3. 全球年龄最大、胸围(胸径)最大、树高最大的树木分别在哪里？属于什么科属？
4. 古北区古树有什么显著特征？树龄和尺度最大的古树有哪些代表？
5. 新北区古树有什么显著特征？树龄和尺度最大的古树有哪些代表？
6. 何谓树木积点？如何计算？
7. 东洋区、热带非洲区和新热带区古树树种有哪些相同点和不同点？举例说明。
8. 澳新区树龄和尺度最大的古树有哪些？举例说明。

推荐阅读书目

1. Ancient Oaks in the English Landscape. Farjon A. Royal Botanic Gardens, Kew, 2017.
2. Champion Trees of Britain & Ireland. Johnson W. Whittet Books Ltd, 2003.
3. Ancient Skies, Ancient Trees. Moon B. Abbeville Press, 2016.
4. Champion Trees of Washington. Van Pelt R. University of Washington Press, 2003.

参考文献

陈丹, 2015. 古树名木的保护管理措施建议——以陕西古树名木为例[J]. 陕西农业科学, 61(4): 75-78.

陈灵芝, 2014. 中国植物区系与植被地理[M]. 北京: 科学出版社.

陈赛赛, 周钰, 李祉宣, 等, 2021. 江苏省不同区域古树名木分布特点研究[J]. 中国园林, 37(6): 117-121.

陈贤干, 2021. 福建省古树名木南方红豆杉现状分析与保护对策[J]. 林业勘察设计, 41(2): 33-36.

陈永富, 刘鹏举, 于新文, 2018. 森林资源信息管理[M]. 北京: 中国林业出版社.

董锦熠, 胡军和, 金晨钟, 等, 2021. 我国古树资源的生存现状评估及威胁因素分析[J]. 应用生态学报(32): 3707-3714.

方炎明, 2016. 美国树王[J]. 森林与人类(12): 13-15.

福建省林业局绿化工作办公室, 2021. 福建的"中国最美古树"[J]. 福建林业(4): 19-21.

郭晓成, 张迎军, 杨莉, 等, 2017. 陕西临潼石榴古树资源调查分析[J]. 果树学报, 34(增刊): 152-155.

国家林业局, 2003. 中国树木奇观[M]. 北京: 中国林业出版社.

韩晓莉, 翟军团, 李志军, 等, 2021. 新疆胡杨和灰杨古树资源调查及现状分析[J]. 塔里木大学学报, 33(1): 9-19.

邯郸市绿化委员会, 2019. 河北邯郸古树名木[M]. 北京: 中国林业出版社.

郝向春, 2019. 内蒙古自治区古树名木保护现状、存在问题及保护建议[J]. 内蒙古林业调查设计, 42(3): 83-84.

何武江, 王艳霞, 2018. 辽宁省古树名木资源保护现状、存在问题及对策[J]. 中国林副特产(1): 81-82.

洪文君, 叶永昌, 张浩, 2021. 香港古树名木资源特征与分布格局[J]. 广东园林, 43(1): 56-59.

侯伯鑫, 程政红, 林峰, 等, 2005. 湖南古树名木资源[J]. 中国城市林业, 3(3): 72-74.

湖南省绿化委员会, 湖南省林业局, 2019. 湖南古树名木[M]. 长沙: 湖南人民出版社.

兰灿堂, 2016. 福建树木文化[M]. 北京: 中国林业出版社.

黎祖尧, 陈尚钘, 2015. 江西樟树[M]. 南昌: 江西科学技术出版社.

李凤日, 2019. 测树学[M]. 4版. 北京: 中国林业出版社.

李贵祥, 柴勇, 邵金平, 等, 2016. 大树杜鹃种群空间分布及生命表分析[J]. 森林与环境学报, 36(3): 332-336.

李明阳, 2018. 林业GIS[M]. 北京: 中国林业出版社.

李庆波, 2020. 宁夏古树名木保护现状及对策措施探讨[J]. 花卉(10): 188-189.

李世东, 谢宁波, 张颖, 等, 2020. 从大数据看我国古树名木[J]. 生态文明世界(3): 32-47.

梁瑞龙, 熊晓庆, 2018. 森林瑰宝知多少——广西第二次古树名木资源普查概况[J]. 广西林业(1): 36-38.

刘大伟, 王宇健, 谢春平, 等, 2020. 安徽省一级古树的资源特征及影响因子分析[J]. 植物资源与环境学报(29): 59-68.

刘强, 2016. 江西古树[J]. 森林与人类(12): 16-17, 24-31.

刘志红, 闫洁, 贾瑞丽, 等, 2020. 铭贤旧址古树名木资源调查与树龄估算[J]. 中国城市林业, 18(5): 127-130.

罗开文, 2017. 广西古树名木概览[M]. 南宁: 广西科学技术出版社.

孟先进, 杨燕琼, 叶永昌, 等, 2009. 东莞市古树名木地理信息系统的设计与开发[J]. 华南农业大学学报, 30(1): 104-109.

潘虹, 卢军, 2021. 基于频谱分析用针测仪测定树木年龄的算法[J]. 林业科学研究, 34(1): 19-25.

祁承经, 汤庚国, 2005. 树木学(南方本)[M]. 北京: 中国林业出版社.

亓兴兰, 2018. 林业GIS数据处理与应用[M]. 北京: 中国林业出版社.

秦春, 夏生福, 秦占义, 等, 2021. 基于树木年轮学的古树树龄估算——以敦煌市香水梨为例[J]. 应用生态学报, 32(10): 3699-3706.

史梅, 2013. 云南省古树名木保护情况调研报告[J]. 云南林业, 34(1): 52-53.

四川省林业和草原局, 2021. 四川古树名木[M]. 北京: 人民日报出版社.

孙海宁, 孙艳丽, 2020. 北京市古树名木管理信息系统的开发与应用[J]. 林业资源管理(4): 161-162.

田华, 邵雪梅, 尹志勇, 等, 2015. 利用生态学和树轮年代学手段试析柴达木盆地东缘山地森林年龄结构与气候变化的关系[J]. 第四纪研究, 35(5): 1209-1217.

田华林, 付永利, 向霞, 等, 2014. 贵州省黔南州古树资源特征分析[J]. 亚热带植物科学, 43(4): 305-309.

王娜, 于濛, 王群, 等, 2018. 哈尔滨市古树名木资源现状及分析[J]. 浙江林业科技, 38(3): 77-84.

王树芝, 2021. 木材考古学: 理论、方法和实践[M]. 北京: 科学出版社.

王伟, 张晓霞, 陈之端, 等, 2017. 被子植物APG分类系统评论[J]. 生物多样性, 25(4): 418-426.

王文和, 关雪莲, 2015. 植物学[M]. 北京: 中国林业出版社,

王玉龙, 2018. 山西古树名木保护现状与对策[J]. 山西林业科技, 47(2): 58-60.

魏丹, 郑昌辉, 叶广荣, 等, 2021. 广东省古树资源分布及文化要素研究[J]. 西北林学院学报, 36(6): 181-187.

吴宝国, 苏晓慧, 马驰, 等, 2021. 现代林业信息技术与应用[M]. 北京: 科学出版社.

吴晓丽, 李瑞军, 2019. 黔东南州古树名木的资源现状及其保护利用[J]. 内蒙古林业调查设计, 42(4): 42-45.

向继云, 2020. 余姚古树[M]. 北京: 中国林业出版社.

邢世岩, 2013. 中国银杏种质资源[M]. 北京: 中国林业出版社.

薛晓明, 谢春平, 2013. 森林植物鉴定[M]. 北京: 中国人民公安大学出版社.

杨建明, 2007. 新疆古树名木保护现状、存在的问题及对策[J]. 新疆林业(3): 31.

杨静怡, 马履一, 贾忠奎, 2010. 古都北京的古树概述[J]. 北方园艺(13): 110-113.

杨宁, 2015. 西藏林芝巨柏群落现状与保护[J]. 中南林业调查规划, 34(2): 52-54.

杨霞, 李钢铁, 王永胜, 等, 2011. 浑善达克沙地桑根达来古榆树调查研究[J]. 内蒙古农业大学学报(自然科学版), 32(4): 172-178.

叶秀萍, 李翠翠, 杨伟丽, 等, 2021. 不同海拔梯度古树物种多样性及其生长特征[J]. 福建林业科技, 48(3): 79-83.

尹金迁, 赵垦田, 2019. 西藏高原巨柏的研究进展与展望[J]. 林业与环境科学, 35(2): 116-122.

扎西次仁，边巴多吉，许敏，2020. 西藏自治区仁布县古树名木资源调查研究[J]. 高原科学研究，4(3)：7-16.

张昌达，2019. 海南省古树名木资源现状及保护问题探究[J]. 南方农业，13(20)：77-79.

张凤麟，王昕，张讴凯，等，2019. 浙江西天目山古树树干健康状况及其随海拔梯度变化规律[J]. 武夷科学，35(1)：12-20.

张华海，张超，2006. 贵州古树名木的植物区系及特征的研究[J]. 贵州科学，24(3)：31-39.

张伟，封晓然，尚丽晨，等，2020. 河北省古树名木资源现状分析与保护对策研究[J]. 河北林业科技(2)：46-49.

张齐兵，方欧娅，吕利新，等，2019. 青藏高原树木年轮生态学研究[M]. 北京：科学出版社.

张志翔，2005. 树木学(北方本)[M]. 北京：中国林业出版社.

赵良平，刘树人，刘合胜，等，2017. 中国最美古树[J]. 国土绿化(专刊)，1-111.

郑度，2015. 中国自然地理总论[M]. 北京：科学出版社.

中央广播电视总台，2020. 中国古树：绿色文物的传奇故事[M]. 南昌：江西美术出版社.

周亚爽，蒋泽军，2021. 河南省古树名木资源调查分析[J]. 绿色科技，23(1)：129-135.

朱霖，李岚，李智勇，等，2015. 国外森林文化价值评价指标研究现状及分析[J]. 世界林业研究，28(5)：92-96.

庄晨辉，方艺辉，陈铭潮，等，2015. 福建省古树名木管理信息系统设计和实现[J]. 华东森林经理，29(2)：59-62.

ARNET M, SANTOS B, BROCKERHOFF EG, et al., 2015. Importance of arboreta for ex situ conservation of threatened trees[J]. Biodiversity and Conservation(24)：3601-3620.

BEECH E, RIVERS M, OLDFIELD S, et al., 2017. Global tree search-the first complete global database of tree species and country distributions[J]. Journal of Sustainable Forestry, 36(5)：454-489.

BLACK A, WAIPARA N, 2018. Save Maori people's sacred tree species[J]. Nature, 561：177.

BRIENEN R, CALDWELL L, DUCHESNE L, et al., 2020. Forest carbon sink neutralized by pervasive growth-lifespan trade-offs[J]. Nature Communications, 11：4241.

BURIAN A, REUILLE P, KUHLEMEIER C, 2016. Patterns of stem cell divisions contribute to plantlongevity[J]. Current Biology, 26(11)：1385-1394.

CASTAGNERI D, STORAUNET KO, ROLSTAD J, 2013. Age and growth patterns of old Norway spruce trees in Trillemarka forest, Norway[J]. Scandinavian Journal of Forest Research, 28(3)：232-240.

COISSAC E, HOLLINGSWORTH PM, LAVERGNE S, et al., 2016. From barcodes to genomes：extending the concept of DNA barcoding[J]. Molecular Ecology, 25：1423-1428.

CROWTHER TW, GLICK HB, COVEY R, et al., 2015. Mapping tree density at a global scale[J]. Nature, 525(7568)：201-215.

DE VERE N, RICH TCG, TRINDER SA, et al., 2015. DNA barcoding for plants[J]. Methods in molecular biology(Clifton, N. J.), 1245：101-118.

GARCIA-CERVIGON AI, GARCIA-HIDALGO M, MARTIN-ESQUIVEL JL, et al., 2019. The Patriarch：a Canary Islands juniper that has survived human pressure and volcanic activity for a millennium[J]. Ecology, 100(10)：e02780.

GORGENS EB, MOTTA AZ, ASSIS M, et al., 2019. The giant trees of the Amazon basin[J]. Frontiers in Ecology and the Environment, 17(7)：373-374.

HARTEL T, HANSPACH J, MOGA CI, et al., 2018. Abundance of large old trees in wood-pastures of Transylvania(Romania)[J]. Science of the Total Environment, 613-614, 263-270.

HEMP A, ZIMMERMANN R, REMMELE S, et al., 2017. Africa's highest mountain harbours Africa's tallest trees[J]. Biodiversity and Conservation(26): 103-113.

HIRATSUKA R, TERASAKA O, 2011. Pollen tube reuses intracellular components of nuclear cells undergoing programmed cell death in *Pinus densiflora*[J]. Protoplasma, 248(2): 339-351.

HU YY, ZHANG YL, YU WW, et al., 2018. Novel insights into the influence of seed sarcotesta photosynthesis on accumulation of seed dry matter and oil content in *Torreya grandis* cv. 'Merrillii'[J]. Frontiers in Plant Science(8): 2179.

ISSARTEL J, COIFFARD C, 2011. Extreme longevity in trees: live slow, die old?[J]. Oecologia, 165(1): 1-5.

JACKSON TD, SHENKINAF, MAJALAP N, et al., 2020. The mechanical stability of the world's tallest broadleaf trees[J]. Biotropica, 53(1): 110-120.

JIM CY, 2017. Urban heritage trees: Natural-cultural significance informing management and conservation [M]. Tan YP, Jim CY. Greening Cities: Forms and Functions. Berlin: Springer: 279-305.

KHORSANDY S, NIKBAKHT A, SABZALIAN MR, et al., 2016. Effect of fungal endophytes on morphological characteristics, nutrients content and longevity of plane trees (*Platanus orientalis* L.)[J]. Journal of Plant Nutrition, 39(8): 1156-1166.

KONTER O, KRUSI PJ, TROUET V, et al., 2017. Meet Adonis, Europe's oldest dendrochronologically dated tree[J]. Dendrochronologia(42): 12.

LARA A, VILLALBAR, URRUTIA-JALABERT R, et al., 2020. A 5680-year tree-ring temperature record for southern South America[J]. Quaternary Science Reviews, 228, 106087.

LEDFORD H, 2017. Ancient oak's youthful genome surprises biologists[J]. Nature, 546(7659): 460.

LENDVAY B, HARTMANN M, BRODBECK S, et al., 2018. Improved recovery of ancient DNA from subfossil wood-application to the world's oldest Late Glacial pine forest[J]. New Phytologist, 217(4): 1737-1748.

LIAO T, LIU G, GUO L, et al., 2021. Bud Initiation, Microsporogenesis, Megasporogenesis, and Cone Development in *Platycladus orientalis*[J]. HortScience, 56(1): 85-93.

LINDENMAYER DB, LAURANCE WF, FRANKLIN JF, et al., 2014. New policies for old trees: averting a global crisis in a keystone ecological structure[J]. Conservation Letters, 7(1): 61-69.

LIU JJ, YANG B, LINDENMAYER DB, 2019. The oldest trees in China and where to find them[J]. Frontiers in Ecology and the Environment, 17(6): 319-322.

LIU JJ, LINDENMAYER DB, YANG WJ, REN Y, et al., 2019. Diversity and density patterns of large old trees in China[J]. Science of the Total Environment, 655: 255-262.

LOCOSSELLI GM, BRIENEN RJW, LEITE MDS, et al., 2020. Global tree-ring analysis reveals rapid decrease in tropical tree longevity with temperature[J]. Proceedings of the National Academy of Sciences, 117(52): 225-236.

LOEHLE C, 1988. Tree life history strategies: the role of defense[J]. Canadian Journal of Forest Research, 18: 209-222.

MARTIN T, JOHN B, 2015. Ancient trees in the landscape: Norfolk's arboreal heritage[J]. Agricultural History, 8: 873-905.

MARZILIANO PA, TOGNETTI R, LOMBARDI F, 2019. Is tree age or tree size reducing height increment in *Abiesalba* Mill. at its southernmost distribution limit?[J]. Annals of Forest Science, 76(1): 17.

MATTHEW ARNET1, BERNARDO SANTOS1, ECKEHARD G. BROCKERHOFF, et al., 2015. Importance of arboreta for ex situ conservation of threatened trees[J]. Biodiversity Conservation(24): 3601-3620.

OH J A, SEO J W, 2019. Verifying the possibility of investigating tree ages using resistograph[J]. Journal of the Korean Wood Science and Technology, 47(1): 90-100.

OH J A, SEO J W, 2019. Determinate the number of growth rings using resistograph with tree-ring chronology to investigate ages of big old trees[J]. Journal of the Korean Wood Science and Technology, 47(6): 700-708.

OLSON DM, DINERSTEIN E, 2002. The global 200: priority ecoregions for global conservation[J]. Annals of the Missouri Botanical Garden, 89(2): 199-224.

OROZCO-AGUILAR L, NITSCHKE C R, 2018. Testing the accuracy of resistance drilling to assess tree growth rate and the relationship to past climatic conditions[J]. Urban Forestry and Urban Greening, 36: 1-12.

PAVLIN J, NAGEL TA, SVITOK M, et al., 2021. Disturbance history is a key driver of tree life span in temperate primary forests[J]. Journal of Vegetation Science, 32(5): e013069.

PIOVESAN G, BIONDI F, BALIVA M, 2018. The oldest dated tree of Europe lives in the wild Pollino massif: Italus, a strip-bark Heldreich's pine[J]. Ecology, 99(7): 1682-1684.

PIOVESAN G, BIONDI F, BALIVA M, et al., 2019. Lessons from the wild: slow but increasing long-term growth allows for maximum longevity in European beech[J]. Ecology, 100(9): e02737.

PIOVESAN G, BALIVA M, CALCAGNILE L, et al., 2020. Radiocarbon dating of Aspromonte sessile oaks reveals the oldest dated temperate flowering tree in the world[J]. Ecology, 101(12): e03179.

PIOVESAN G, BIONDI F, 2021. On tree longevity[J]. New Phytologist, 231(4): 1318-1337.

SCHMID-SIEGERT E, SARKAR N, CHRISTIAN I, et al., 2017. Low number of fixed somatic mutations in a long-lived oak tree[J]. Nature Plants, 3(12): 926-929.

SCHMID-SIEGERT E, SARKAR N, ISELI C, et al., 2017. Low number of fixed somatic mutations in a long-lived oak tree[J]. Nature Plants, 3(12): 926-937.

SHENDURE J, BALASUBRAMANIAN S, CHURCH GM, et al., 2017. DNA sequencing at 40: past, present and future[J]. Nature, 550(7676): 345-353.

SHENKIN A, CHANDLER CJ, BOYD DS, et al., 2019. The world's tallest tropical tree in three dimensions [J]. Frontiers in Forests and Global Change(2): 32.

SILLETT SC, VAN PELT R, KOCH GW, et al., 2010. Increasing wood production through old age in tall trees [J]. Forest Ecology and Management, 259(5): 976-994.

TNG DYP, WILLIAMSON GJ, JORDAN GJ, et al., 2012. Giant eucalyptus-globally unique fire-adaptedrain-forest trees? [J]. New Phytologist, 196: 1001-1014.

WANG L, CUI JW, JIN B, 2020. Multifeature analyses of vascular cambial cells reveal longevity mechanisms in old *Ginkgo biloba* trees[J]. Proceedings of the National Academy of Sciences of the United States of America, 117(4): 2201-2210.

XU F, RUDALL P J, 2006. Comparative floral anatomy and ontogeny in Magnoliaceae[J]. Plant Systematics & Evolution, 258(1/2): 1-15.

YANOVIAK, SP, GORA, EM, et al., 2020. Lightning is a major cause of large tree mortality in a lowland neotropical forest[J]. New Phytologist, 225(5): 1936-1944.

ZHANG H, LAI PY, JIM CY, 2017. Species diversity and spatial pattern of old and precious trees in Macau [J]. Landscape and Urban Planning, 162: 56-67.

ZHANG SD, 2018. Comparative analysis of a large dataset indicates that internal transcribed spacer(*ITS*) should be incorporated into the core barcode for seed plants[J]. Proceedings of the National Academy of Sciences of the United States of America, 108(49): 19641-19646.

ZHANG W, ZHANG Y, GONG J, et al., 2020. Comparison of the suitability of plant species for greenbelt construction based on particulate matter capture capacity, air pollution tolerance index, and antioxidant system[J]. Environmental Pollution, 114: 112-126.

附　录

附表1　古树名木每木调查表

古树编号			县(市、区)		调查顺序号	
树种	中文名			别名		
	拉丁学名			科属		
位置	乡镇(街道)		村(居委会)		小地名	
	生长场所；		乡村城区		分布特点：散生群状	
	经度(WGS-84坐标系)			权属：国有集体个人其他		
	纬度(WGS-84坐标系)					
特征代码						
树龄(年)	真实树龄：			估测树龄：		
古树等级	一级二级三级		树高(m)		胸(地)围(cm)	
冠幅(m)	平均		东西南北			
立地条件	海拔		坡向	坡度(°)	坡位部	土壤类型
生长势	正常　衰弱　濒危　死亡			生长环境	好中差	
影响生长环境因素						
新增古树名木原因	树龄增长　遗漏树木　异地移植					
古树历史(限300字)						
管护单位(个人)				管护人		
树木奇特性状描述						
树种鉴定记载						
保护现状	避雷针　护栏　支撑　封堵树洞　砌树池　包树箍树池　透气铺装　其他					
养护复壮现状	复壮沟　渗井通气管　幼树靠接　土壤改良　叶面施肥　其他					
照片及说明						
调查人：		日期：		审核人：		日期：

附表 2　古树群调查表

省(区、市)　　　　　市(地、州)　　　　　县(区、市)

地点		主要树种	
		四周边界	
面积(hm²)		古树株数	
林分平均高度(m)		林分平均胸围(地围)(cm)	
平均树龄(年)		郁闭度	
海拔(m)		坡度(°)	坡向
土壤类型		土层厚度(cm)	
下水	种类：	密度：	
地被物	种类：	密度：	
管护现状			
人为经营活动情况			
目的保护树种	科属		
管护单位			
保护建议			
备注			

调查人：　　　　日期：　　　　审核人：　　　　日期：

彩图1　浙江省杭州市天目山"五世同堂"——"世界银杏之祖"（邢世岩课题组　摄）

彩图2　北京市北海公园团城古白皮松（王文和　摄）

彩图3　辽宁省丹东市宽甸满族自治县青山沟"松神"古赤树（卢元　摄）

彩图4　安徽省黄山市黄山风景区玉屏楼景区1000年古黄山松（黄山风景区吴卫军　摄）

彩图 5　湖北省利川县谋道溪"水杉王"（季春峰　摄）

彩图 6　1972 年美国总统尼克松赠送的北美红杉（植于杭州植物园）（王挺　摄）

彩图 7　陕西省延安市黄陵县黄帝陵"轩辕手植柏"（康永祥　摄）

彩图 8　吉林省汪清林业局荒沟林场东北红豆杉（于军　摄）

彩图 9　北京颐和园古玉兰（陈骏江　摄）

彩图 10　四川雅安市荥经县青龙镇柏香村云峰寺树龄 1700 年"中国楠木王"（刘敬忠　摄）

彩图 11　江西省赣州市大余县南安乡树龄约 1400 年的"江西枫香树王"（刘小虎供图）

彩图 12　四川省雅安市雨城区后盐村树龄 2000 年的红豆树（廖旭东　摄）

彩图 13　新疆新源县喀拉布拉镇新疆野苹果
（董春来供图）

彩图 14　西藏山南市错那县曲卓木乡千年古沙棘林（潘刚　摄）

彩图 15　北京东城区花市枣苑小区"枣树王"
（王文和　摄）

彩图 16　北京北海公园树龄约 200 年的黑弹朴
（张炎　摄）

彩图 17　辽宁省阜新县大巴镇大果榆古树
（卢元　摄）

彩图 18　广州市天河区华南农业大学校园内
高山榕独木成林景观（秦新生　摄）

彩图 19　西藏自治区林芝市林芝镇帮纳村
树龄逾 1600 年古桑树（潘刚　摄）

彩图 20　河北省邢台市前南裕村的中国"板栗王"（张斌　摄）

彩图 21　山西省阳城县蟒河村栓皮栎古树
（张锋林　摄）

彩图 22　西藏日喀则市桑珠孜区年木乡胡达村
树龄 1600 年的古核桃（潘刚　摄）

彩图 23　内蒙古额济纳旗古胡杨树
（刘飞燕　摄）

彩图 24　河北省承德市平泉市柳溪镇下桥头村"最美小叶杨"（张小虎　摄）

彩图 25　山东省枣庄市峄城区冠世榴园树龄 500 年古石榴（方炎明　摄）

彩图 27　北京市门头沟区潭柘寺七叶树古树（陈梦瑶　摄）

彩图 26　山西省和顺县青城镇神堂峪村"最美元宝槭"（贾诗桐　摄）

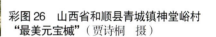

彩图 28　深圳市坪山区古荔枝林景观（秦新生　摄）

彩图 29　福建省武夷山大红袍古树（吴斌　摄）

彩图 30　山东省安丘市辉渠镇张家溜村千年流苏林（李际红课题组　摄）

彩图 32　山西省太原市晋祠 1300 年古楸（高润梅　摄）

彩图 31　湖北咸宁古木樨（代文台　摄）